高职高专土建专业“互联网 +”创新规划教材

建筑三维平法结构图集

（第三版）

傅华夏　编　著

内容简介

本书根据22G101系列国家标准设计图集编写，包含梁、板、柱、墙、楼梯、基础、无梁楼盖、地下室外墙、板洞、板翻边、基坑、柱帽、后浇带、桩基承台等混凝土构件详图。同时，通过增强现实技术，采用“互联网＋教材”编写思路，针对本书开发了App客户端，便于读者对三维结构模型有更加清晰直观的认识。全书内容细致、完整，既可作为工具书使用，建议与《建筑三维平法结构识图教程》（第三版）配套使用。

全书共分为7章，内容包括：一般构造标准构造详图；柱平法标准构造详图及三维示意图；剪力墙平法标准构造详图及三维示意图；梁平法标准构造详图及三维示意图；板平法标准构造详图及三维示意图；楼梯平法识图规则与标准构造详图及三维示意图；基础平法标准构造详图及三维示意图。

本书可作为高职高专院校、成人教育学院等高校建筑工程类专业教材和教学参考书，也可供从事土木工程相关工作的工程人员学习参考。

图书在版编目(CIP)数据

建筑三维平法结构图集 / 傅华夏编著 . —3 版 . —北京：北京大学出版社，2023.4

高职高专土建专业“互联网＋”创新规划教材

ISBN 978-7-301-33643-4

Ⅰ. ①建… Ⅱ. ①傅… Ⅲ. ①建筑制图—计算机制图—高等职业教育—教材 Ⅳ. ① TU204.1

中国版本图书馆 CIP 数据核字 (2022) 第 245672 号

书　　名　建筑三维平法结构图集（第三版）
JIANZHU SANWEI PINGFA JIEGOU TUJI (DI-SAN BAN)

著作责任者　傅华夏　编著

策划编辑　杨星璐　刘健军

责任编辑　范超奕

数字编辑　蒙俞材

标准书号　ISBN 978-7-301-33643-4

出版发行　北京大学出版社

地　　址　北京市海淀区成府路 205 号　100871

网　　址　http://www.pup.cn　新浪微博：@ 北京大学出版社

电子邮箱　编辑部 pup6@pup.cn　总编室 zpup@pup.cn

电　　话　邮购部 010-62752015　发行部 010-62750672　编辑部 010-62750667

印 刷 者　北京宏伟双华印刷有限公司

经 销 者　新华书店

1194 毫米 ×889 毫米　横 16 开本　14 印张　333 千字

2016 年 7 月第 1 版　2018 年 1 月第 2 版

2023 年 4 月第 3 版　2024 年 6 月第 2 次印刷（总第 11 次印刷）

定　　价　69.00 元

第三版
前言

各位尊敬的读者朋友，感谢大家选择《建筑三维平法结构图集》（第三版）。建筑工程中建筑结构识图和建筑钢筋工程量计算是重要的专业能力，无论施工、造价还是工程管理，都离不开对图纸的识读、理解和运用。这些工作都以图纸为依据开展，而22G101系列国家建筑标准设计图集又是图纸采用平法设计与识读的国家标准，因此，熟练掌握平法识图规则和钢筋构造详图是建筑工程专业的必修课。

但平法结构施工图比较抽象难懂，其中又牵涉很多设计规范，对于初学者和刚入行的广大建筑从业人士来说有一定的学习难度。即使是教师教学，有时也很难用语言描述清楚复杂的钢筋构造，从而造成学生难学、老师难教的状况。为了改变这种状况，我编著了本书。

本书采用三维模型的方式注解了22G101的全套详图，除了一般教材中讲述的梁、板、柱、墙、楼梯、基础详图外，我们还加入了国标中涉及的无梁楼盖、地下室外墙、板洞、板翻边、基坑、柱帽、后浇带、桩基承台等相关混凝土构件详图。内容细致完整，既可当工具书使用，也可与《建筑三维平法结构识图教程》（第三版）配套使用。

书中精心绘制了全套22G101的全彩钢筋详图三维示意图，并采用平面与三维对照的方式讲解钢筋构造。全书以图为主、文字为辅，通过形象、生动、直观的图文讲解将读者带入建筑三维世界，可在学习中体验乐趣，在乐趣中收获知识。通过学习本书，可快速掌握结构识图能力，加深对图纸的理解。

同时，针对《建筑三维平法结构图集》（第三版）的特点，为了使学生更加直观地认识和了解结构构件内部钢筋构造与识图规则，也方便教师教学讲解，我们以“互联网+”教材的模式开发了本书配套的App，读者通过扫描书中所附的二维码进行下载，App通过增强现实的方法，采用智能识别技术，应用3ds Max和SketchUp等多种工具，将书中的全彩钢筋案例示意图转化成可360°旋转并任意放大、缩小的三维模型，读者打开App之后，将摄像头对准切口带有彩色色块的页面，即可多角度、任意大小、交互式查看三维模型。

本次再版根据22G101系列国家建筑标准设计图集，针对该图集较16G101系列国家建筑标准设计图集改动的内容做出了修改，与现行国家标准同步更新的同时力求做到全书内容准确，图示清晰美观，更好地服务广大读者。

本书在编写过程中虽然反复推敲论证，但难免仍有疏漏之处，恳请广大读者指正，以利我们进一步改进。作者邮箱是329946810@qq.com。

最后特别感谢广东工业大学郭仁俊教授对本书的编写所提供的宝贵意见。

傅华夏

2022年9月

目录 CONTENTS

第 6 章　楼梯平法识图规则与标准构造详图及三维示意图　105

一般构造标准构造详图

混凝土结构的环境类别

环境类别	条件
一	室内干燥环境； 无侵蚀性静水浸没环境
二 a	室内潮湿环境； 非严寒和非寒冷地区的露天环境； 非严寒和非寒冷地区与无侵蚀性的水或土壤直接接触的环境； 严寒和寒冷地区的冰冻线以下与无侵蚀性的水或土壤直接接触的环境
二 b	干湿交替环境； 水位频繁变动环境； 严寒和寒冷地区的露天环境； 严寒和寒冷地区的冰冻线以上与无侵蚀性的水或土壤直接接触的环境
三 a	严寒和寒冷地区冬季水位变动区环境； 受除冰盐影响环境； 海风环境
三 b	盐渍土环境； 受除冰盐作用环境； 海岸环境
四	海水环境
五	受人为或自然的侵蚀性物质影响的环境

注：1. 室内潮湿环境，是指构件表面经常处于结露或湿润状态的环境。
2. 严寒和寒冷地区的划分应符合《民用建筑热工设计规范》（GB 50176—2016）的有关规定。
3. 海岸环境和海风环境宜根据当地情况，考虑主导风向及结构所处迎风、背风部位等因素的影响，由调查研究和工程经验确定。
4. 受除冰盐影响环境是指受到除冰盐盐雾影响的环境；受除冰盐作用环境是指被除冰盐溶液溅射的环境以及使用除冰盐地区的洗车房、停车楼等建筑。
5. 暴露的环境是指混凝土结构表面所处的环境。

混凝土保护层的最小厚度　　单位：mm

环境类别	板、墙	梁、柱
一	15	20
二 a	20	25
二 b	25	35
三 a	30	40
三 b	40	50

注：1. 表中混凝土保护层厚度指最外层钢筋外边缘至混凝土表面的距离，适用于设计使用年限为50年的混凝土结构。
2. 构件中受力钢筋的保护层厚度不应小于钢筋的公称直径。
3. 设计工作年限为100年的混凝土结构，一类环境中，最外层钢筋的保护层厚度不应小于表中数值的1.4倍；二、三类环境中，应采取专门的有效措施。
4. 混凝土强度等级不大于C25时，表中保护层厚度数值应增加5mm。
5. 基础底面钢筋的保护层厚度，有混凝土垫层时应从垫层顶面算起，且不应小于40mm。

混凝土结构的环境类别　混凝土保护层的最小厚度						图集号	22G101—1—57
审核	郭仁俊	校对	廖宜香	设计	傅华夏		

受拉钢筋基本锚固长度 l_{ab}

钢筋种类	混凝土强度等级							
	C25	C30	C35	C40	C45	C50	C55	≥ C60
HPB300	34*d*	30*d*	28*d*	25*d*	24*d*	23*d*	22*d*	21*d*
HPR400、HRBF400、RRB400	40*d*	35*d*	32*d*	29*d*	28*d*	27*d*	26*d*	25*d*
HRB500、HRBF500	48*d*	43*d*	39*d*	36*d*	34*d*	32*d*	31*d*	30*d*

抗震设计时受拉钢筋基本锚固长度 l_{abE}

钢筋种类	抗震等级	混凝土强度等级							
		C25	C30	C35	C40	C45	C50	C55	≥ C60
HPB300	一、二级	39*d*	35*d*	32*d*	29*d*	28*d*	26*d*	25*d*	24*d*
	三级	36*d*	32*d*	29*d*	26*d*	25*d*	24*d*	23*d*	22*d*
HRB400 HRBF400	一、二级	46*d*	40*d*	37*d*	33*d*	32*d*	31*d*	30*d*	29*d*
	三级	42*d*	37*d*	34*d*	30*d*	29*d*	28*d*	27*d*	26*d*
HRB500 HRBF500	一、二级	55*d*	49*d*	45*d*	41*d*	39*d*	37*d*	36*d*	35*d*
	三级	50*d*	45*d*	41*d*	38*d*	36*d*	34*d*	33*d*	32*d*

注：1. 四级抗震等级时，$l_{abE}=l_{ab}$。
2. 当锚固钢筋的保护层厚度不大于5*d*时，锚固钢筋长度范围内应设置横向构造钢筋，其直径不应小于*d*/4（*d*为锚固钢筋的最大直径）；其间距对梁、柱等构件不应大于5*d*，对板、墙等构件不应大于10*d*，且均不应大于100mm（*d*为锚固钢筋的最小直径）。

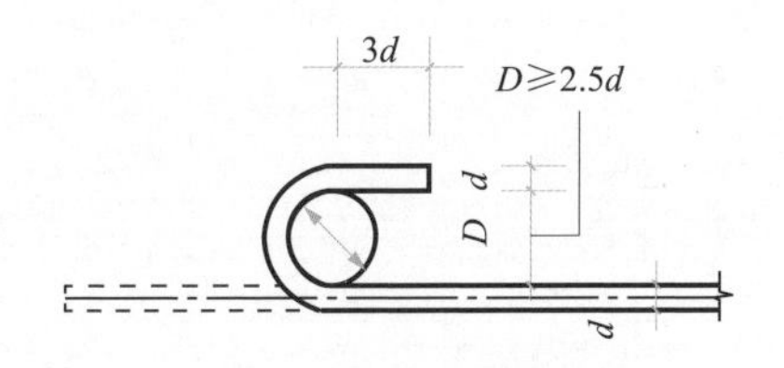

(a) 光圆钢筋末端180°弯钩

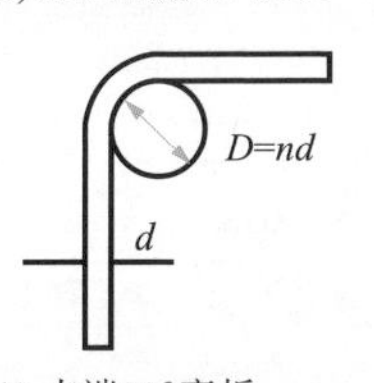

(b) 末端90°弯折

钢筋弯折的弯弧内直径*D*

注：钢筋弯折的弯弧内直径*D*应符合下列规定。
1. 光圆钢筋，不应小于钢筋直径的2.5倍。
2. 400MPa级带肋钢筋不应小于钢筋直径的4倍。
3. 500MPa级带肋钢筋，当直径$d \leqslant 25$mm时，不应小于钢筋直径的6倍；当直径$d > 25$mm时，不应小于钢筋直径的7倍。
4. 位于框架结构顶层端节点处的梁上部纵向钢筋和柱外侧纵向钢筋，在节点角部弯折处，当钢筋直径$d \leqslant 25$mm时，不应小于钢筋直径的12倍；当直径$d > 25$mm时，不应小于钢筋直径的16倍。
5. 箍筋弯折处尚不应小于纵向受力钢筋直径；箍筋弯折处纵向受力钢筋为搭接或并筋时，应按钢筋实际排布情况确定箍筋弯弧内直径。

受拉钢筋基本锚固长度 l_{ab} 抗震设计时受拉钢筋基本锚固长度 l_{abE} 钢筋弯折的弯弧内直径 *D*						图集号	22G101—1—58
审核	郭仁俊	校对	廖宜香	设计	傅华夏		

受拉钢筋锚固长度 l_a

钢筋种类	混凝土强度等级															
	C25		C30		C35		C40		C45		C50		C55		≥ C60	
	$d \leqslant 25$	$d > 25$	$d \leqslant 25$	$d > 25$	$d \leqslant 25$	$d > 25$	$d \leqslant 25$	$d > 25$	$d \leqslant 25$	$d > 25$	$d \leqslant 25$	$d > 25$	$d \leqslant 25$	$d > 25$	$d \leqslant 25$	$d > 25$
HPB300	34d	—	30d	—	28d	—	25d	—	24d	—	23d	—	22d	—	21d	—
HRR400、HRBF400、RRB400	40d	44d	35d	39d	32d	35d	29d	32d	28d	31d	27d	30d	26d	29d	25d	28d
HRB500、HRBF500	48d	53d	43d	47d	39d	43d	36d	40d	34d	37d	32d	35d	31d	34d	30d	33d

受拉钢筋抗震锚固长度 l_{aE}

钢筋种类	抗震等级	混凝土强度等级															
		C25		C30		C35		C40		C45		C50		C55		≥ C60	
		$d \leqslant 25$	$d > 25$	$d \leqslant 25$	$d > 25$	$d \leqslant 25$	$d > 25$	$d \leqslant 25$	$d > 25$	$d \leqslant 25$	$d > 25$	$d \leqslant 25$	$d > 25$	$d \leqslant 25$	$d > 25$	$d \leqslant 25$	$d > 25$
HPB300	一、二级	39d	—	35d	—	32d	—	29d	—	28d	—	26d	—	25d	—	24d	—
	三级	36d	—	32d	—	29d	—	26d	—	25d	—	24d	—	23d	—	22d	—
HRB400 HRBF400	一、二级	46d	51d	40d	45d	37d	40d	33d	37d	32d	36d	31d	35d	30d	33d	29d	32d
	三级	42d	46d	37d	41d	34d	37d	30d	34d	29d	33d	28d	32d	27d	30d	26d	29d
HRB500 HRBF500	一、二级	55d	61d	49d	54d	45d	49d	41d	46d	39d	43d	37d	40d	36d	39d	35d	38d
	三级	50d	56d	45d	49d	41d	45d	38d	42d	36d	39d	34d	37d	33d	36d	32d	35d

注：1. 当为环氧树脂涂层带肋钢筋时，表中数据尚应乘以 1.25。
2. 当纵向受拉钢筋在施工过程中易受扰动时，表中数据尚应乘以 1.1。
3. 当锚固长度范围内纵向受力钢筋周围保护层厚度为 3*d*（*d* 为锚固钢筋的直径）时，表中数据可乘以 0.8；保护层厚度不小于 5*d* 时，表中数据可乘以 0.7；中间时按内插值。
4. 当纵向受拉普通钢筋锚固长度修正系数（注 1 ~注 3）多于一项时，可连乘计算。
5. 受拉钢筋的锚固长度 l_a、l_{aE} 计算值不应小于 200mm。
6. 四级抗震等级时，$l_{aE}=l_a$。
7. 当锚固钢筋的保护层厚度不大于 5*d* 时，锚固钢筋长度范围内应设置横向构造钢筋，其直径不应小于 *d*/4（*d* 为锚固钢筋的最大直径）；对梁、柱等构件间距不应大于 5*d*，对板、墙等构件间距不应大于 10*d*，且均不应大于 100mm（*d* 为锚固钢筋的最小直径）。
8．HPB300 钢筋末端应做 180° 弯钩，做法详见 22G101—1 图集第 58 页。
9．混凝土强度等级应取锚固区的混凝土强度等级。

受拉钢筋锚固长度 l_a　受拉钢筋抗震锚固长度 l_{aE}						图集号	22G101—1—59
审核	郭仁俊	校对	廖宜香	设计	傅华夏		

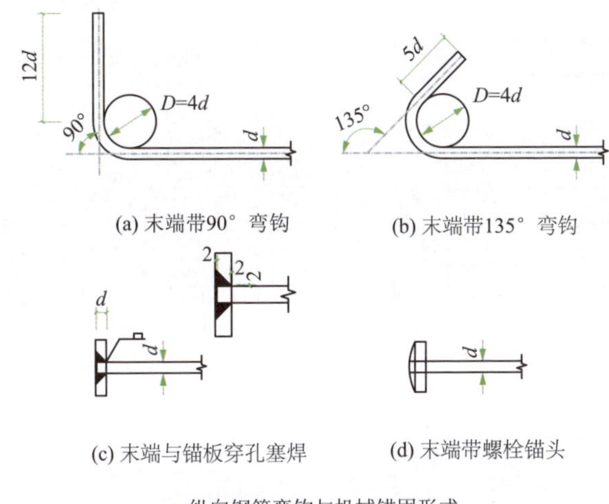

(a) 末端带90°弯钩　(b) 末端带135°弯钩

(c) 末端与锚板穿孔塞焊　(d) 末端带螺栓锚头

纵向钢筋弯钩与机械锚固形式

注：1. 当纵向受拉普通钢筋末端采用弯钩或机械锚固措施时，包括弯钩或锚固端头在内的锚固长度（投影长度）可取为基本锚固长度的60%。
2. 焊缝和螺纹长度应满足承载力的要求；钢筋锚固板的规格和性能应符合现行行业标准《钢筋锚固板应用技术规程》（JGJ 256—2011）的有关规定。
3. 钢筋锚固板（螺栓锚头或焊端锚板）的承压净面积不应小于锚固钢筋截面积的4倍；钢筋净间距不宜小于4d，否则应考虑群锚效应的不利影响。
4. 受压钢筋不应采用末端弯钩的锚固形式。
5. 500MPa级带肋钢筋末端采用弯钩锚固措施时，当直径$d \leq 25$mm时，钢筋弯折的弯弧内直径不应小于钢筋直径的6倍；当直径$d>25$mm时，不应小于钢筋直径的7倍。
6. 22G101—1图集标准构造详图中标注的钢筋端部弯折段长度15d均为400MPa级钢筋的弯折段长度。当采用500MPa级带肋钢筋时，应保证钢筋锚固弯后直段长度和弯弧内直径的要求。

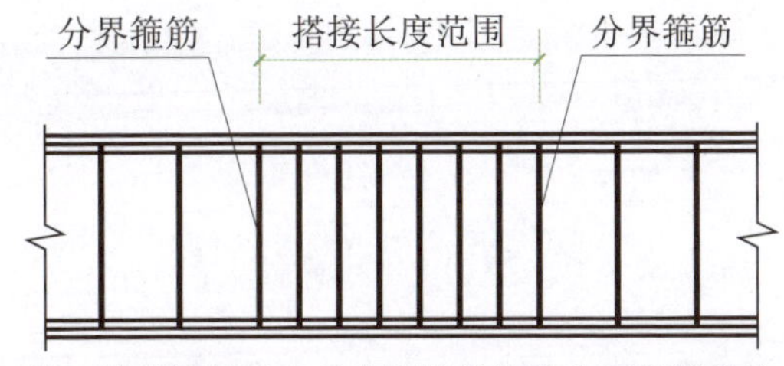

梁、柱类构件纵向受力钢筋搭接接头区箍筋构造

注：1. 纵向受力钢筋搭接区内箍筋直径不小于d/4（d为搭接钢筋最大直径），且不小于构件所配箍筋直径；箍筋间距不应大于100mm及5d（d为搭接钢筋最小直径）。
2. 当受压钢筋直径大于25mm时，尚应在搭接接头两个端面外100mm的范围内各设置两道箍筋。

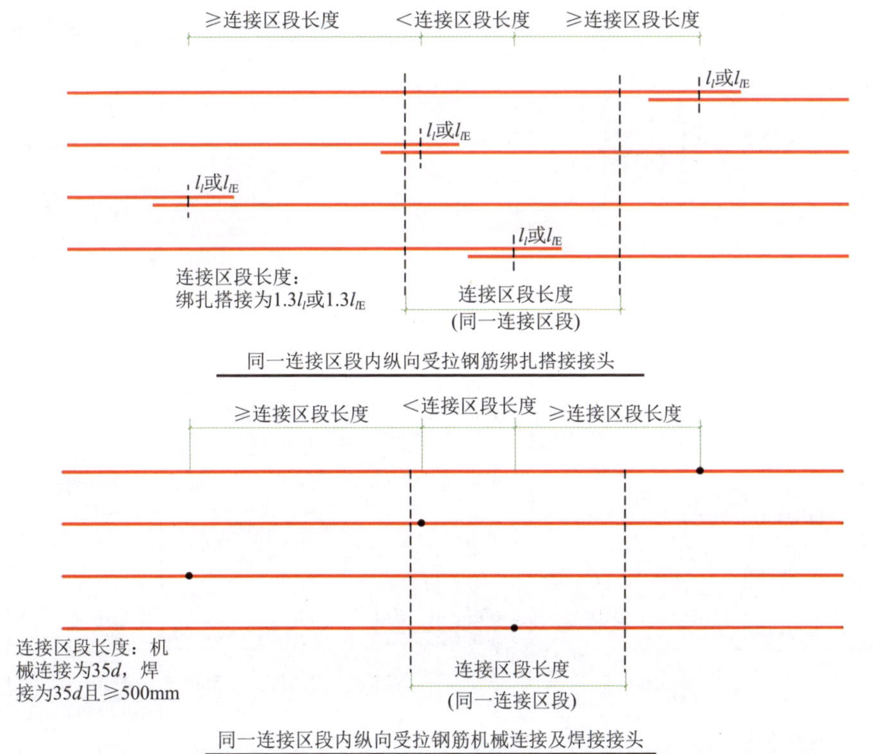

同一连接区段内纵向受拉钢筋绑扎搭接接头

同一连接区段内纵向受拉钢筋机械连接及焊接接头

注：1. d为相互连接两根钢筋中较小直径；当同一构件内不同连接钢筋计算连接区段长度不同时，取大值。
2. 凡接头中点位于连接区段长度内，连接接头均属同一连接区段。
3. 同一连接区段内纵向钢筋搭接接头面积百分率，为该区段内有连接接头的纵向受力钢筋截面积与全部纵向钢筋截面面积的比值（当直径相同时，图示钢筋连接接头面积百分率为50%）。
4. 当受拉钢筋直径>25mm及受压钢筋直径>28mm时，不宜采用绑扎搭接。
5. 轴心受拉及小偏心受拉构件中，纵向受力钢筋不应采用绑扎搭接。
6. 纵向受力钢筋连接位置宜避开梁端、柱端箍筋加密区。如必须在此连接时，应采用机械连接或焊接。
7. 机械连接和焊接接头的类型及质量应符合现行国家有关标准的规定。

纵向钢筋弯钩与机械锚固形式 纵向受力钢筋搭接区箍筋构造　纵向钢筋的连接						图集号	22G101—1—60
审核	郭仁俊	校对	廖宜香	设计	傅华夏		

纵向受拉钢筋搭接长度 l_l

钢筋种类	同一区段内搭接钢筋面积百分率	混凝土强度等级															
		C25		C30		C35		C40		C45		C50		C55		≥ C60	
		$d \leqslant 25$	$d > 25$	$d \leqslant 25$	$d > 25$	$d \leqslant 25$	$d > 25$	$d \leqslant 25$	$d > 25$	$d \leqslant 25$	$d > 25$	$d \leqslant 25$	$d > 25$	$d \leqslant 25$	$d > 25$	$d \leqslant 25$	$d > 25$
HPB300	≤ 25%	41*d*	—	36*d*	—	34*d*	—	30*d*	—	29*d*	—	28*d*	—	26*d*	—	25*d*	—
	50%	48*d*	—	42*d*	—	39*d*	—	35*d*	—	34*d*	—	32*d*	—	31*d*	—	29*d*	—
	100%	54*d*	—	48*d*	—	45*d*	—	40*d*	—	38*d*	—	37*d*	—	35*d*	—	34*d*	—
HRB400 HRBF400 RRB400	≤ 25%	48*d*	53*d*	42*d*	47*d*	38*d*	42*d*	35*d*	38*d*	34*d*	37*d*	32*d*	36*d*	31*d*	35*d*	30*d*	34*d*
	50%	56*d*	62*d*	49*d*	55*d*	45*d*	49*d*	41*d*	45*d*	39*d*	43*d*	38*d*	42*d*	36*d*	41*d*	35*d*	39*d*
	100%	64*d*	70*d*	56*d*	52*d*	51*d*	56*d*	46*d*	51*d*	45*d*	50*d*	43*d*	48*d*	42*d*	46*d*	40*d*	45*d*
HRB500 HRBF500	≤ 25%	58*d*	64*d*	52*d*	56*d*	47*d*	52*d*	43*d*	48*d*	41*d*	44*d*	38*d*	42*d*	37*d*	41*d*	36*d*	40*d*
	50%	67*d*	74*d*	60*d*	66*d*	55*d*	60*d*	50*d*	56*d*	48*d*	52*d*	45*d*	49*d*	43*d*	48*d*	42*d*	46*d*
	100%	77*d*	85*d*	69*d*	75*d*	62*d*	69*d*	58*d*	64*d*	54*d*	59*d*	51*d*	56*d*	50*d*	54*d*	48*d*	53*d*

注：1. 表中数值为纵向受拉钢筋绑扎搭接接头的搭接长度。
2. 两根不同直径钢筋搭接时，表中 *d* 取较小钢筋的直径。
3. 当为环氧树脂涂层带肋钢筋时，表中数据尚应乘以 1.25。
4. 当纵向受拉钢筋在施工过程中易受扰动时，表中数据尚应乘以 1.1。
5. 当搭接长度范围内纵向受力钢筋周边保护层厚度为 3*d*（*d* 为锚固钢筋的直径）时，表中数据可乘以 0.8；保护层厚度不小于 5*d* 时，表中数据可乘以 0.7；中间时按内插值。
6. 当上述修正系数（注 3 ~注 5）多于一项时，可按连乘计算。
7. 当位于同一连接区段内的钢筋搭接接头面积百分率为表中数据中间值时，搭接长度可按内插取值。
8. 任何情况下，搭接长度不应小于 300mm。
9. HPB300 级钢筋末端应做 180° 弯钩，做法详见 22G101—1 图集第 58 页。

纵向受拉钢筋搭接长度 l_l						图集号	22G101—1—61
审核	郭仁俊	校对	廖宜香	设计	傅华夏		

纵向受拉钢筋抗震搭接长度 l_{lE}

钢筋种类		同一区段内搭接钢筋面积百分率	混凝土强度等级															
			C25		C30		C35		C40		C45		C50		C55		≥ C60	
			$d \leqslant 25$	$d > 25$	$d \leqslant 25$	$d > 25$	$d \leqslant 25$	$d > 25$	$d \leqslant 25$	$d > 25$	$d \leqslant 25$	$d > 25$	$d \leqslant 25$	$d > 25$	$d \leqslant 25$	$d > 25$	$d \leqslant 25$	$d > 25$
一级和二级抗震等级	HPB300	≤ 25%	47d	—	42d	—	38d	—	35d	—	34d	—	31d	—	30d	—	29d	—
		50%	55d	—	49d	—	45d	—	41d	—	39d	—	36d	—	35d	—	34d	—
	HRB400 HRBF400	≤ 25%	55d	61d	48d	54d	44d	48d	40d	44d	38d	43d	37d	42d	36d	40d	35d	38d
		50%	64d	71d	56d	63d	52d	56d	46d	52d	45d	50d	43d	49d	42d	46d	41d	45d
	HRB500 HRBF500	≤ 25%	66d	73d	59d	65d	54d	59d	49d	55d	47d	52d	44d	48d	43d	47d	42d	46d
		50%	77d	85d	69d	76d	63d	69d	57d	64d	55d	60d	52d	56d	50d	55d	49d	53d
三级抗震等级	HPB300	≤ 25%	43d	—	38d	—	35d	—	31d	—	30d	—	29d	—	28d	—	26d	—
		50%	50d	—	45d	—	41d	—	36d	—	35d	—	34d	—	32d	—	31d	—
	HRB400 HRBF400	≤ 25%	50d	55d	44d	49d	41d	44d	36d	41d	35d	40d	34d	38d	32d	36d	31d	35d
		50%	59d	64d	52d	57d	48d	52d	42d	48d	41d	46d	39d	45d	38d	42d	36d	41d
	HRB500 HRBF500	≤ 25%	60d	67d	54d	59d	49d	54d	46d	50d	43d	47d	41d	44d	40d	43d	38d	42d
		50%	70d	78d	63d	69d	57d	63d	53d	59d	50d	55d	48d	52d	46d	50d	45d	49d

注：1. 表中数值为纵向受拉钢筋绑扎搭接接头的搭接长度。
2. 两根不同直径钢筋搭接时，表中 d 取较小钢筋的直径。
3. 当为环氧树脂涂层带肋钢筋时，表中数据尚应乘以 1.25。
4. 当纵向受拉钢筋在施工过程中易受扰动时，表中数据尚应乘以 1.1。
5. 当搭接长度范围内纵向受力钢筋周边保护层厚度为 $3d$（d 为锚固钢筋的直径）时，表中数据可乘以 0.8；保护层厚度不小于 $5d$ 时，表中数据可乘以 0.7；中间时按内插值。
6. 当上述修正系数（注 3 ~注 5）多于一项时，可按连乘计算。
7. 当位于同一连接区段内的钢筋搭接接头面积百分率为 100% 时，$l_{lE}=1.6l_{aE}$。
8. 当位于同一连接区段内的钢筋搭接接头面积百分率为表中数据中间值时，搭接长度可按内插取值。
9. 任何情况下，搭接长度不应小于 300mm。
10. 四级抗震等级时，$l_{lE}=l_l$。详见 22G101—1 图集第 61 页。
11. HPB300 级钢筋末端应做 180° 弯钩，做法详见 22G101—1 图集第 58 页。

纵向受拉钢筋抗震搭接长度 l_{lE}						图集号	22G101—1—62
审核	郭仁俊	校对	廖宜香	设计	傅华夏		

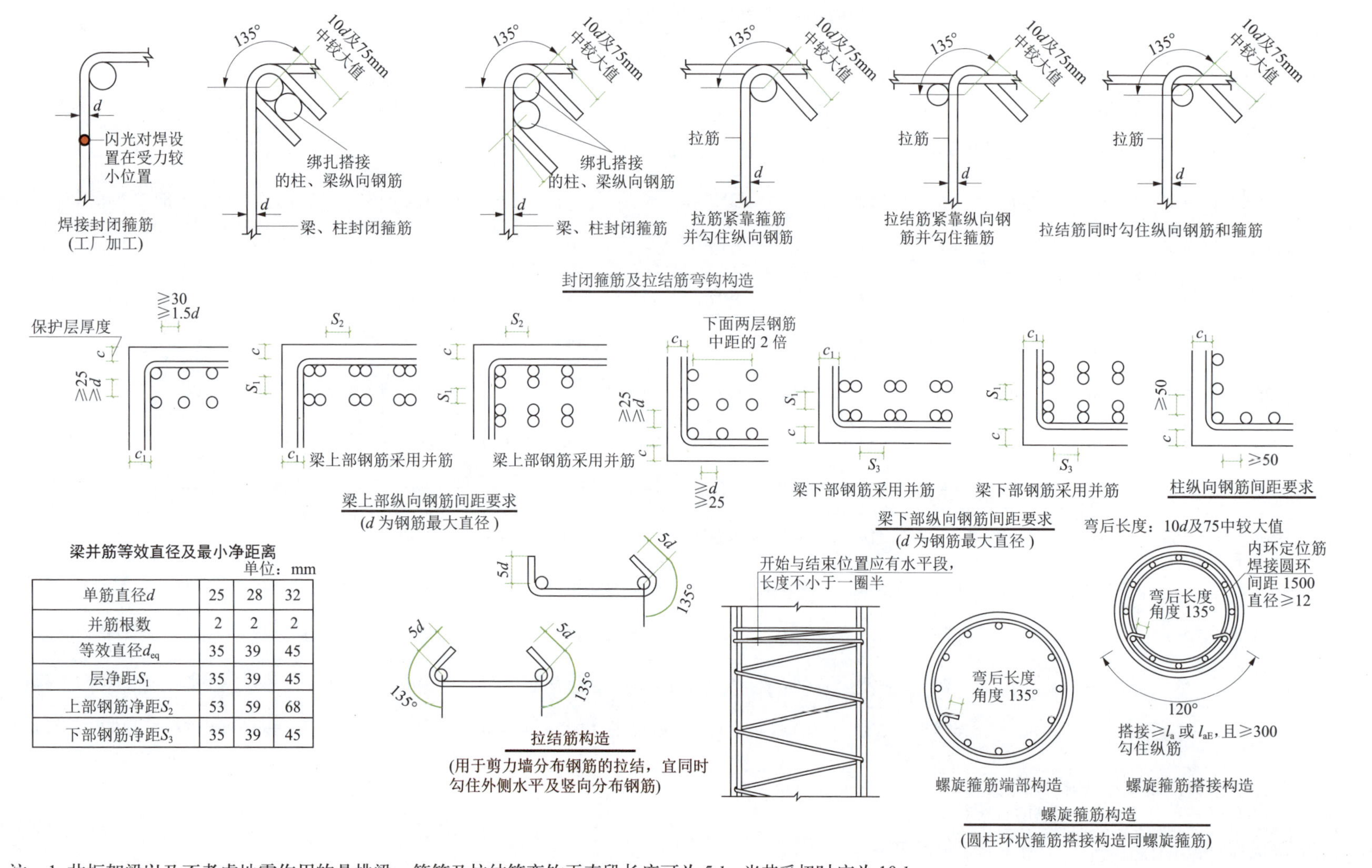

梁并筋等效直径及最小净距离

单位：mm

单筋直径d	25	28	32
并筋根数	2	2	2
等效直径d_{eq}	35	39	45
层净距S_1	35	39	45
上部钢筋净距S_2	53	59	68
下部钢筋净距S_3	35	39	45

注：1. 非框架梁以及不考虑地震作用的悬挑梁，箍筋及拉结筋弯钩平直段长度可为5*d*；当其受扭时应为10*d*。

2. 本图中拉结筋弯钩构造做法采用何种形式由设计人员指定。

3. 当采用本图未涉及的并筋形式时，由设计人员确定。并筋等效直径的概念可用于22G101—1图集中钢筋间距、保护层厚度、钢筋锚固长度等的计算中。

4. 并筋连接接头宜按每根单筋错开，接头面积百分率应按同一连接区段内所有的单根钢筋计算。钢筋的搭接长度应按单筋分别计算。

5. 机械连接套筒的横向净间距不宜小于25mm。

6. *c*为最外层钢筋的保护层厚度；c_1为纵向钢筋的保护层厚度，不应小于纵向钢筋直径*d*或并筋的等效直径d_{eq}。

封闭箍筋及拉结筋弯钩构造　梁并筋等效直径及最小净距 离梁柱纵向钢筋间距要求　拉结筋构造　螺旋箍筋构造						图集号	22G101—1—63、64
审核	郭仁俊	校对	廖宜香	设计	傅华夏		

柱平法标准构造详图及三维示意图

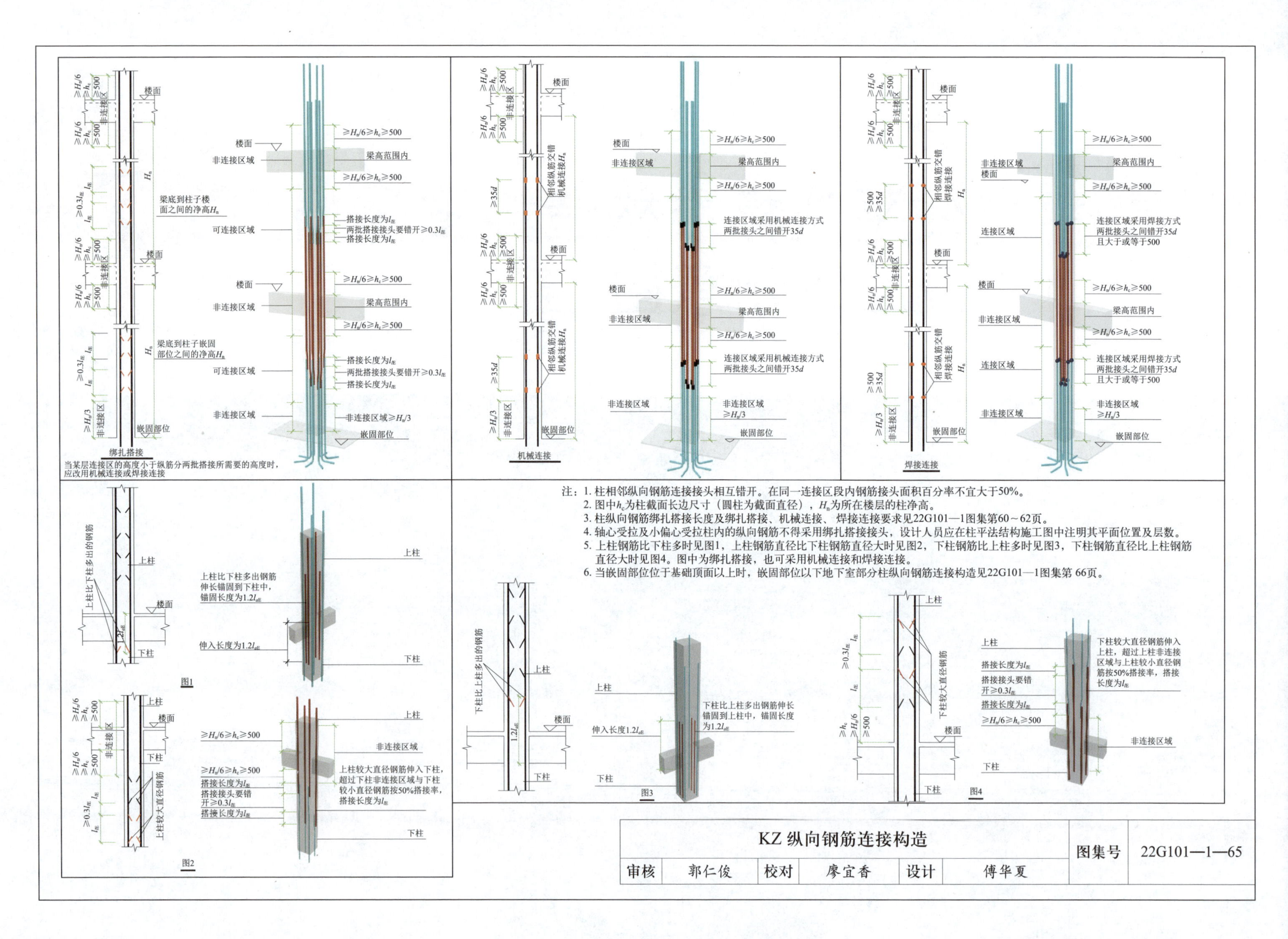

绑扎搭接
当某层连接区的高度小于纵筋分两批搭接所需要的高度时，应改用机械连接或焊接连接
机械连接
焊接连接
楼面
非连接区域
梁高范围内
可连接区域
连接区域
嵌固部位
梁底到柱子楼面之间的净高H_n
梁底到柱子嵌固部位之间的净高H_n
搭接长度为l_{lE}
两批搭接接头要错开≥$0.3l_{lE}$
非连接区域≥$H_n/3$
连接区域采用机械连接方式两批接头之间错开35d
连接区域采用焊接连接方式两批接头之间错开35d且大于或等于500
相邻纵筋交错机械连接H_n
相邻纵筋交错焊接连接
上柱
下柱
上柱比下柱多出的钢筋
上柱比下柱多出钢筋伸长锚固到下柱中，锚固长度为$1.2l_{aE}$
伸入长度为$1.2l_{aE}$
图1
上柱较大直径钢筋
上柱较大直径钢筋伸入下柱，超过下柱非连接区域与下柱较小直径钢筋按50%搭接率，搭接长度为l_{lE}
图2
下柱比上柱多出的钢筋
下柱比上柱多出钢筋伸长锚固到上柱中，锚固长度为$1.2l_{aE}$
伸入长度$1.2l_{aE}$
图3
下柱较大直径钢筋
下柱较大直径钢筋伸入上柱，超过上柱非连接区域与上柱较小直径钢筋按50%搭接率，搭接长度为l_{lE}
图4
注：1. 柱相邻纵向钢筋连接接头相互错开。在同一连接区段内钢筋接头面积百分率不宜大于50%。
2. 图中h_c为柱截面长边尺寸（圆柱为截面直径），H_n为所在楼层的柱净高。
3. 柱纵向钢筋绑扎搭接长度及绑扎搭接、机械连接、焊接连接要求见22G101—1图集第60～62页。
4. 轴心受拉及小偏心受拉柱内的纵向钢筋不得采用绑扎搭接接头，设计人员应在柱平法结构施工图中注明其平面位置及层数。
5. 上柱钢筋比下柱多时见图1，上柱钢筋直径比下柱钢筋直径大时见图2，下柱钢筋比上柱多时见图3，下柱钢筋直径比上柱钢筋直径大时见图4。图中为绑扎搭接，也可采用机械连接和焊接连接。
6. 当嵌固部位位于基础顶面以上时，嵌固部位以下地下室部分柱纵向钢筋连接构造见22G101—1图集第 66页。
KZ 纵向钢筋连接构造
图集号 22G101—1—65
审核 郭仁俊 校对 廖宜香 设计 傅华夏

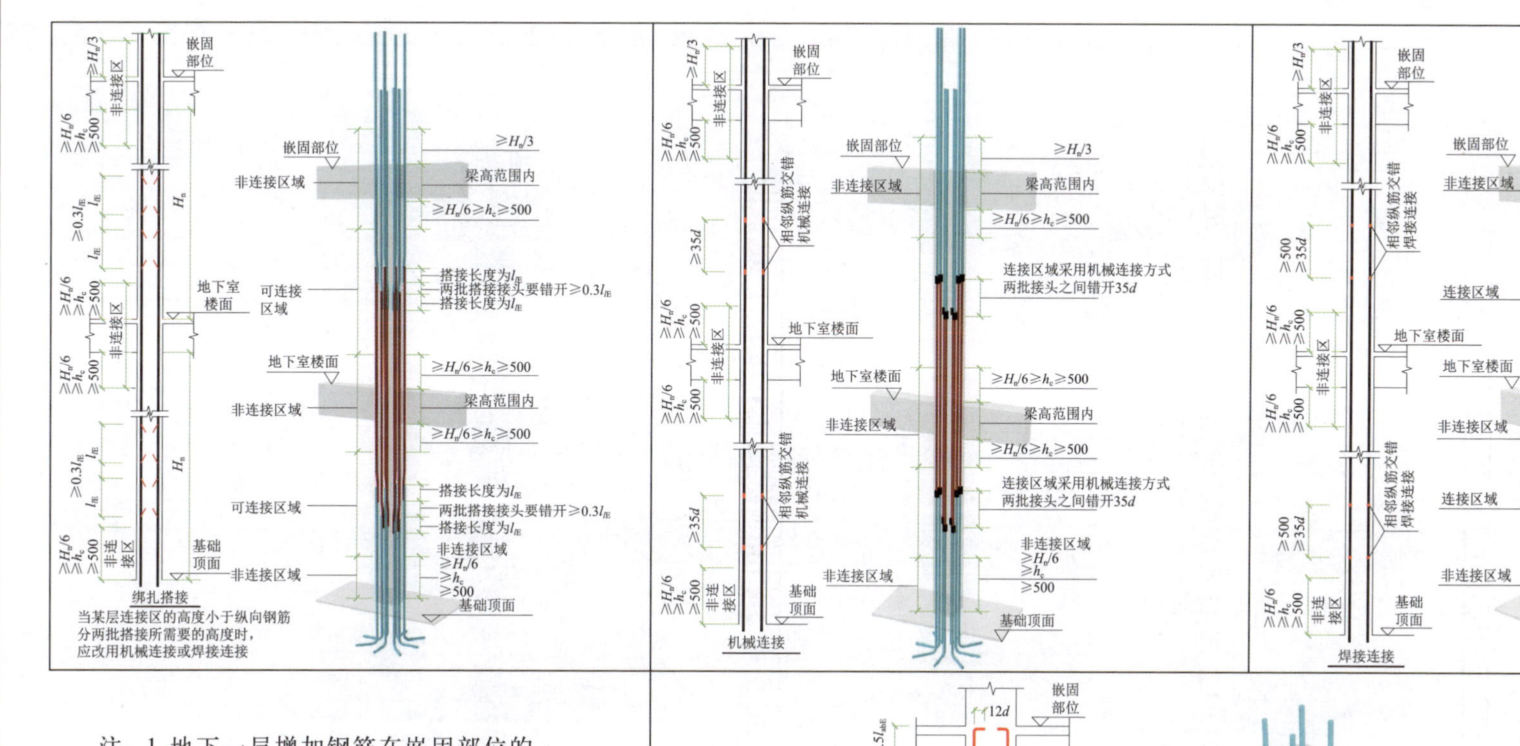

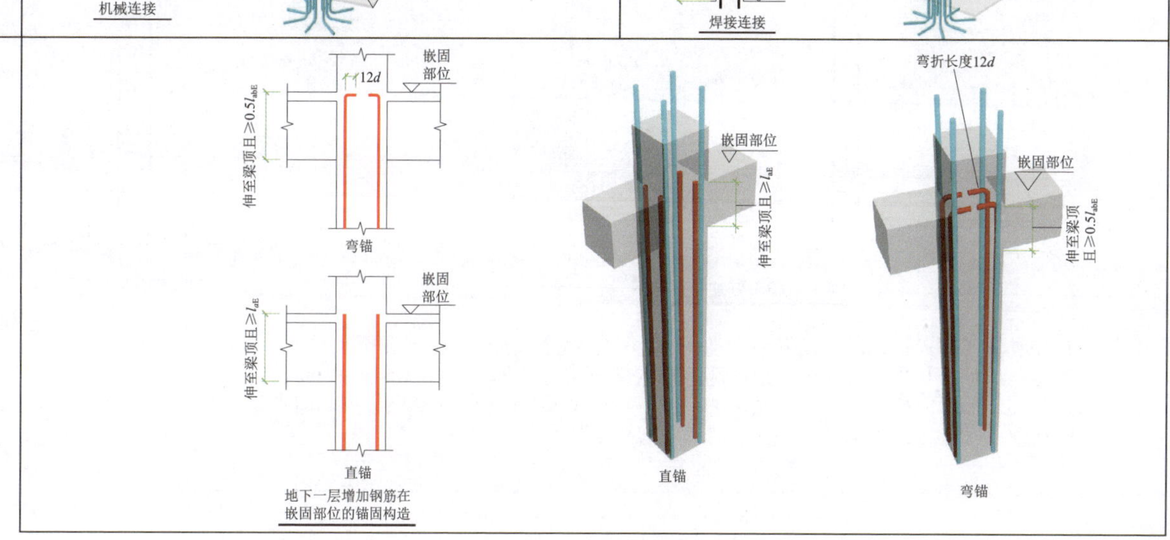

地下一层增加钢筋在嵌固部位的锚固构造

注：1. 地下一层增加钢筋在嵌固部位的锚固构造，仅用于按《建筑抗震设计规范(2016 年版)》(GB 50011—2010) 第 6.1.14 条在地下一层增加的钢筋，由设计人员指定，未指定时表示地下一层比上层柱多出的钢筋。
2. 本页图中钢筋连接构造及柱箍筋加密区范围，用于嵌固部位不在基础顶面情况下地下室部分（基础顶面至嵌固部位）的柱。
3. 钢筋连接构造说明见 22G101—1 图集第 65 页。
4. 图中 h_c 为柱截面长边尺寸(圆柱为截面直径)，H_n 为所在楼层的柱净高。

地下室 KZ 纵向钢筋连接构造						图集号	22G101—1—66
审核	郭仁俊	校对	廖宜香	设计	傅华夏		

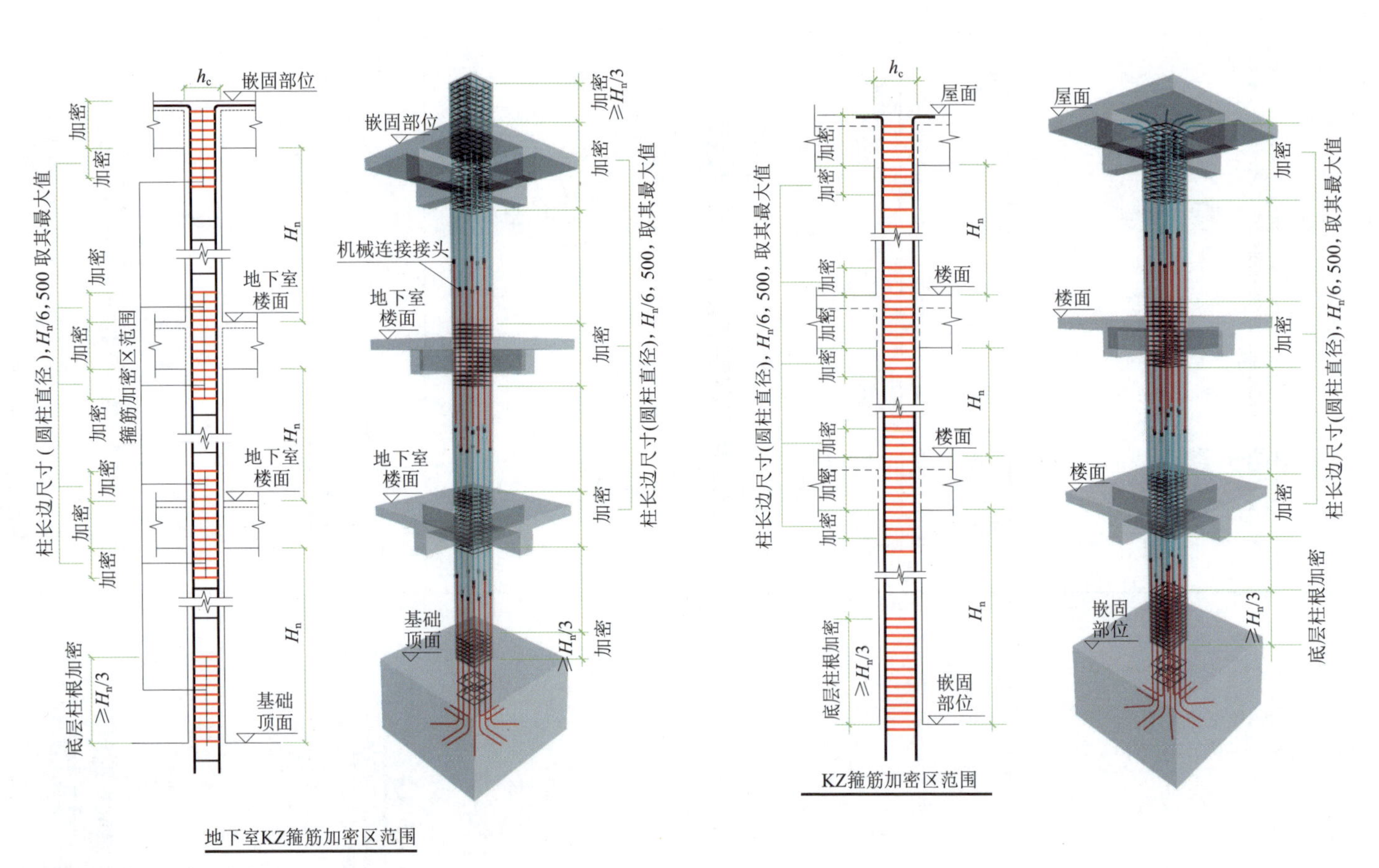

地下室KZ箍筋加密区范围

注：1. 除具体工程设计标注有箍筋全高加密的柱外，柱箍筋加密区按本图所示。
2. 当柱纵筋采用搭接连接时，搭接区范围内箍筋构造见 22G101—1 图集第 60 页。
3. 为便于施工时确定柱箍筋加密区的高度，可按 22G101—1 第 69 图集页的图表查用。
4. H_n 为所在楼层的柱净高，H_{n*} 为穿层时的柱净高。

地下室 KZ 箍筋加密区范围　KZ 箍筋加密区范围（一）						图集号	22G101—1—67
审核	郭仁俊	校对	廖宜香	设计	傅华夏		

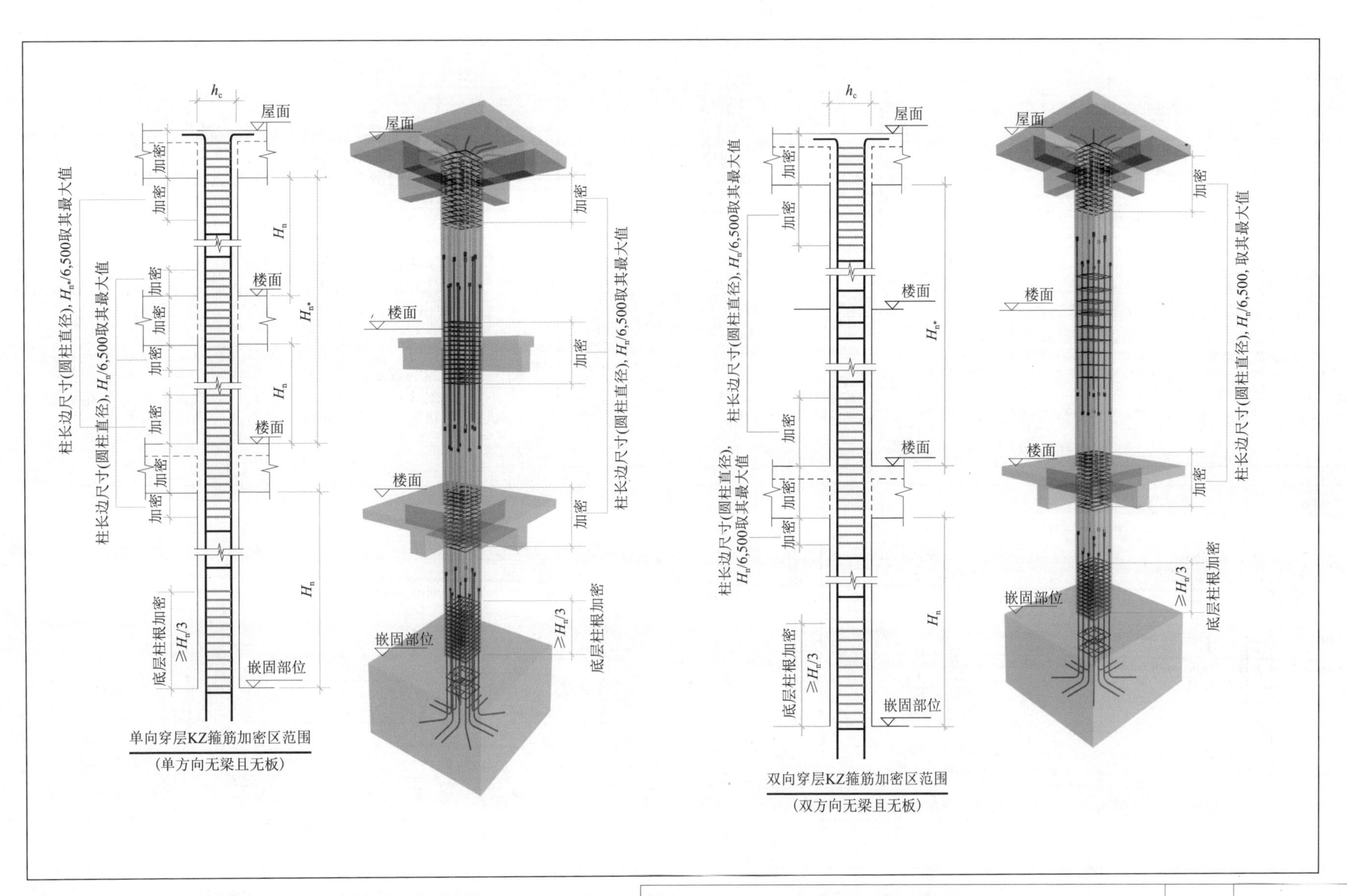

KZ 箍筋加密区范围（二）						图集号	22G101—1—67
审核	郭仁俊	校对	廖宜香	设计	傅华夏		

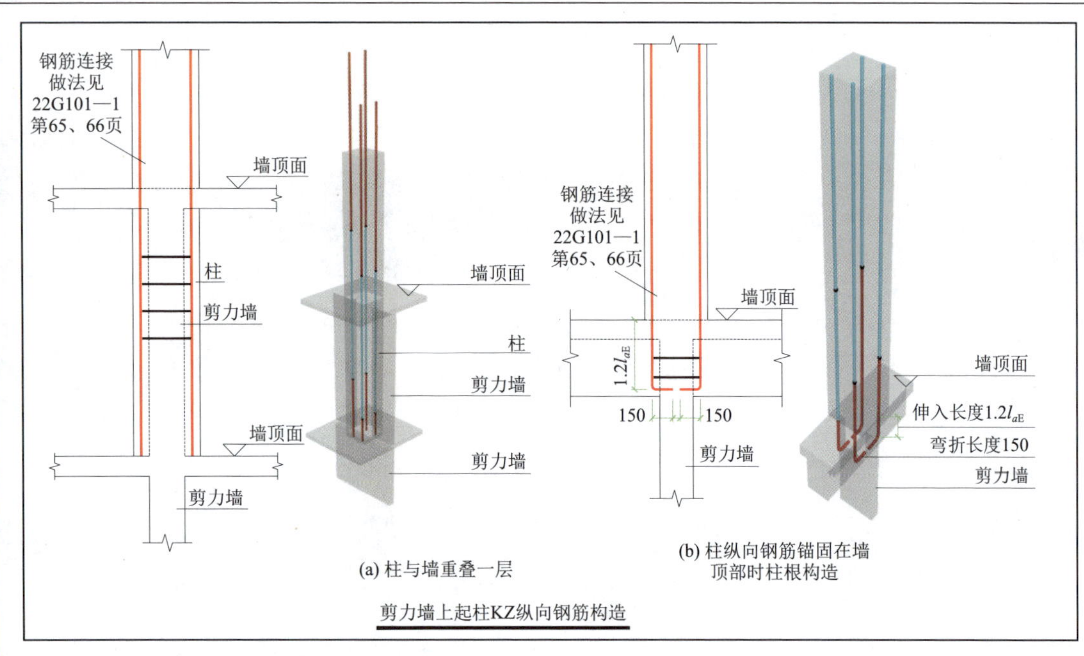

剪力墙上起柱KZ纵向钢筋构造

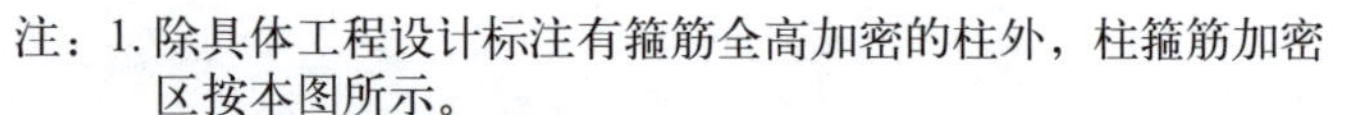

注：1. 除具体工程设计标注有箍筋全高加密的柱外，柱箍筋加密区按本图所示。

2. 当柱纵向钢筋采用搭接连接时，搭接区范围内箍筋构造见22G101—1 图集第 60 页。

3. 为便于施工时确定柱箍筋加密区的高度，可按 22G101—1 图集第 69 页的图表查用。

4. 墙上起框架柱，在墙顶面标高以下锚固范围内的柱箍筋按上柱非加密区箍筋要求配置；梁上起框架柱时，在梁内设置间距不大于 500mm，且至少两道柱箍筋。

5. 墙上起框架柱（柱纵向钢筋锚固在墙顶部时）和梁上起框架柱时，墙体和梁的平面外方向应设梁，以平衡柱脚在该方向的弯矩；当柱宽大于梁宽时，梁应设水平加腋。

6. 当梁为拉弯构件时，梁上起柱应根据实际受力情况采取加强措施，柱纵向钢筋构造做法应由设计人员指定。

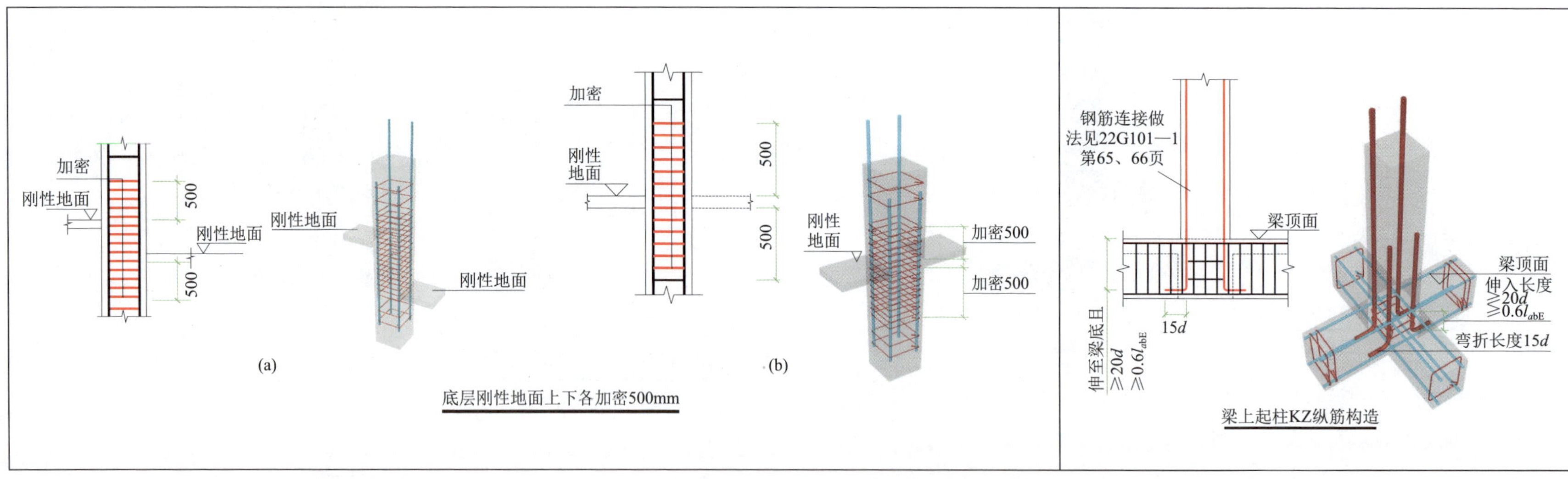

底层刚性地面上下各加密500mm

梁上起柱KZ纵筋构造

剪力墙上起柱 KZ 纵向钢筋构造　梁上起柱 KZ 纵向钢筋构造　底层刚性地面上下各加密 500mm						图集号	22G101—1—68
审核	郭仁俊	校对	廖宜香	设计	傅华夏		

抗震框架柱和小墙肢箍筋加密区高度选用表

单位：mm

柱净高 H_n	柱截面长边尺寸 h_c 或圆柱直径 D																		
	400	450	500	550	600	650	700	750	800	850	900	950	1000	1050	1100	1150	1200	1250	1300
1500																			
1800	500																		
2100	500	500	500																
2400	500	500	500	550															
2700	500	500	500	550	600	650													
3000	500	500	500	550	600	650	700												
3300	550	550	550	550	600	650	700	750	800										
3600	600	600	600	600	600	650	700	750	800	850									
3900	650	650	650	650	650	650	700	750	800	850	900	950							
4200	700	700	700	700	700	700	700	750	800	850	900	950	1000						
4500	750	750	750	750	750	750	750	750	800	850	900	950	1000	1050	1100				
4800	800	800	800	800	800	800	800	800	800	850	900	950	1000	1050	1100	1150			
5100	850	850	850	850	850	850	850	850	850	850	900	950	1000	1050	1100	1150	1200	1250	
5400	900	900	900	900	900	900	900	900	900	900	900	950	1000	1050	1100	1150	1200	1250	1300
5700	950	950	950	950	950	950	950	950	950	950	950	950	1000	1050	1100	1150	1200	1250	1300
6000	1000	1000	1000	1000	1000	1000	1000	1000	1000	1000	1000	1000	1000	1050	1100	1150	1200	1250	1300
6300	1050	1050	1050	1050	1050	1050	1050	1050	1050	1050	1050	1050	1050	1050	1100	1150	1200	1250	1300
6600	1100	1100	1100	1100	1100	1100	1100	1100	1100	1100	1100	1100	1100	1100	1100	1150	1200	1250	1300
6900	1150	1150	1150	1150	1150	1150	1150	1150	1150	1150	1150	1150	1150	1150	1150	1150	1200	1250	1300
7200	1200	1200	1200	1200	1200	1200	1200	1200	1200	1200	1200	1200	1200	1200	1200	1200	1200	1250	1300

箍筋全高加密

注：1. 表内数值未包括框架嵌固部位柱根部箍筋加密区范围。

2. 柱净高（包括因嵌砌填充墙等形成的柱净高）与柱截面长边尺寸（圆柱为截面直径）的比值 $H_n/h_c \leq 4$ 时，箍筋沿柱全高加密。

3. 小墙肢即墙肢长度不大于墙厚4倍的剪力墙。矩形小墙肢的厚度不大于300mm时，箍筋全高加密。

抗震框架柱和小墙肢箍筋加密区高度选用表						图集号	22G101—1—69
审核	郭仁俊	校对	廖宜香	设计	傅华夏		

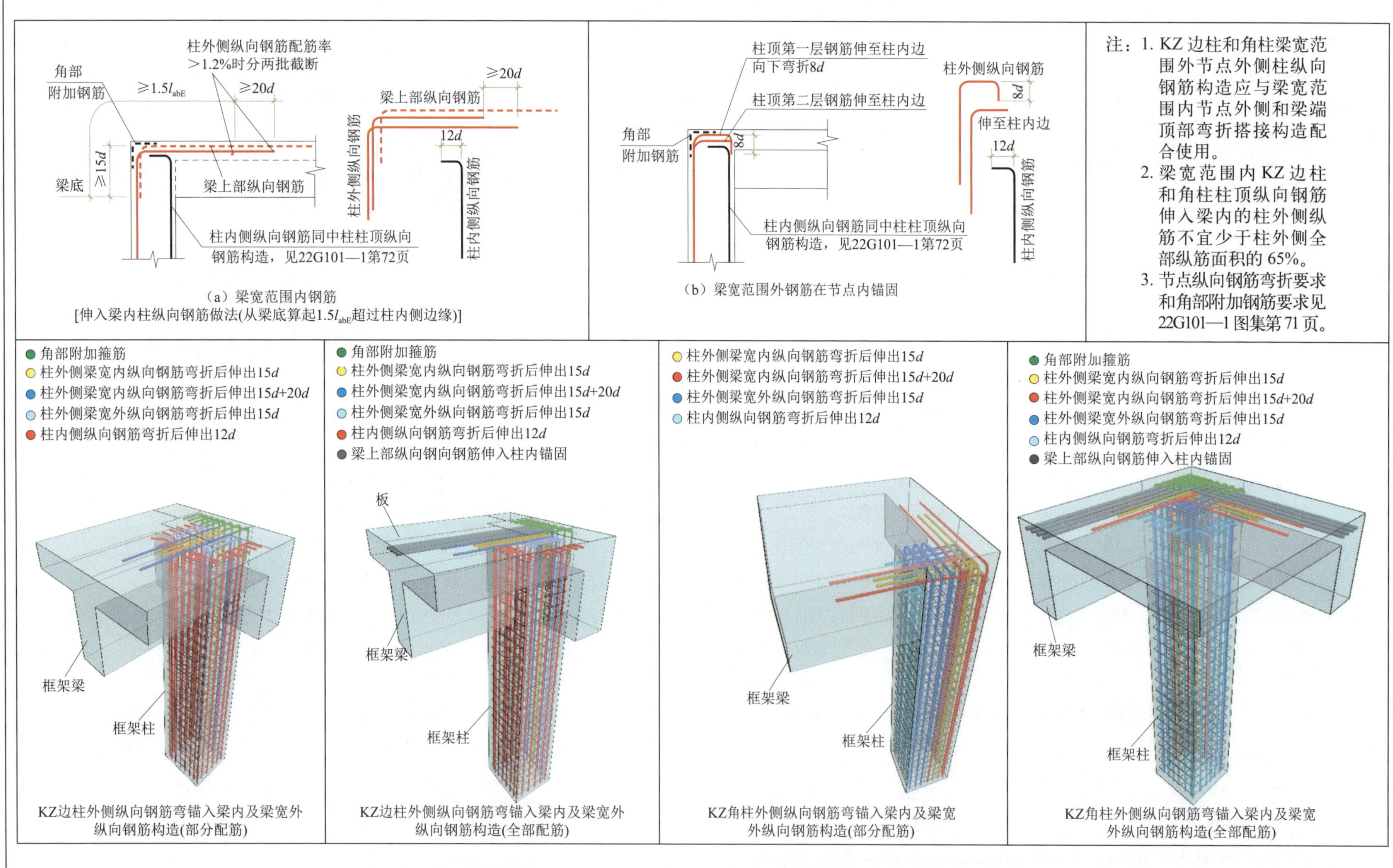

（a）梁宽范围内钢筋
[伸入梁内柱纵向钢筋做法(从梁底算起1.5l_{abE}超过柱内侧边缘)]

（b）梁宽范围外钢筋在节点内锚固

KZ边柱外侧纵向钢筋弯锚入梁内及梁宽外纵向钢筋构造(部分配筋)

KZ边柱外侧纵向钢筋弯锚入梁内及梁宽外纵向钢筋构造(全部配筋)

KZ角柱外侧纵向钢筋弯锚入梁内及梁宽外纵向钢筋构造(部分配筋)

KZ角柱外侧纵向钢筋弯锚入梁内及梁宽外纵向钢筋构造(全部配筋)

KZ 边柱和角柱柱顶纵向钢筋构造（一）						图集号	22G101—1—70
审核	郭仁俊	校对	廖宜香	设计	傅华夏		

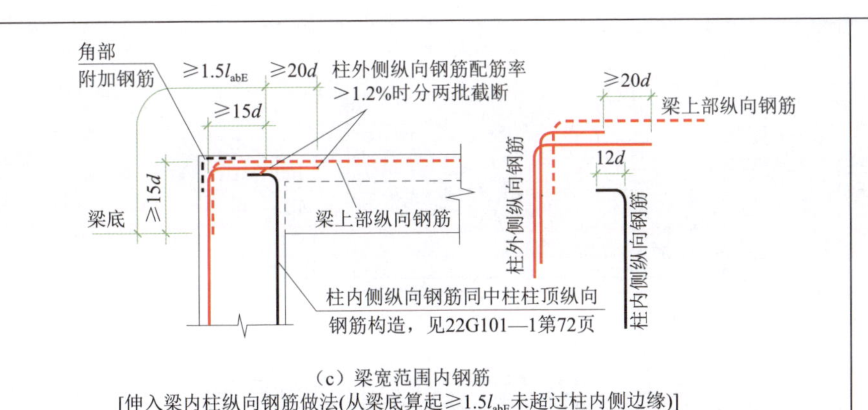

（c）梁宽范围内钢筋
[伸入梁内柱纵向钢筋做法(从梁底算起≥1.5l_{abE}未超过柱内侧边缘)]

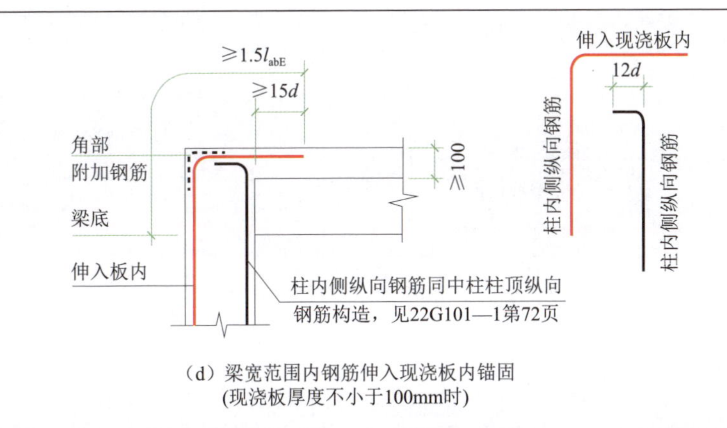

（d）梁宽范围内钢筋伸入现浇板内锚固
(现浇板厚度不小于100mm时)

● 角部附加箍筋
● 柱外侧梁宽内纵向钢筋弯折后伸出15d
● 柱外侧梁宽内纵向钢筋弯折后伸出15d+20d
● 柱外侧梁宽外纵向钢筋弯折后伸出15d
● 柱内侧纵向钢筋弯折后伸出12d

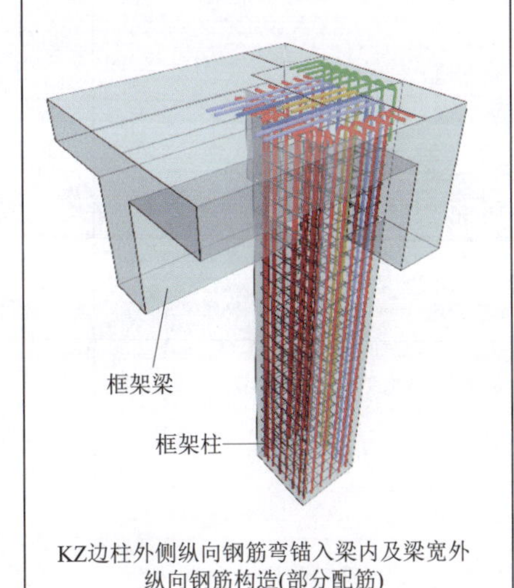

KZ边柱外侧纵向钢筋弯锚入梁内及梁宽外纵向钢筋构造(部分配筋)

● 角部附加箍筋
● 柱外侧梁宽内纵向钢筋弯折后伸出15d
● 柱外侧梁宽内纵向钢筋弯折后伸出15d+20d
● 柱外侧梁宽外纵向钢筋弯折后伸出15d
● 柱内侧纵向钢筋弯折后伸出12d
● 梁上部纵向钢筋伸入柱内锚固

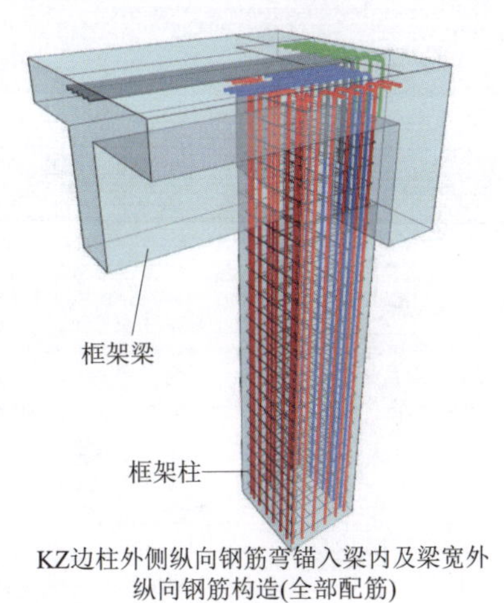

KZ边柱外侧纵向钢筋弯锚入梁内及梁宽外纵向钢筋构造(全部配筋)

● 柱外侧梁宽内纵向钢筋弯折后伸出15d
● 柱外侧梁宽内纵向钢筋弯折后伸出15d+20d
● 柱外侧梁宽外纵向钢筋弯折后伸出15d
● 柱内侧纵向钢筋弯折后伸出12d

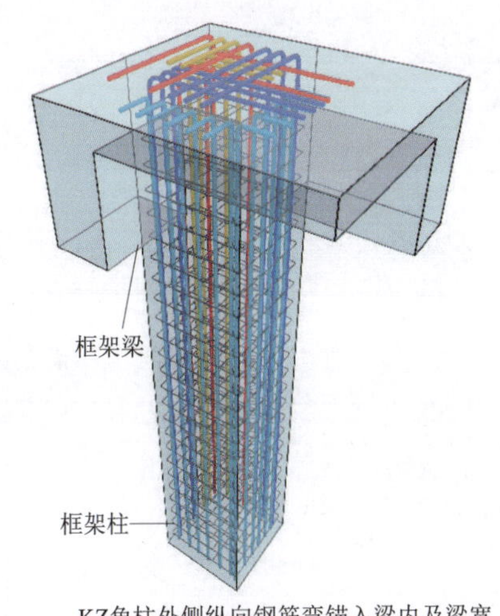

KZ角柱外侧纵向钢筋弯锚入梁内及梁宽外纵向钢筋构造(部分配筋)

● 角部附加箍筋
● 柱外侧梁宽内纵向钢筋弯折后伸出15d
● 柱外侧梁宽内纵向钢筋弯折后伸出15d+20d
● 柱外侧梁宽外纵向钢筋弯折后伸出15d
● 柱内侧纵向钢筋弯折后伸出12d
● 梁上部纵向钢筋伸入柱内锚固

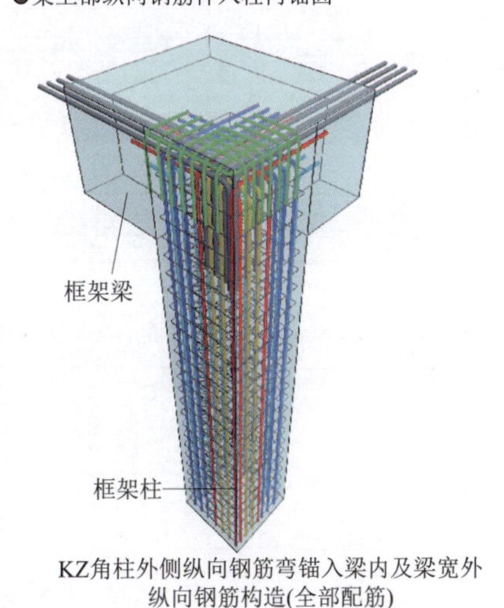

KZ角柱外侧纵向钢筋弯锚入梁内及梁宽外纵向钢筋构造(全部配筋)

KZ边柱和角柱柱顶纵向钢筋构造（二）						图集号	22G101—1—70
审核	郭仁俊	校对	廖宜香	设计	傅华夏		

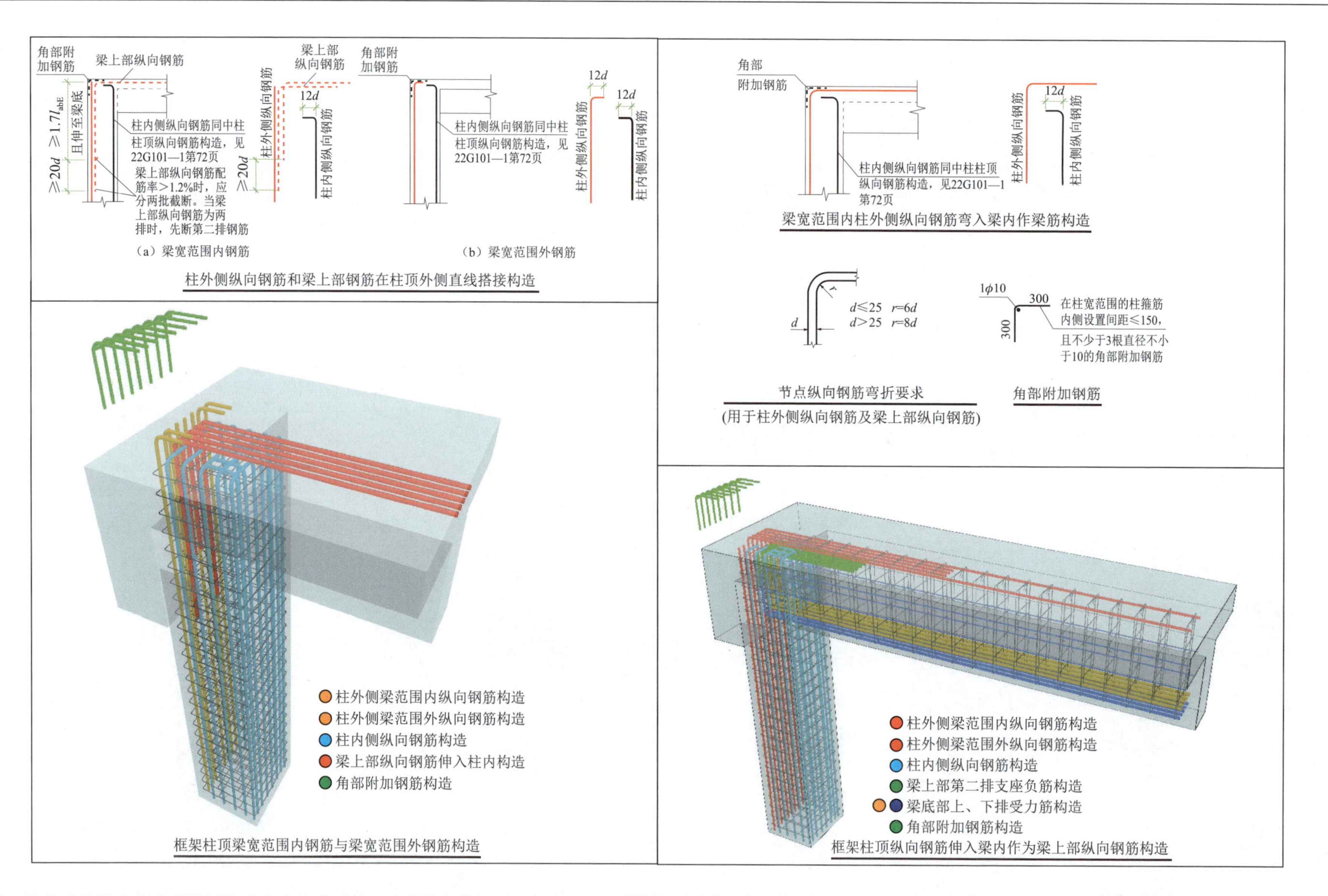

注：当柱外侧纵向钢筋直径不小于梁上部钢筋时，梁宽范围内柱外侧纵向钢筋可弯入梁内作梁上部纵向钢筋，与22G101—1图集第70页的柱外侧纵向钢筋和梁上部纵向钢筋在节点外侧弯折搭接构造（梁宽范围内钢筋）组合使用。

KZ边柱和角柱柱顶纵向钢筋构造（三）						图集号	22G101—1—70
审核	郭仁俊	校对	廖宜香	设计	傅华夏		

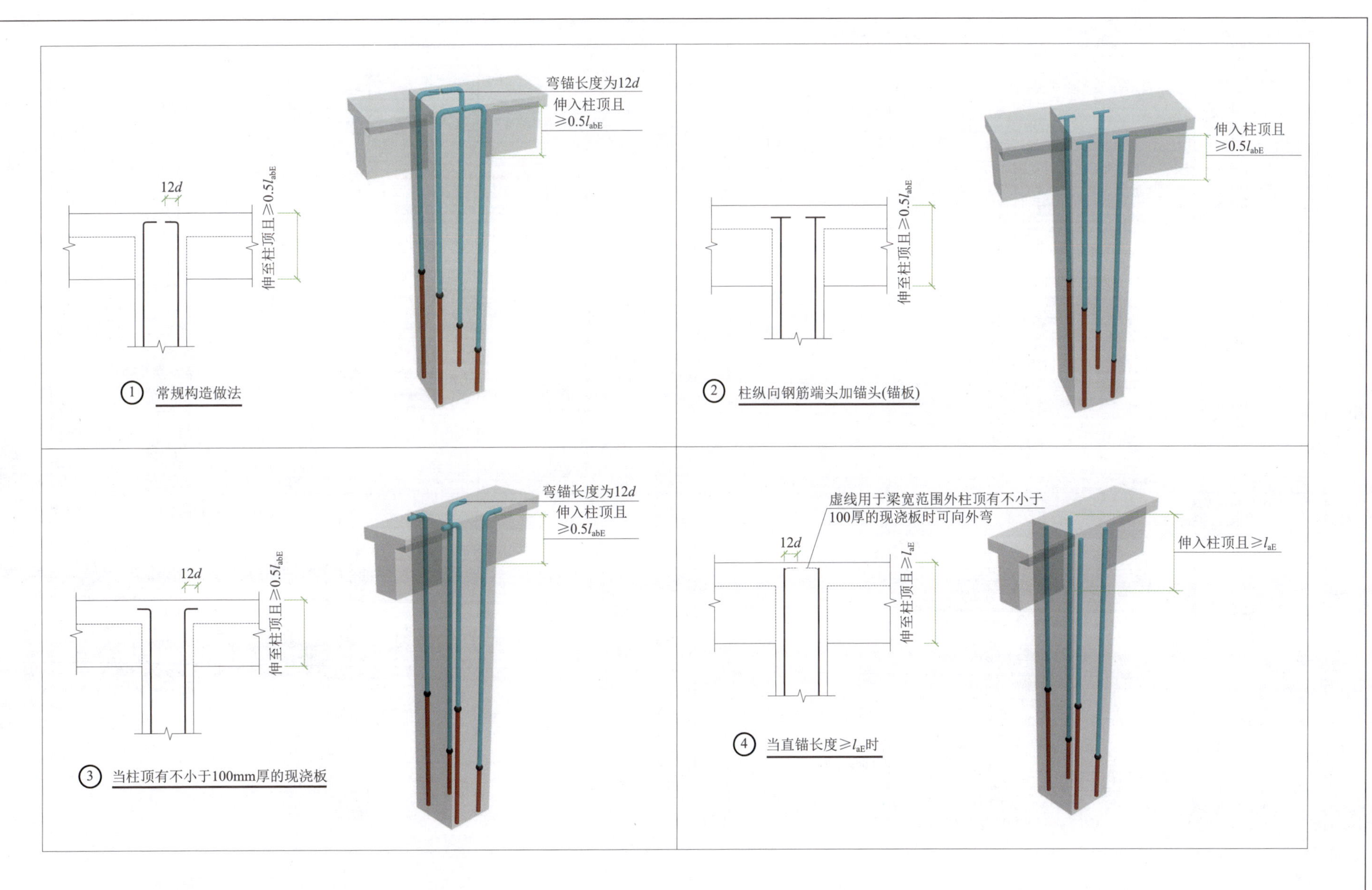

注：中柱柱头纵向钢筋构造分节点一～四这四种构造做法，施工人员应根据各种做法要求的条件正确选用。

KZ 中柱柱顶纵向钢筋构造						图集号	22G101—1—72
审核	郭仁俊	校对	廖宜香	设计	傅华夏		

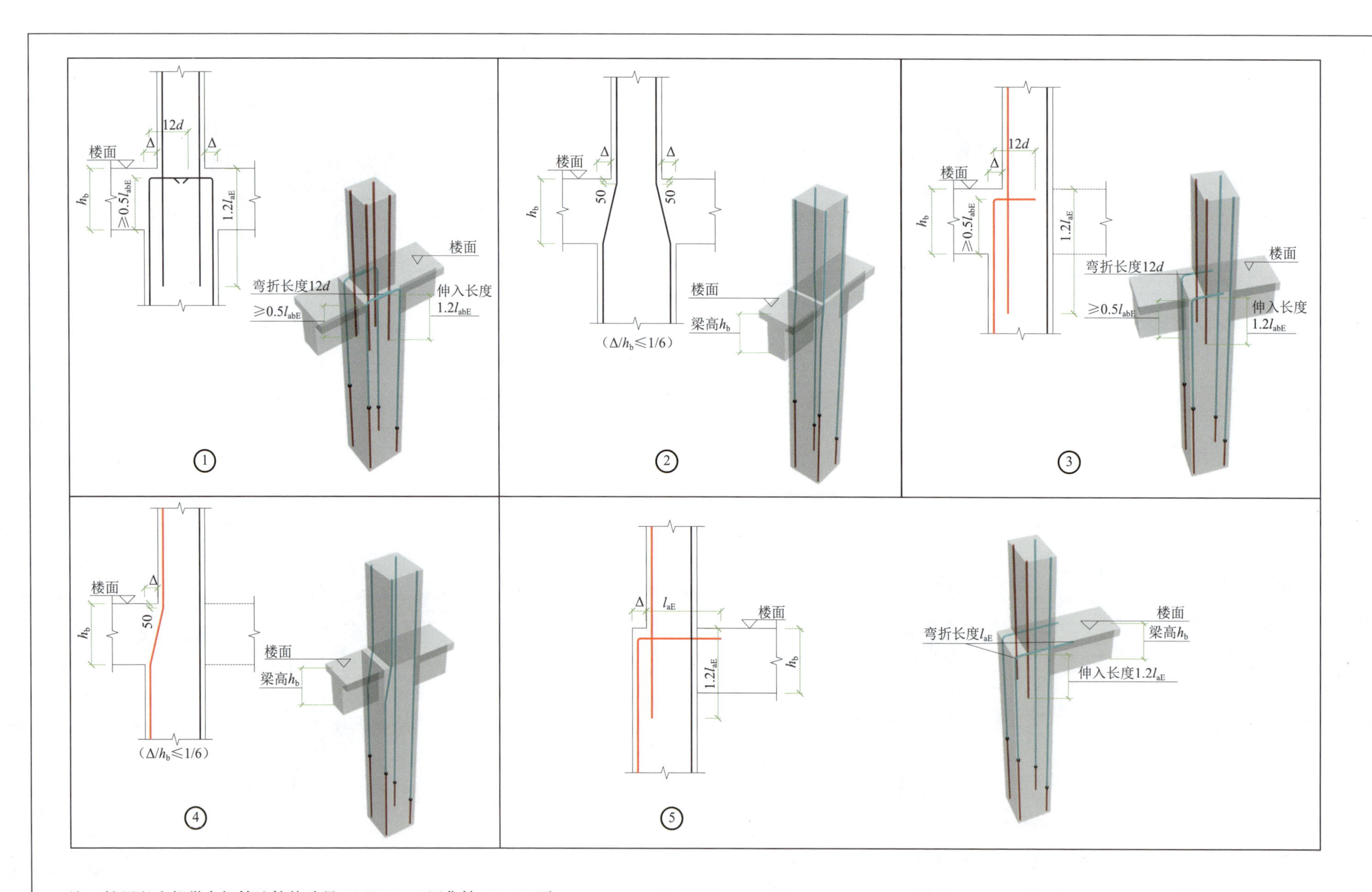

注：楼层以上柱纵向钢筋连接构造见 22G101—1 图集第 65、66 页。

KZ 柱变截面位置纵向钢筋构造						图集号	22G101—1—72
审核	郭仁俊	校对	廖宜香	设计	傅华夏		

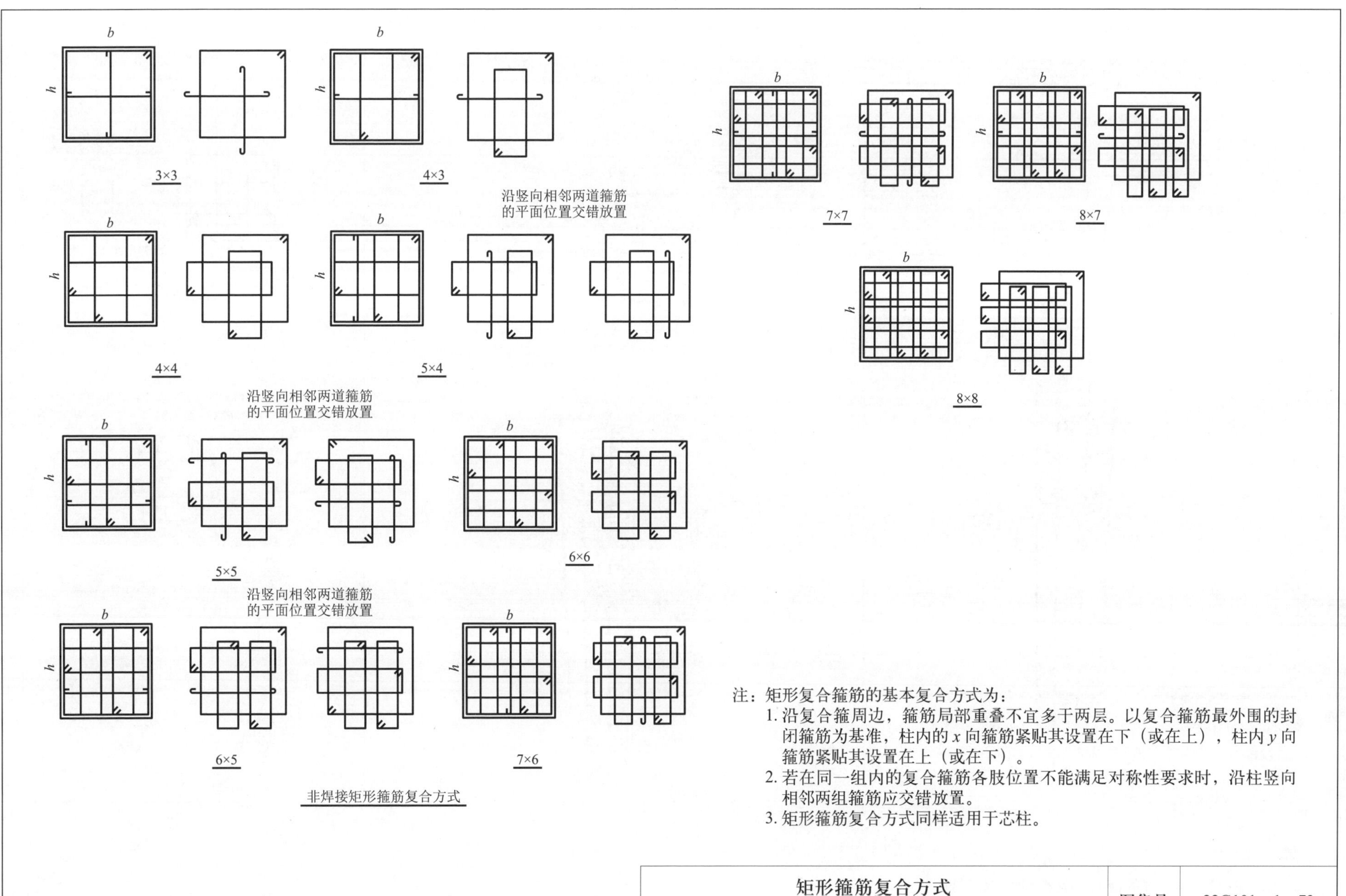

非焊接矩形箍筋复合方式

注：矩形复合箍筋的基本复合方式为：

1. 沿复合箍周边，箍筋局部重叠不宜多于两层。以复合箍筋最外围的封闭箍筋为基准，柱内的 x 向箍筋紧贴其设置在下（或在上），柱内 y 向箍筋紧贴其设置在上（或在下）。
2. 若在同一组内的复合箍筋各肢位置不能满足对称性要求时，沿柱竖向相邻两组箍筋应交错放置。
3. 矩形箍筋复合方式同样适用于芯柱。

矩形箍筋复合方式						图集号	22G101—1—73
审核	郭仁俊	校对	廖宜香	设计	傅华夏		

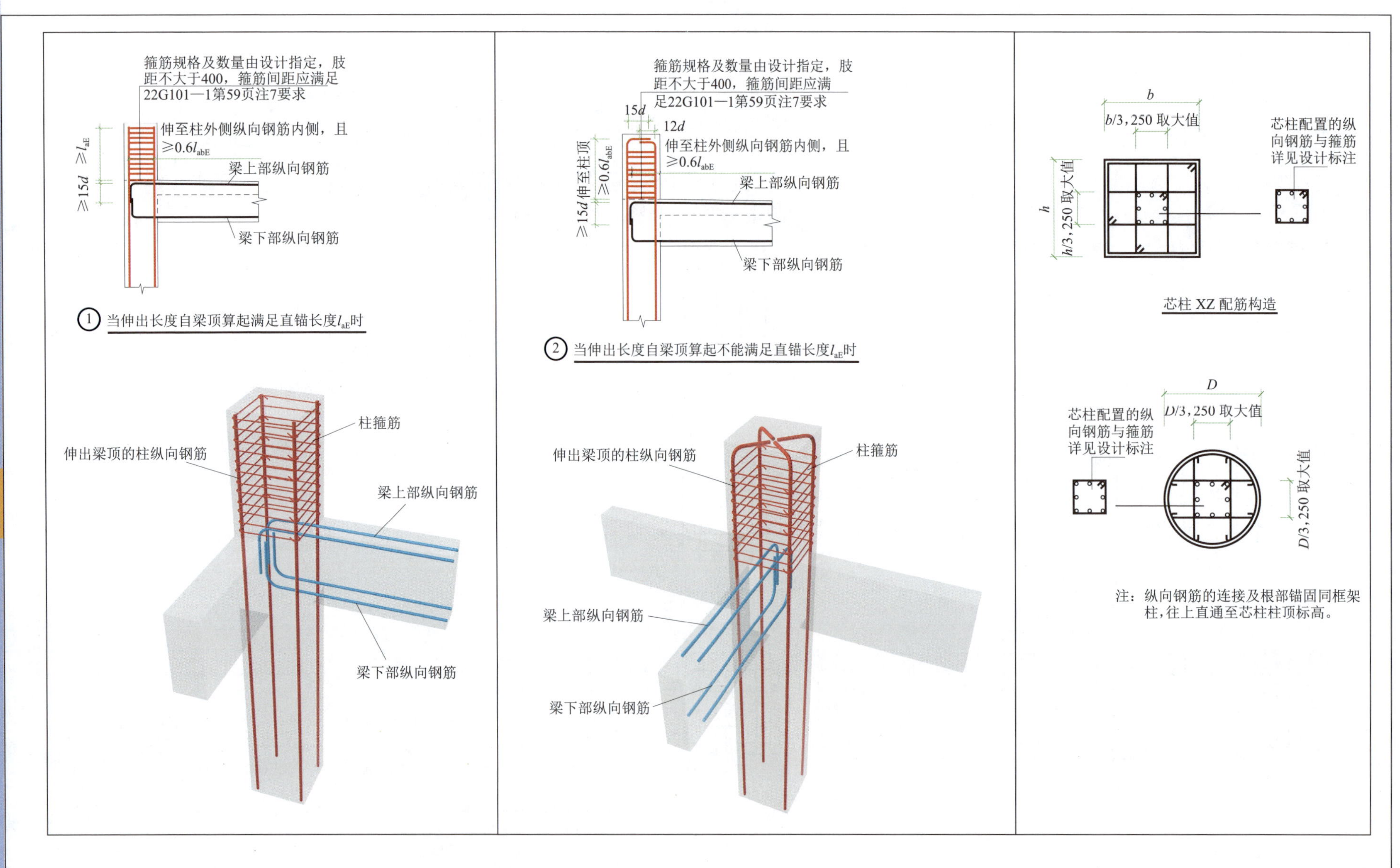

注：1. 本页图所示为顶层边柱、角柱伸出屋面时的柱纵向钢筋做法，设计时应根据具体伸出长度采取相应节点做法。
2. 当柱顶伸出屋面的截面发生变化时应另行设计。
3. 图中梁下部纵向钢筋构造见 22G101—1 第 90 页。

KZ 边柱、角柱柱顶等截面伸出时纵向钢筋构造 芯柱 XZ 配筋构造						图集号	22G101—1—74
审核	郭仁俊	校对	廖宜香	设计	傅华夏		

剪力墙平法标准构造详图及三维示意图

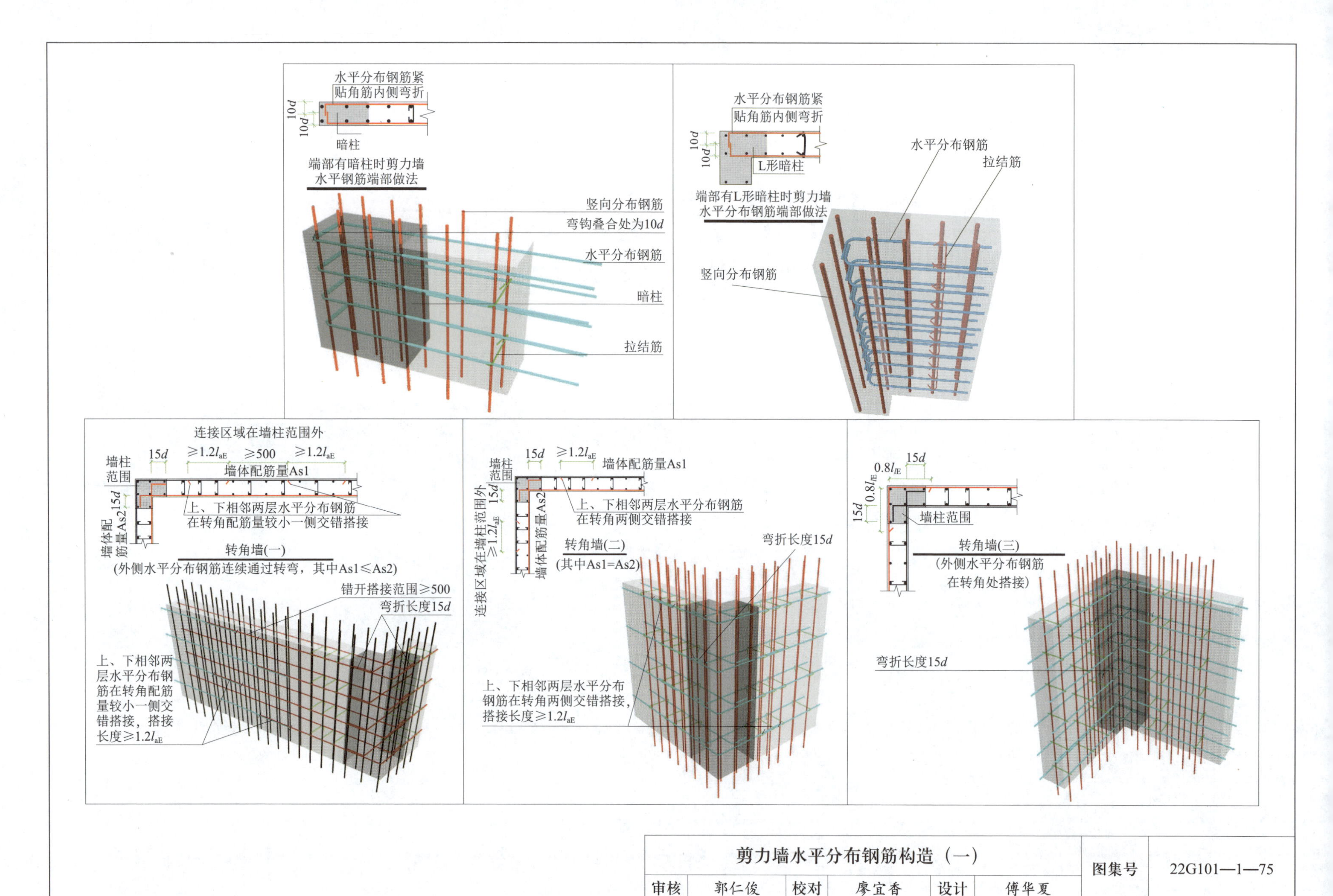

水平分布钢筋紧
贴角筋内侧弯折
10d
10d
暗柱
端部有暗柱时剪力墙
水平钢筋端部做法
竖向分布钢筋
弯钩叠合处为10d
水平分布钢筋
暗柱
拉结筋
水平分布钢筋紧
贴角筋内侧弯折
10d
10d
L形暗柱
端部有L形暗柱时剪力墙
水平分布钢筋端部做法
水平分布钢筋
拉结筋
竖向分布钢筋
连接区域在墙柱范围外
墙柱
范围
15d
≥1.2l_{aE}
≥500
≥1.2l_{aE}
墙体配筋量As1
15d
墙体配
筋量As2
上、下相邻两层水平分布钢筋
在转角配筋量较小一侧交错搭接
转角墙(一)
(外侧水平分布钢筋连续通过转弯，其中As1≤As2)
错开搭接范围≥500
弯折长度15d
上、下相邻两
层水平分布钢
筋在转角配筋
量较小一侧交
错搭接，搭接
长度≥1.2l_{aE}
墙柱
范围
15d
≥1.2l_{aE}
墙体配筋量As1
连接区域在墙柱范围外
15d
≥1.2l_{aE}
墙体配筋量As2
上、下相邻两层水平分布钢筋
在转角两侧交错搭接
转角墙(二)
(其中As1=As2)
弯折长度15d
上、下相邻两层水平分布
钢筋在转角两侧交错搭接，
搭接长度≥1.2l_{aE}
15d
0.8l_{lE}
0.8l_{lE}
15d
墙柱范围
转角墙(三)
(外侧水平分布钢筋
在转角处搭接)
弯折长度15d
剪力墙水平分布钢筋构造（一）
图集号
22G101—1—75
审核
郭仁俊
校对
廖宜香
设计
傅华夏

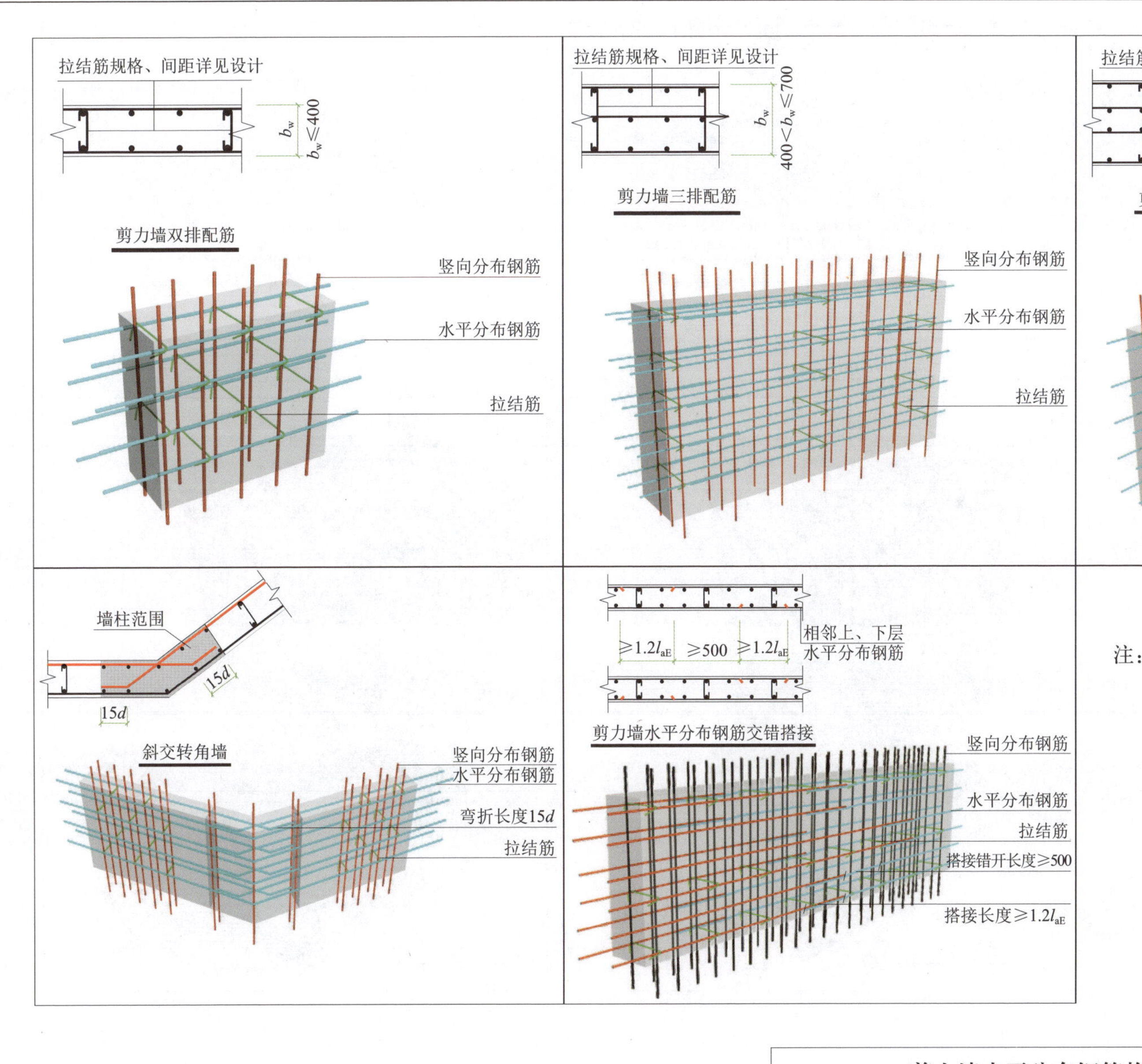

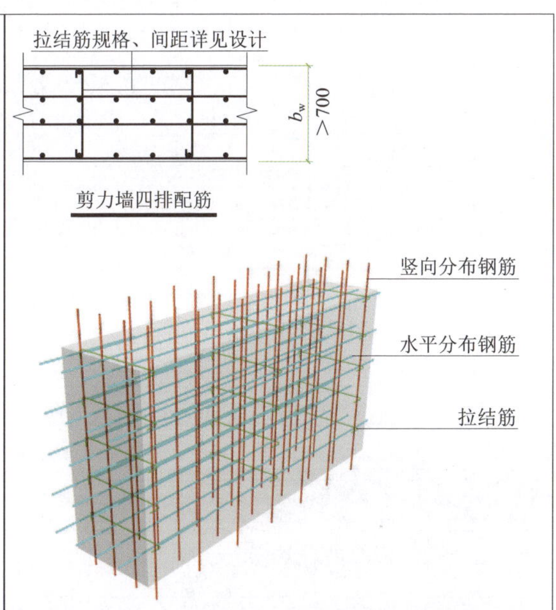

注：1. 剪力墙分布钢筋配置若多于两排，中间排水平分布钢筋端部构造同内侧钢筋。水平分布钢筋宜均匀放置，竖向分布钢筋在保持相同配筋率条件下，外排筋直径宜大于内排筋直径。
2. 剪力墙水平分布钢筋计入约束边缘构件体积配箍率的构造做法详见 22G101—1 第 81 页。

<table>
<tr><td colspan="6">剪力墙水平分布钢筋构造（二）</td><td rowspan="2">图集号</td><td rowspan="2">22G101—1—75</td></tr>
<tr><td>审核</td><td>郭仁俊</td><td>校对</td><td>廖宜香</td><td>设计</td><td>傅华夏</td></tr>
</table>

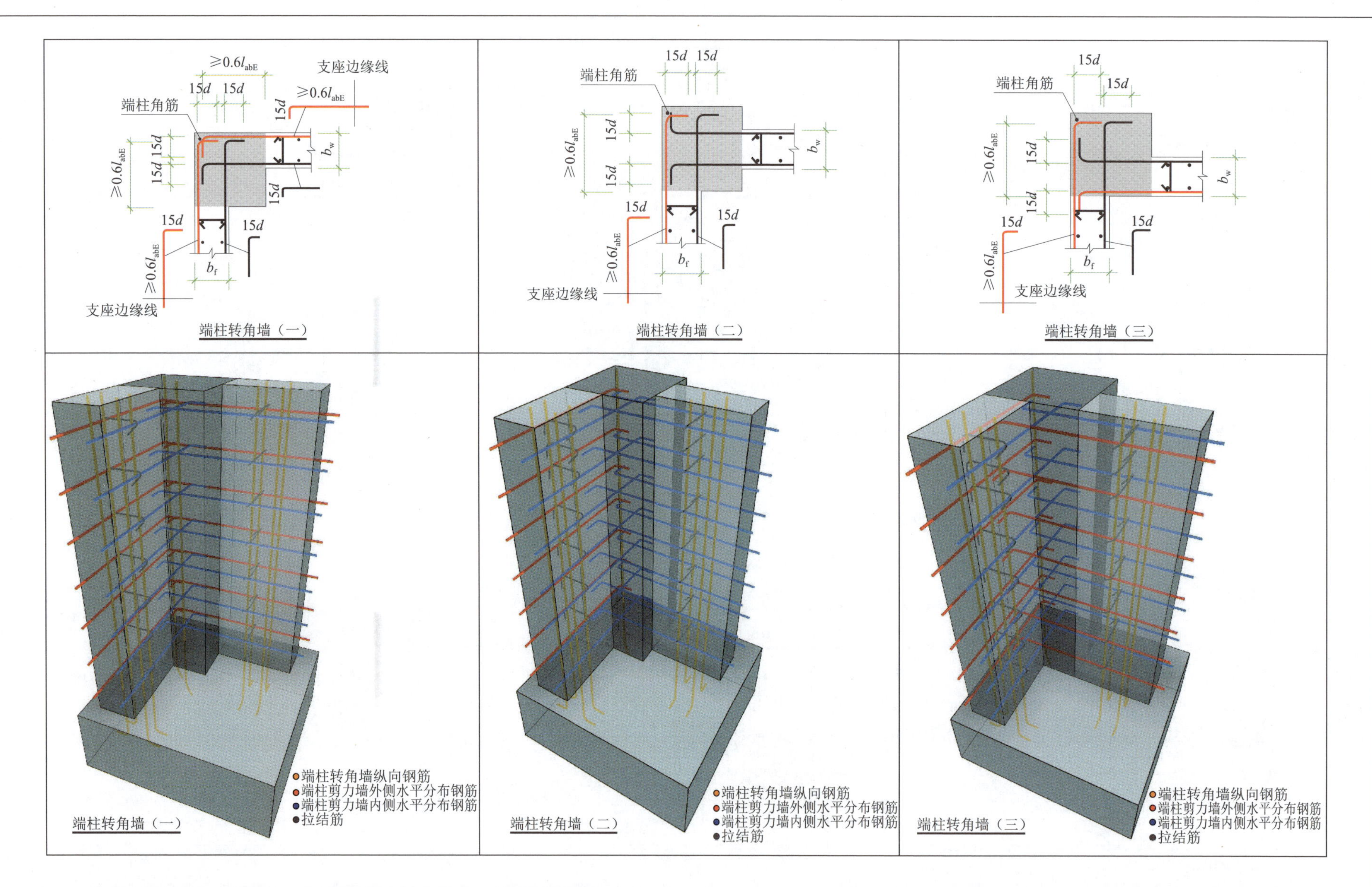

注：1. 端柱节点中图示红色墙体水平分布钢筋应伸至端柱对边紧贴角筋弯折。

2. 位于端柱纵向钢筋内侧的墙水平分布钢筋（端柱节点中图示黑色墙体水平分布钢筋）伸入端柱的长度≥ l_{aE} 时，可直锚；弯锚时应伸至端柱对边后弯折。

剪力墙水平分布钢筋构造（三）						图集号	22G101—1—76
审核	郭仁俊	校对	廖宜香	设计	傅华夏		

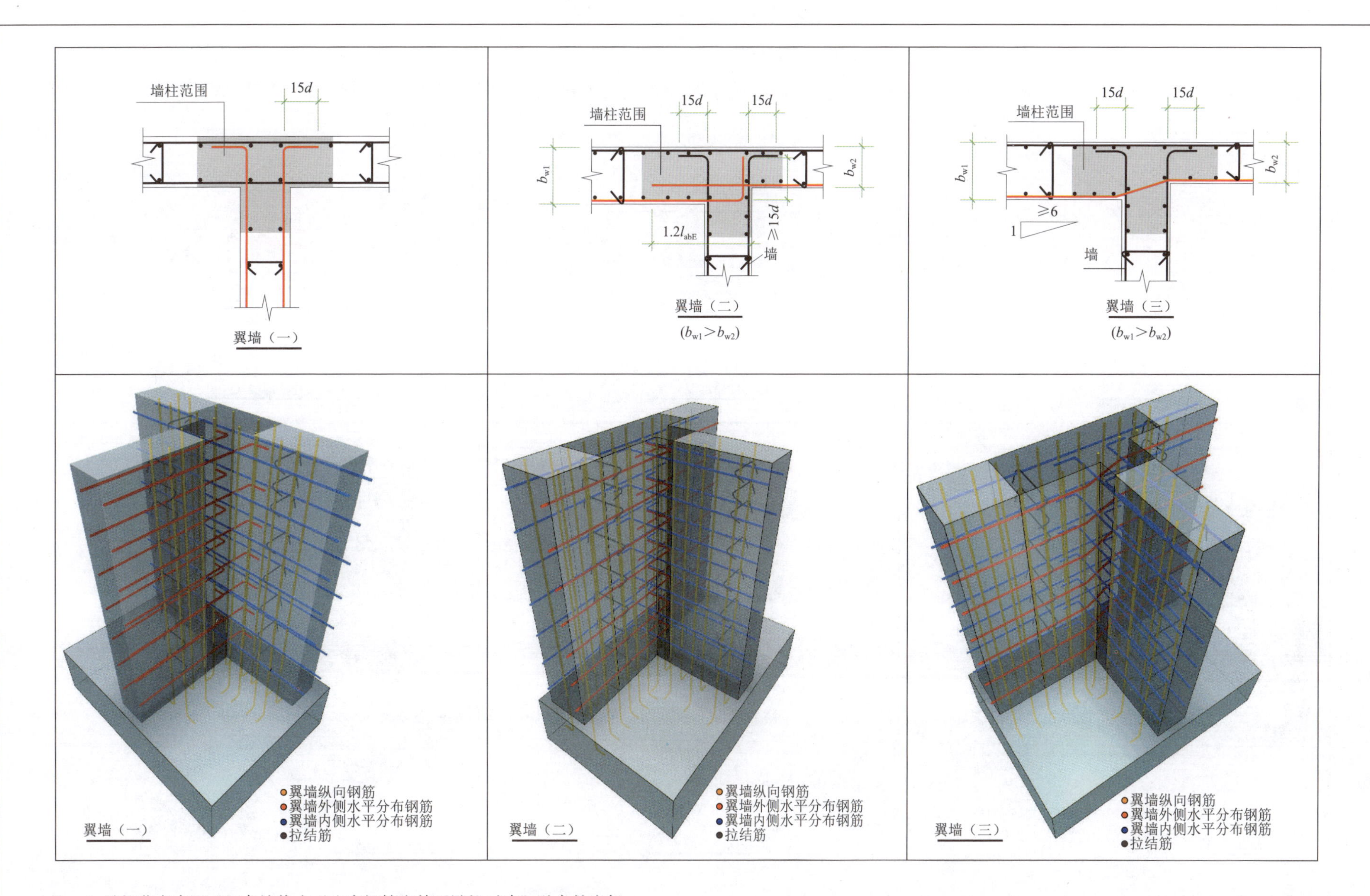

注：1. 端柱节点中图示红色墙体水平分布钢筋应伸至端柱对边紧贴角筋弯折。
2. 位于端柱纵向钢筋内侧的墙水平分布钢筋（端柱节点中图示黑色墙体水平分布钢筋）伸入端柱的长度≥ l_{aE} 时，可直锚；弯锚时应伸至端柱对边后弯折。

剪力墙水平分布钢筋构造（四）						图集号	22G101—1—76
审核	郭仁俊	校对	廖宜香	设计	傅华夏		

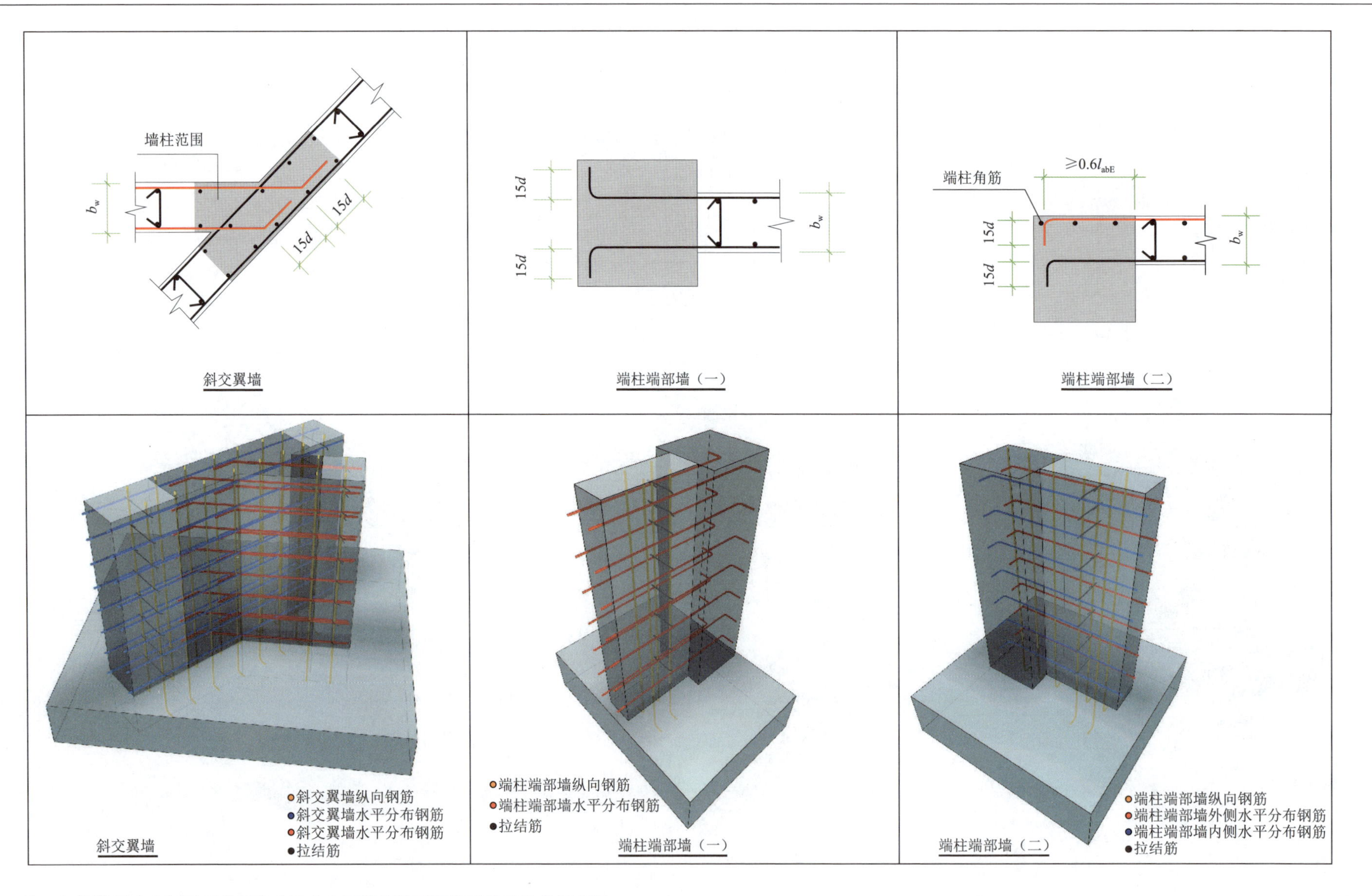

注：1. 端柱节点中图示红色墙体水平分布钢筋应伸至端柱对边紧贴角筋弯折。
2. 位于端柱纵向钢筋内侧的墙水平分布钢筋（端柱节点中图示黑色墙体水平分布钢筋）伸入端柱的长度≥ l_{aE} 时，可直锚；弯锚时应伸至端柱对边后弯折。

剪力墙水平分布钢筋构造（五）						图集号	22G101—1—76
审核	郭仁俊	校对	廖宜香	设计	傅华夏		

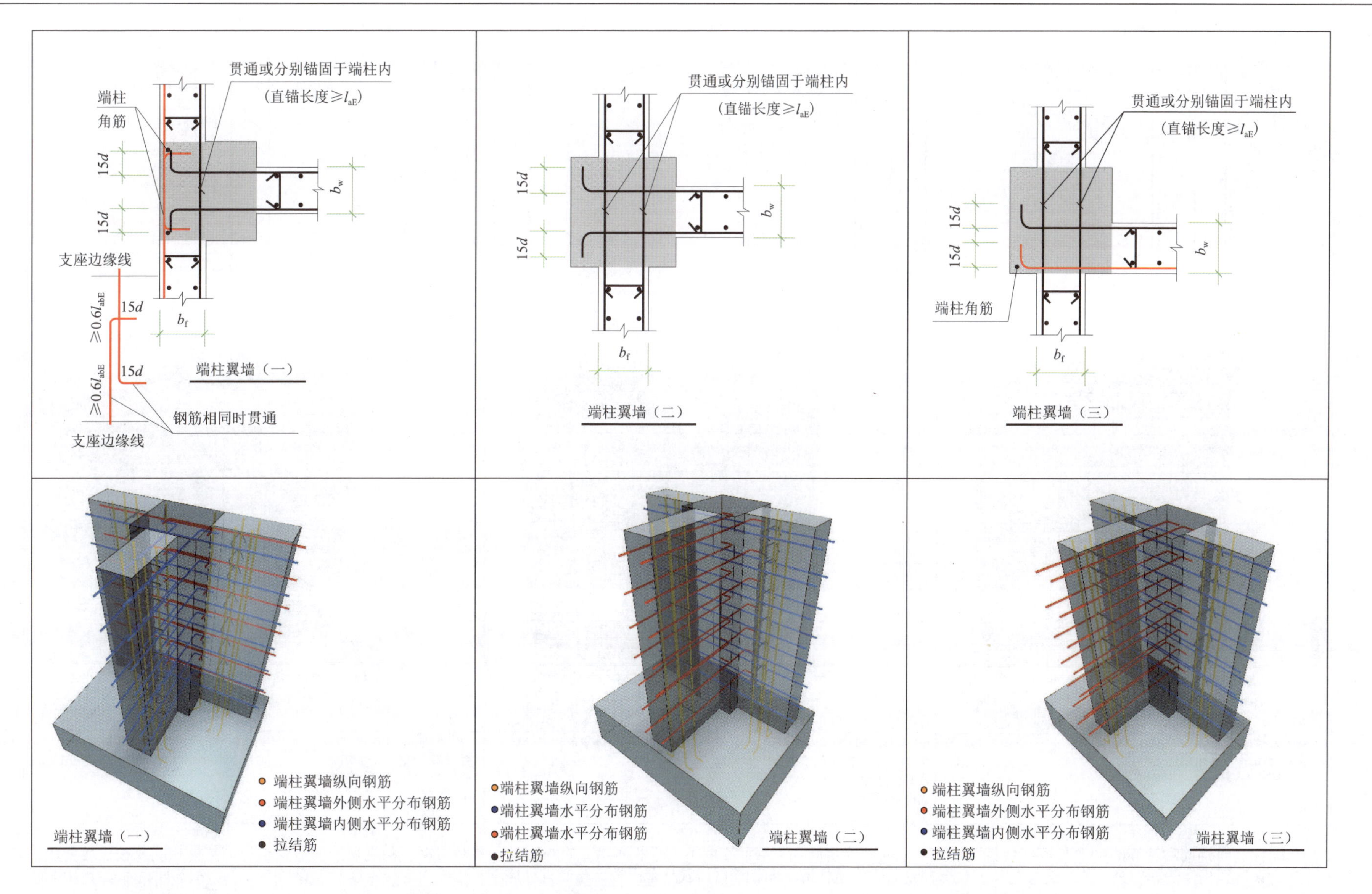

注：1. 端柱节点中图示红色墙体水平分布钢筋应伸至端柱对边紧贴角筋弯折。
2. 位于端柱纵向钢筋内侧的墙水平分布钢筋（端柱节点中图示黑色墙体水平分布钢筋）伸入端柱的长度≥ l_{aE} 时，可直锚；弯锚时应伸至端柱对边后弯折。

剪力墙水平分布钢筋构造（六）						图集号	22G101—1—76
审核	郭仁俊	校对	廖宜香	设计	傅华夏		

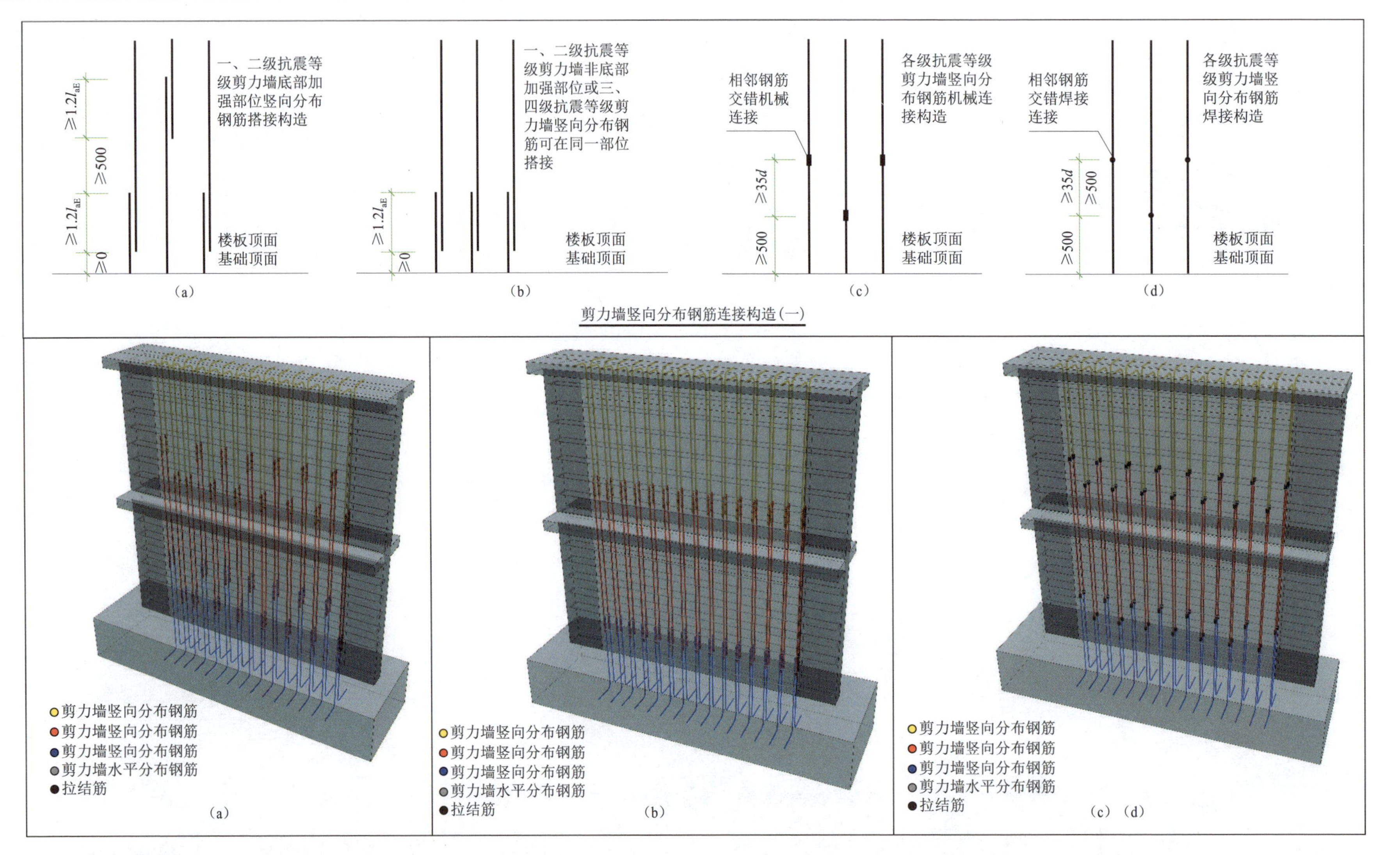

注：1. 端柱竖向钢筋和箍筋的构造与框架柱相同。矩形截面独立墙肢，当截面高度不大于截面厚度的4倍时，其竖向钢筋和箍筋的构造要求与框架柱相同或按设计要求设置。
2. 约束边缘构件阴影部分、构造边缘构件、扶壁柱及非边缘暗柱的纵向钢筋搭接长度范围内，箍筋直径应不小于纵向搭接钢筋最大直径的25%，箍筋间距不大于100mm。
3. 对于上层钢筋直径大于下层钢筋直径的情况，图中为绑扎搭接，也可采用机械连接或焊接连接，并满足相应连接区段长度的要求。对于一、二级抗震等级剪力墙非底部加强部位或三、四级抗震等级剪力墙竖向分布钢筋可在同一部位搭接。

剪力墙竖向钢筋构造（一）						图集号	22G101—1—77
审核	郭仁俊	校对	廖宜香	设计	傅华夏		

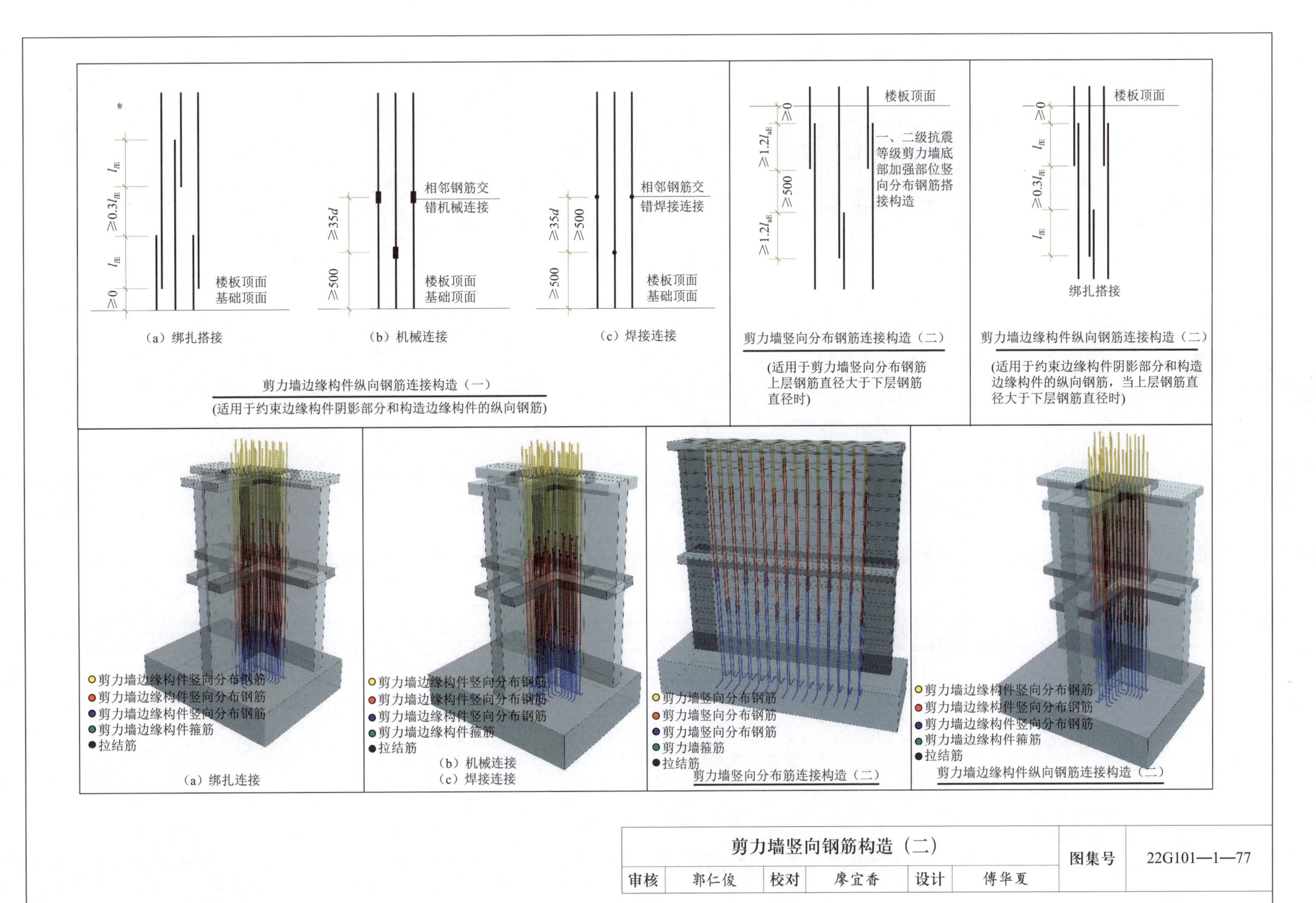
楼板顶面
基础顶面
≥0
l_{lE}
≥0.3l_{lE}
(a) 绑扎搭接
相邻钢筋交
错机械连接
≥35d
≥500
(b) 机械连接
相邻钢筋交
错焊接连接
(c) 焊接连接
剪力墙边缘构件纵向钢筋连接构造（一）
(适用于约束边缘构件阴影部分和构造边缘构件的纵向钢筋)
≥1.2l_{aE}
一、二级抗震等级剪力墙底部加强部位竖向分布钢筋搭接构造
剪力墙竖向分布钢筋连接构造（二）
(适用于剪力墙竖向分布钢筋上层钢筋直径大于下层钢筋直径时)
绑扎搭接
剪力墙边缘构件纵向钢筋连接构造（二）
(适用于约束边缘构件阴影部分和构造边缘构件的纵向钢筋，当上层钢筋直径大于下层钢筋直径时)
剪力墙边缘构件竖向分布钢筋
剪力墙边缘构件箍筋
拉结筋
(a) 绑扎连接
(b) 机械连接
(c) 焊接连接
剪力墙竖向分布钢筋
剪力墙箍筋
剪力墙竖向分布筋连接构造（二）
剪力墙边缘构件纵向钢筋连接构造（二）
剪力墙竖向钢筋构造（二）
图集号
22G101—1—77
审核 郭仁俊 校对 廖宜香 设计 傅华夏

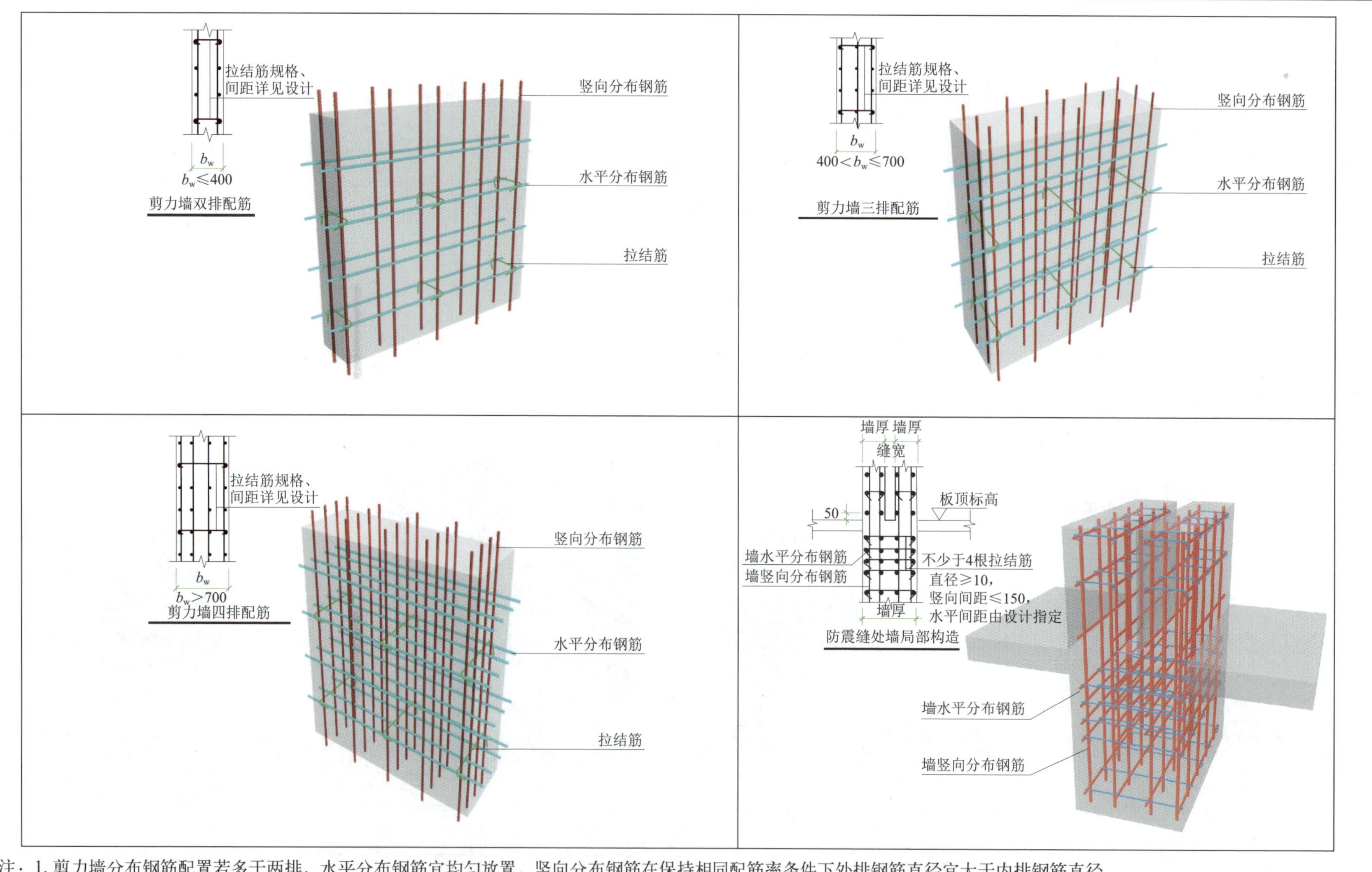

注：1. 剪力墙分布钢筋配置若多于两排，水平分布钢筋宜均匀放置，竖向分布钢筋在保持相同配筋率条件下外排钢筋直径宜大于内排钢筋直径。

2. 拉结筋应与剪力墙每排的竖向分布钢筋和水平分布钢筋绑扎。拉结筋做法见 22G101—1 图集第 63 页。

3. 剪力墙水平钢筋拉结筋起始位置为墙柱范围外第一列竖向分布钢筋处。

4. 剪力墙层高范围竖向钢筋拉结筋起始位置为底部板顶以上第二排水平分布钢筋位置处，终止位置为层顶部板底（梁底）以下第一排水平分布钢筋位置处。

剪力墙竖向钢筋构造（三）						图集号	22G101—1—78、79
审核	郭仁俊	校对	廖宜香	设计	傅华夏		

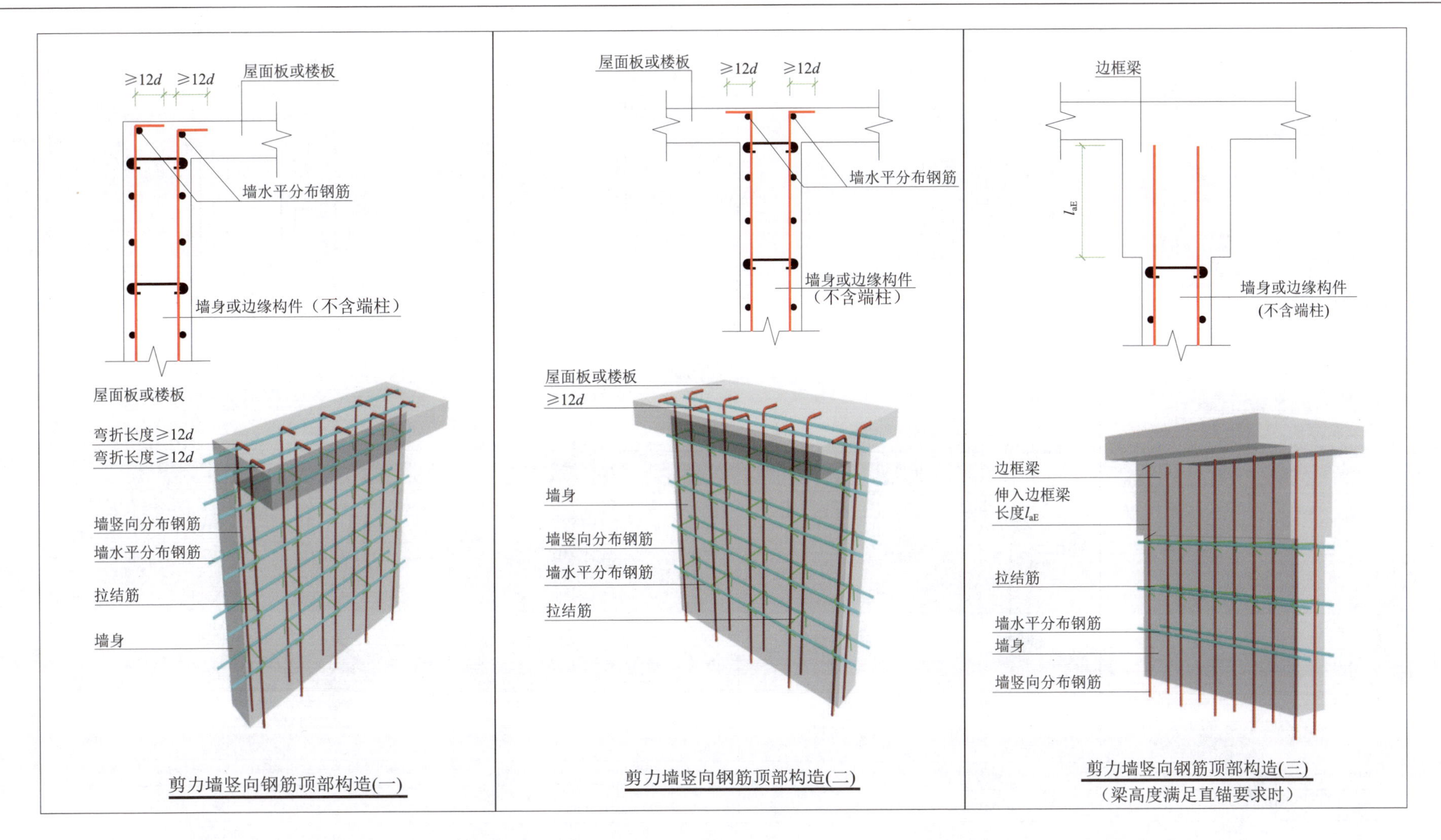

剪力墙竖向钢筋顶部构造(一)

剪力墙竖向钢筋顶部构造(二)

剪力墙竖向钢筋顶部构造(三)
（梁高度满足直锚要求时）

注：1. 剪力墙分布钢筋配置若多于两排，水平分布钢筋宜均匀放置，竖向分布钢筋在保持相同配筋率条件下外排钢筋直径宜大于内排钢筋直径。
2. 考虑屋面板上部钢筋与剪力墙外侧竖向钢筋搭接传力时做法详见 22G101—1 图集第 107、113 页。

剪力墙竖向钢筋构造（四）						图集号	22G101—1—78
审核	郭仁俊	校对	廖宜香	设计	傅华夏		

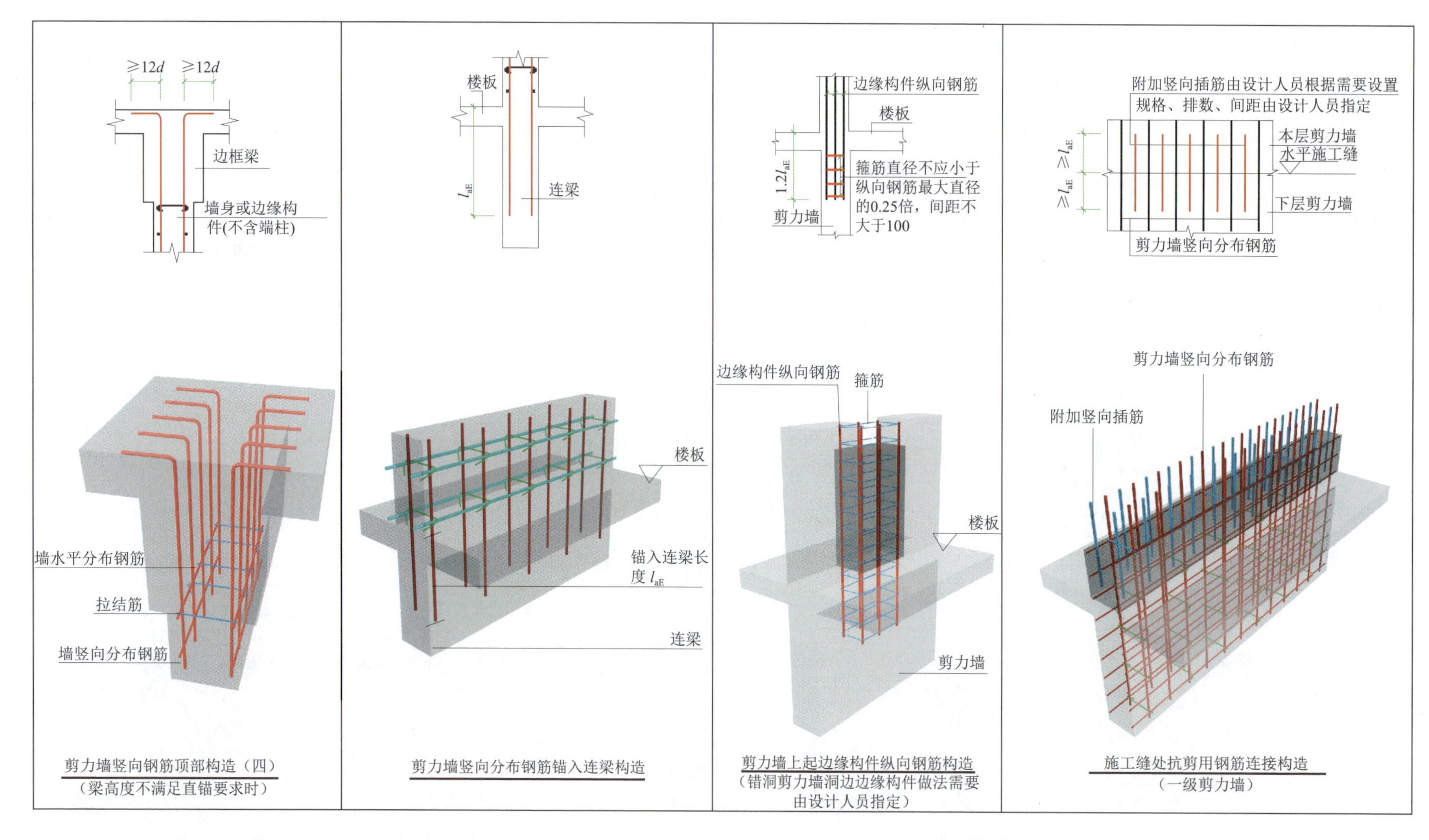

剪力墙竖向钢筋顶部构造（四）
（梁高度不满足直锚要求时）

剪力墙竖向分布钢筋锚入连梁构造

剪力墙上起边缘构件纵向钢筋构造
（错洞剪力墙洞边边缘构件做法需要由设计人员指定）

施工缝处抗剪用钢筋连接构造
（一级剪力墙）

注：1. 剪力墙分布钢筋配置若多于两排，水平分布钢筋宜均匀放置，竖向分布钢筋在保持相同配筋率条件下外排钢筋直径宜大于内排钢筋直径。
2. 考虑屋面板上部钢筋与剪力墙外侧竖向钢筋搭接传力时做法详见 22G101—1 图集第 107、113 页。

剪力墙竖向钢筋构造（五）						图集号	22G101—1—78、79
审核	郭仁俊	校对	廖宜香	设计	傅华夏		

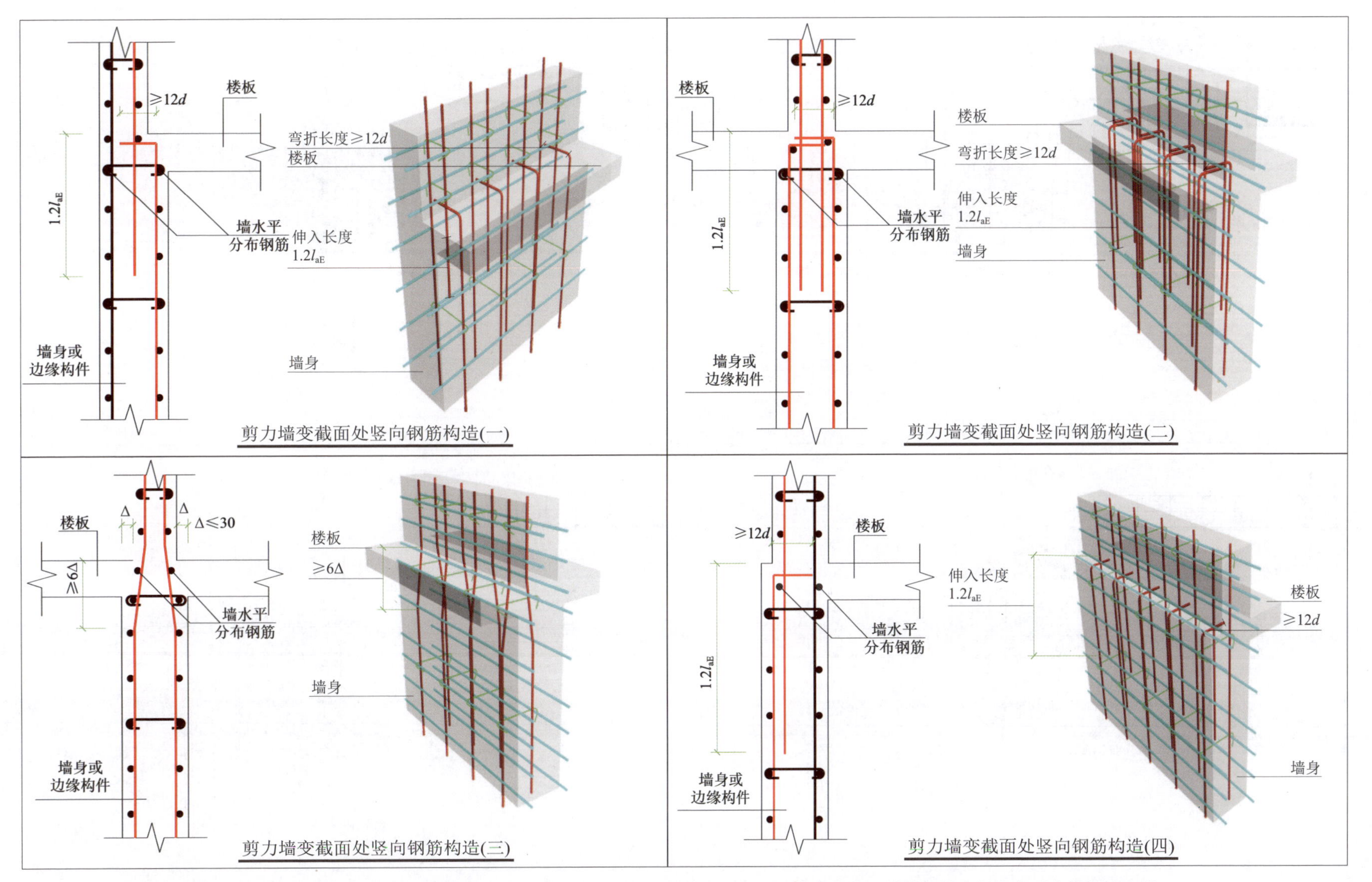

注：1. 剪力墙分布钢筋配置若多于两排，水平分布钢筋宜均匀放置，竖向分布钢筋在保持相同配筋率条件下外排钢筋直径宜大于内排钢筋直径。

2. 考虑屋面板上部钢筋与剪力墙外侧竖向钢筋搭接传力时做法详见22G101—1 图集第 107、113 页。

剪力墙竖向钢筋构造（六）						图集号	22G101—1—78
审核	郭仁俊	校对	廖宜香	设计	傅华夏		

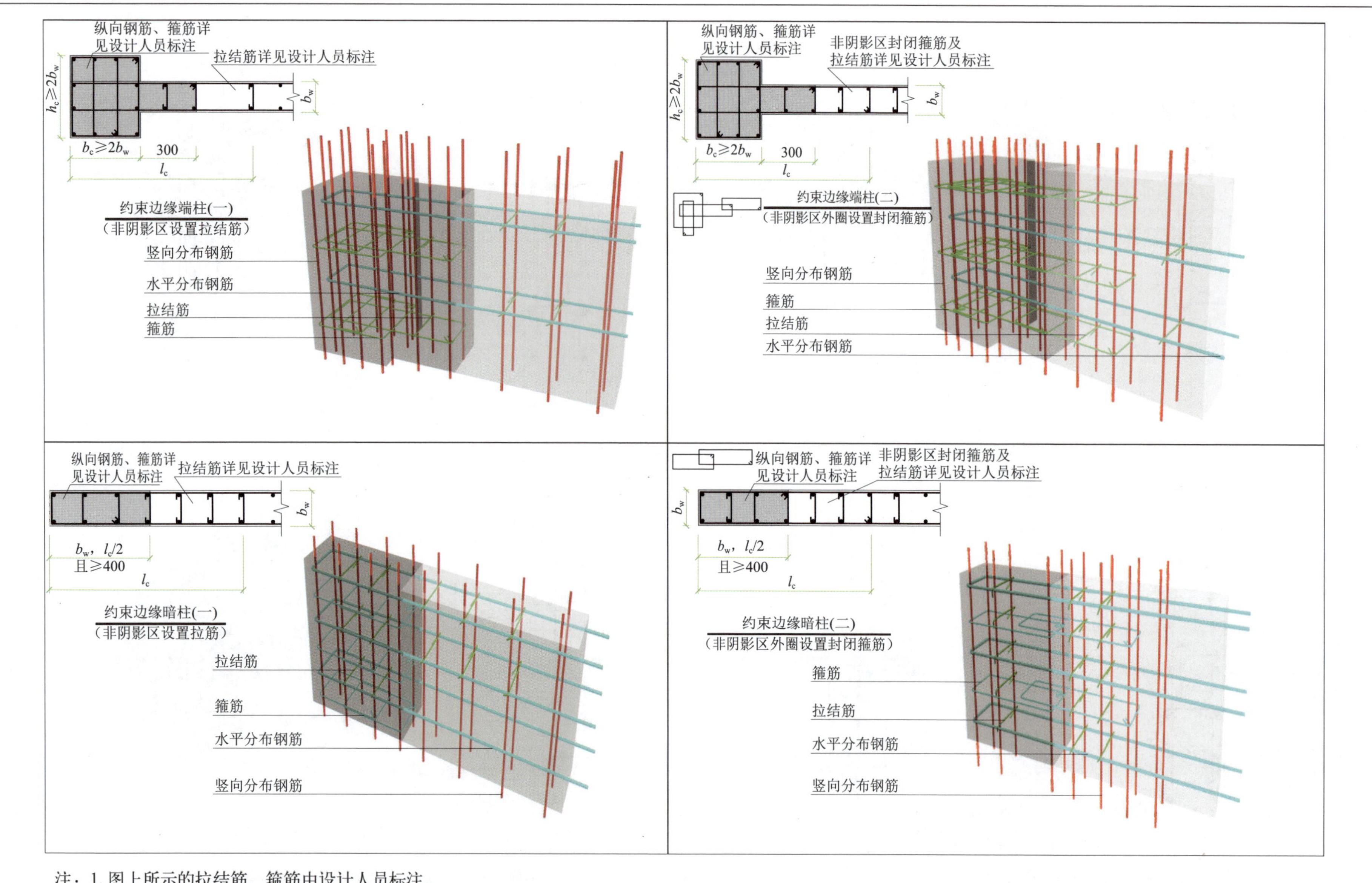

注：1. 图上所示的拉结筋、箍筋由设计人员标注。

2. 几何尺寸 l_c 见具体工程设计，非阴影区箍筋、拉结筋竖向间距同阴影区。

3. 当约束边缘构件内箍筋、拉结筋位置（标高）与墙体水平分布钢筋相同时，可采用详图（一）或（二）；不同时应采用详图（二）。

约束边缘构件 YBZ 构造（一）						图集号	22G101—1—80
审核	郭仁俊	校对	廖宜香	设计	傅华夏		

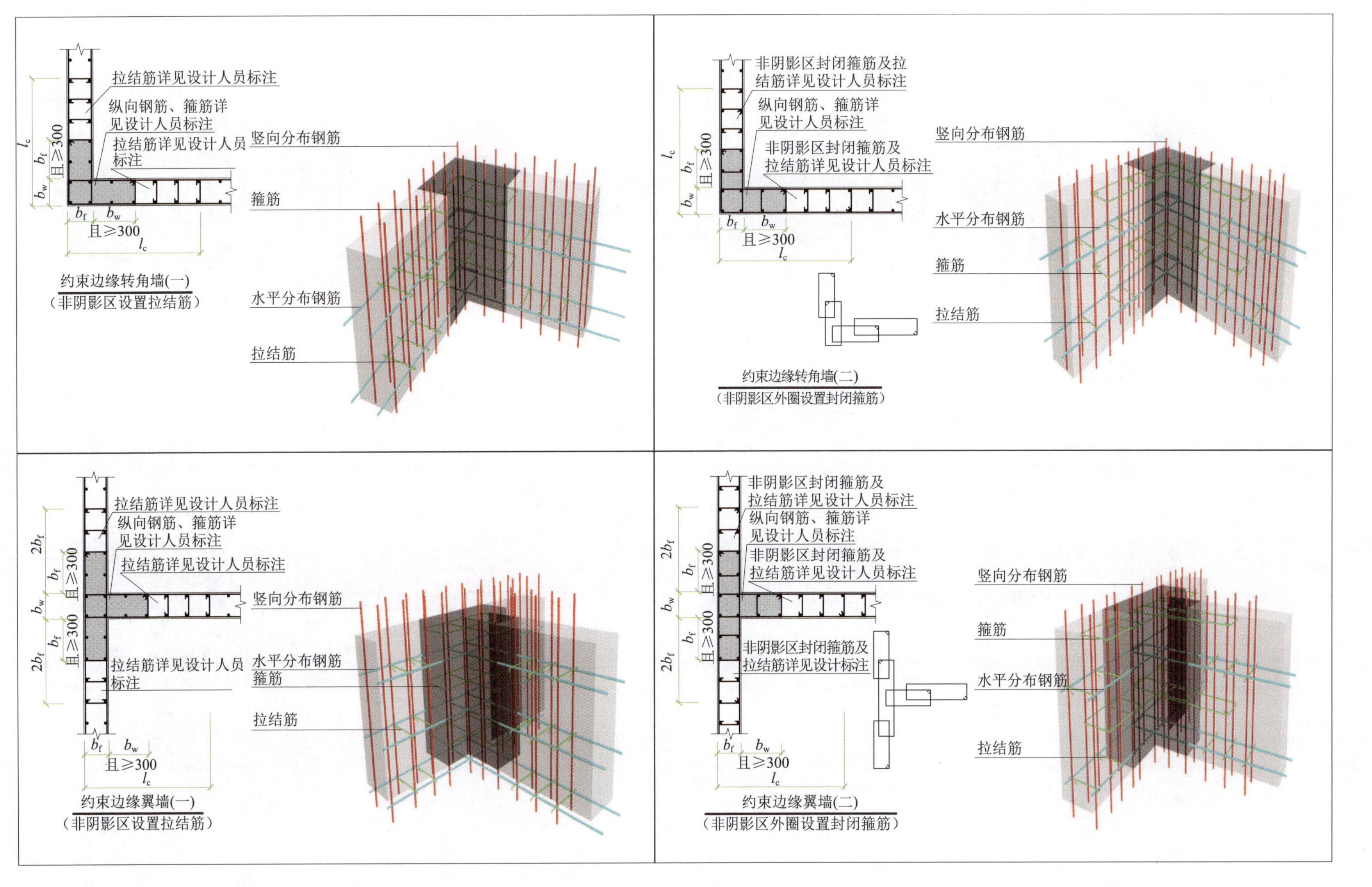

注：1. 图上所示的拉结筋、箍筋由设计人员标注。

2. 几何尺寸 l_c 见具体工程设计，非阴影区箍筋、拉结筋竖向间距同阴影区。

3. 当约束边缘构件内箍筋、拉结筋位置(标高)与墙体水平分布钢筋相同时，可采用详图（一）或详图（二）；不同时应采用详图（二）。

约束边缘构件 YBZ 构造（二）						图集号	22G101—1—80
审核	郭仁俊	校对	廖宜香	设计	傅华夏		

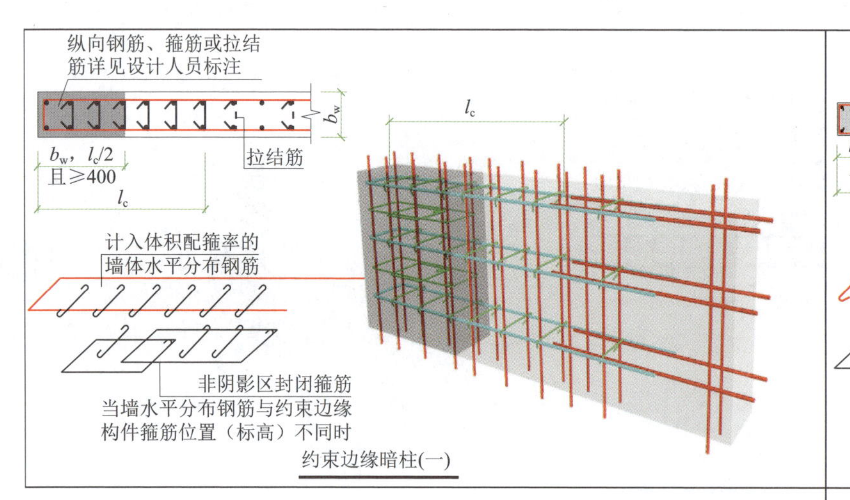

约束边缘暗柱(一)

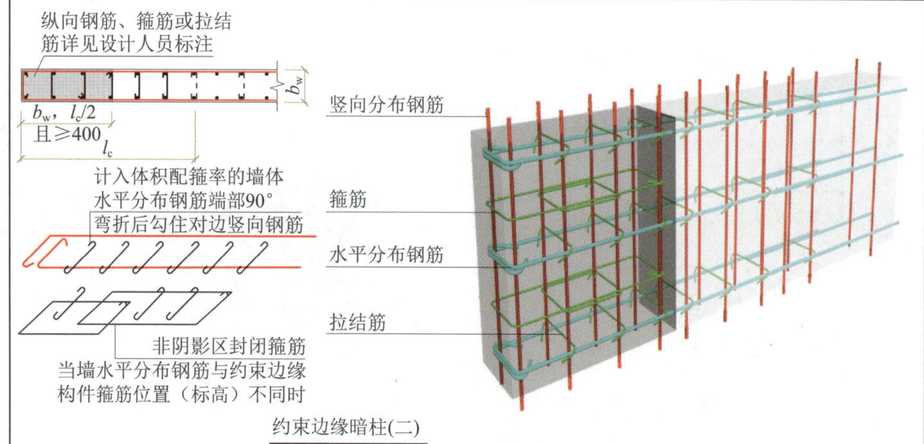

约束边缘暗柱(二)

注：1. 计入的墙水平分布钢筋的体积配箍率不应大于总体积配箍率的30%。
2. 约束边缘端柱水平分布钢筋的构造做法参照约束边缘暗柱。
3. 墙体水平分布钢筋应在 l_c 范围外搭接。一、二级抗震等级剪力墙非底部加强部位或三级抗震等级剪力墙，当施工条件受限时，约束边缘暗柱（一）中墙体水平分布钢筋可在同一截面搭接，搭接长度不小于 l_{lE}。
4. 本页构造做法应由设计人员指定后使用。

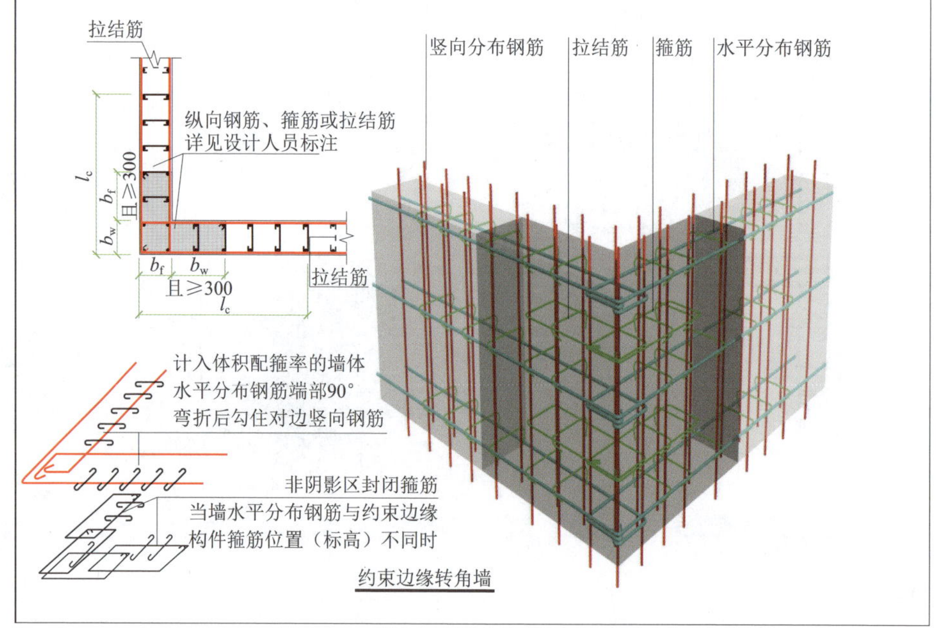

约束边缘转角墙

剪力墙水平分布钢筋计入约束边缘构件体积配筋率的构造做法（一）						图集号	22G101—1—81
审核	郭仁俊	校对	廖宜香	设计	傅华夏		

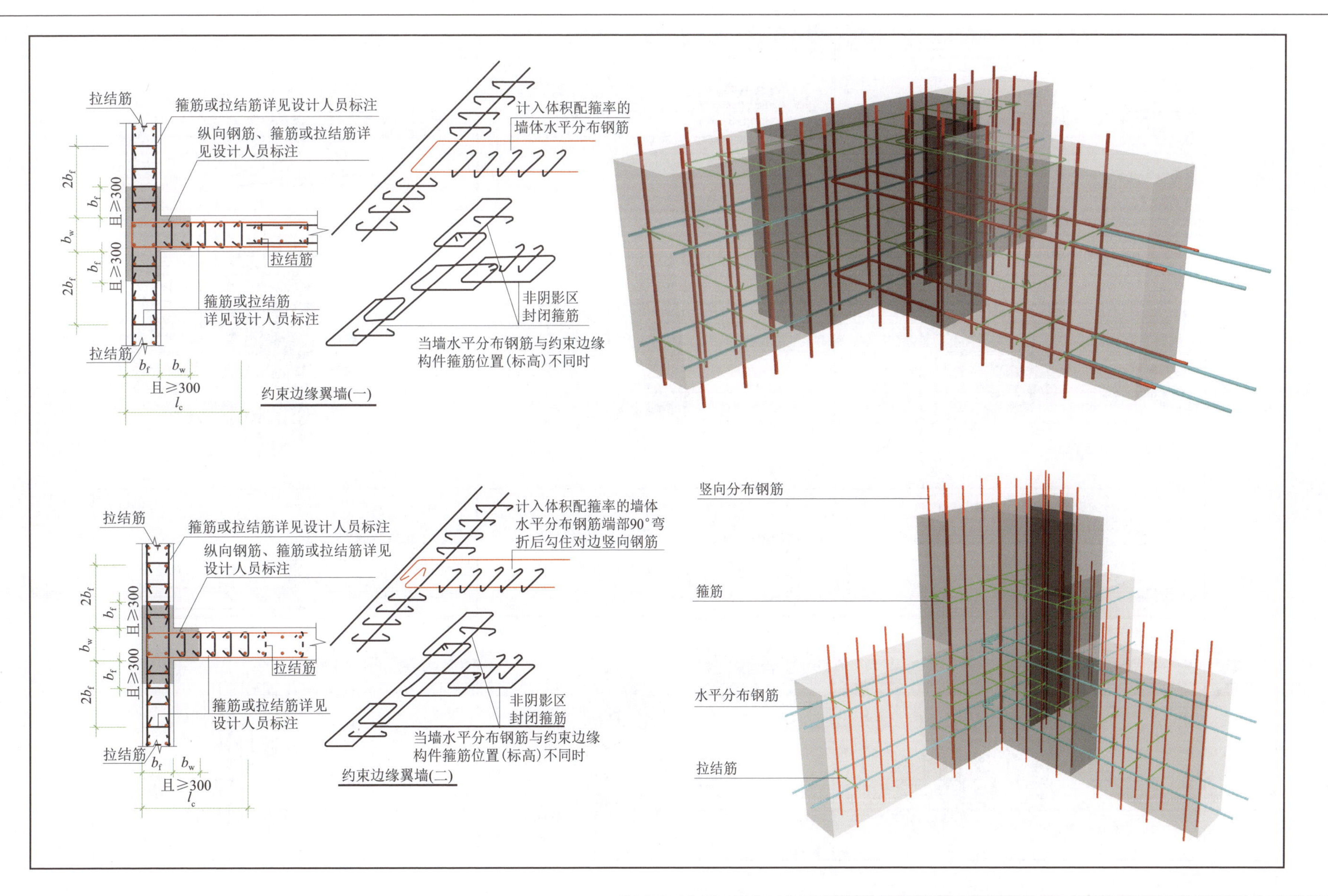

剪力墙水平分布钢筋计入约束边缘构件体积配筋率的构造做法（二）						图集号	22G101—1—81
审核	郭仁俊	校对	廖宜香	设计	傅华夏		

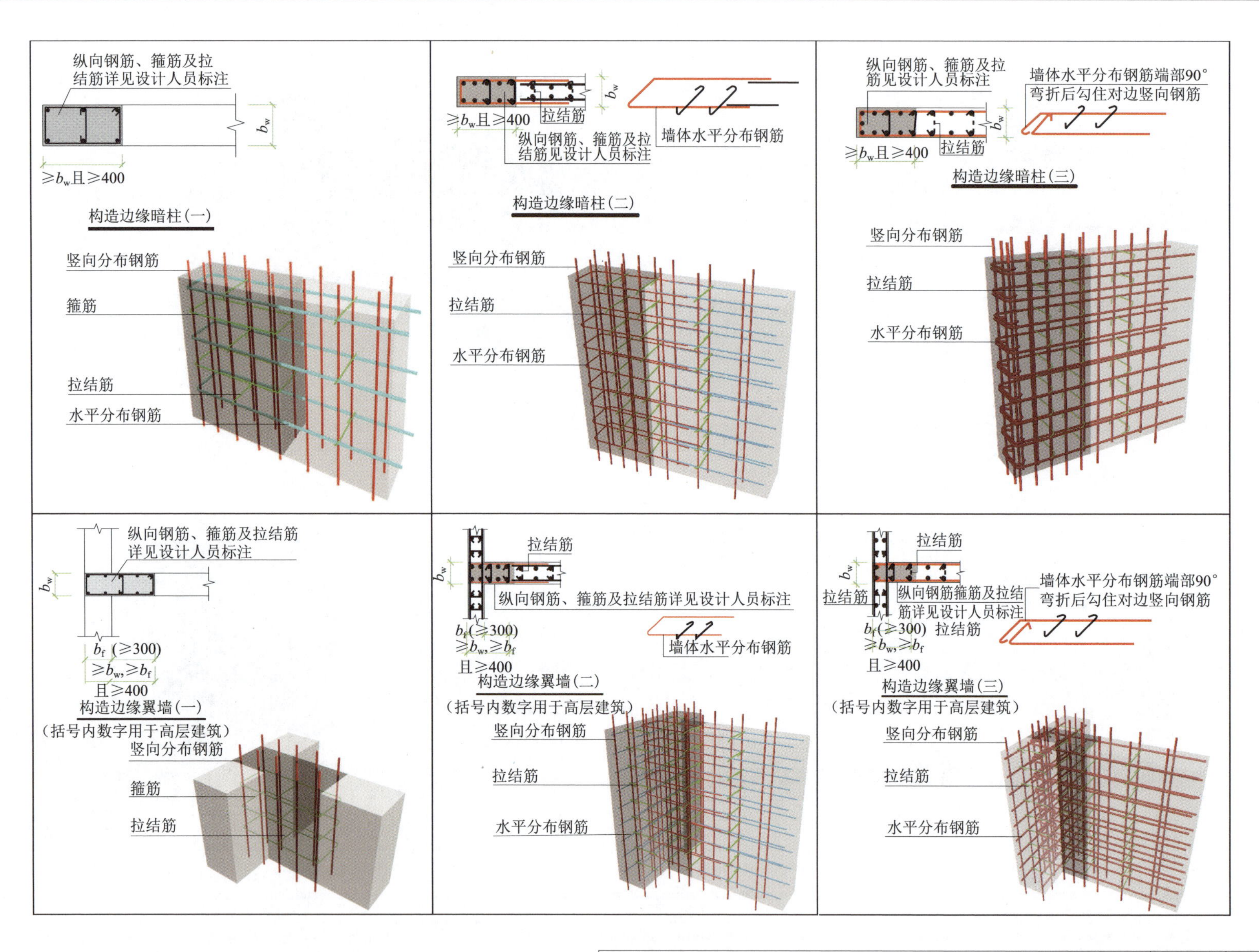

构造边缘构件GBZ、扶壁柱FBZ、非边缘暗柱AZ构造(一)						图集号	22G101—1—82
审核	郭仁俊	校对	廖宜香	设计	傅华夏		

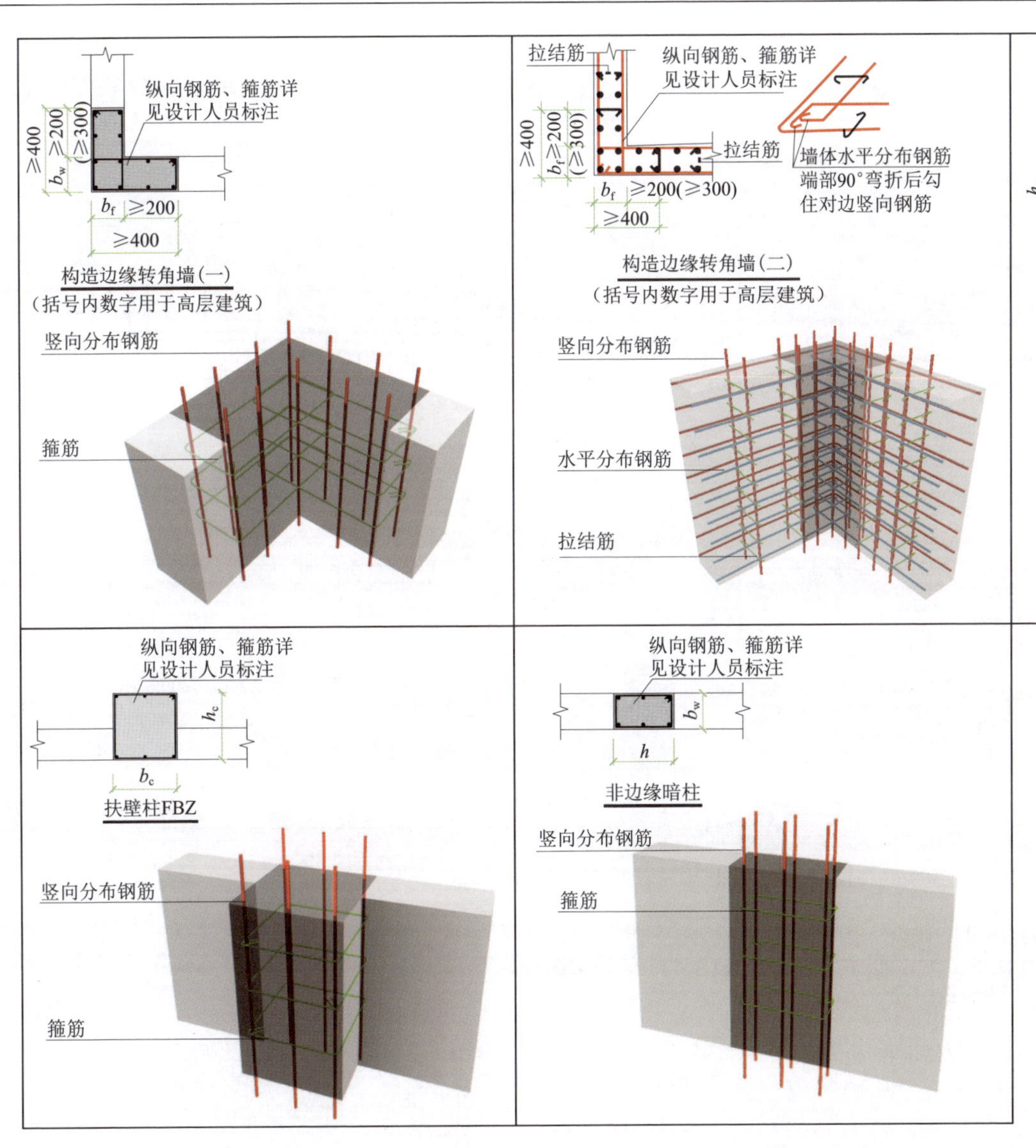

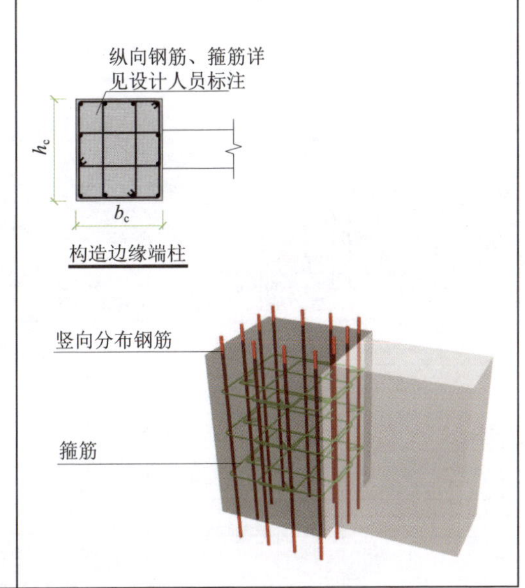

注：1. 构造边缘构件（二）、（三）用于非底部加强部位，当构造边缘构件内箍筋、拉结筋位置（标高）与墙体水平分布钢筋相同时采用，此构造做法应由设计人员指定后使用。计入的墙水平分布钢筋不应大于边缘构件箍筋总体积（含箍筋、拉结筋以及符合构造要求的水平分布钢筋）的50%。

2. 墙体水平分布钢筋宜错开搭接，连接做法见22G101—1图集第75页。当施工条件受限时，构造边缘暗柱（二）、构造边缘翼墙（二）中墙体水平分布钢筋可在同一截面搭接，搭接长度不应小于 l_{lE}。

构造边缘构件 GBZ、扶壁柱 FBZ、非边缘暗柱 AZ 构造（二）						图集号	22G101—1—82
审核	郭仁俊	校对	廖宜香	设计	傅华夏		

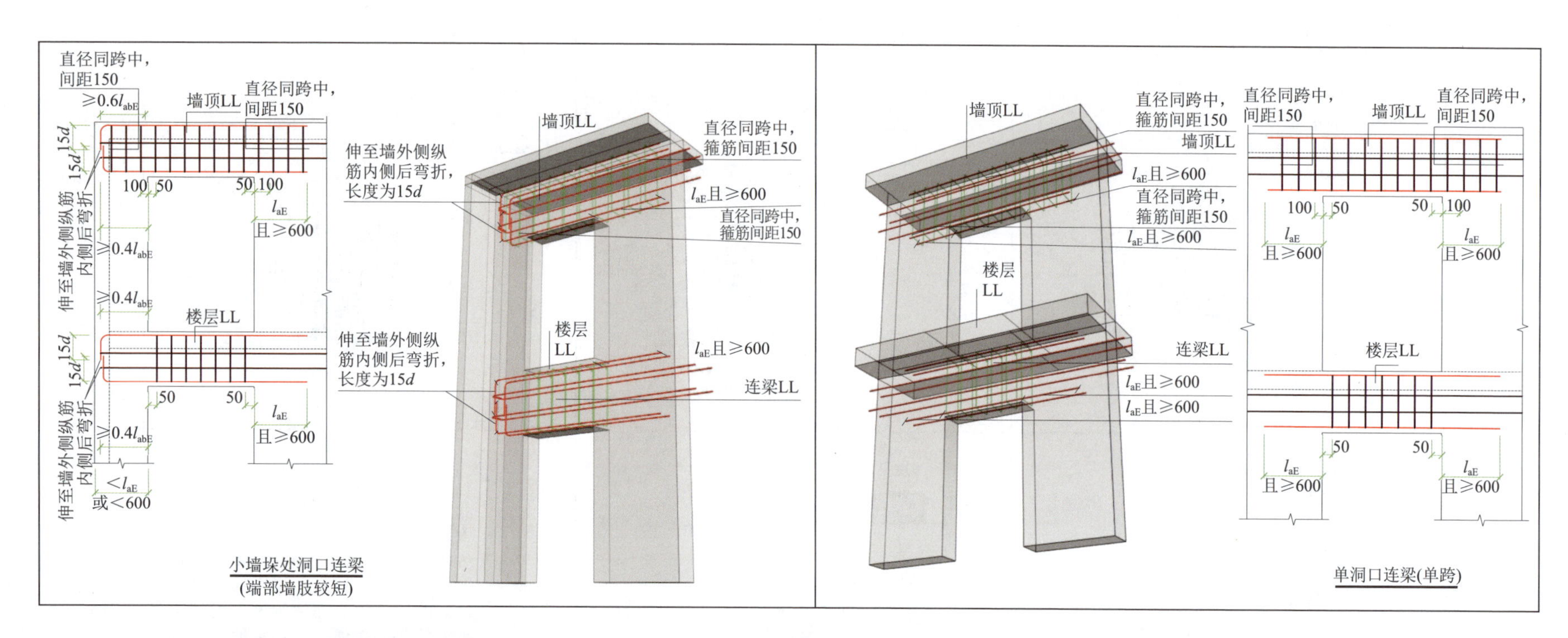

注：1. 当端部洞口连梁的纵向钢筋在端支座的直锚长度≥ l_{aE} 且≥ 600mm 时，可不必往上（下）弯折。
2. 洞口范围内的连梁箍筋详见具体工程设计。
3. 连梁设有交叉斜筋、对角暗撑及集中对角斜筋的做法见 22G101—1 图集第 86 页。
4. 连梁、暗梁及边框梁拉结筋直径：当梁宽≤ 350mm 时为 6mm，梁宽＞ 350mm 时为 8mm，拉结筋间距为 2 倍箍筋间距。当设有多排拉结筋时，上、下两排拉结筋竖向错开设置。
5. 剪力墙的竖向钢筋连续贯穿边框梁和暗梁。
6. 连梁的侧面纵向钢筋单独设置时，侧面纵向钢筋沿梁高度方向均匀布置。

连梁 LL 配筋构造（一）						图集号	22G101—1—83
审核	郭仁俊	校对	廖宜香	设计	傅华夏		

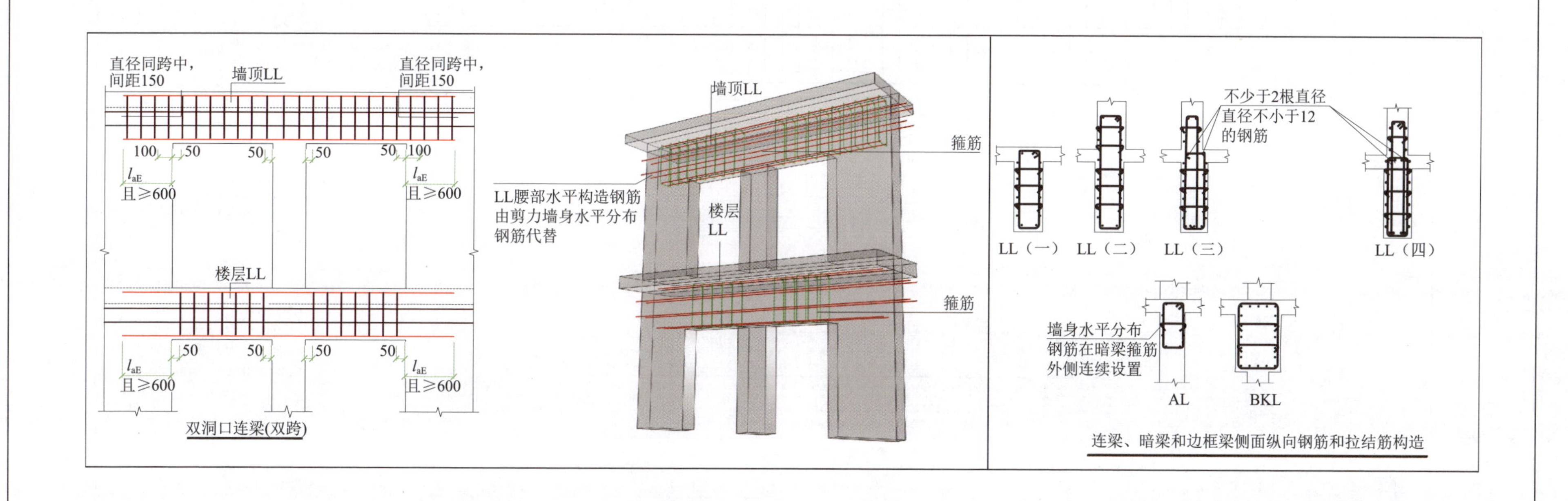

双洞口连梁(双跨)

连梁、暗梁和边框梁侧面纵向钢筋和拉结筋构造

注：1. 当端部洞口连梁的纵向钢筋在端支座的直锚长度≥ l_{aE} 且≥ 600mm 时，可不必往上（下）弯折。
2. 洞口范围内的连梁箍筋详见具体工程设计。
3. 连梁设有交叉斜筋、对角暗撑及集中对角斜筋的做法见 22G101—1 图集第 86 页。
4. 连梁、暗梁及边框梁拉结筋直径：当梁宽≤ 350mm 时为 6mm，梁宽 >350mm 时为 8mm，拉结筋间距为 2 倍箍筋间距。当设有多排拉结筋时，上、下两排拉结筋竖向错开设置。
5. 剪力墙的竖向钢筋连续贯穿边框梁和暗梁。
6. 连梁的侧面纵向钢筋单独设置时，侧面纵向钢筋沿梁高度方向均匀布置。

连梁 LL 配筋构造（二）						图集号	22G101—1—83
审核	郭仁俊	校对	廖宜香	设计	傅华夏		

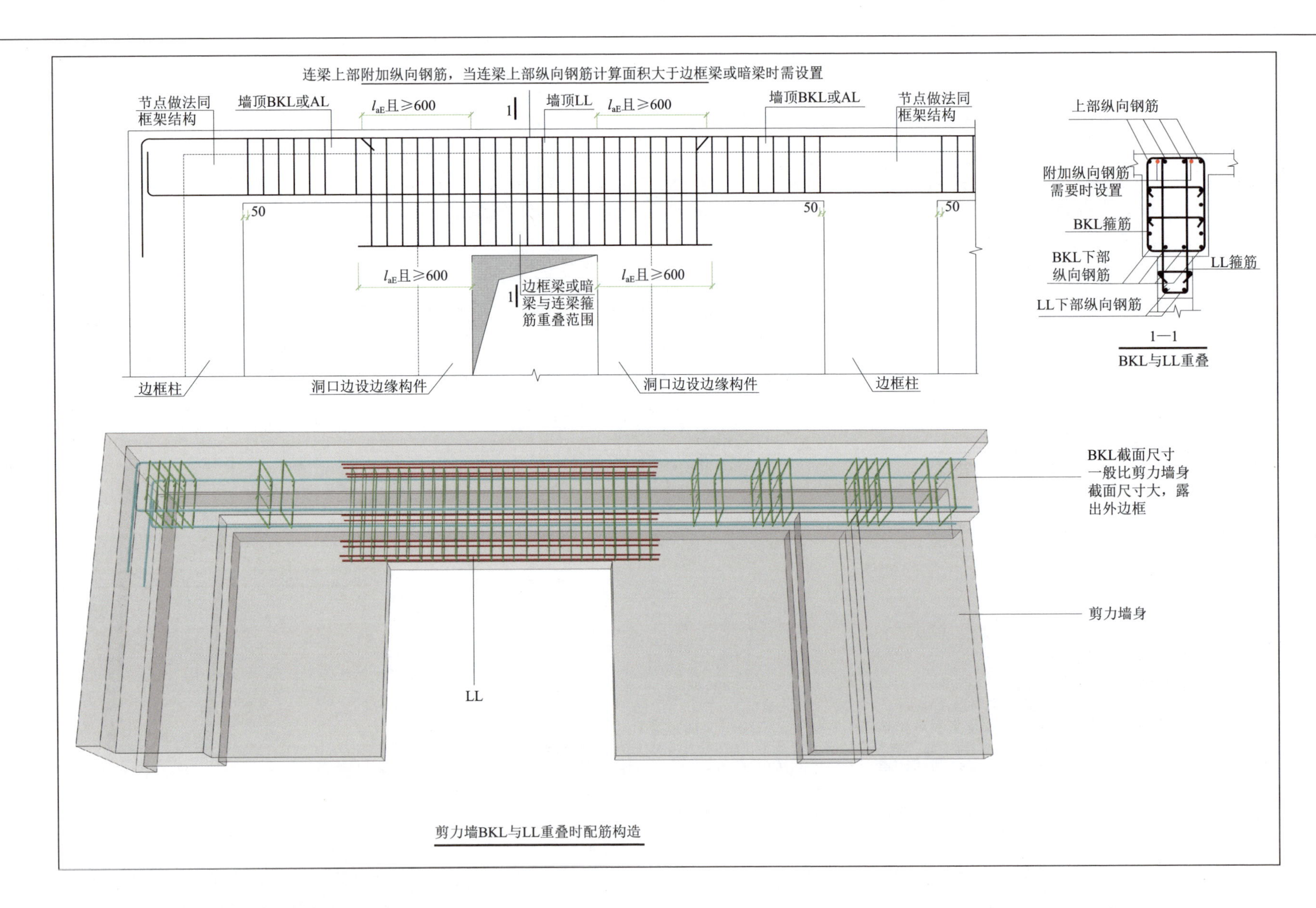

剪力墙BKL与LL重叠时配筋构造

注：1. AL 、LL 、BKL 侧面纵向钢筋构造详见 22G101—1 图集第 83 页。
2. 暗梁和边框梁端部构造同框架梁。

剪力墙 BKL 或 AL 与 LL 重叠时配筋构造（一）						图集号	22G101—1—84
审核	郭仁俊	校对	廖宜香	设计	傅华夏		

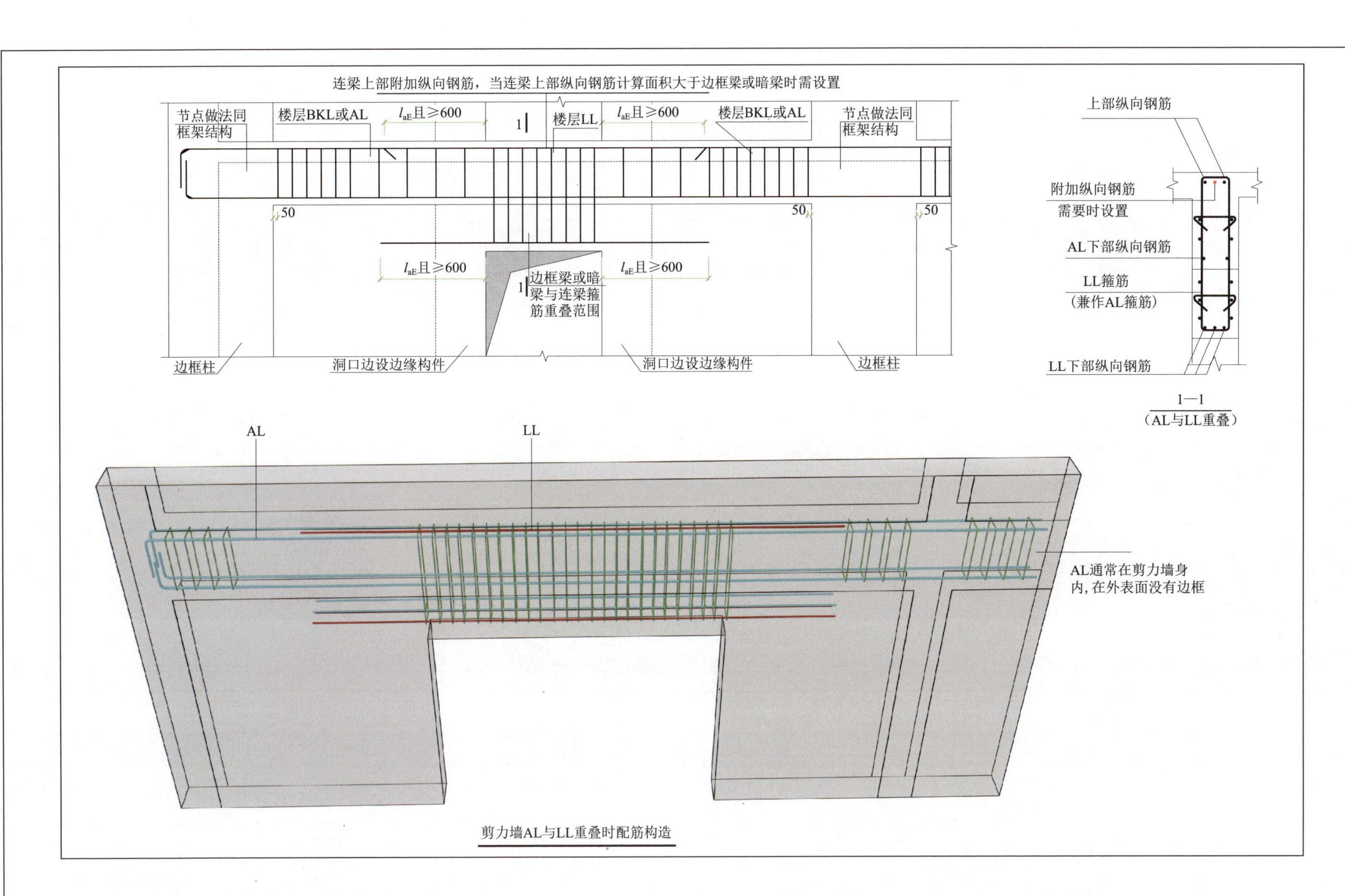

注：1. AL、LL、BKL 侧面纵向钢筋构造详见 22G101—1 图集第 83 页。
2. 暗梁和边框梁端部构造同框架梁。

剪力墙 BKL 或 AL 与 LL 重叠时配筋构造（二）						图集号	22G101—1—84
审核	郭仁俊	校对	廖宜香	设计	傅华夏		

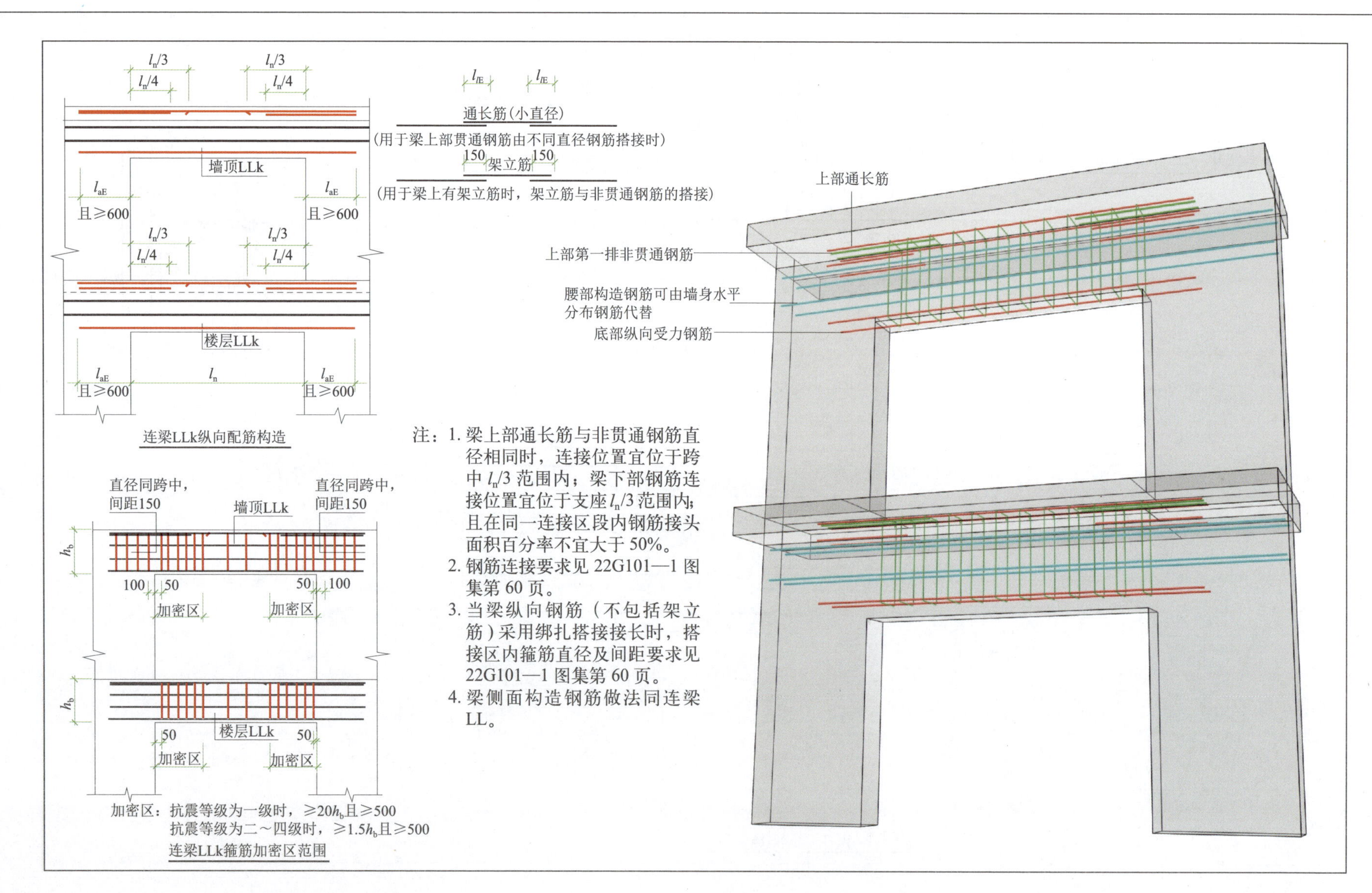

注：1. 梁上部通长筋与非贯通钢筋直径相同时，连接位置宜位于跨中 $l_n/3$ 范围内；梁下部钢筋连接位置宜位于支座 $l_n/3$ 范围内；且在同一连接区段内钢筋接头面积百分率不宜大于 50%。

2. 钢筋连接要求见 22G101—1 图集第 60 页。

3. 当梁纵向钢筋（不包括架立筋）采用绑扎搭接接长时，搭接区内箍筋直径及间距要求见 22G101—1 图集第 60 页。

4. 梁侧面构造钢筋做法同连梁 LL。

连梁 LLk 纵向钢筋、箍筋加密区构造						图集号	22G101—1—85
审核	郭仁俊	校对	廖宜香	设计	傅华夏		

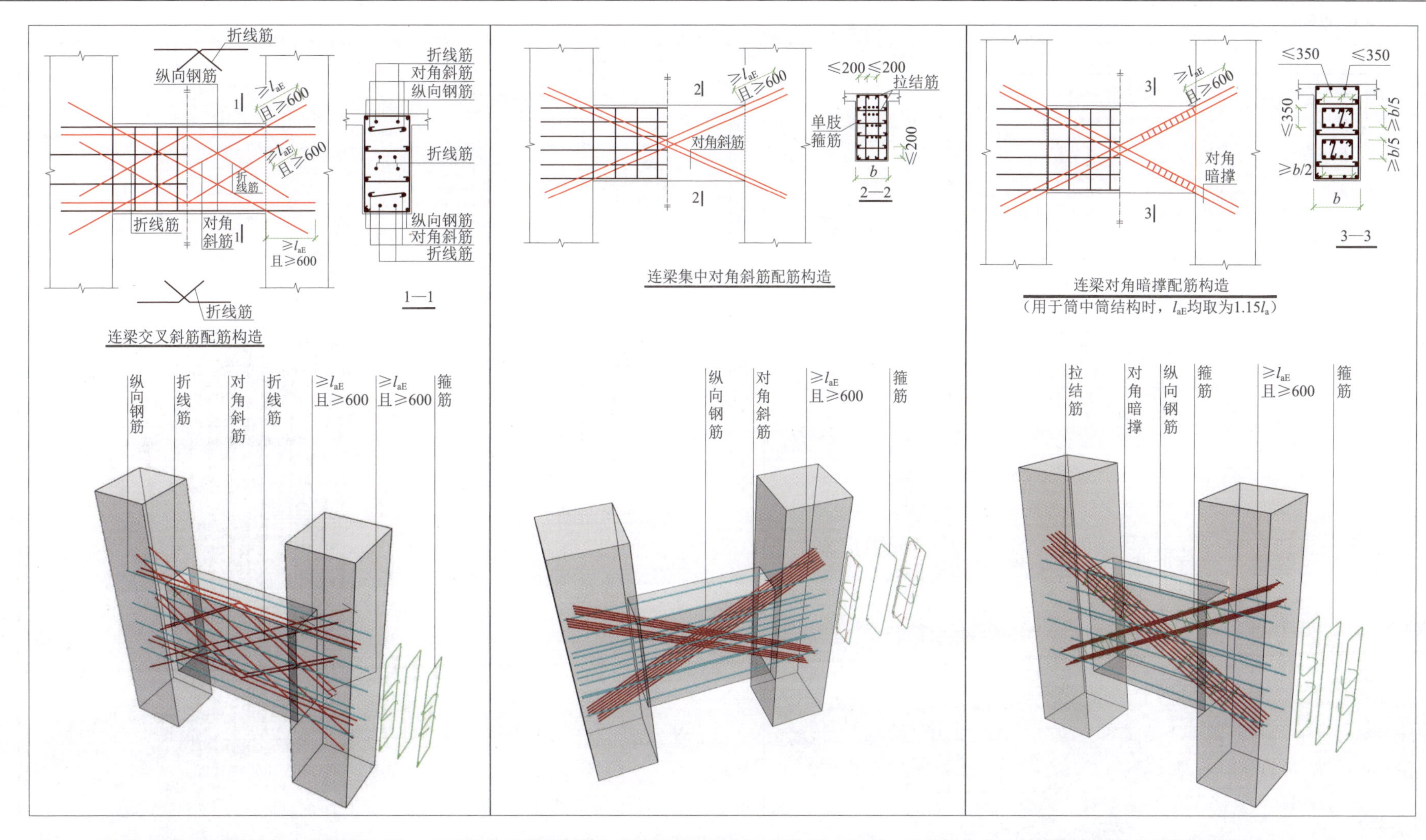

注：1. 当洞口连梁截面宽度不小于 250mm 时，可采用交叉斜筋配筋；当连梁截面宽度不小于 400mm 时，可采用集中对角斜筋配筋或对角暗撑配筋。
2. 交叉斜筋配筋连梁的对角斜筋在梁端部位应设置拉结筋，具体值见设计人员标注。
3. 集中对角斜筋配筋连梁应在梁截面内沿水平方向及竖直方向设置双向拉结筋，拉结筋应勾住外侧纵向钢筋，间距不应大于 200mm，直径不应小于 8mm。
4. 对角暗撑配筋连梁中暗撑箍筋的外缘沿梁截面宽度方向不宜小于梁宽的 1/2，另一方向不宜小于梁宽的 1/5；对角暗撑约束箍筋肢距不应大于 350mm。
5. 交叉斜筋配筋连梁、对角暗撑配筋连梁的水平钢筋及箍筋形成的钢筋网之间应采用拉结筋拉结，拉结筋直径不宜小于 6mm，间距不宜大于 400mm。

连梁交叉斜筋 LL（JX）、连梁集中对角斜筋 LL（DX）、连梁对角暗撑 LL（JC）配筋构造						图集号	22G101—1—86
审核	郭仁俊	校对	廖宜香	设计	傅华夏		

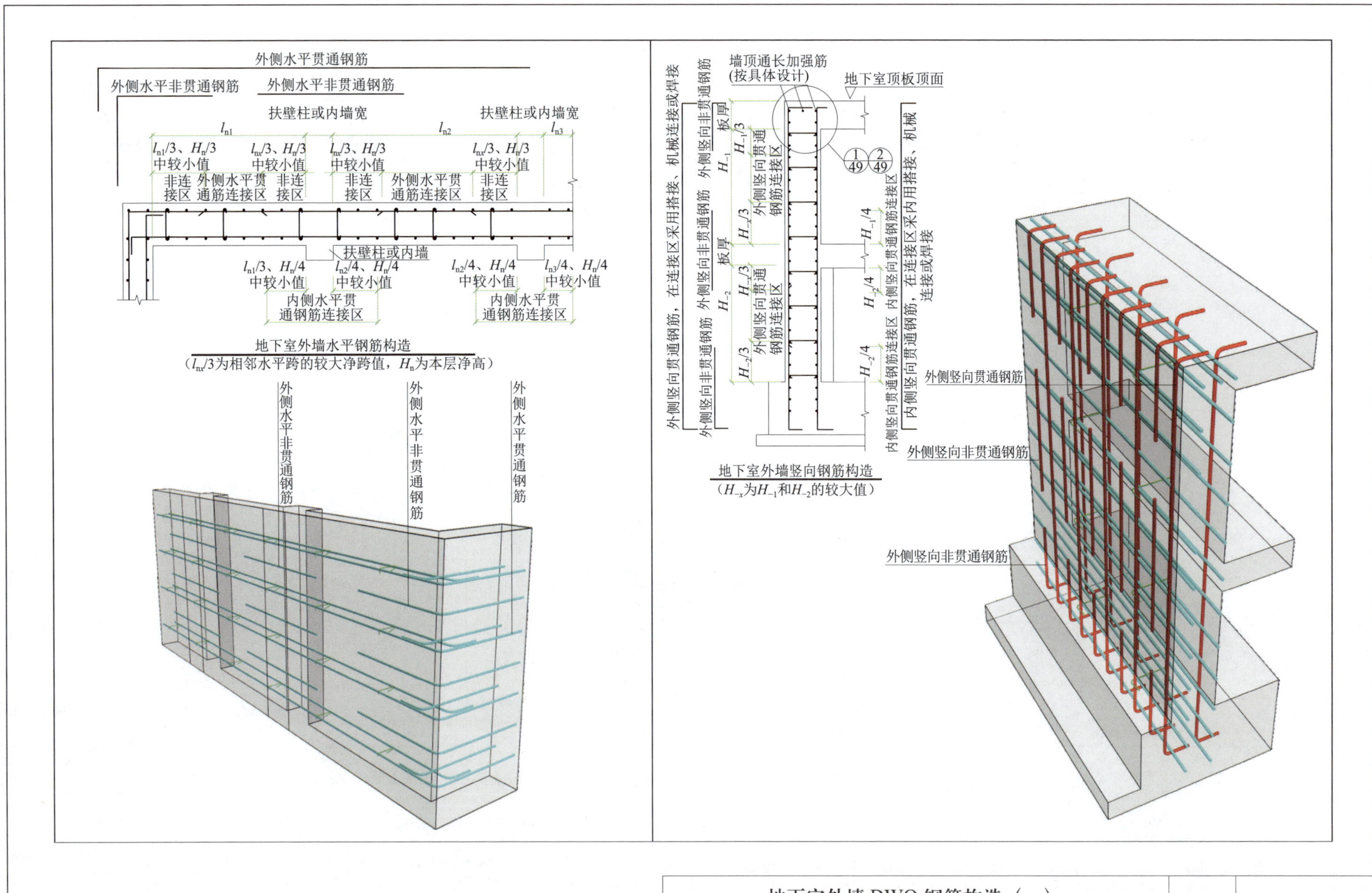

地下室外墙水平钢筋构造

（$l_{nx}/3$为相邻水平跨的较大净跨值，H_n为本层净高）

地下室外墙竖向钢筋构造

（H_{-x}为H_{-1}和H_{-2}的较大值）

地下室外墙 DWQ 钢筋构造（一）						图集号	22G101—1—87
审核	郭仁俊	校对	廖宜香	设计	傅华夏		

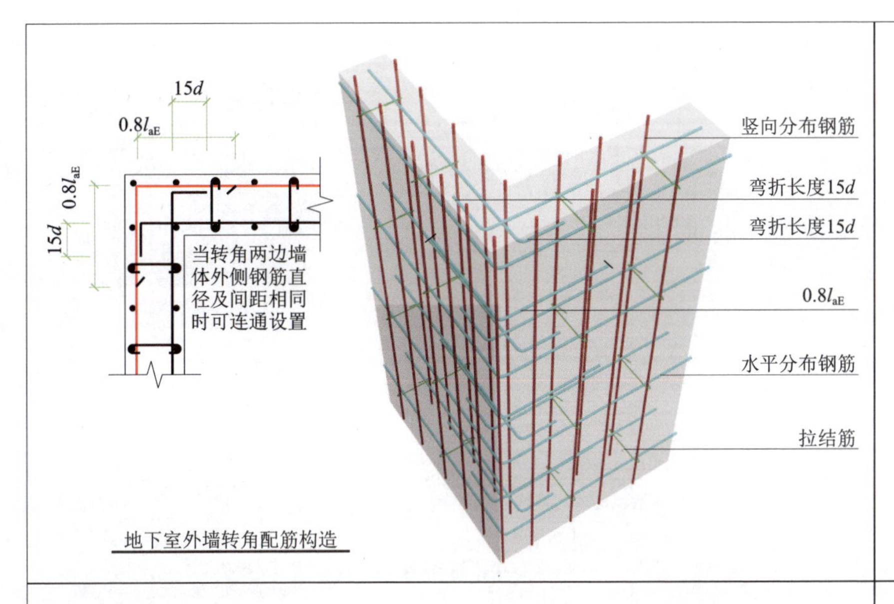

地下室外墙转角配筋构造

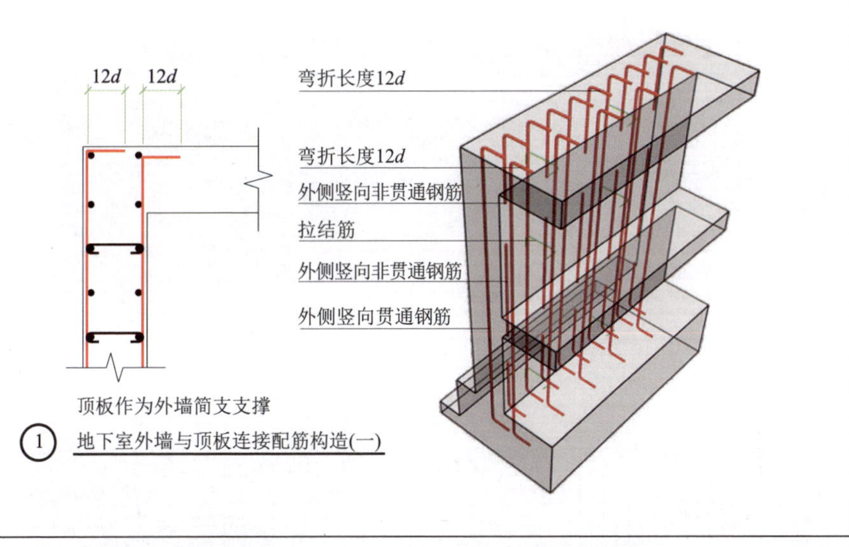

① 地下室外墙与顶板连接配筋构造(一)

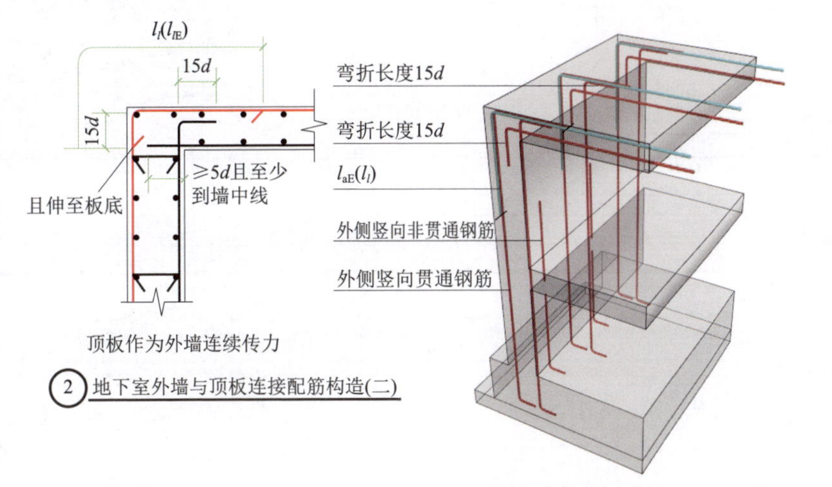

② 地下室外墙与顶板连接配筋构造(二)

注：1. 当具体工程的钢筋排布与22G101—1图集不同时（如将水平钢筋设置在外层），应按设计要求进行施工。
2. 扶壁柱、内墙是否作为地下室外墙的平面外支承应由设计人员根据工程具体情况确定，并在设计文件中明确。
3. 是否设置水平非贯通钢筋由设计人员根据计算确定，非贯通钢筋的直径、间距及长度由设计人员在设计图纸中标注。
4. 当扶壁柱、内墙不作为地下室外墙的平面外支承时，水平贯通钢筋的连接区域不受限制。
5. 外墙和顶板的连接节点做法①、②的选用由设计人员在图纸中注明。
6. 地下室外墙与基础的连接见22G101—3图集。

地下室外墙DWQ钢筋构造（二）						图集号	22G101—1—87
审核	郭仁俊	校对	廖宜香	设计	傅华夏		

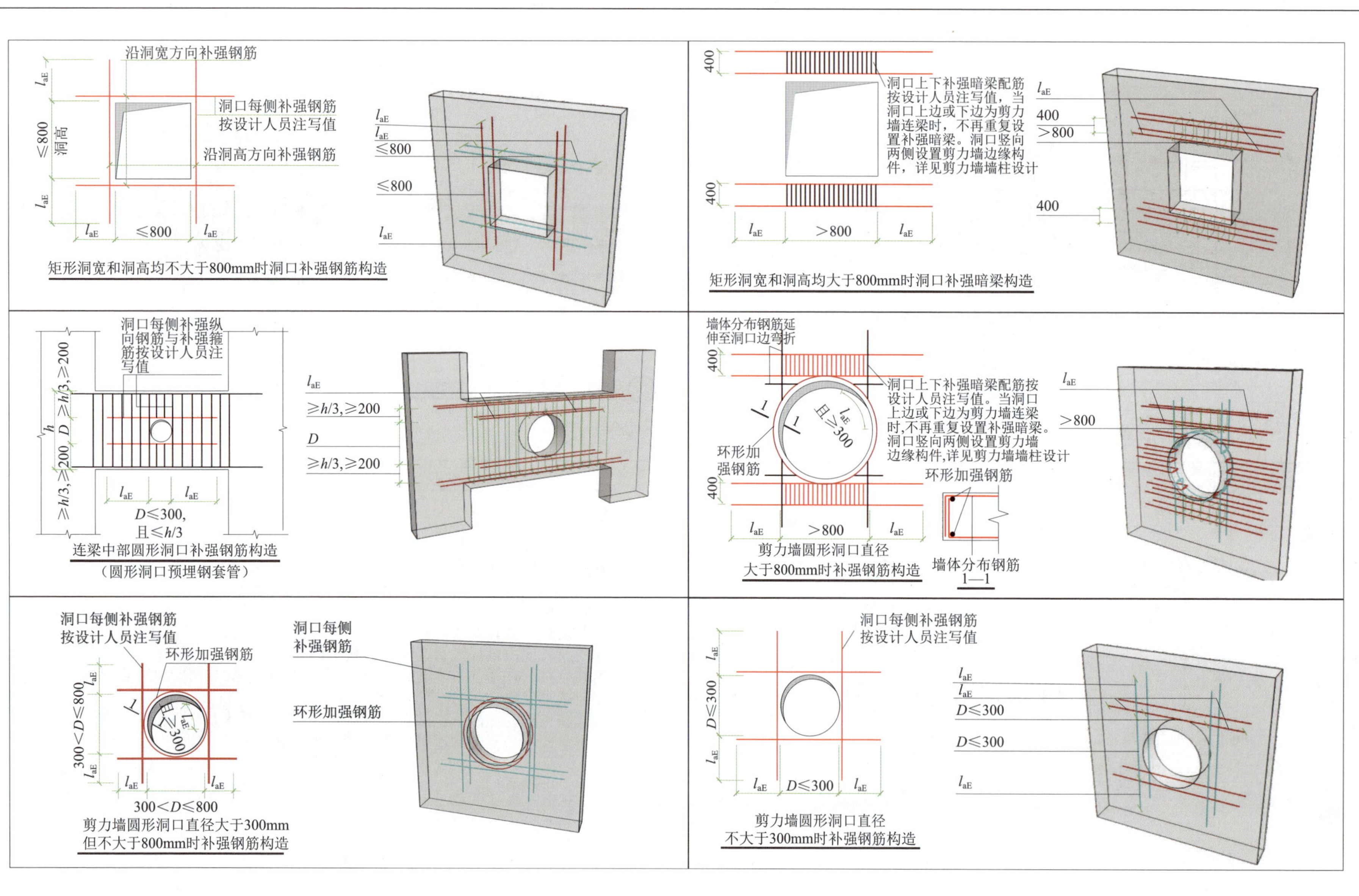

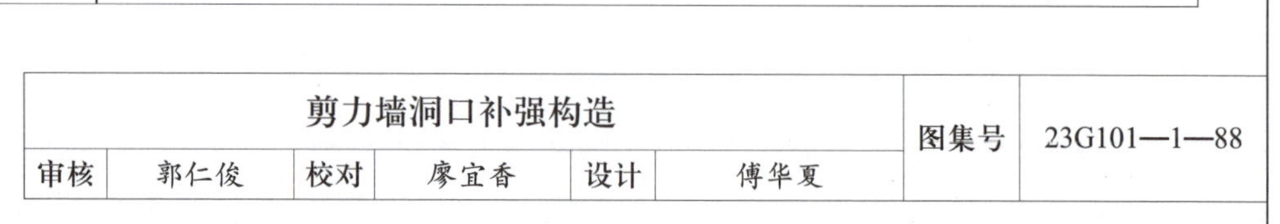

剪力墙洞口补强构造						图集号	23G101—1—88
审核	郭仁俊	校对	廖宜香	设计	傅华夏		

梁平法标准构造详图
及三维示意图

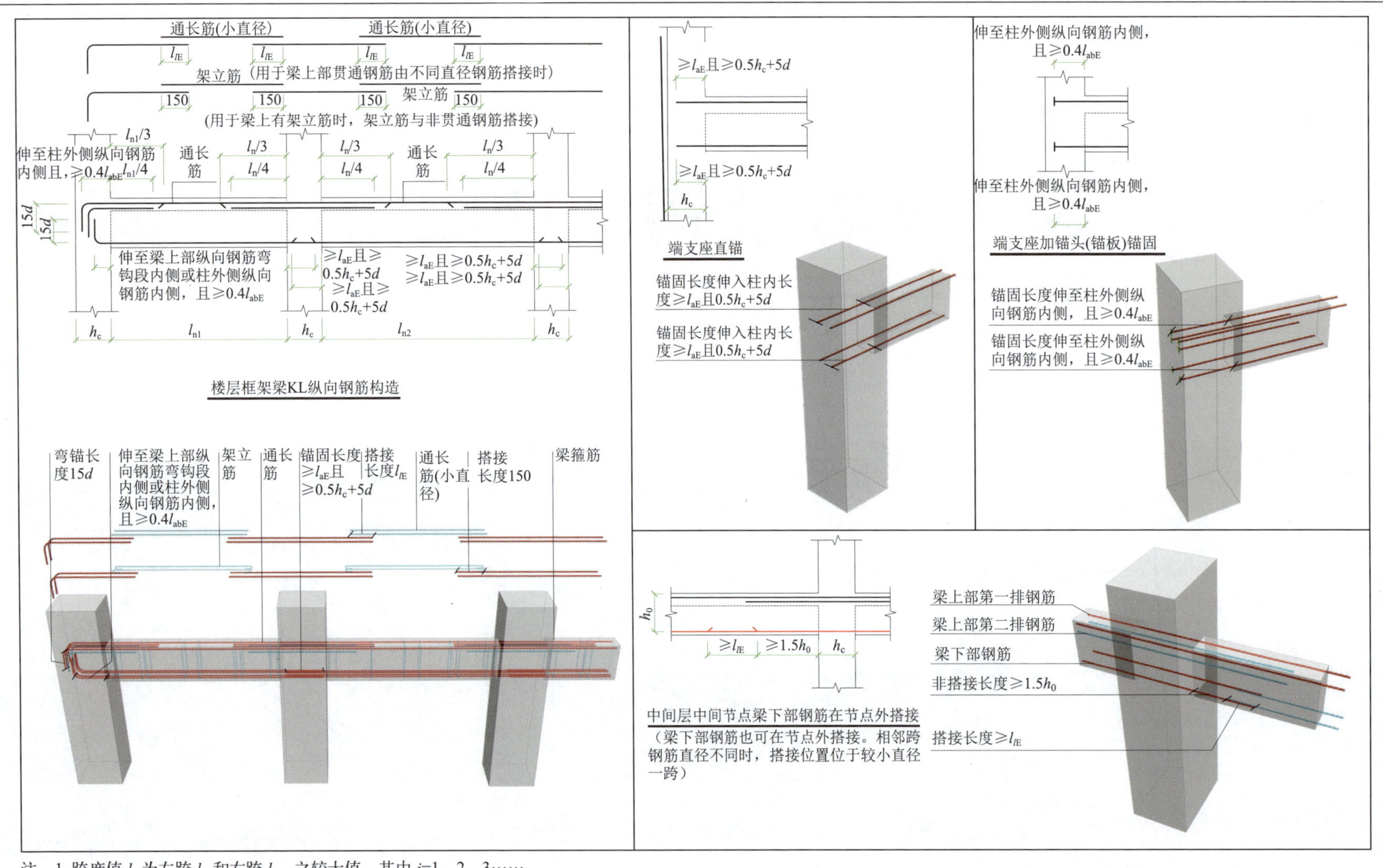

注：1. 跨度值 l_n 为左跨 l_{ni} 和右跨 l_{ni+1} 之较大值，其中 i=1，2，3……

2. 图中 h_c 为柱截面沿框架方向的高度。

3. 梁上部通长筋与非贯通钢筋直径相同时，连接位置宜位于跨中 l_{ni}/3 范围内；梁下部钢筋连接位置宜位于支座 l_{ni}/3 范围内；且在同一连接区段内钢筋接头面积百分率不宜大于 50%。

4. 钢筋连接要求见 22G101—1 图集第 60 页。

5. 当梁纵向钢筋（不包括侧面 G 打头的构造筋及架立筋）采用绑扎搭接接长时，搭接区内箍筋直径及间距要求见 22G101—1 图集第 60 页。

6. 梁侧面构造钢筋要求见 22G101—1 图集第 97 页。

7. 当上柱截面尺寸小于下柱截面尺寸时，梁上部钢筋的锚固长度起算位置应为上柱内边缘，梁下部纵向钢筋的锚固长度起算位置为下柱内边缘。

楼层框架梁 KL 纵向钢筋构造						图集号	22G101—1—89
审核	郭仁俊	校对	廖宜香	设计	傅华夏		

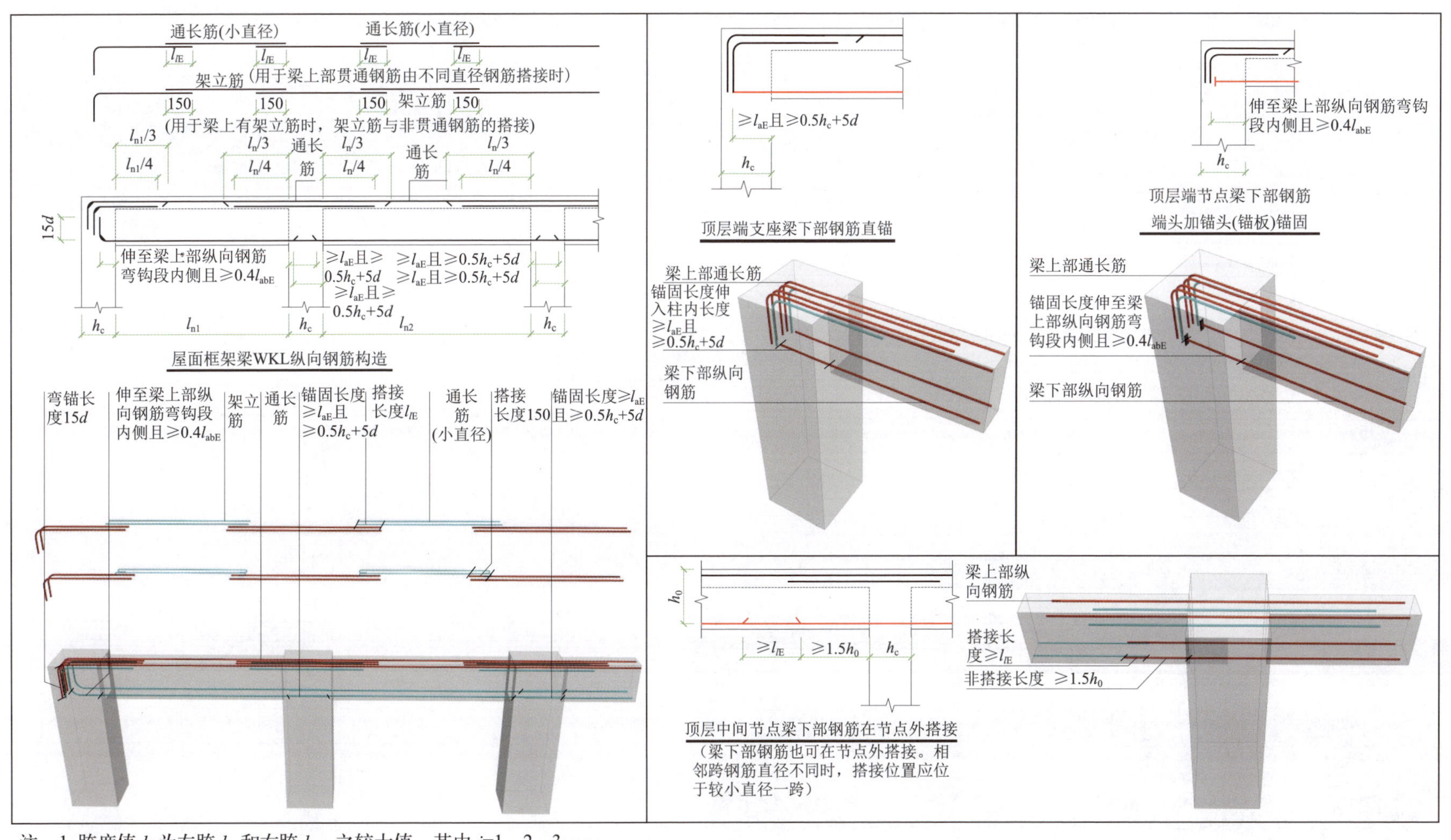

注：1. 跨度值 l_n 为左跨 l_{ni} 和右跨 l_{ni+1} 之较大值，其中 i=1，2，3……

2. 图中 h_c 为柱截面沿框架方向的高度。

3. 梁上部通长筋与非贯通钢筋直径相同时，连接位置宜位于跨中 $l_{ni}/3$ 范围内；梁下部钢筋连接位置宜位于支座 $l_{ni}/3$ 范围内；且在同一连接区段内连接钢筋接头面积百分率不宜大于 50%。

4. 钢筋连接要求见 22G101—1 图集第 60 页。

5. 当梁纵向钢筋（不包括侧面 G 打头的构造筋及架立筋）采用绑扎搭接接长时，搭接区内箍筋直径及间距要求见 22G101—1 图集第 60 页。

6. 梁侧面纵向构造钢筋要求见 22G101—1 图集第 97 页。

7. 顶层端节点处梁上部钢筋与角部附加钢筋构造见 22G101—1 图集第 70、71 页。

屋面框架梁 WKL 纵向钢筋构造						图集号	22G101—1—90
审核	郭仁俊	校对	廖宜香	设计	傅华夏		

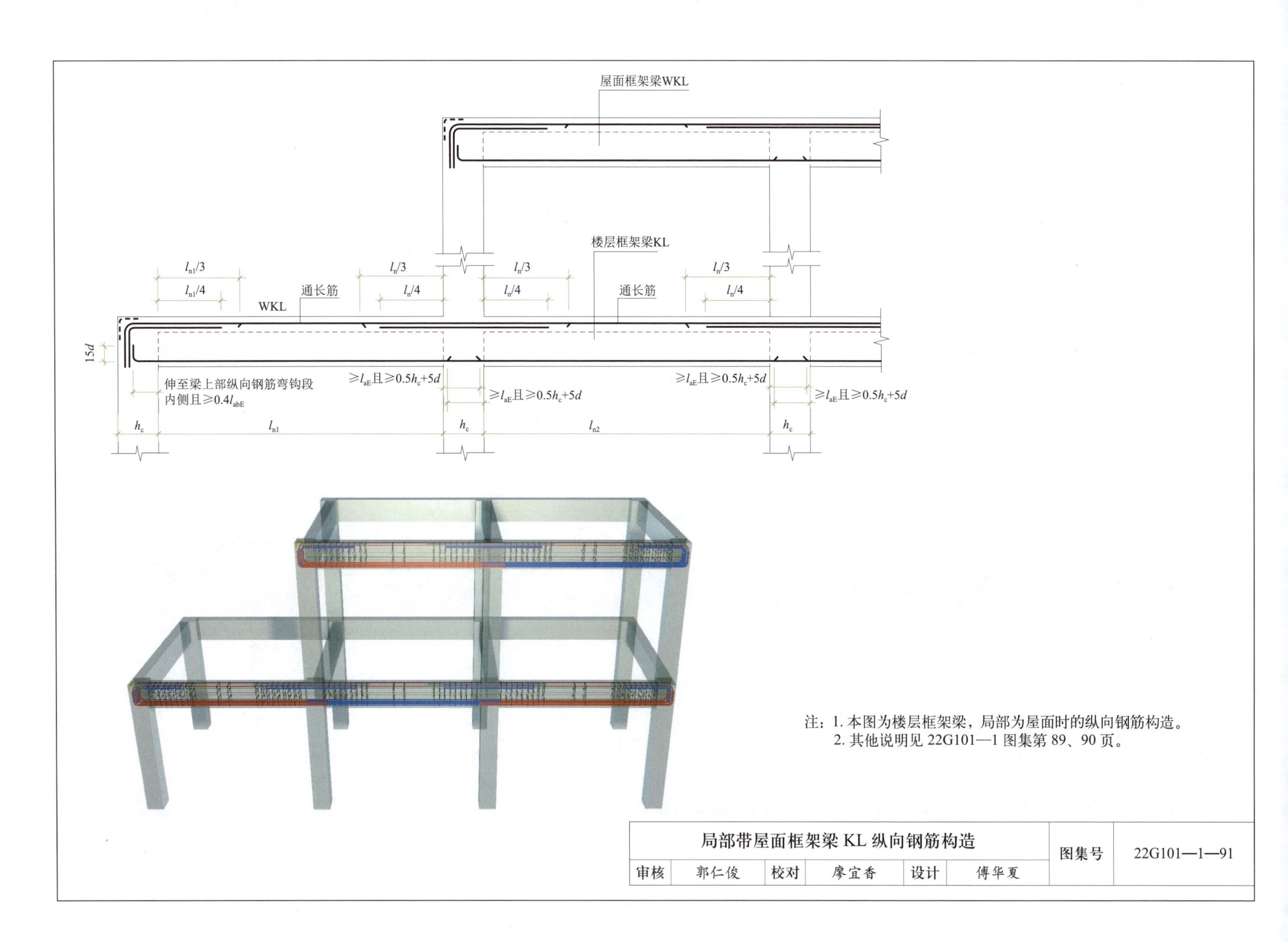

注：1. 本图为楼层框架梁，局部为屋面时的纵向钢筋构造。
2. 其他说明见 22G101—1 图集第 89、90 页。

局部带屋面框架梁 KL 纵向钢筋构造						图集号	22G101—1—91
审核	郭仁俊	校对	廖宜香	设计	傅华夏		

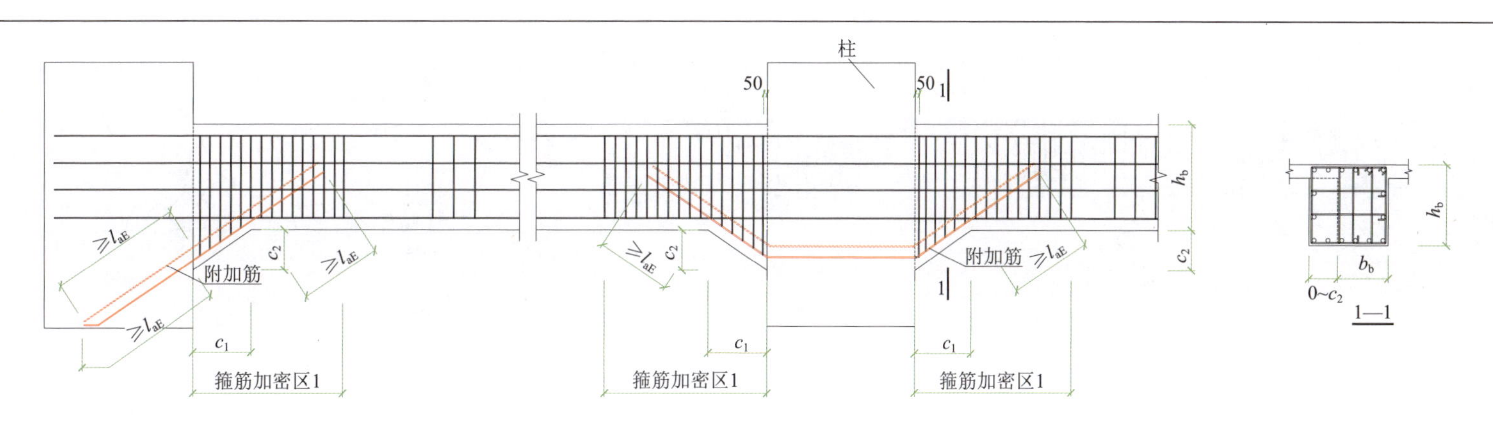

图中箍筋加密区1取值：
抗震等级为一级时，≥2.0h_b且≥500
抗震等级为二～四级时，≥1.5h_b且≥500
且不小于腋长c_1+0.5h_b

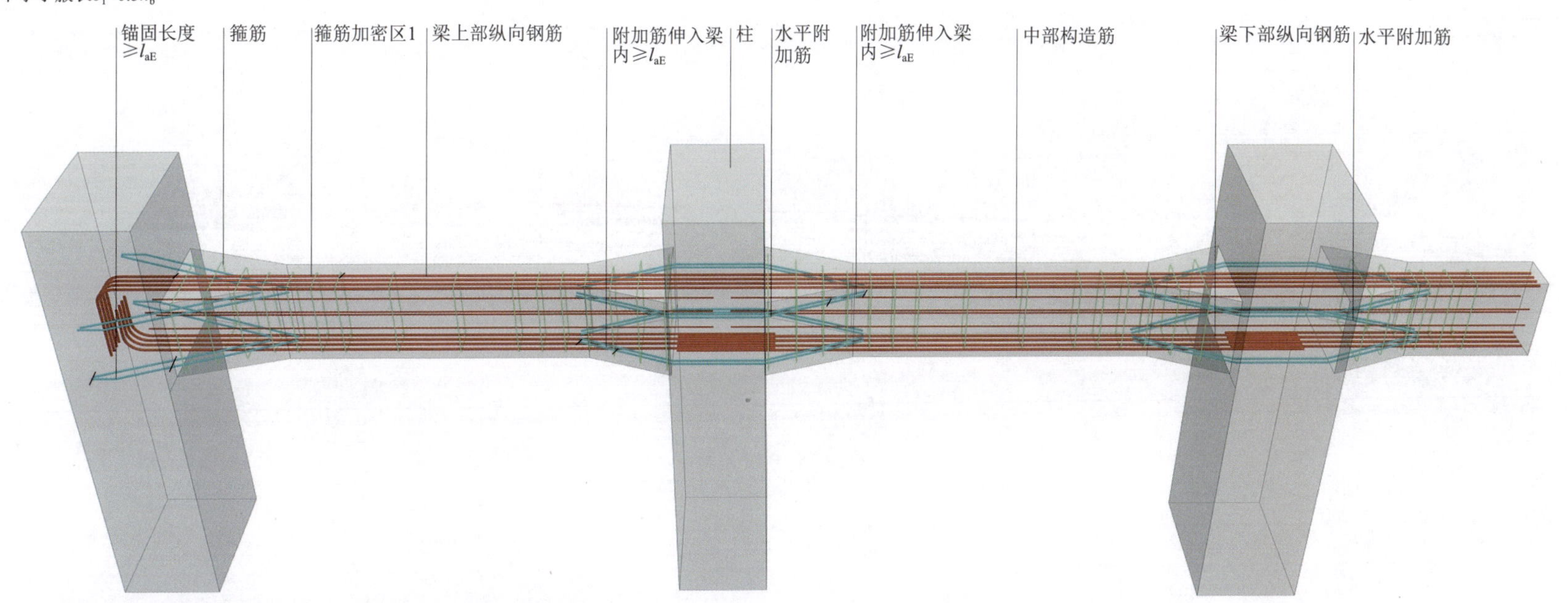

注：1. 当梁结构平法施工图中，水平加腋部位的配筋设计未给出时，其梁腋上下部斜纵筋（仅设置第一排）直径分别同梁内上下纵筋，水平间距不宜大于200mm；水平加腋部位侧面纵向构造筋的设置及构造要求同梁内侧面纵向构造筋，见22G101—1图集第97页。
2. 加腋部位箍筋规格及肢距与梁端部的箍筋相同。
3. 附加筋在中柱内锚固也可按端支座形式分别锚固。

框架梁水平加腋构造						图集号	22G101—1—92
审核	郭仁俊	校对	廖宜香	设计	傅华夏		

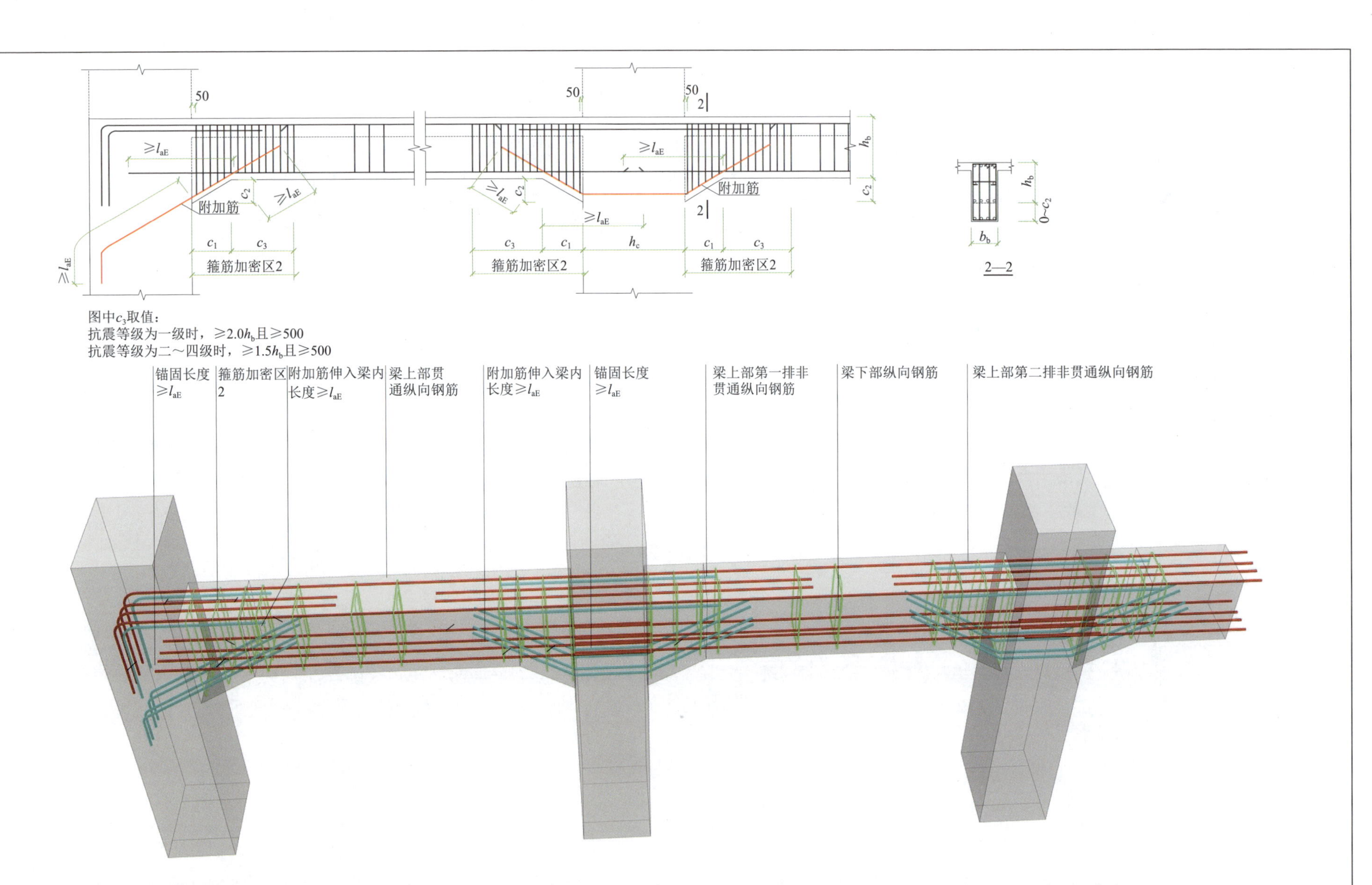

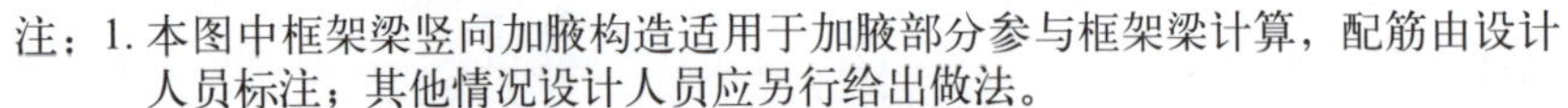
注：1. 本图中框架梁竖向加腋构造适用于加腋部分参与框架梁计算，配筋由设计人员标注；其他情况设计人员应另行给出做法。
2. 加腋部位箍筋规格及肢距与梁端部的箍筋相同。
3. 附加筋在中柱内锚固也可按端支座形式分别锚固。

框架梁竖向加腋构造						图集号	22G101—1—92
审核	郭仁俊	校对	廖宜香	设计	傅华夏		

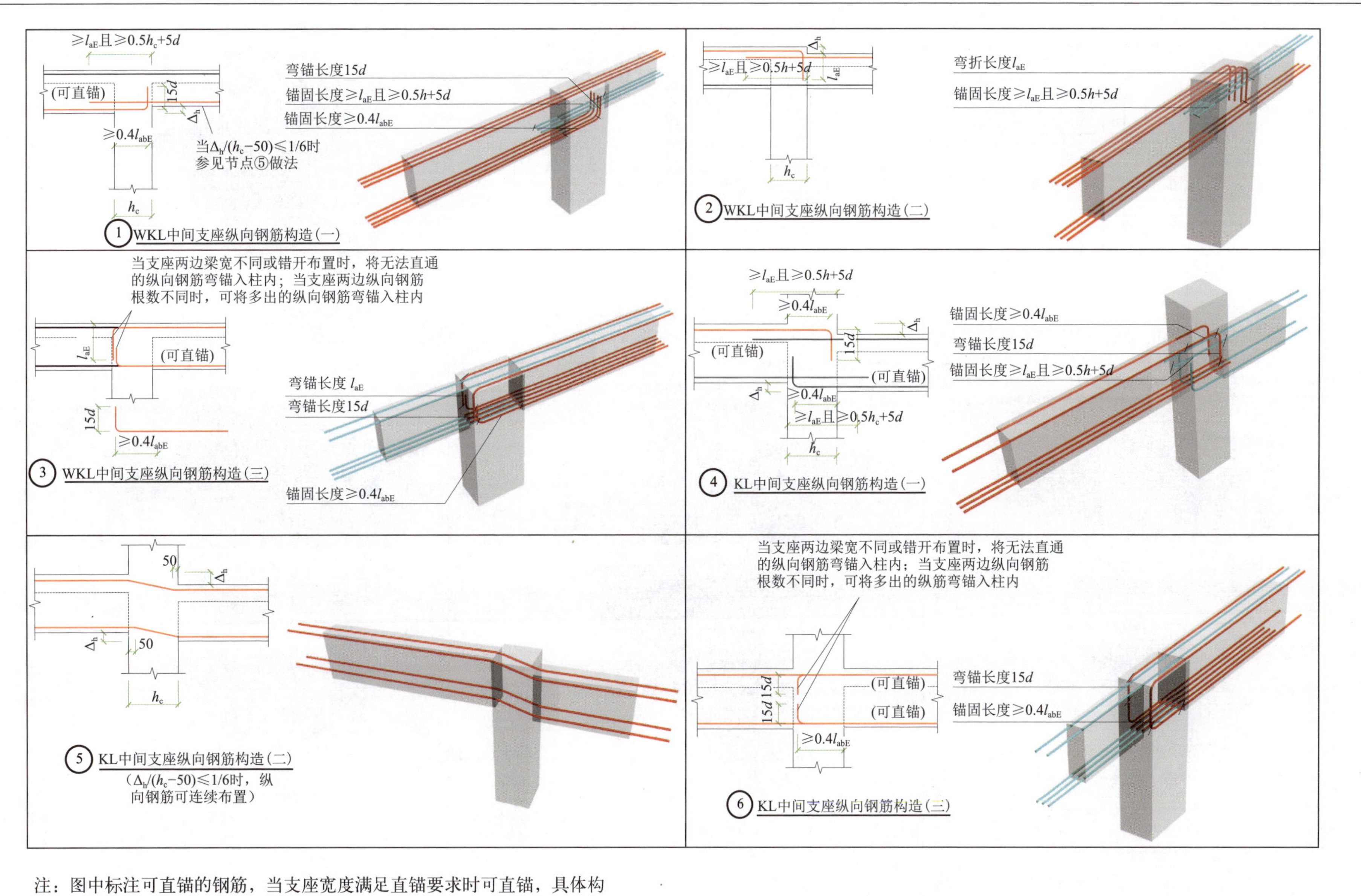

注：图中标注可直锚的钢筋，当支座宽度满足直锚要求时可直锚，具体构造要求见 22G101—1 图集第 89、90 页。

KL、WKL 中间支座纵向钢筋构造						图集号	22G101—1—93
审核	郭仁俊	校对	廖宜香	设计	傅华夏		

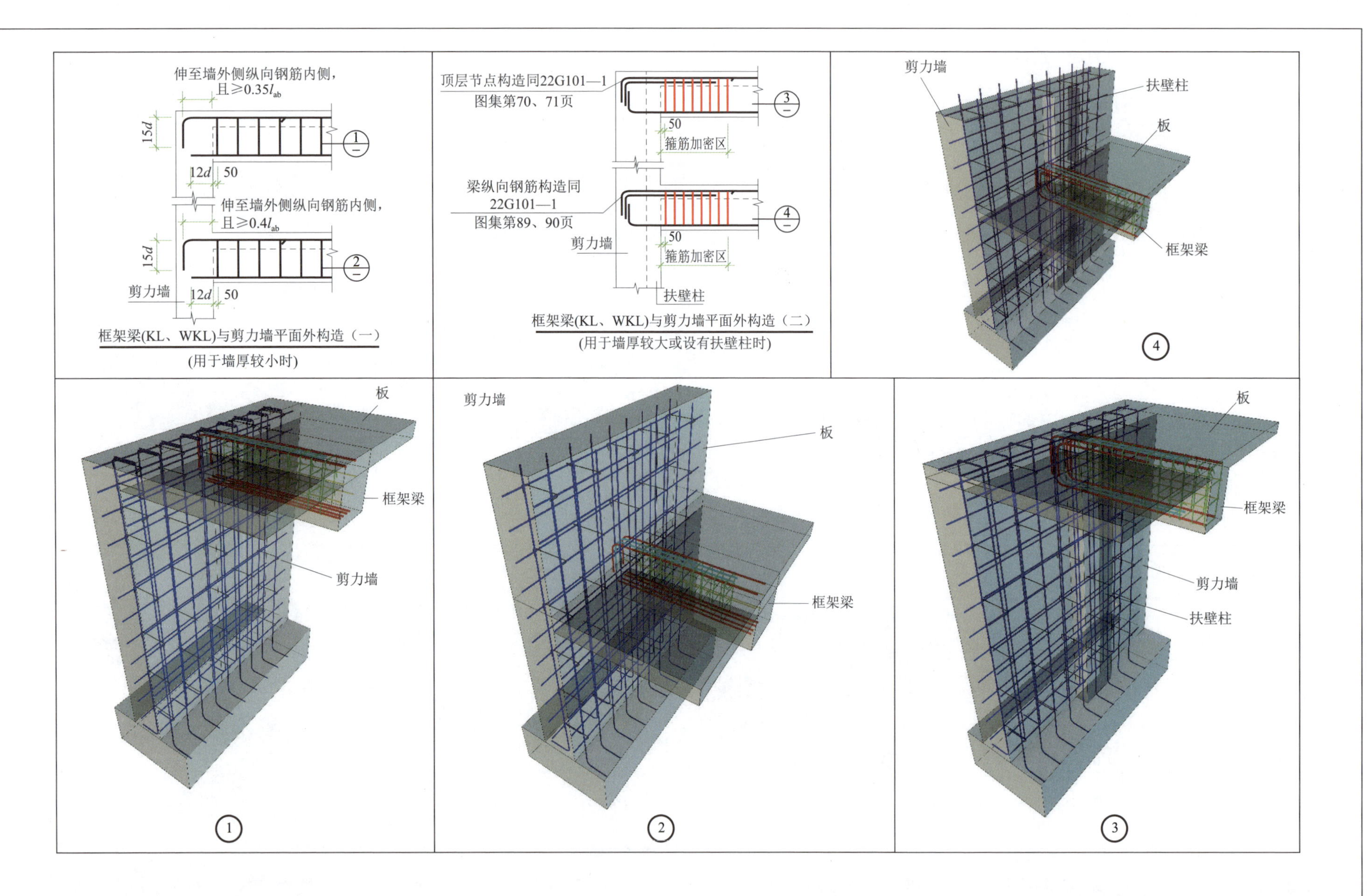

注：1. 框架梁与剪力墙平面外连接构造（一）、（二）的选用，由设计人员指定。
2. 箍筋加密区范围：抗震等级为一级时，≥ 2.0h_b 且≥ 500mm；抗震等级为二～四级时，≥ 1.5h_b 且≥ 500mm。

框架梁与剪力墙平面内、平面外连接构造（一）						图集号	22G101—1—94
审核	郭仁俊	校对	廖宜香	设计	傅华夏		

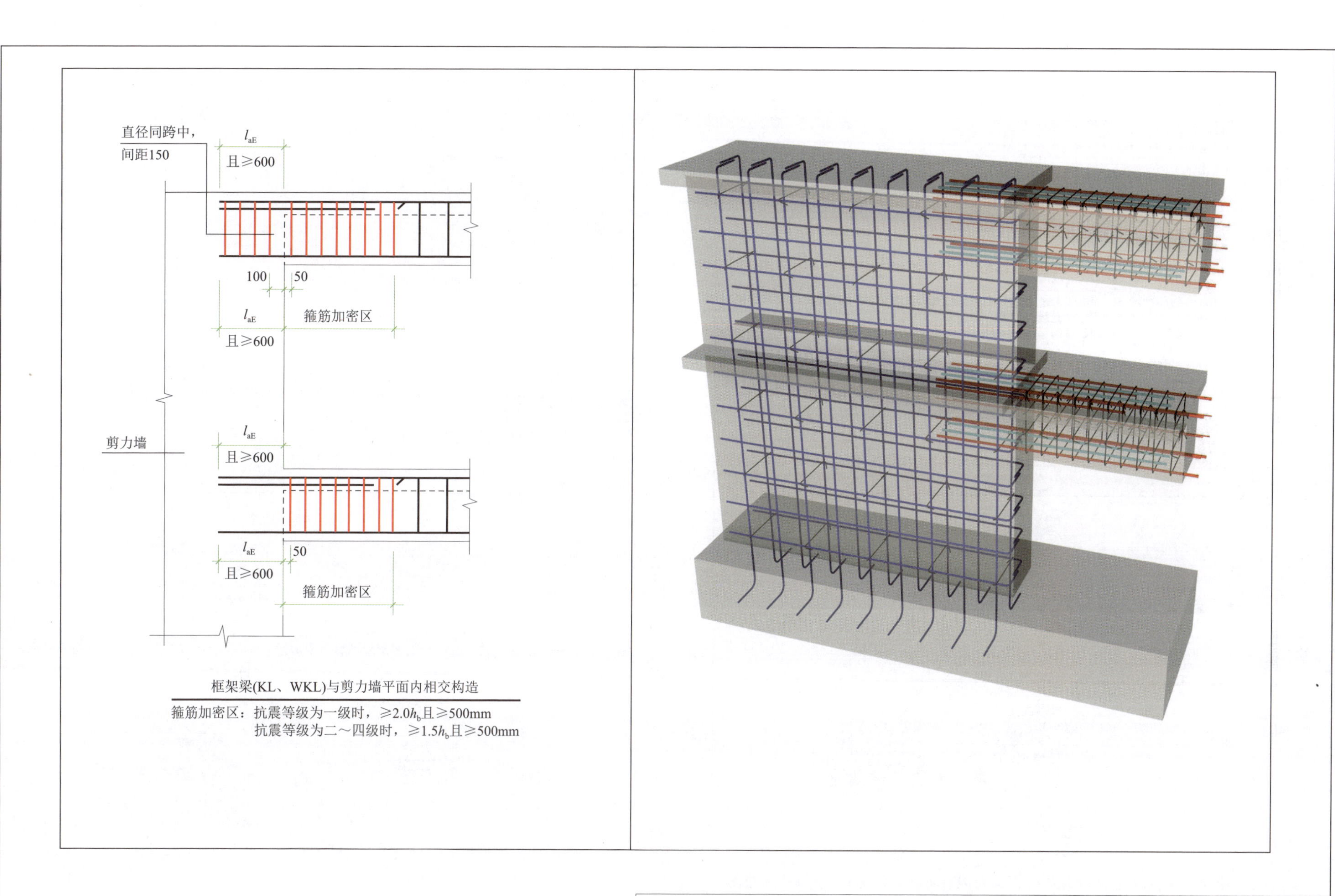

框架梁(KL、WKL)与剪力墙平面内相交构造

箍筋加密区：抗震等级为一级时，≥2.0h_b且≥500mm
抗震等级为二～四级时，≥1.5h_b且≥500mm

框架梁与剪力墙平面内、平面外连接构造（二）						图集号	22G101—1—94
审核	郭仁俊	校对	廖宜香	设计	傅华夏		

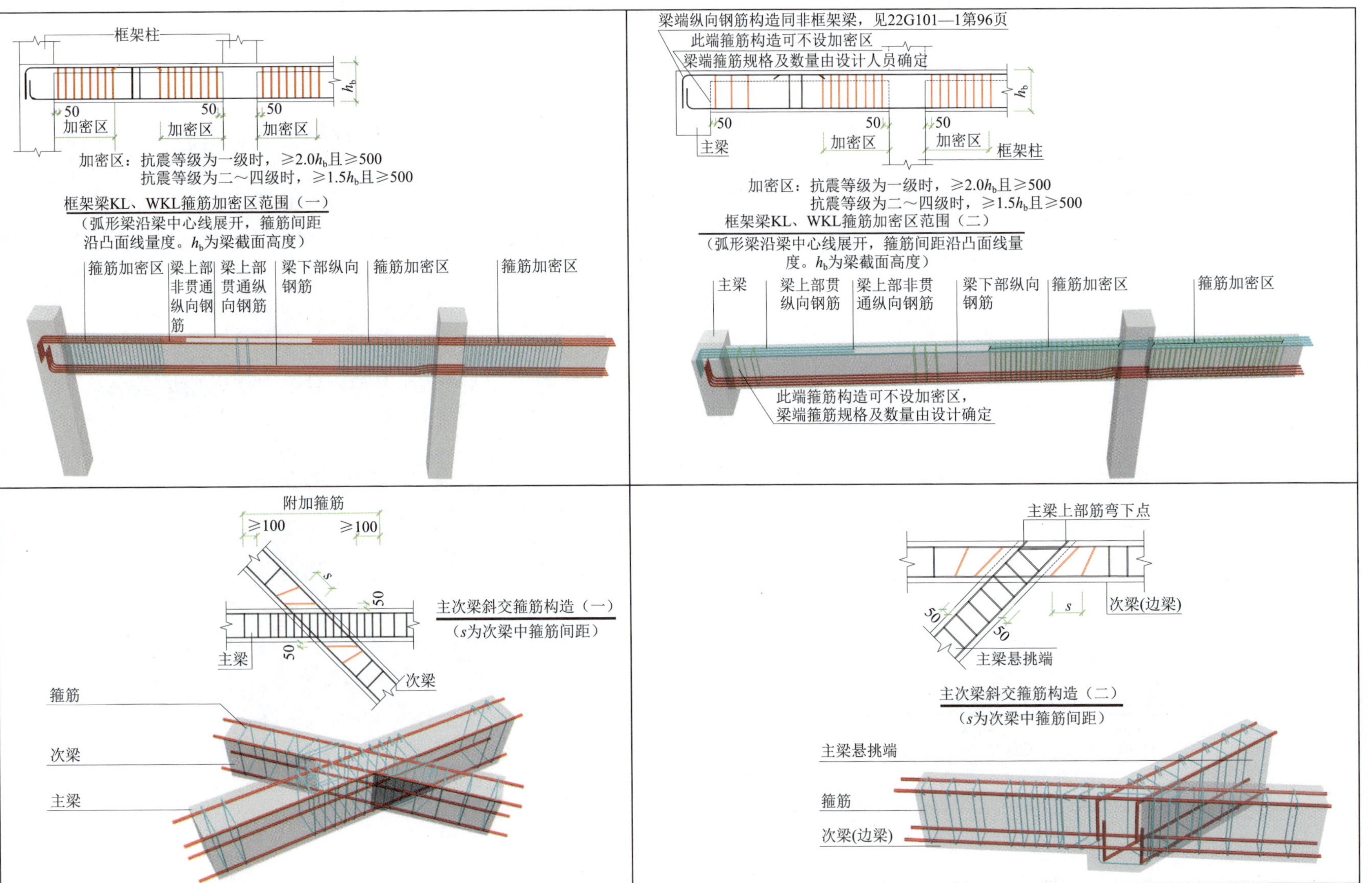

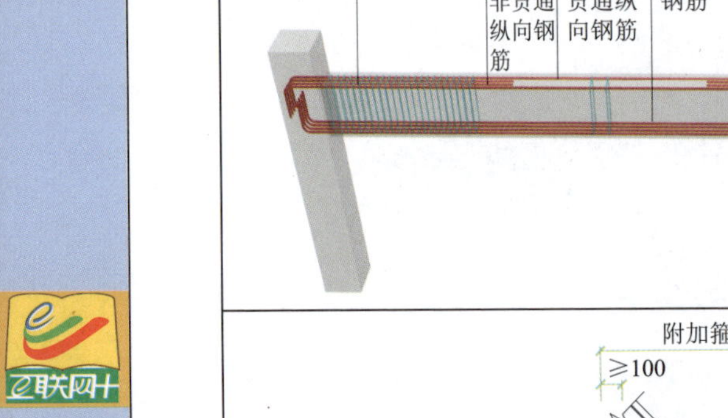

注：当梁纵向钢筋（不包括侧面G打头的构造筋及架立筋）采用绑扎搭接接长时，搭接区内箍筋直径及间距要求见22G101—1图集第60页。

梁箍筋构造（一）						图集号	22G101—1—95
审核	郭仁俊	校对	廖宜香	设计	傅华夏		

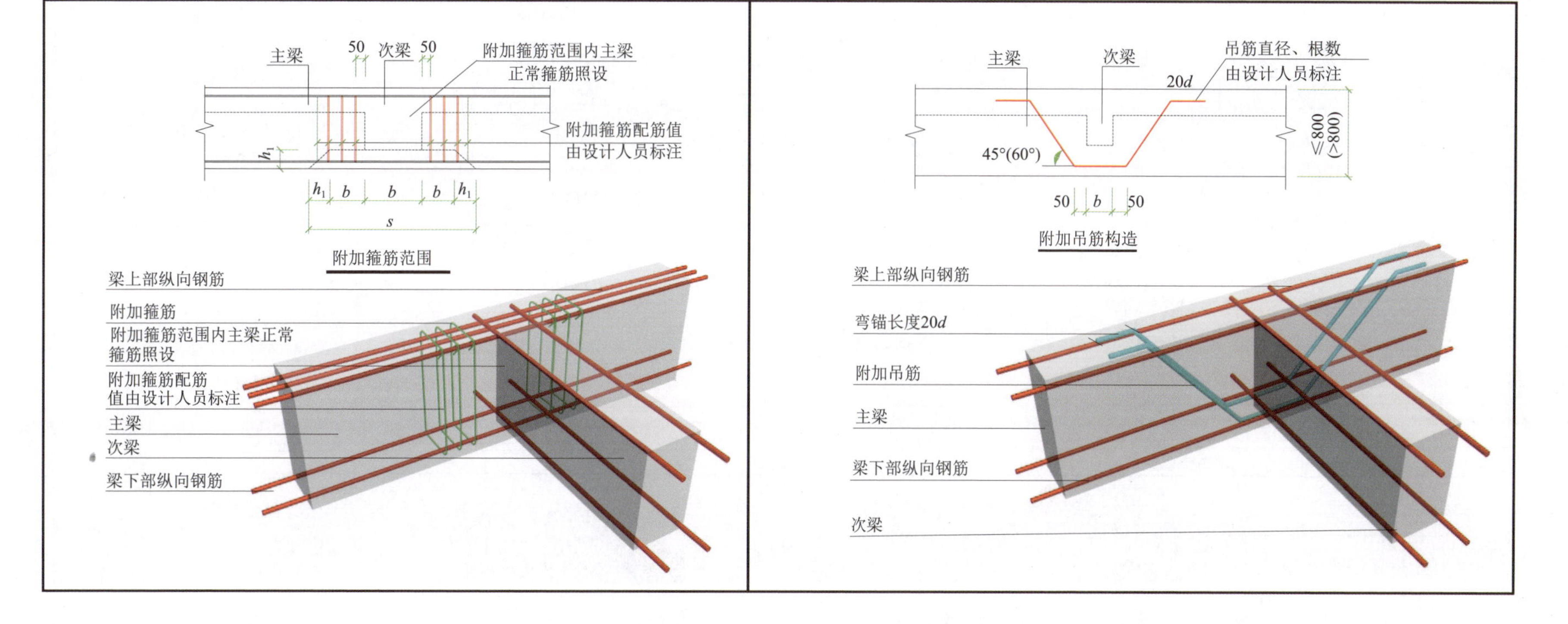

注：当梁纵向钢筋（不包括侧面 G 打头的构造筋及架立筋）采用绑扎搭接接长时，搭接区内箍筋直径及间距要求见 22G101—1 图集第 60 页。

梁箍筋构造（二）						图集号	22G101—1—95
审核	郭仁俊	校对	廖宜香	设计	傅华夏		

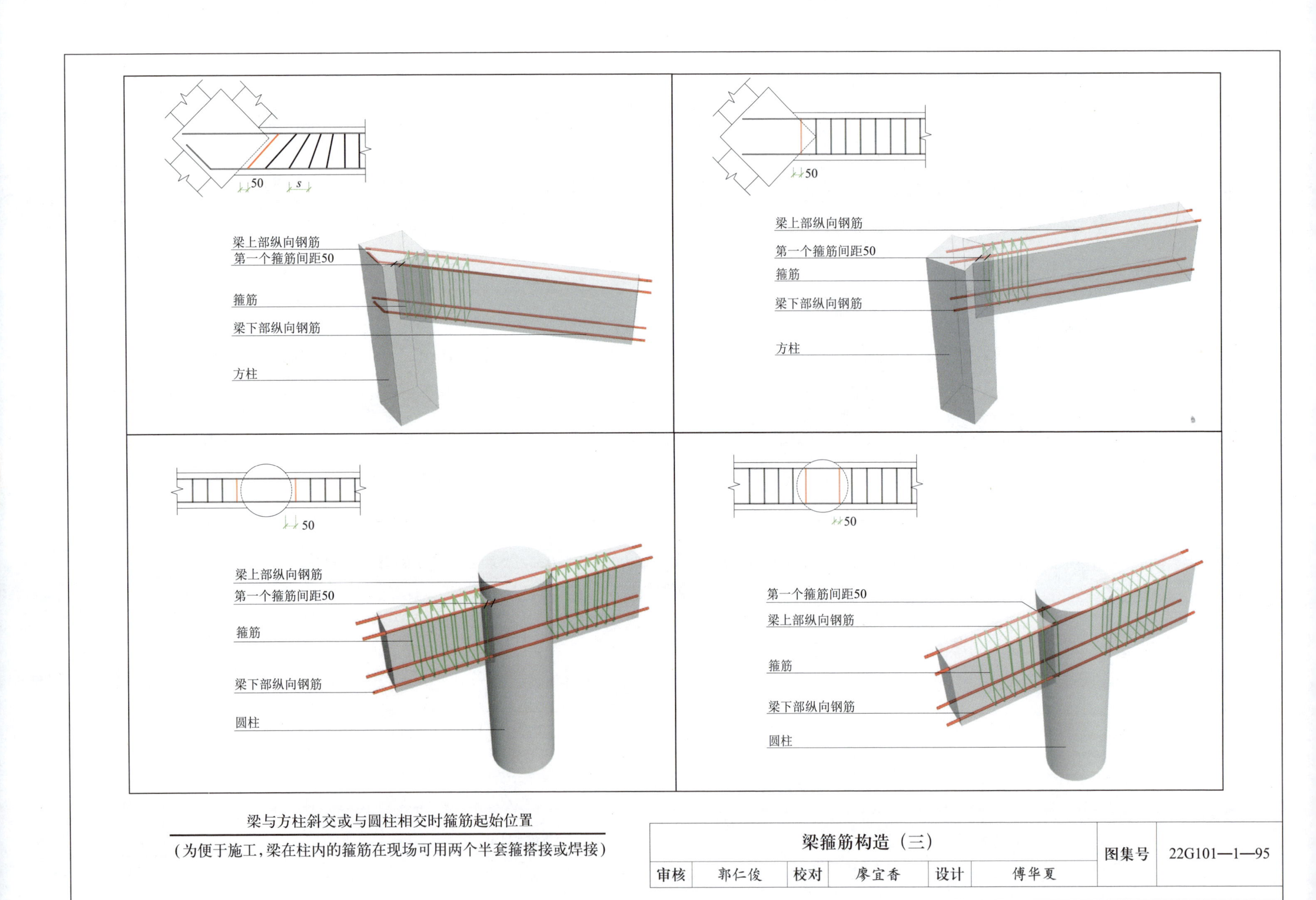

梁与方柱斜交或与圆柱相交时箍筋起始位置

（为便于施工，梁在柱内的箍筋在现场可用两个半套箍搭接或焊接）

梁箍筋构造（三）						图集号	22G101—1—95
审核	郭仁俊	校对	廖宜香	设计	傅华夏		

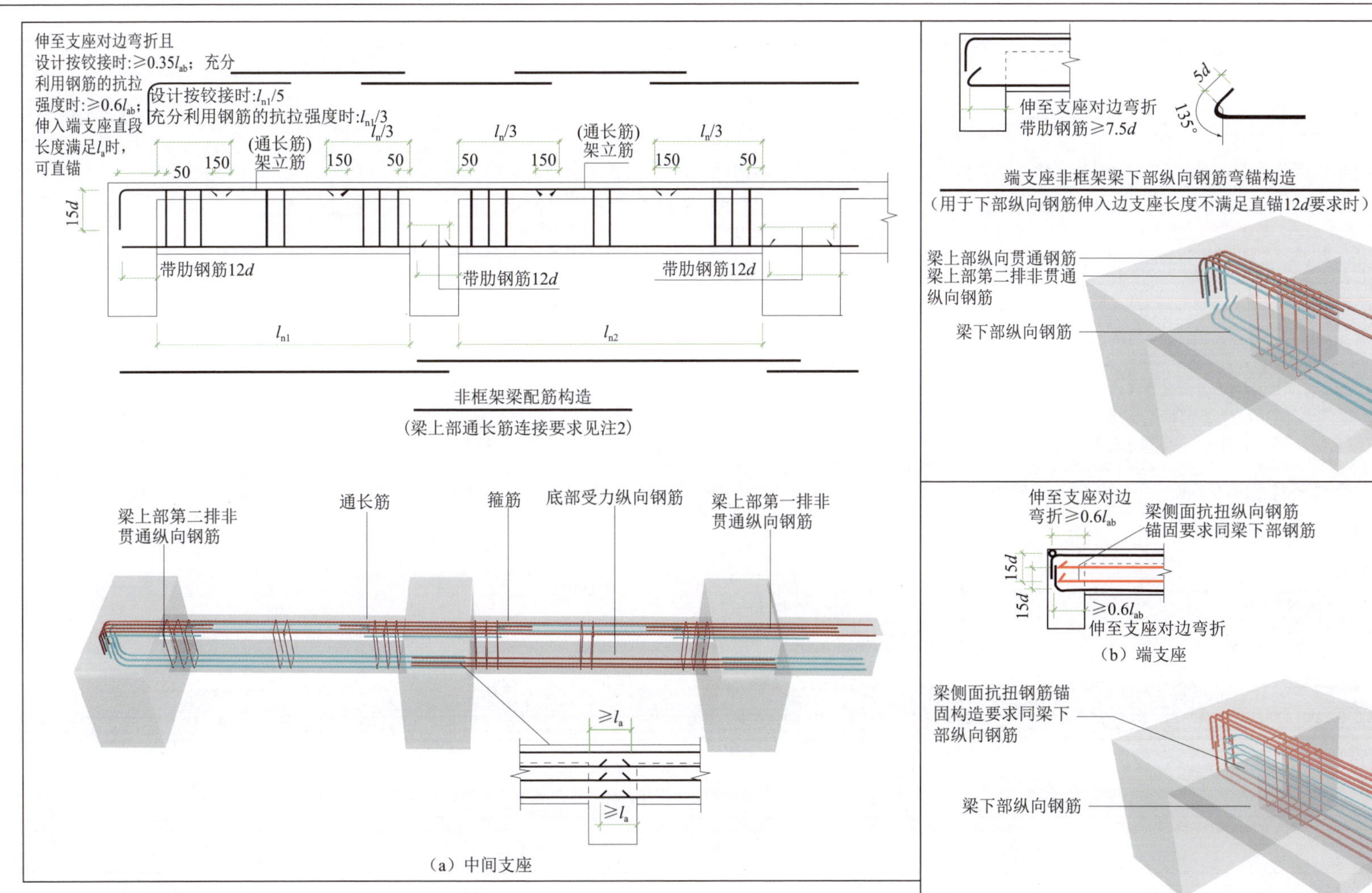

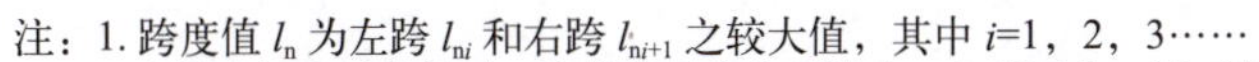
（a）中间支座

注：1. 跨度值 l_n 为左跨 l_{ni} 和右跨 l_{ni+1} 之较大值，其中 i=1，2，3……
2. 当梁上部有通长筋时，连接位置宜位于跨中 l_{ni}/3 范围内；梁下部钢筋连接位置宜位于支座 l_{ni}/4 范围内；且在同一连接区段内钢筋接头面积百分率不宜大于 50%。
3. 钢筋连接要求见 22G101—1 图集第 60 页。
4. 当梁纵向钢筋（不包括侧面 G 打头的构造筋及架立筋）采用绑扎搭接接长时，搭接区内箍筋直径及间距要求见 22G101—1 图集第 60 页。
5. 当梁纵向钢筋兼做温度应力筋时，梁下部钢筋锚入支座长度由设计人员确定。
6. 梁侧面构造筋要求见 22G101—1 图集第 97 页。
7. 图中“设计按铰接时”用于代号为 L 的非框架梁，“充分利用钢筋的抗拉强度时”用于代号为 Lg 的非框架梁或原位标注“g”的梁端。
8. 弧形非框架梁的箍筋间距沿梁凸面线度量。
9. 当端支座为中间层剪力墙时，图中 0.35l_{ab}、0.6l_{ab} 调整为 0.4l_{ab}。

非框架梁 L、Lg、LN 配筋构造						图集号	22G101—1—96
审核	郭仁俊	校对	廖宜香	设计	傅华夏		

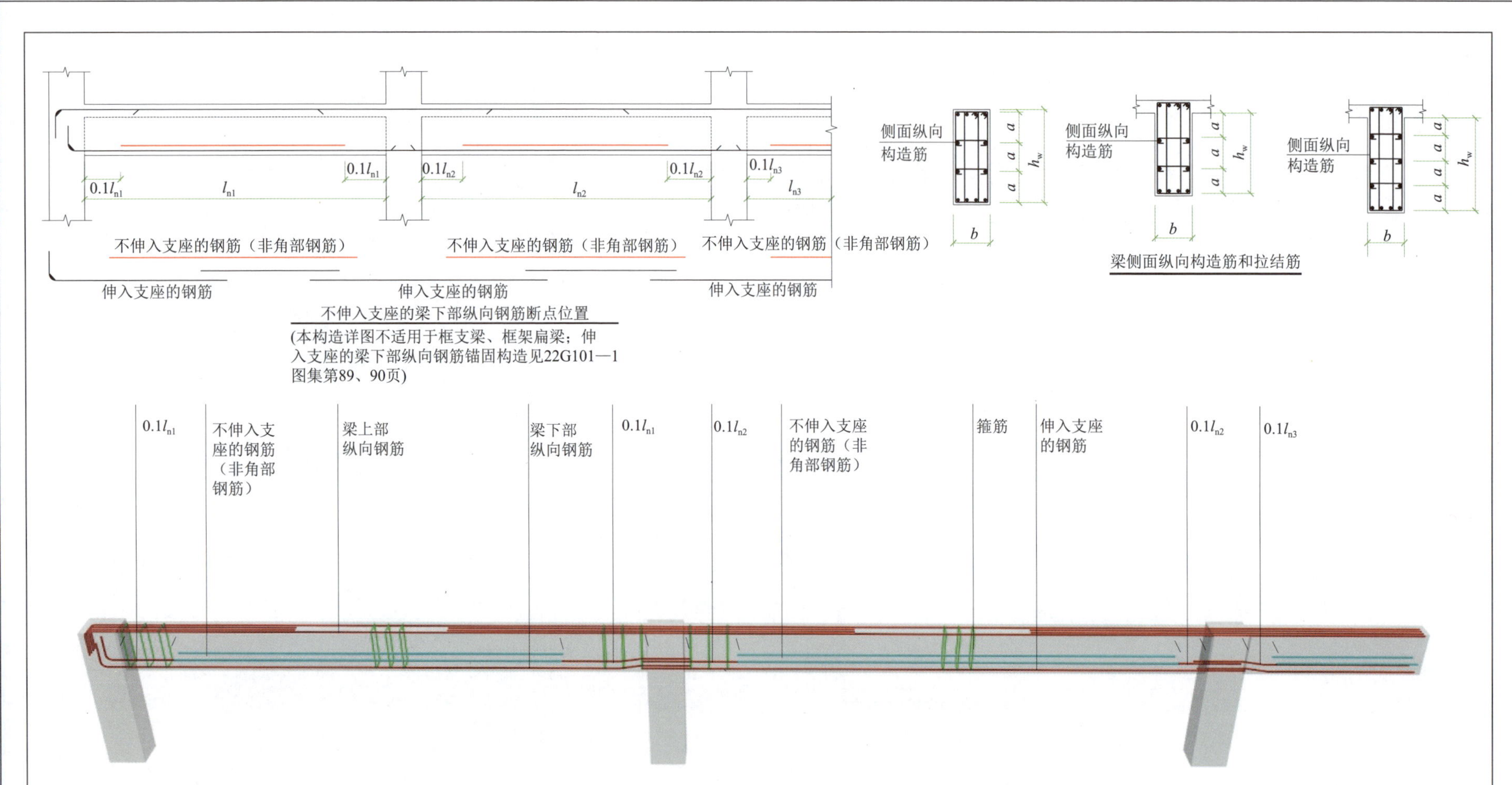

不伸入支座的梁下部纵向钢筋断点位置

(本构造详图不适用于框支梁、框架扁梁；伸入支座的梁下部纵向钢筋锚固构造见22G101—1图集第89、90页)

注：1. 当 $h_w \geqslant 450$mm 时，在梁的两个侧面应沿高度配置纵向构造筋；纵向构造筋间距 $a \leqslant 200$mm。

2. 当梁侧面配有直径不小于纵向构造筋的受扭纵向钢筋时，受扭纵向钢筋可以代替构造筋。

3. 梁侧面构纵向构造筋的搭接与锚固长度可取 15d。梁侧面受扭纵向钢筋的搭接长度：框架梁为 l_{lE}，非框架梁为 l_l；锚固方式：框架梁同框架梁下部纵向钢筋，非框架梁见 22G101—1 图集第 96 页。

4. 当梁宽≤ 350mm 时，拉结筋直径为 6mm；梁宽 >350mm 时，拉结筋直径为 8mm。拉结筋间距为非加密区箍筋间距的 2 倍。当设有多排拉结筋时，上下两排拉结筋竖向错开设置。

不伸入支座的梁下部纵向钢筋断点位置 梁侧面纵向构造筋和拉结筋						图集号	22G101—1—97
审核	郭仁俊	校对	廖宜香	设计	傅华夏		

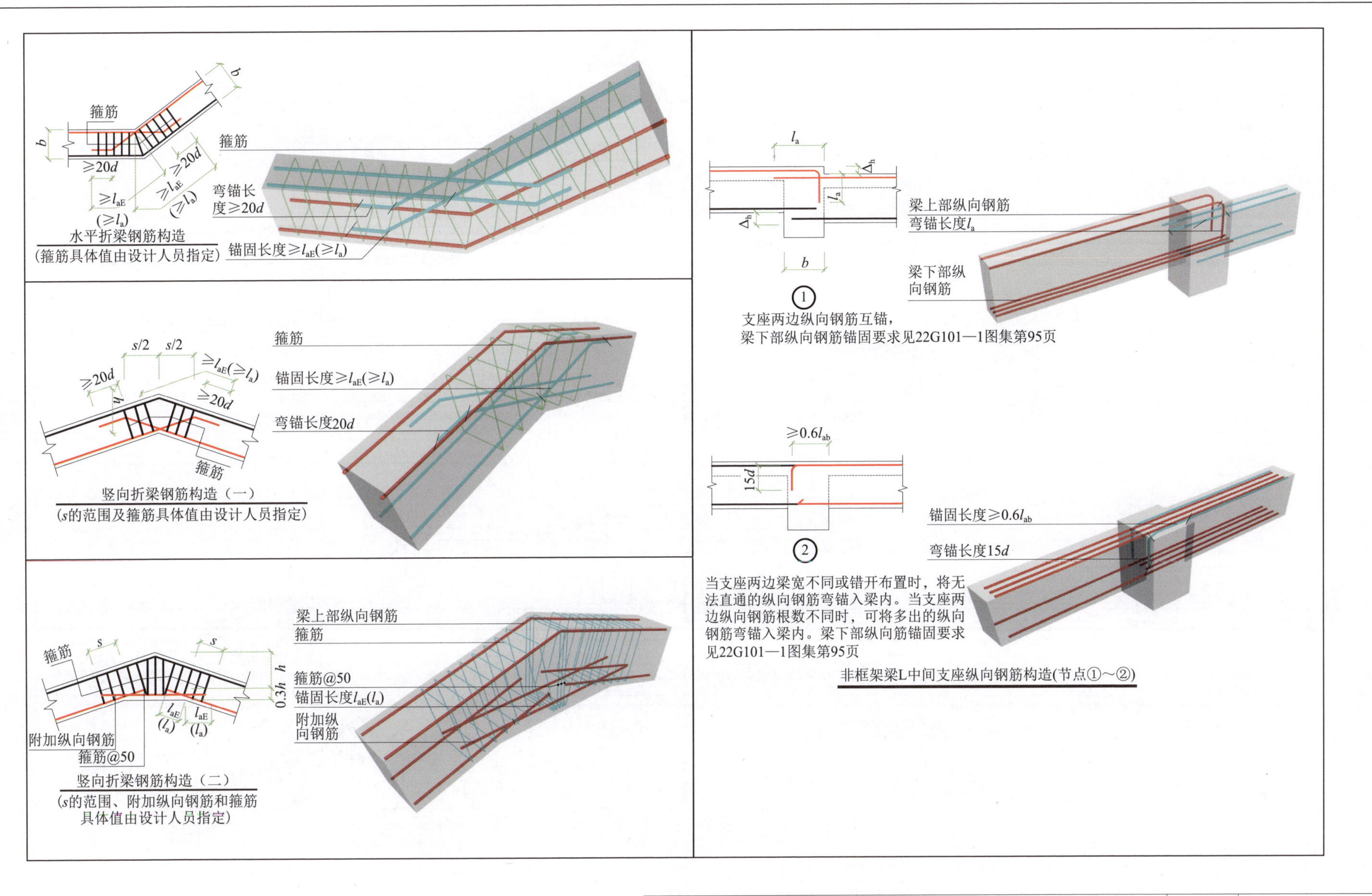

注：括号内数字用于非框架梁。

水平折梁、竖向折梁钢筋构造　非框架梁 L 中间支座纵向钢筋构造						图集号	22G101—1—98
审核	郭仁俊	校对	廖宜香	设计	傅华夏		

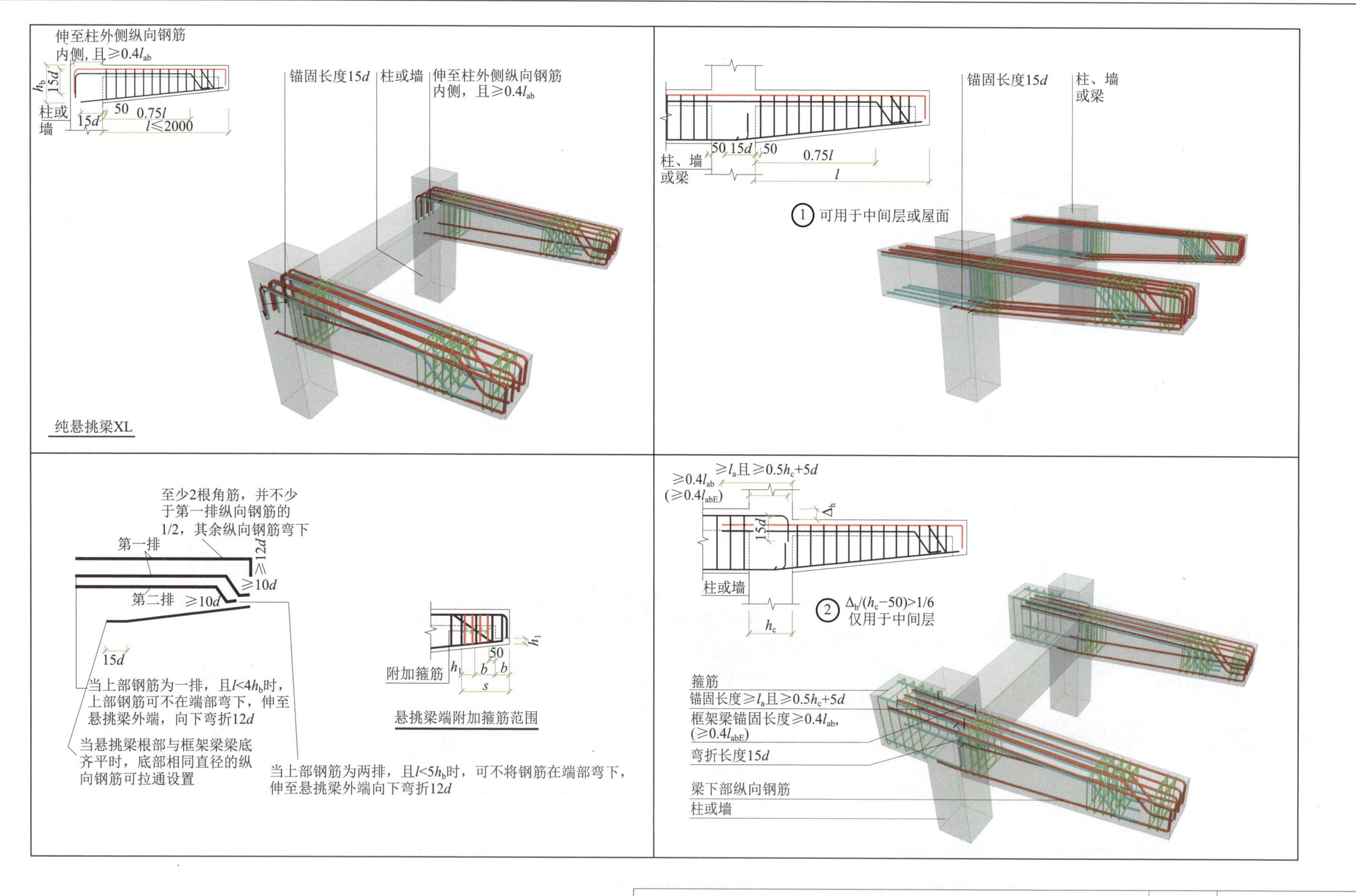

纯悬挑梁 XL 及各类梁的悬挑端配筋构造（一）						图集号	22G101—1—99
审核	郭仁俊	校对	廖宜香	设计	傅华夏		

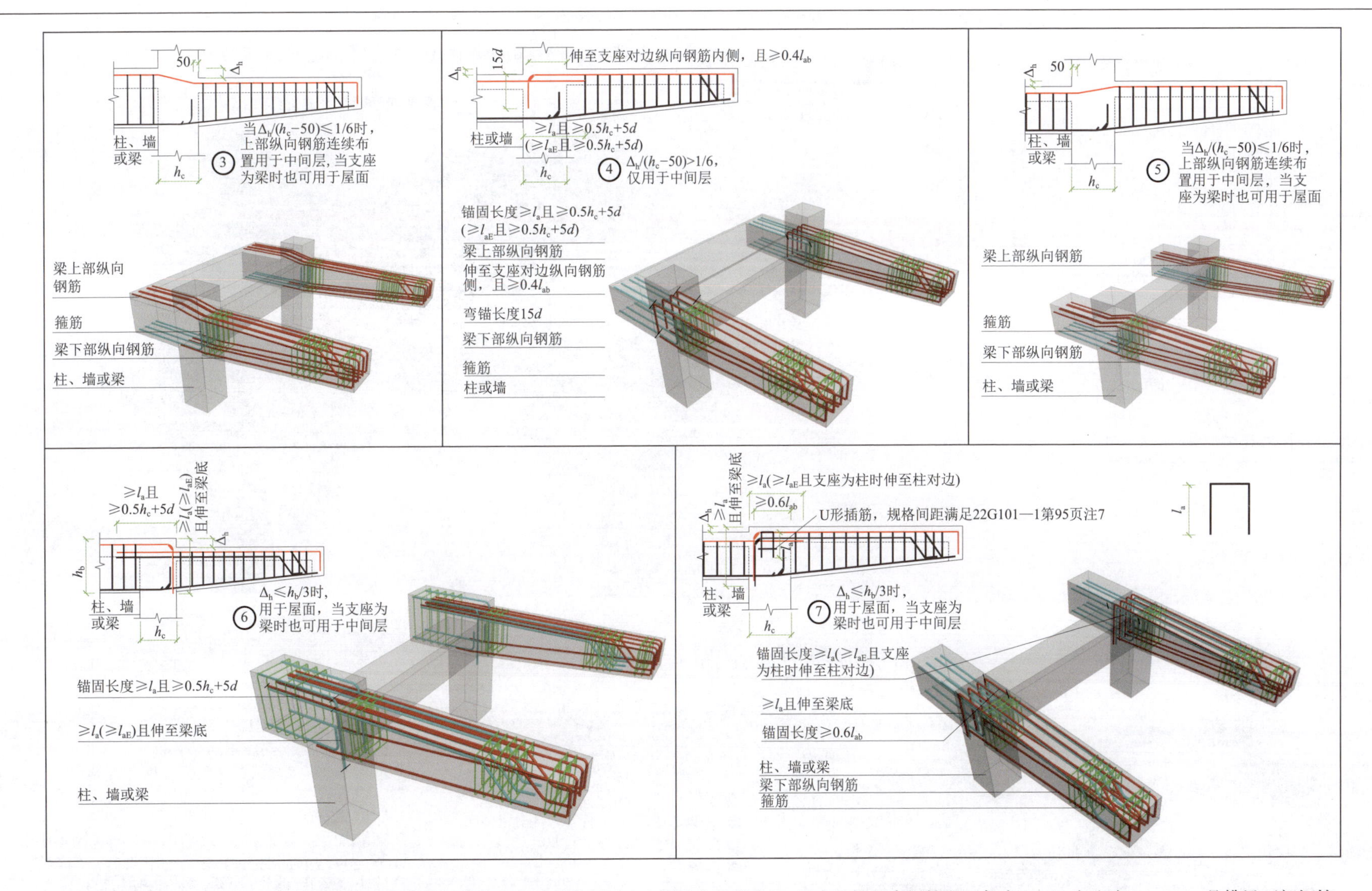

注：1. 括号内数值为框架梁纵向钢筋锚固长度。当悬挑梁考虑竖向地震作用时（由设计人员明确），图中悬挑梁中钢筋锚固长度 l_a、l_{ab} 应改为 l_{aE}、l_{abE}，悬挑梁下部钢筋伸入支座长度需要时 15d 改为 l_{aE}（由设计人员明确）。

2. ①、⑥、⑦节点，当屋面框架梁与悬挑端根部底平，且下部纵向钢筋通长设置时，框架柱中纵向钢筋锚固要求可按中柱柱顶节点（见22G101—1 图集第 72 页）。

3. 当梁上部设有第三排钢筋时，其伸出长度应由设计人员注明。

纯悬挑梁 XL 及各类梁的悬挑端配筋构造（二）						图集号	22G101—1—99
审核	郭仁俊	校对	廖宜香	设计	傅华夏		

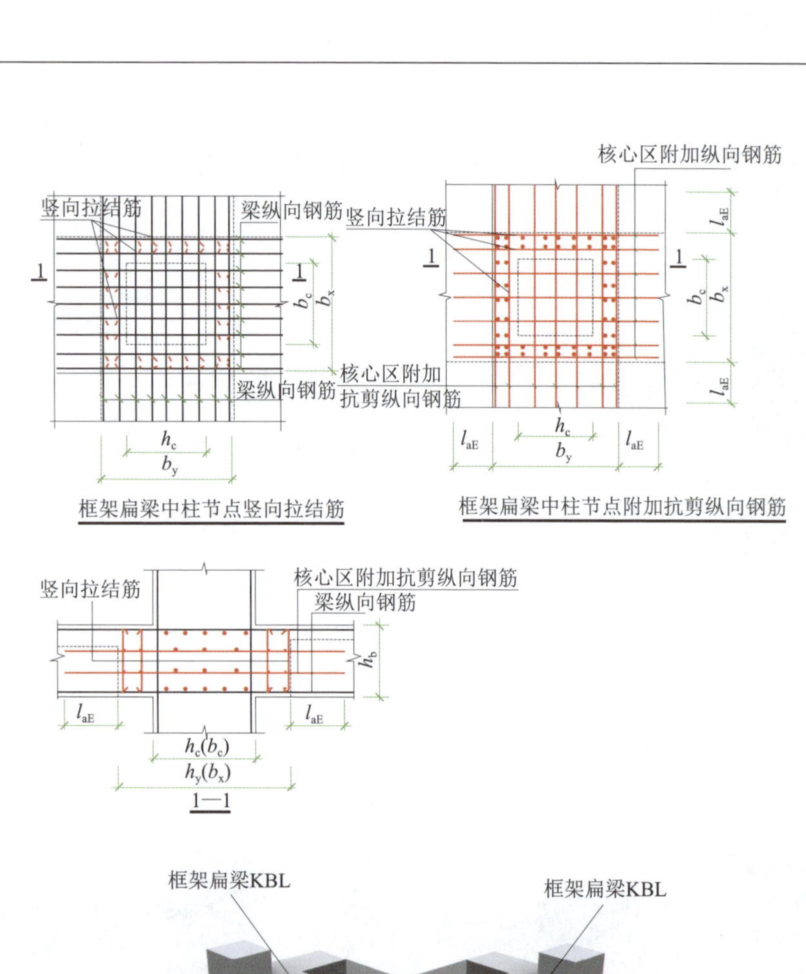

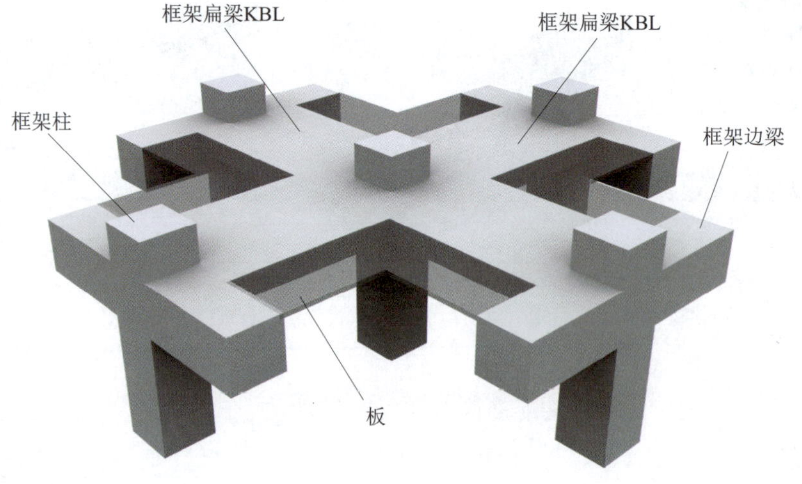

- 框架扁梁上部纵向受力钢筋
- 框架扁梁下部纵向受力钢筋
- 框架扁梁节点核心区附加纵筋
- 箍筋与拉结筋

注：1. 框架扁梁上部通长钢筋连接位置、非贯通钢筋伸出长度要求同框架梁，见 22G101—1 图集第 89 页。
2. 穿过柱截面的框架扁梁下部纵向钢筋，可在柱内锚固，做法同 22G101—1 图集第 89 页；未穿过柱截面下部纵向钢筋应贯通节点区。
3. 框架扁梁下部纵向钢筋在节点外连接时，连接位置宜避开箍筋加密区，并宜位于支座 $l_{ni}/3$ 范围之内，l_{ni} 见 22G101—1 图集第 89 页。
4. 箍筋加密区要求详见 22G101—1 图集第 101 页。
5. 竖向拉结筋同时勾住扁梁上下双向纵向钢筋，拉结筋末端采用 135° 弯钩，平直段长度为 10d。

框架扁梁中柱节点						图集号	22G101—1—100
审核	郭仁俊	校对	廖宜香	设计	傅华夏		

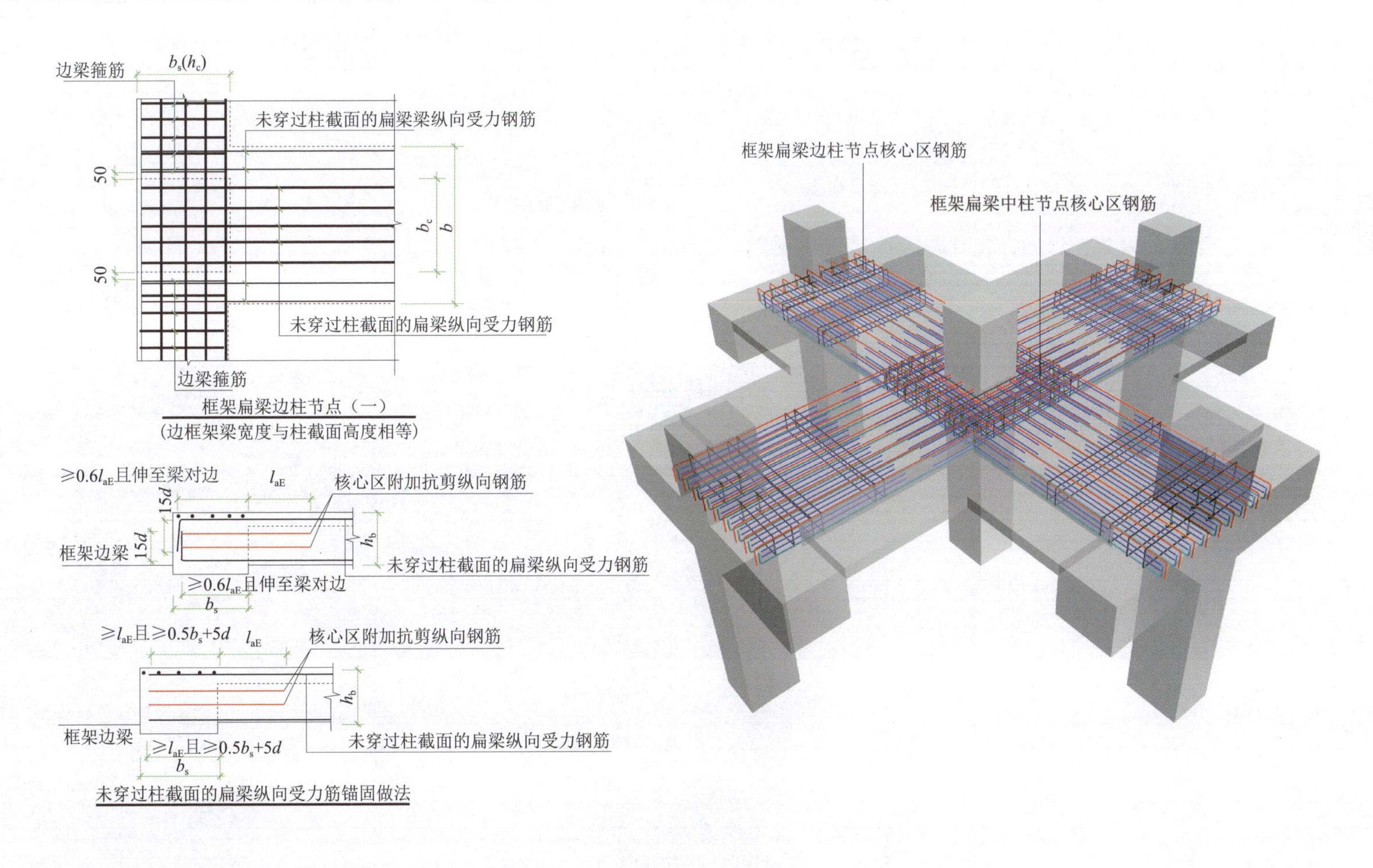

框架扁梁边柱节点（一）
（边框架梁宽度与柱截面高度相等）

未穿过柱截面的扁梁纵向受力筋锚固做法

注：1. 穿过柱截面框架扁梁纵向受力钢筋锚固做法同框架梁，见 22G101—1 图集第 89 页。
2. 框架扁梁上部通长钢筋连接位置、非贯通钢筋伸出长度要求同框架梁，见 22G101—1 图集第 89 页。
3. 框架扁梁下部钢筋在节点外连接时，连接位置宜避开箍筋加密区，并宜位于支座 l_{ni}/3 范围之内，l_{ni} 见 22G101—1 图集第 89 页。
4. 节点核心区附加抗剪纵向钢筋在柱及边梁中锚固同框架扁架纵向受力钢筋。

框架扁梁边柱节点（一）						图集号	22G101—1—101
审核	郭仁俊	校对	廖宜香	设计	傅华夏		

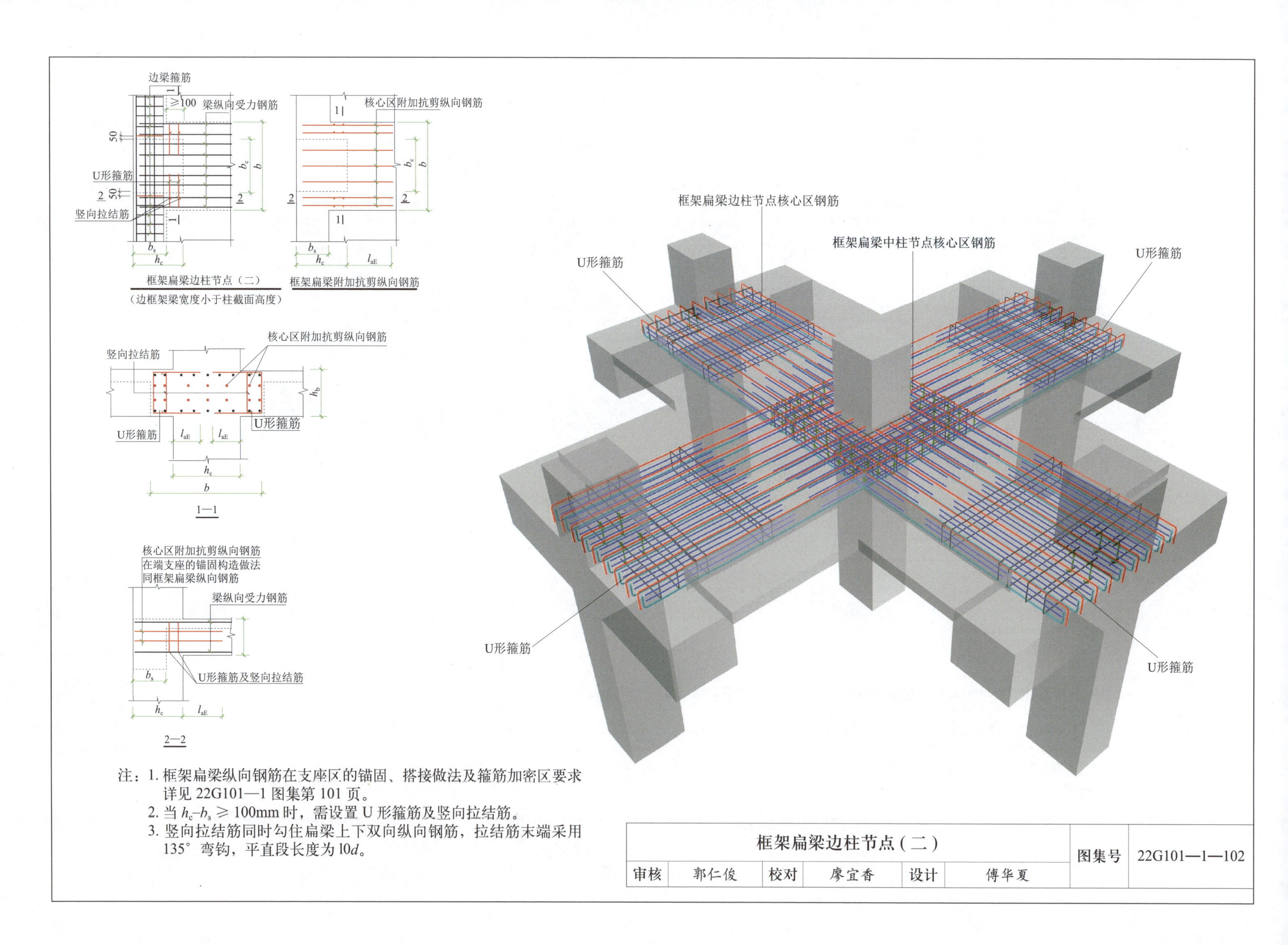

注：1. 框架扁梁纵向钢筋在支座区的锚固、搭接做法及箍筋加密区要求详见 22G101—1 图集第 101 页。

2. 当 h_c–b_s ≥ 100mm 时，需设置 U 形箍筋及竖向拉结筋。

3. 竖向拉结筋同时勾住扁梁上下双向纵向钢筋，拉结筋末端采用 135° 弯钩，平直段长度为 10d。

框架扁梁边柱节点（二）						图集号	22G101—1—102
审核	郭仁俊	校对	廖宜香	设计	傅华夏		

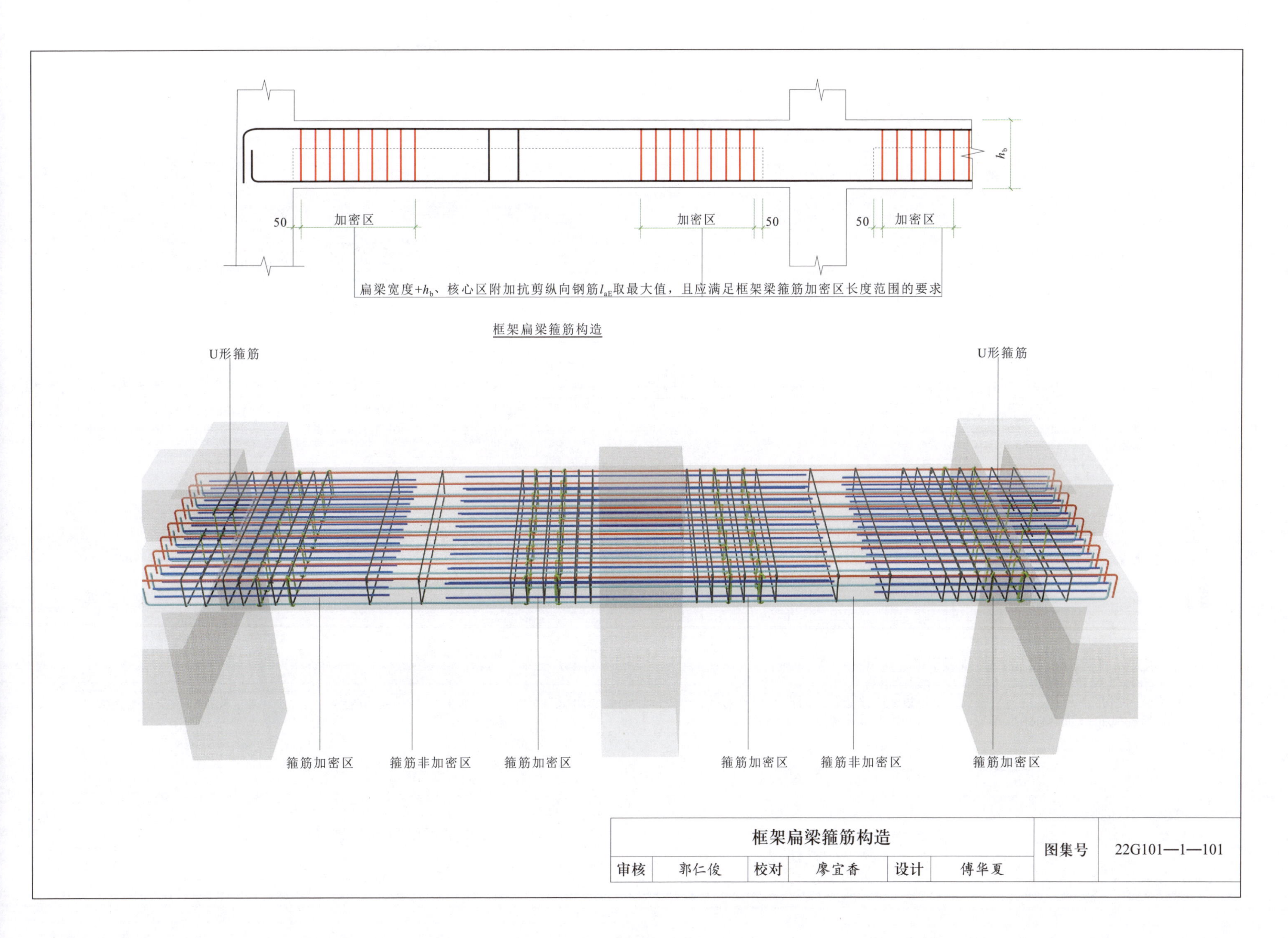

框架扁梁箍筋构造						图集号	22G101—1—101
审核	郭仁俊	校对	廖宜香	设计	傅华夏		

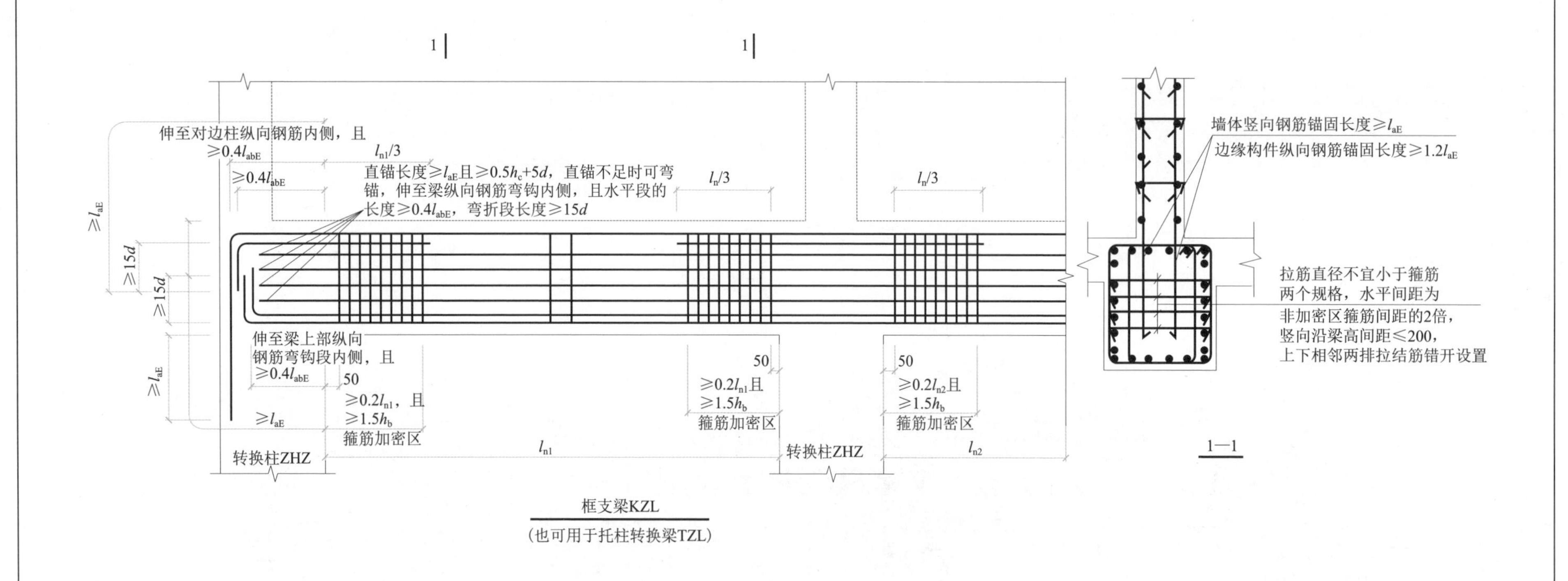

框支梁KZL
（也可用于托柱转换梁TZL）

注：1. 跨度值 l_n 为左跨 l_{ni} 和右跨 l_{ni+1} 之较大值，其中 i=1，2，3……
2. 图中 h_b 为梁截面的高度，h_c 为转换柱截面沿转换框架方向的高度。
3. 梁纵向钢筋宜采用机械连接接头，同一截面内接头钢筋截面面积不超过全部纵向钢筋截面面积的 50%，接头位置应避开上部墙体开洞部位、梁上托柱部位及受力较大部位。
4. 转换柱纵向钢筋中心距离不应小于 80mm，且净距不应小于 50mm。

框支梁 KZL、转换柱 ZHZ 配筋构造（一）						图集号	22G101—1—103
审核	郭仁俊	校对	廖宜香	设计	傅华夏		

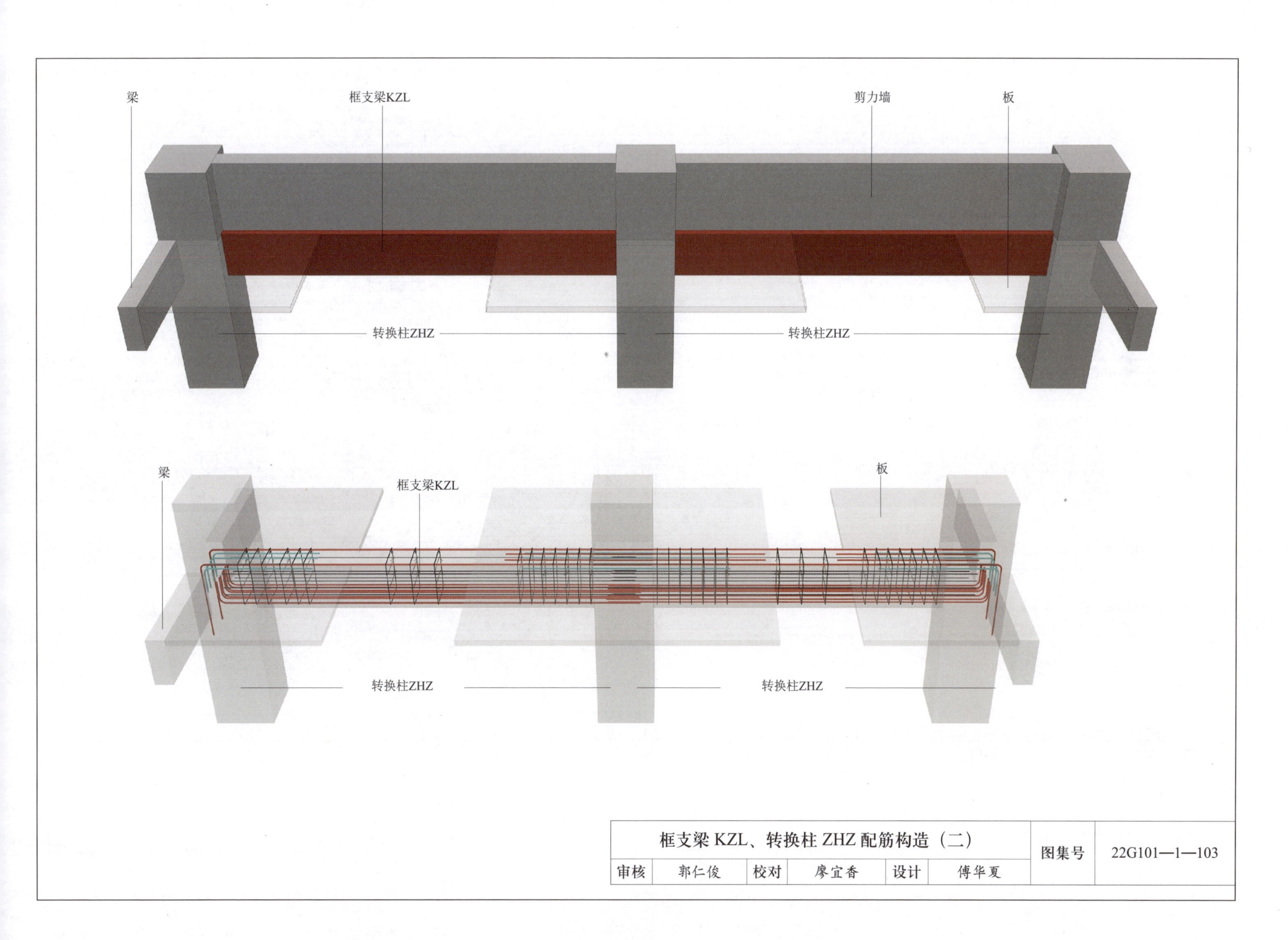

框支梁 KZL、转换柱 ZHZ 配筋构造（二）						图集号	22G101—1—103
审核	郭仁俊	校对	廖宜香	设计	傅华夏		

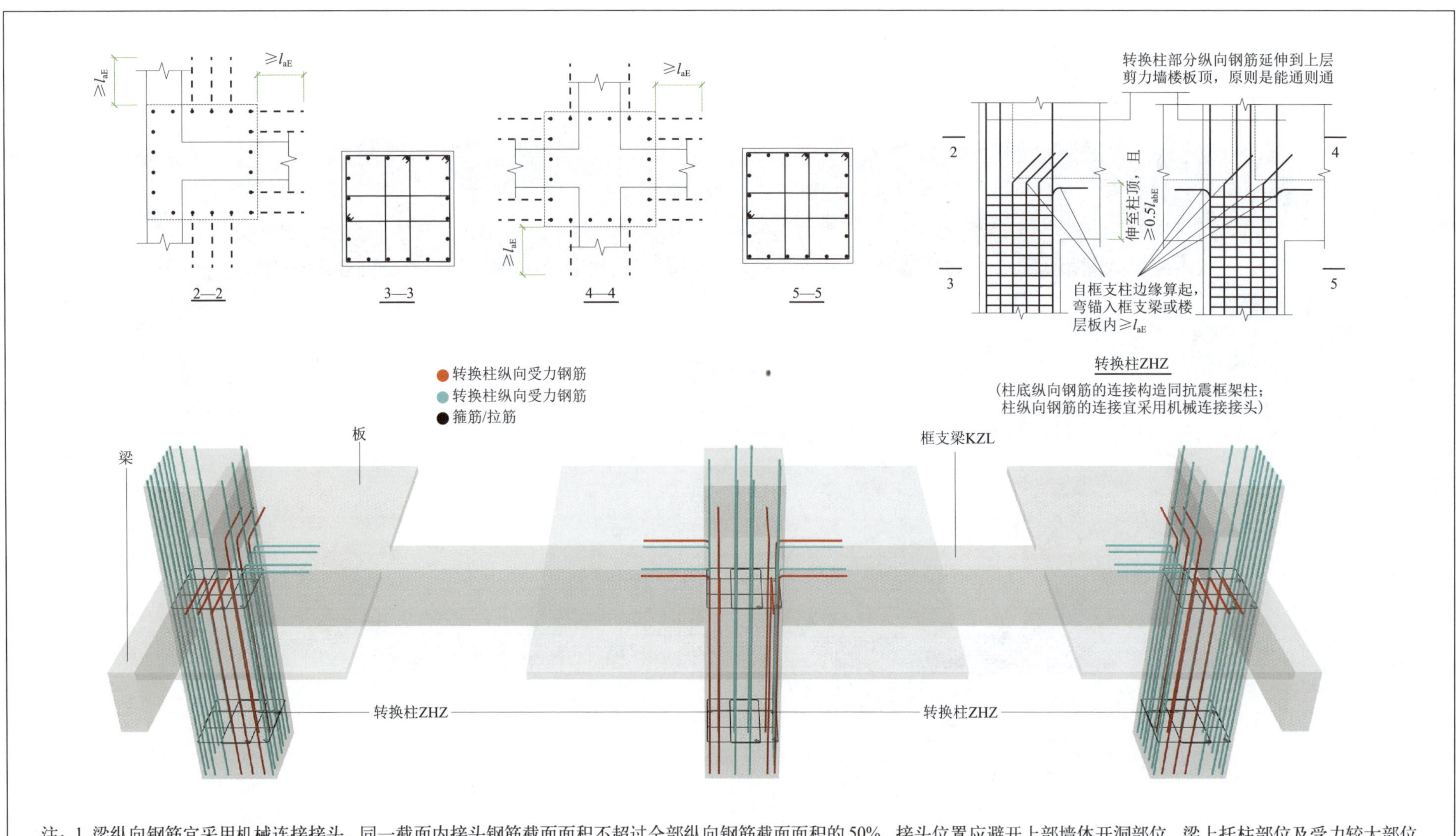

注：1. 梁纵向钢筋宜采用机械连接接头，同一截面内接头钢筋截面面积不超过全部纵向钢筋截面面积的50%，接头位置应避开上部墙体开洞部位、梁上托柱部位及受力较大部位。
2. 转换柱纵向钢筋中心距离不应小于80mm，且净距不应小于50mm。

框支梁KZL、转换柱ZHZ配筋构造（三）						图集号	22G101—1—103
审核	郭仁俊	校对	廖宜香	设计	傅华夏		

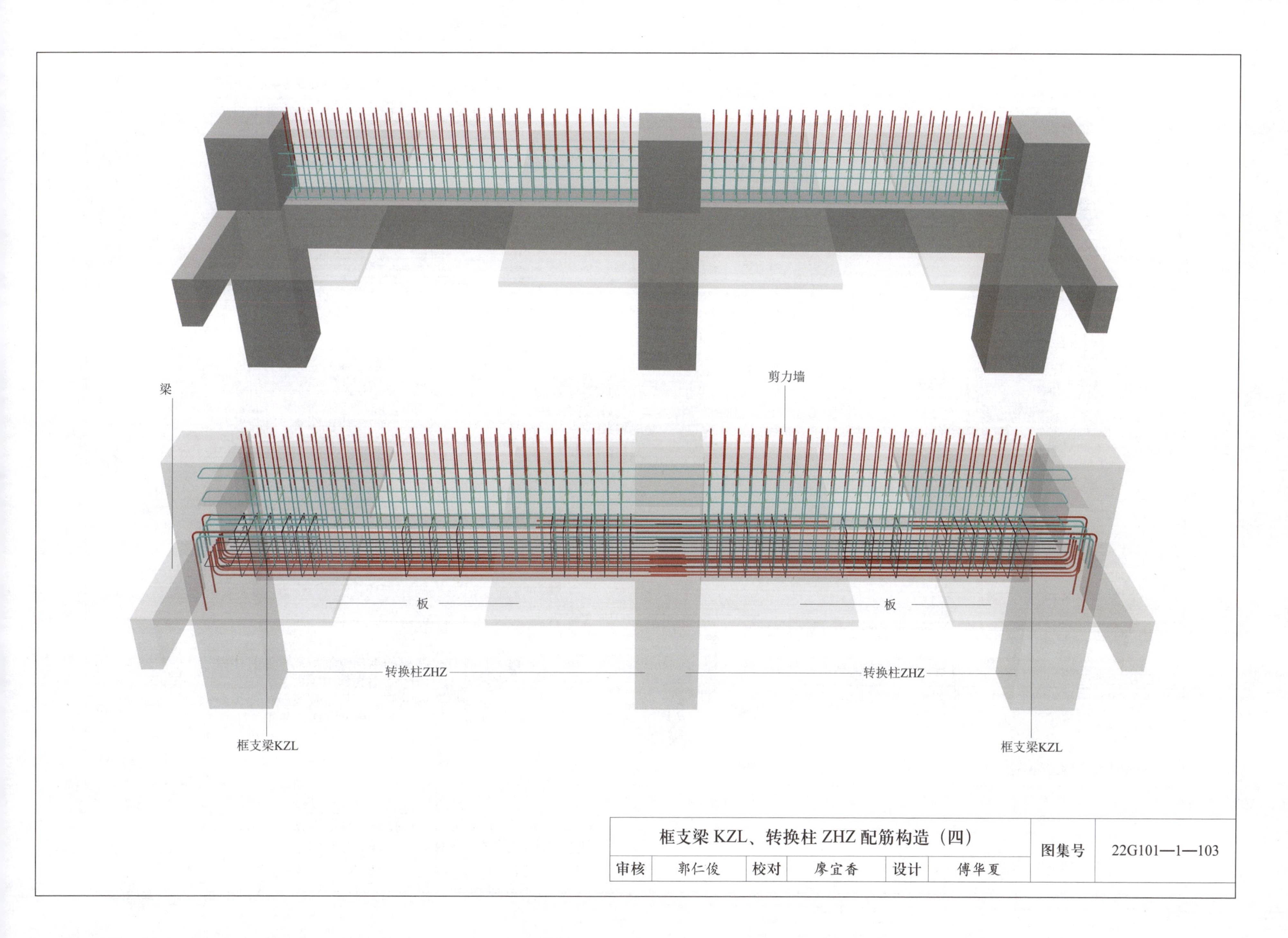

框支梁 KZL、转换柱 ZHZ 配筋构造（四）						图集号	22G101—1—103
审核	郭仁俊	校对	廖宜香	设计	傅华夏		

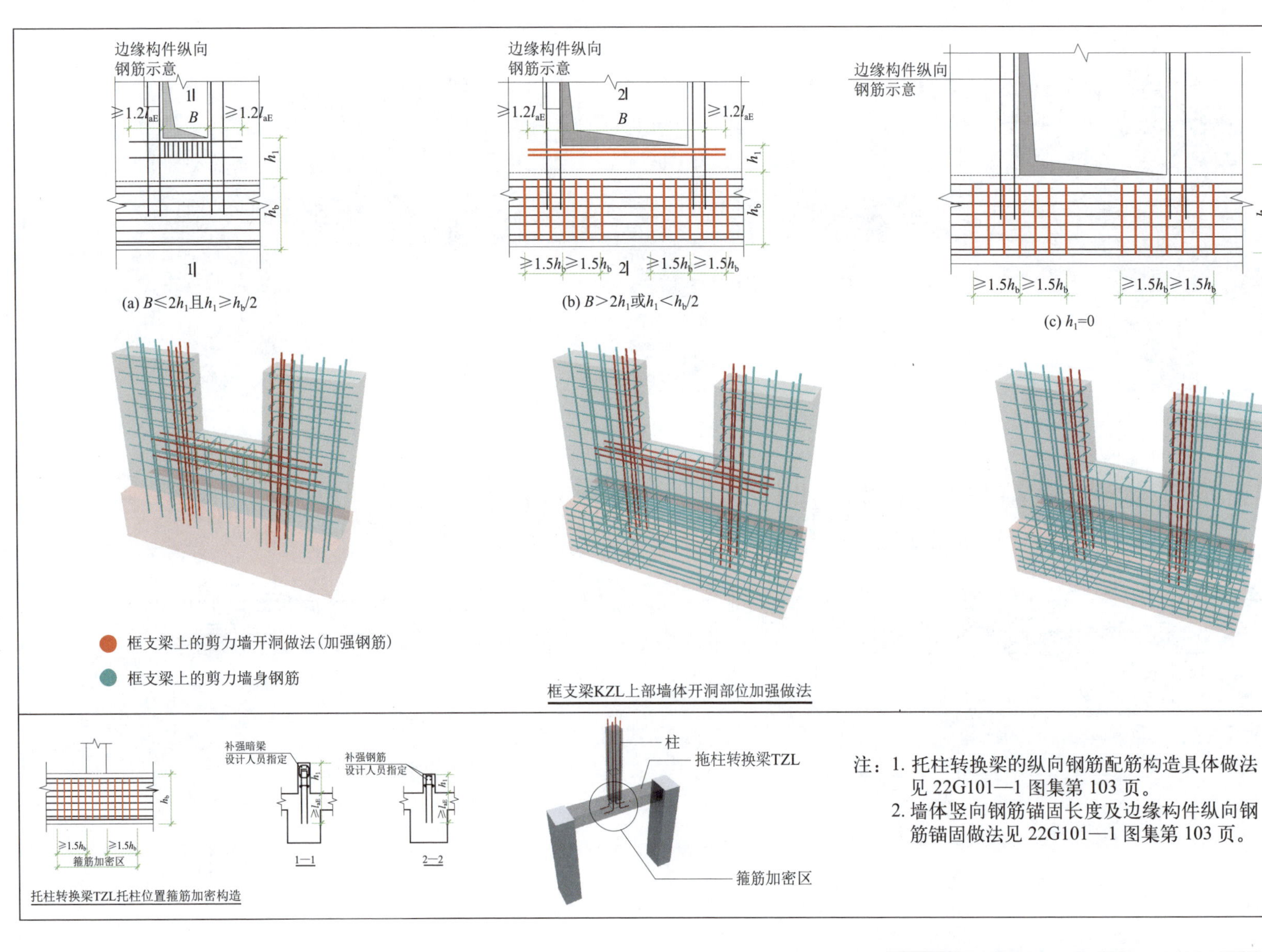

注：1. 托柱转换梁的纵向钢筋配筋构造具体做法见 22G101—1 图集第 103 页。
2. 墙体竖向钢筋锚固长度及边缘构件纵向钢筋锚固做法见 22G101—1 图集第 103 页。

框支梁 KZL 上部墙体开洞部位加强做法 托柱转换梁 TZL 托柱位置箍筋加密构造						图集号	22G101—1—104
审核	郭仁俊	校对	廖宜香	设计	傅华夏		

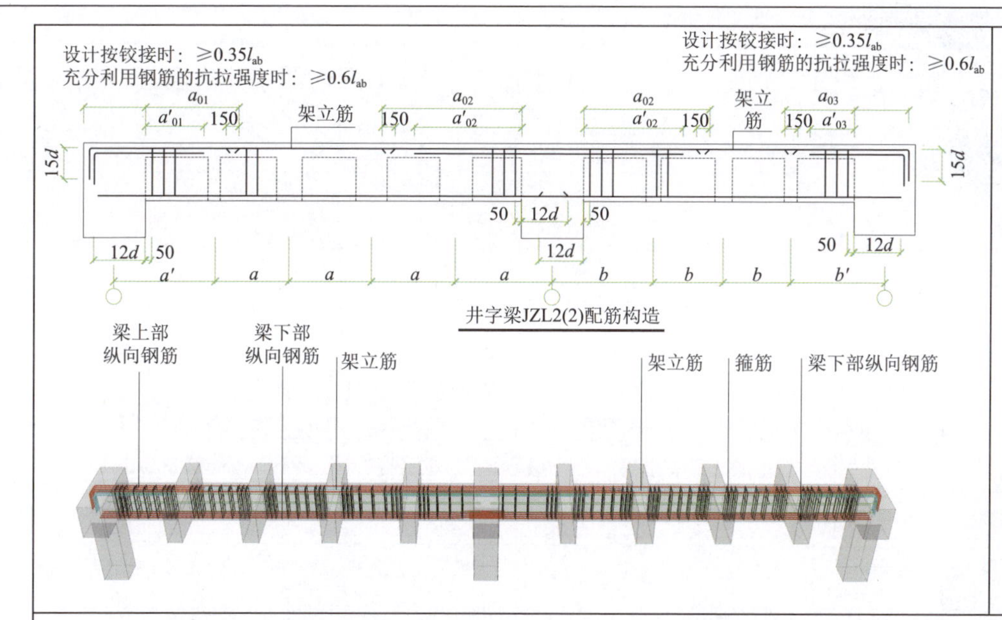

井字梁JZL2(2)配筋构造

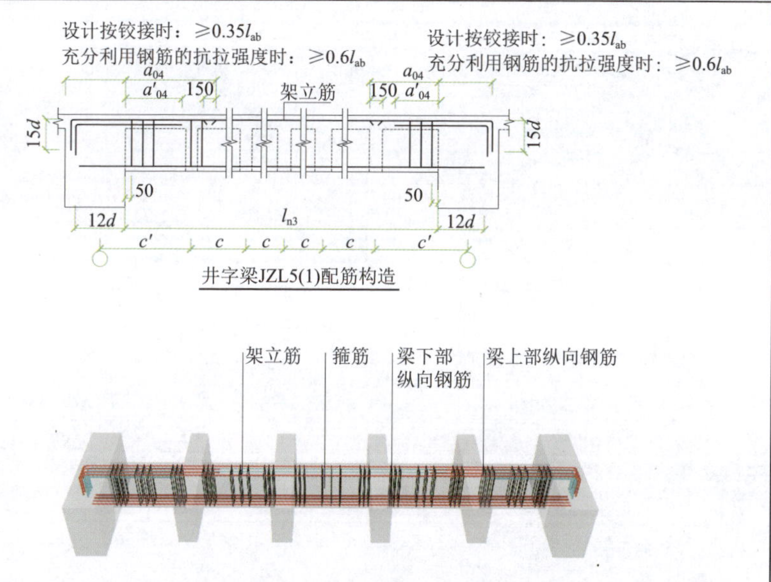

井字梁JZL5(1)配筋构造

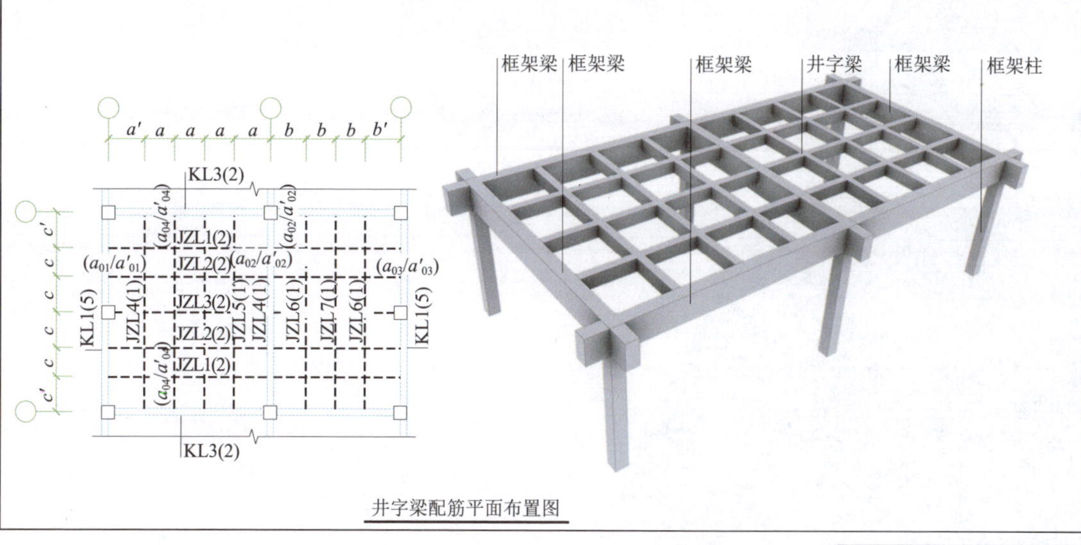

井字梁配筋平面布置图

注：1. 在本页表示的两片矩形平面网格区域井字梁平面布置图中，仅标注了井字梁编号以及其中两根井字梁支座上部钢筋的伸出长度值代号，略去了集中注写与原位注写的其他内容。
2. 设计无具体说明时，井字梁上、下部纵向钢筋均短跨在下，长跨在上；短跨梁箍筋在相交范围内通长设置；相交处两侧各附加 3 道箍筋，间距 50mm，箍筋直径及肢数同梁内箍筋。
3. JZL3(2) 在柱子的纵向钢筋锚固及箍筋加密要求同框架梁。
4. 纵向钢筋在端支座应伸至主梁外侧纵向钢筋内侧后弯折，当直段长度不小于 l_a 时可不弯折。
5. 当梁上部有通长钢筋时，连接位置宜位于跨中 $l_{ni}/3$ 范围内；梁下部钢筋连接位置宜位于支座 $l_{ni}/4$ 范围内；且在同一连接区段内钢筋接头面积百分率不宜大于 50%。
6. 钢筋连接要求见 22G101—1 图集第 60 页。
7. 当梁纵向钢筋（不包括侧面 G 打头的构造筋及架立筋）采用绑扎搭接接长时，搭接区内箍筋直径及间距要求见 22G101—1 图集第 60 页。
8. 当梁中纵向钢筋采用光面钢筋时，图中 12d 应改为 15d。
9. 梁侧面构造筋要求见 22G101—1 图集第 97 页。
10. 图中“设计按铰接时”用于代号为 JZL 的井字梁，“充分利用钢筋的抗拉强度时”用于代号为 JZLg 的井字梁。

井字梁 JZL、JZLg 配筋构造						图集号	22G101—1—105
审核	郭仁俊	校对	廖宜香	设计	傅华夏		

板平法标准构造详图及三维示意图

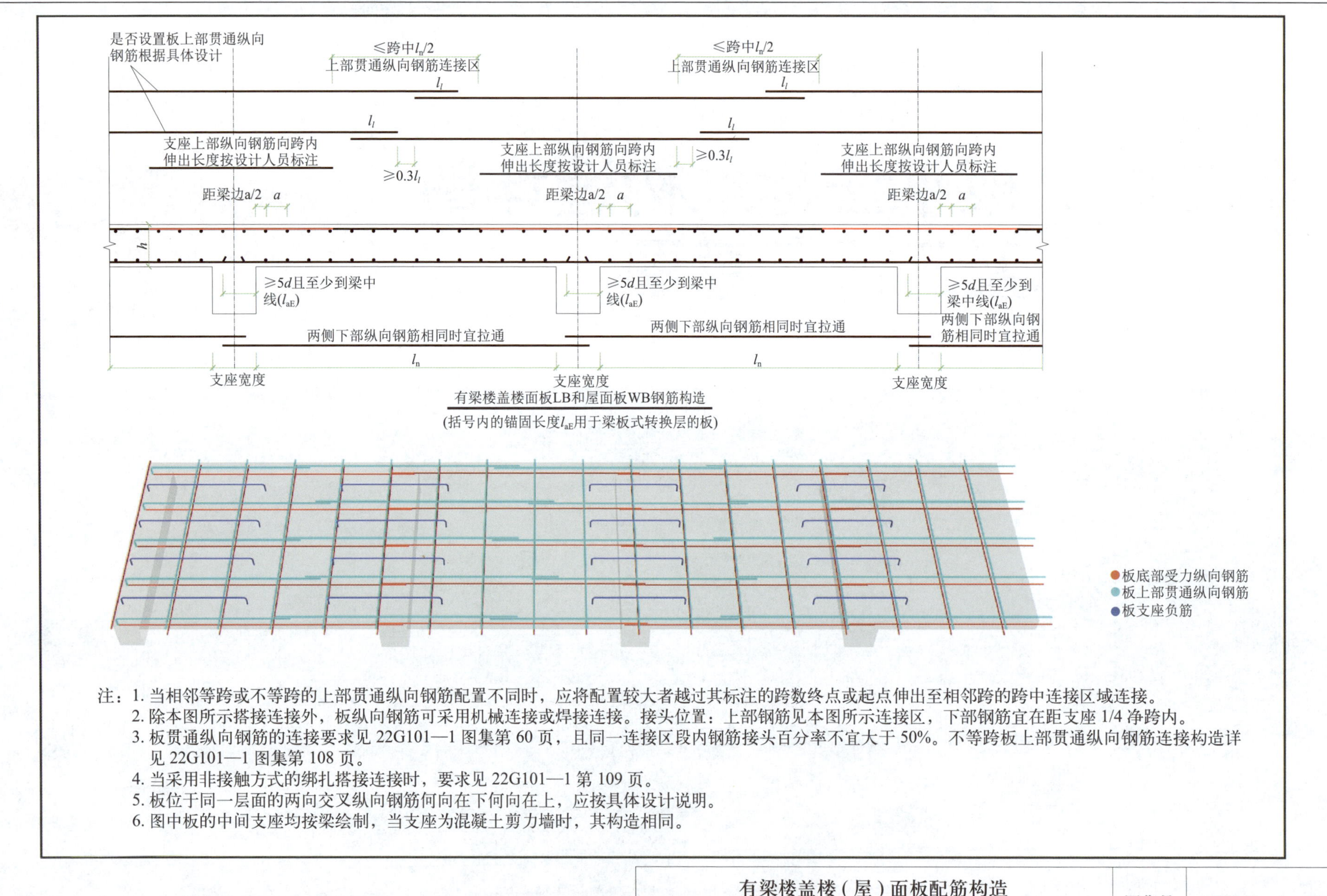

有梁楼盖楼面板LB和屋面板WB钢筋构造

(括号内的锚固长度l_{aE}用于梁板式转换层的板)

注：1. 当相邻等跨或不等跨的上部贯通纵向钢筋配置不同时，应将配置较大者越过其标注的跨数终点或起点伸出至相邻跨的跨中连接区域连接。

2. 除本图所示搭接连接外，板纵向钢筋可采用机械连接或焊接连接。接头位置：上部钢筋见本图所示连接区，下部钢筋宜在距支座 1/4 净跨内。

3. 板贯通纵向钢筋的连接要求见 22G101—1 图集第 60 页，且同一连接区段内钢筋接头百分率不宜大于 50%。不等跨板上部贯通纵向钢筋连接构造详见 22G101—1 图集第 108 页。

4. 当采用非接触方式的绑扎搭接连接时，要求见 22G101—1 第 109 页。

5. 板位于同一层面的两向交叉纵向钢筋何向在下何向在上，应按具体设计说明。

6. 图中板的中间支座均按梁绘制，当支座为混凝土剪力墙时，其构造相同。

有梁楼盖楼（屋）面板配筋构造						图集号	22G101—1—106
审核	郭仁俊	校对	廖宜香	设计	傅华夏		

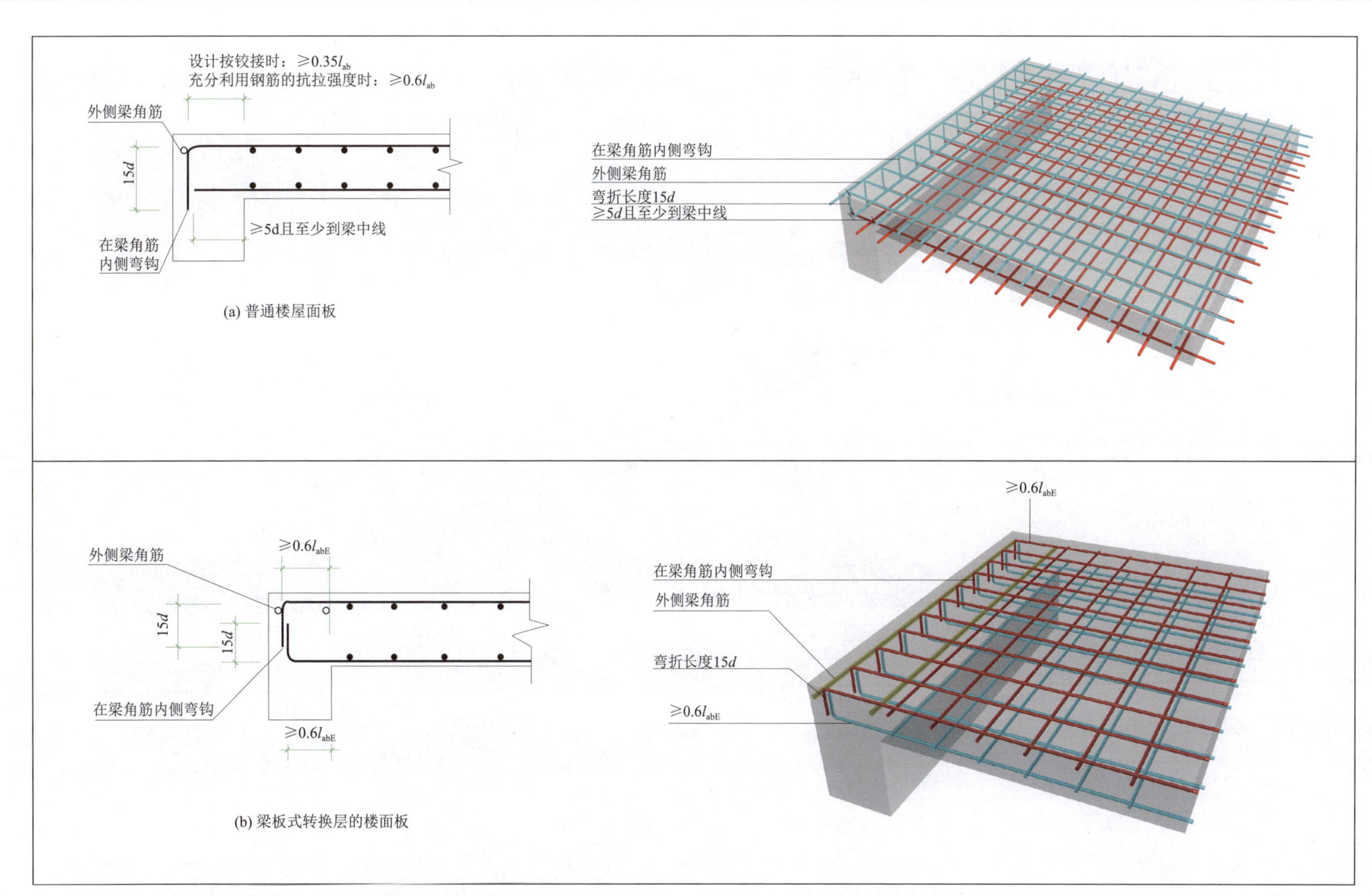

(a) 普通楼屋面板

(b) 梁板式转换层的楼面板

注：1. 图 (a)、(b) 中纵向钢筋在端支座应伸至梁支座外侧纵向钢筋内侧后弯折 15d，当平直段长度分别≥ l_a 或≥ l_{aE} 时可不弯折。
2. 图中“设计按铰接时”“充分利用钢筋的抗拉强度时”由设计人员指定。
3. 梁板式转换层的板中 l_{abE}、l_{aE} 按抗震等级四级取值，设计人员也可根据实际工程情况另行指定。

板在端部支座的锚固构造（一）						图集号	22G101—1—106
审核	郭仁俊	校对	廖宜香	设计	傅华夏		

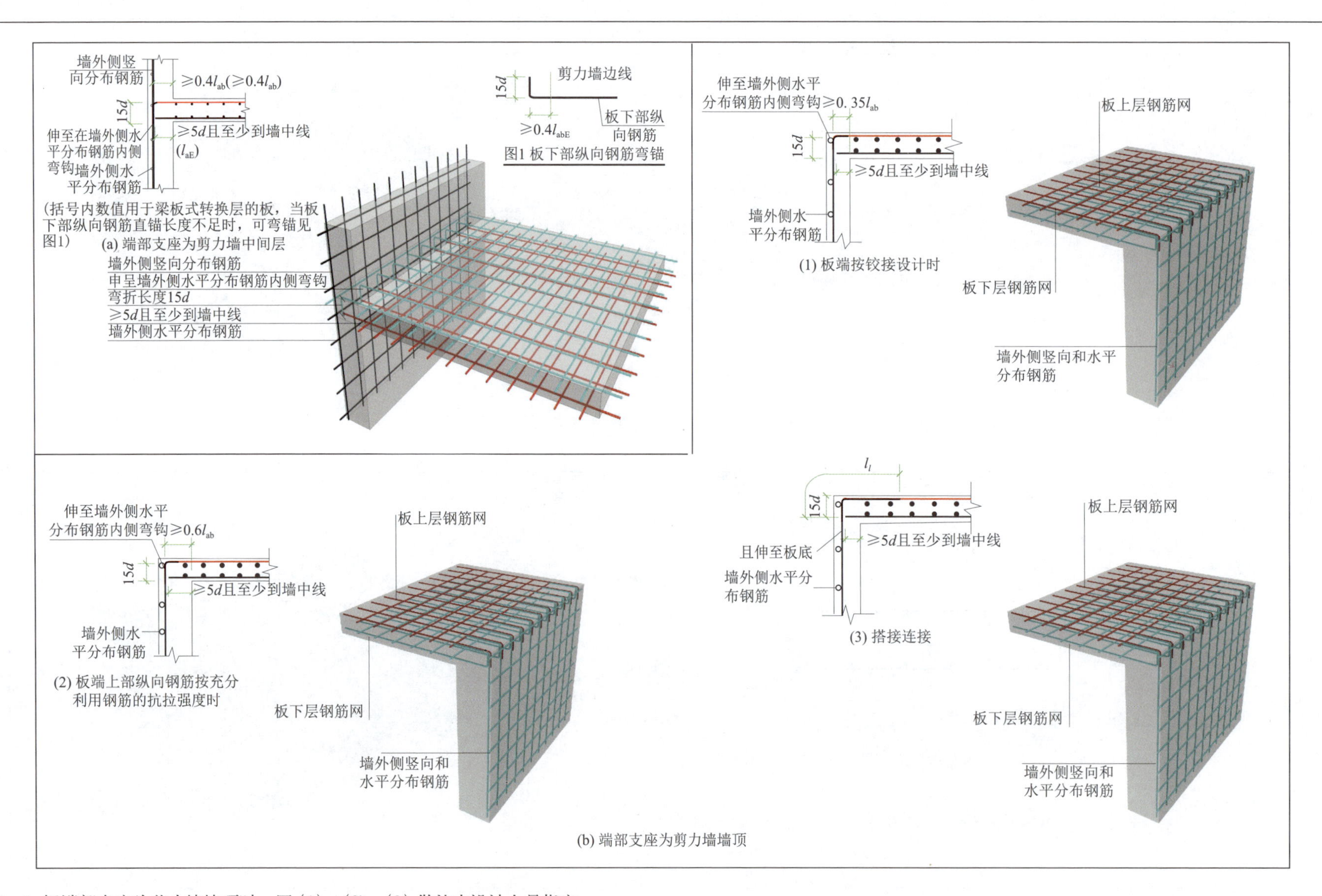

(b) 端部支座为剪力墙墙顶

注：1. 板端部支座为剪力墙墙顶时，图 (1)、(2)、(3) 做法由设计人员指定。
2. 板在端部支座的锚固构造 (二) 中，纵向钢筋在端支座应伸至墙外侧水平分布钢筋内侧后弯折 15d，当平直段长度分别≥ l_a 或≥ l_{aE} 时可不弯折。
3. 梁板式转换层的板中 l_{abE}、l_{aE} 按抗震等级四级取值，设计人员也可根据实际工程情况另行指定。

板在端部支座的锚固构造 (二)						图集号	22G101—1—107
审核	郭仁俊	校对	廖宜香	设计	傅华夏		

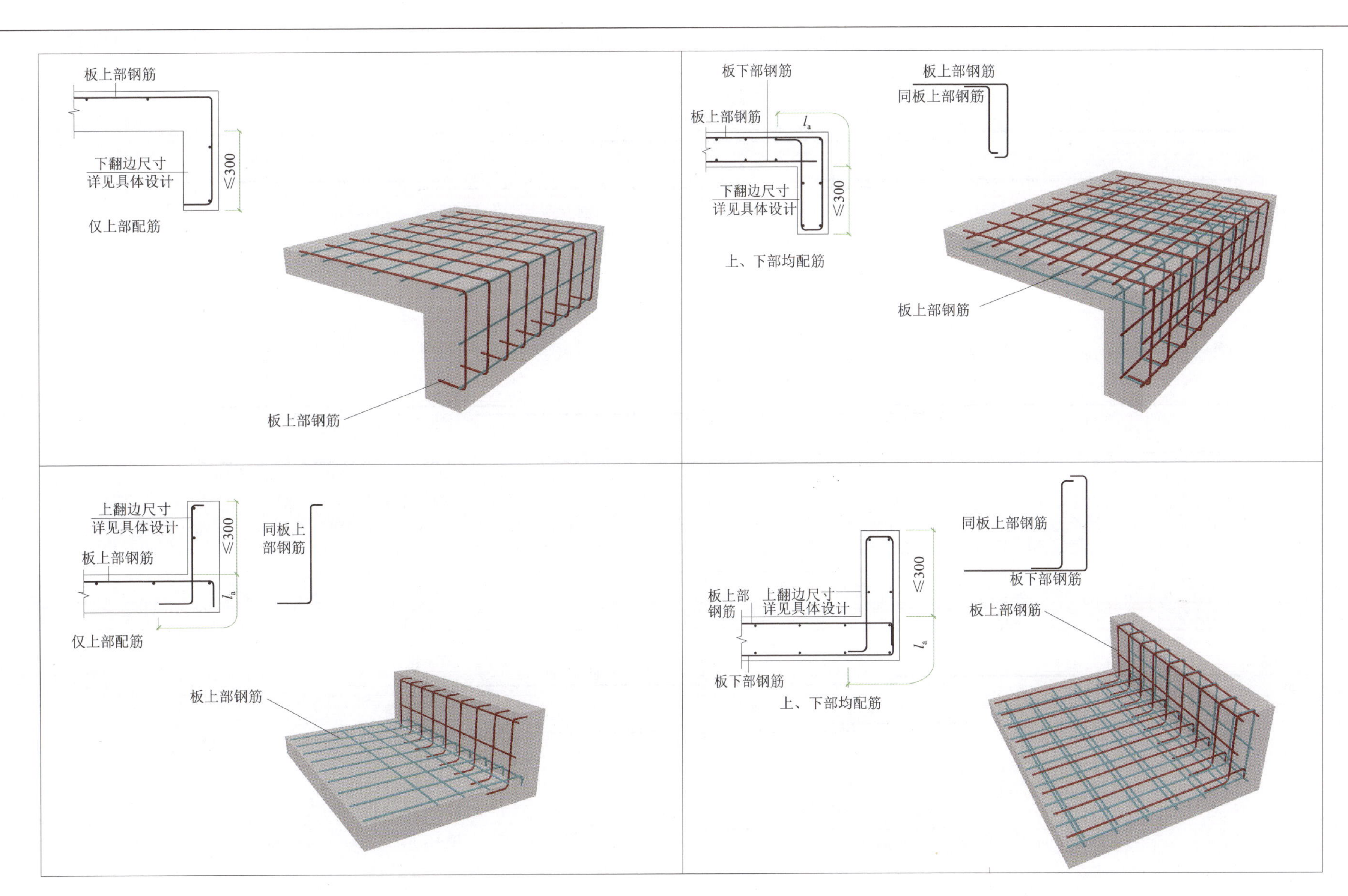

注：翻边长度大于300mm时应由设计人员另行确定。

板翻边构造						图集号	22G101—1—107
审核	郭仁俊	校对	廖宜香	设计	傅华夏		

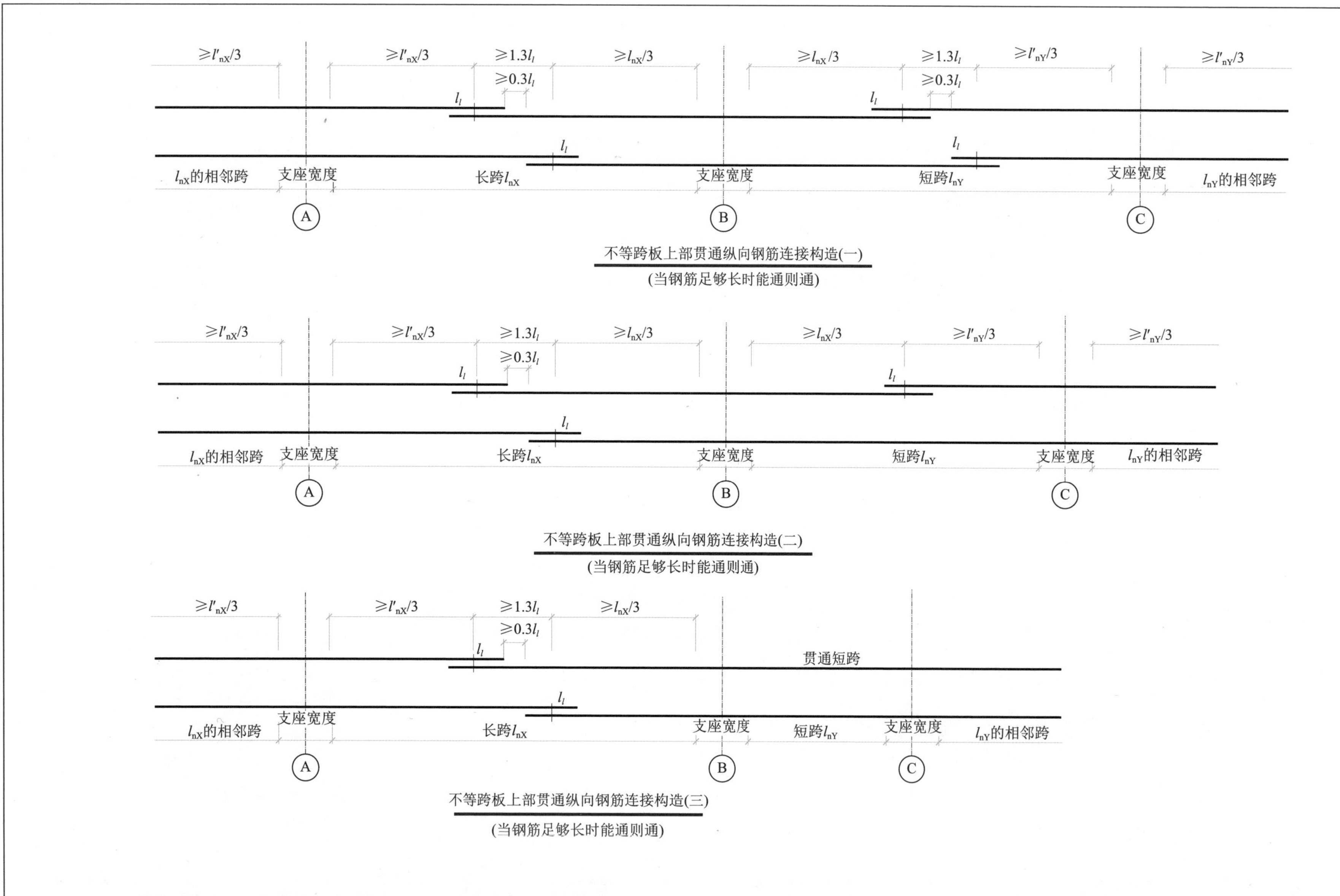

不等跨板上部贯通纵向钢筋连接构造(一)
(当钢筋足够长时能通则通)

不等跨板上部贯通纵向钢筋连接构造(二)
(当钢筋足够长时能通则通)

不等跨板上部贯通纵向钢筋连接构造(三)
(当钢筋足够长时能通则通)

注：1. l'_{nX} 是轴线Ⓐ左右两跨的较大净跨度值；l'_{nY} 是轴线Ⓒ左右两跨的较大净跨度值。
2. 其余要求见 22G101—1 图集第 106 页。

有梁楼盖不等跨板上部贯通纵向钢筋连接构造						图集号	22G101—1—108
审核	郭仁俊	校对	廖宜香	设计	傅华夏		

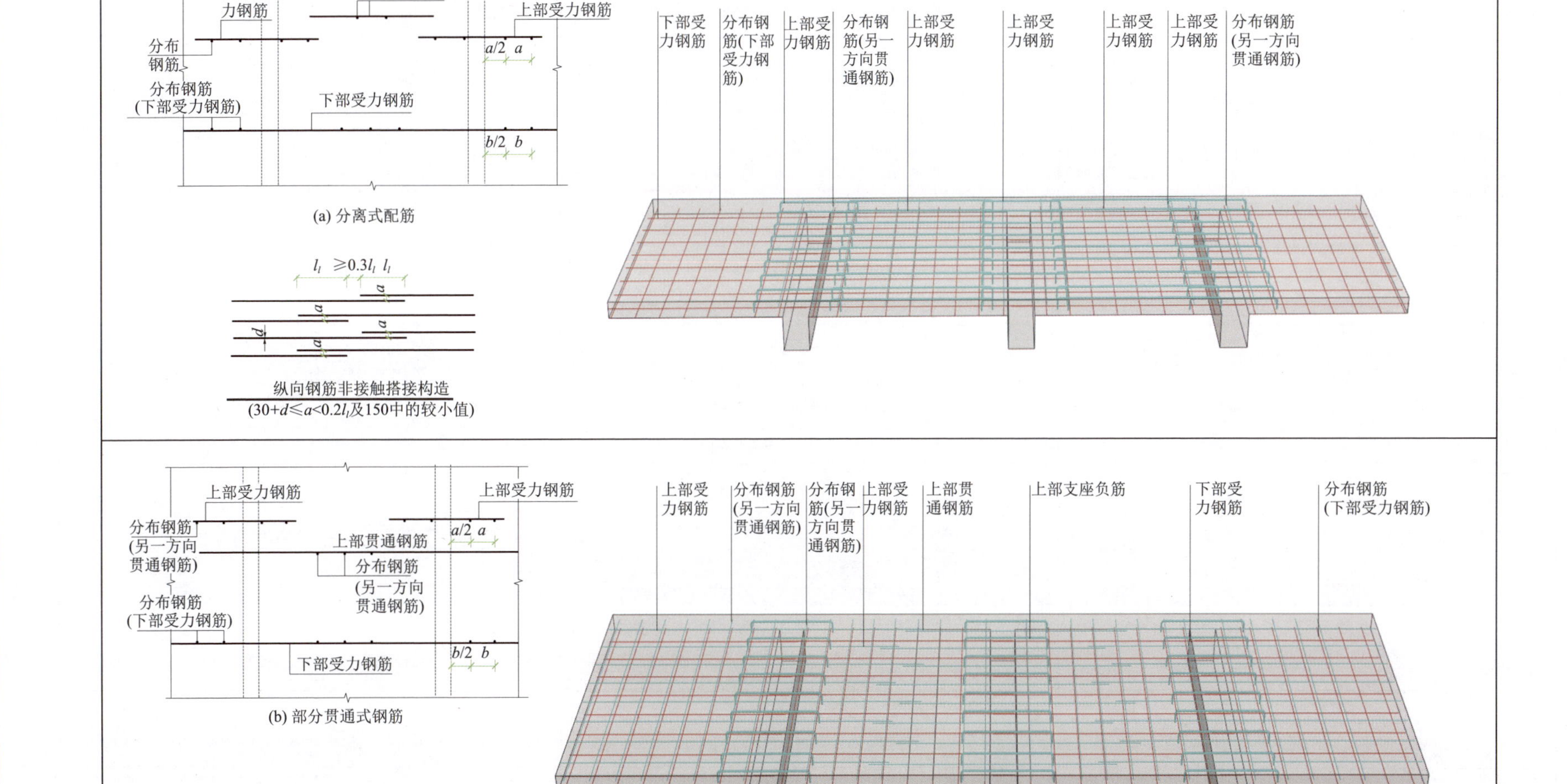

注：1. 在搭接范围内，相互搭接的纵向钢筋与横向钢筋的每个交叉点均应进行绑扎。

2. 抗裂构造筋、抗温度筋自身及其与受力主筋搭接长度为 l_l。

3. 板上下贯通钢筋可兼作抗裂构造筋和抗温度筋。当下部贯通钢筋兼作抗温度筋时，其在支座的锚固由设计人员确定。

4. 分布钢筋自身及与受力主筋、构造筋的搭接长度为150mm；当分布钢筋兼作抗温度筋时，其自身及与受力主筋、构造筋的搭接长度为 l_l；其在支座的锚固按受拉要求考虑。

5. 其余要求见 22G101—1 图集第 106 页。

单（双）向板配筋示意 纵向钢筋非接触搭接构造						图集号	22G101—1—109
审核	郭仁俊	校对	廖宜香	设计	傅华夏		

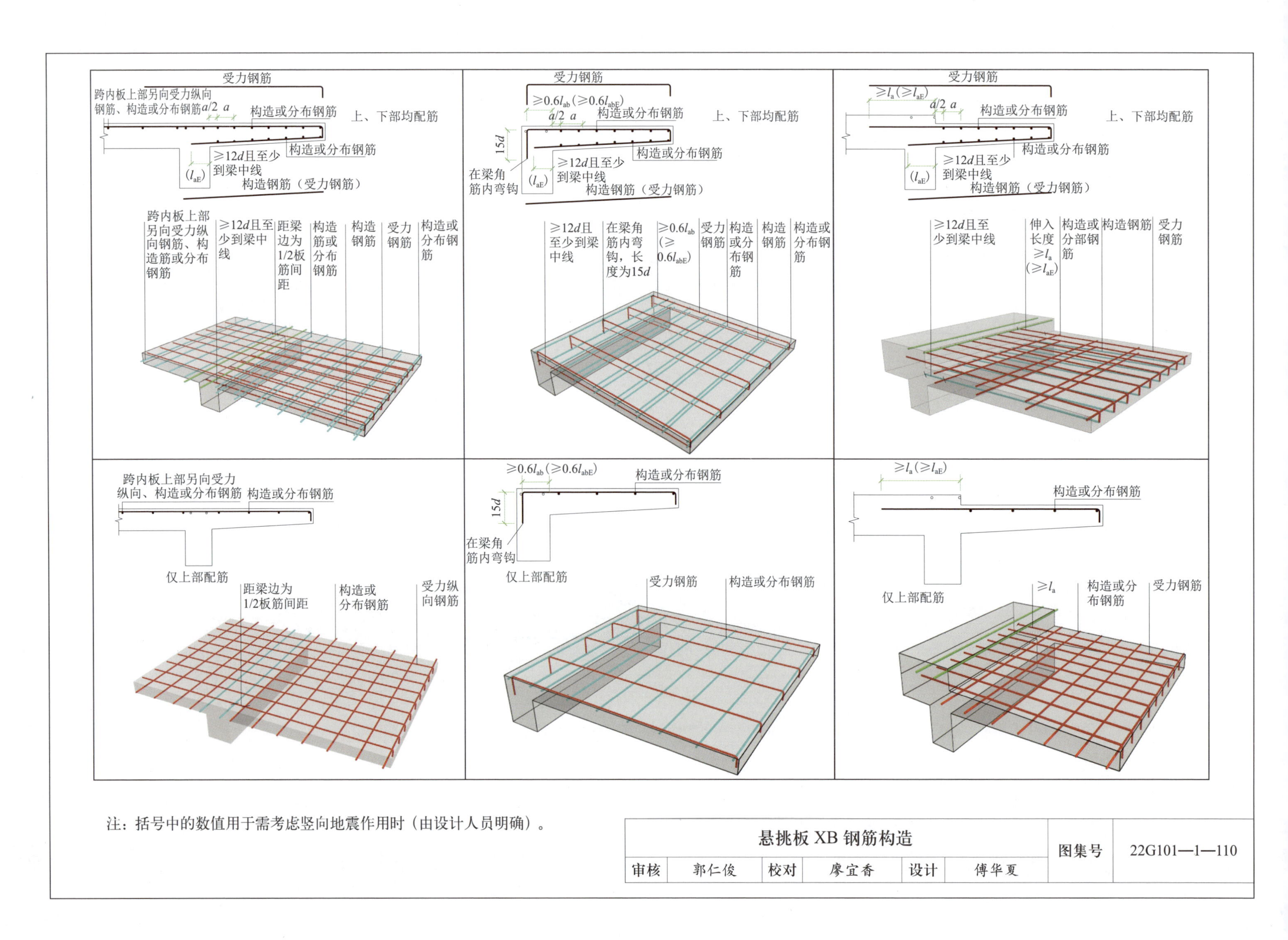

注：括号中的数值用于需考虑竖向地震作用时（由设计人员明确）。

悬挑板 XB 钢筋构造						图集号	22G101—1—110
审核	郭仁俊	校对	廖宜香	设计	傅华夏		

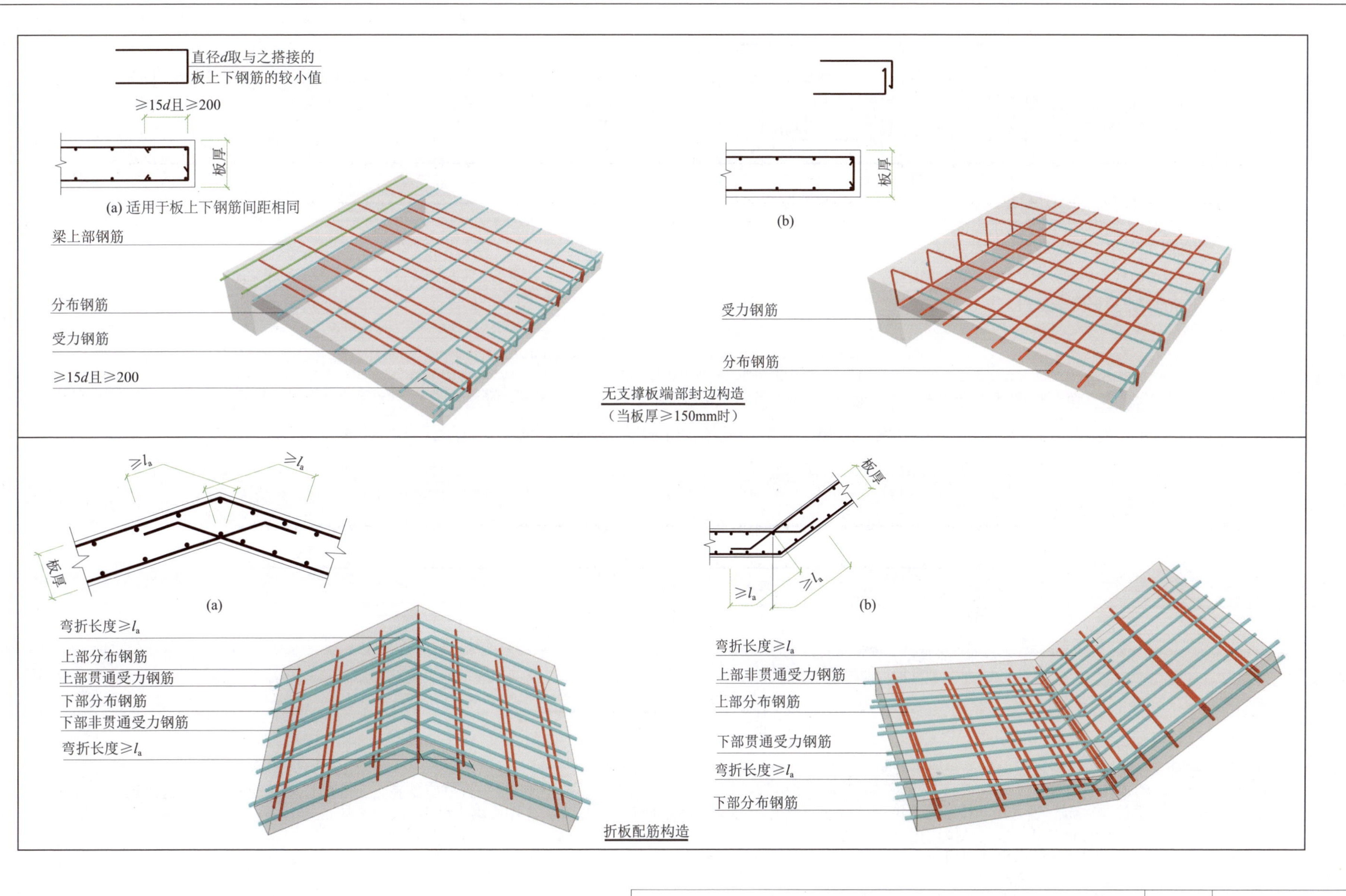

无支撑板端部封边构造　折板配筋构造						图集号	22G101—1—110
审核	郭仁俊	校对	廖宜香	设计	傅华夏		

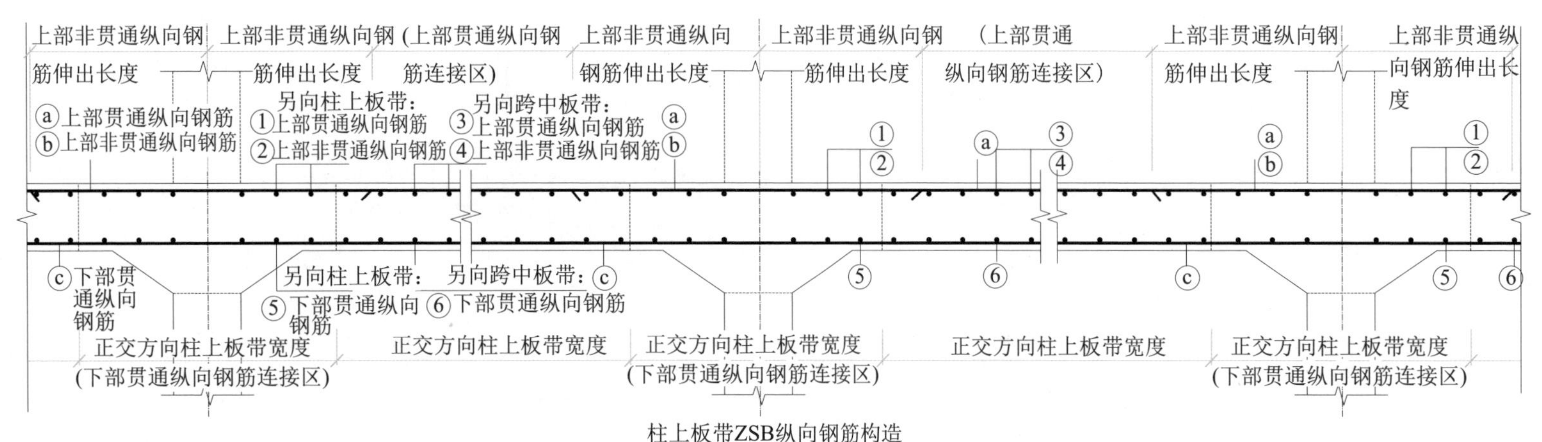

柱上板带ZSB纵向钢筋构造

(板带上部非贯通纵向钢筋向跨内伸出长度按设计标注)

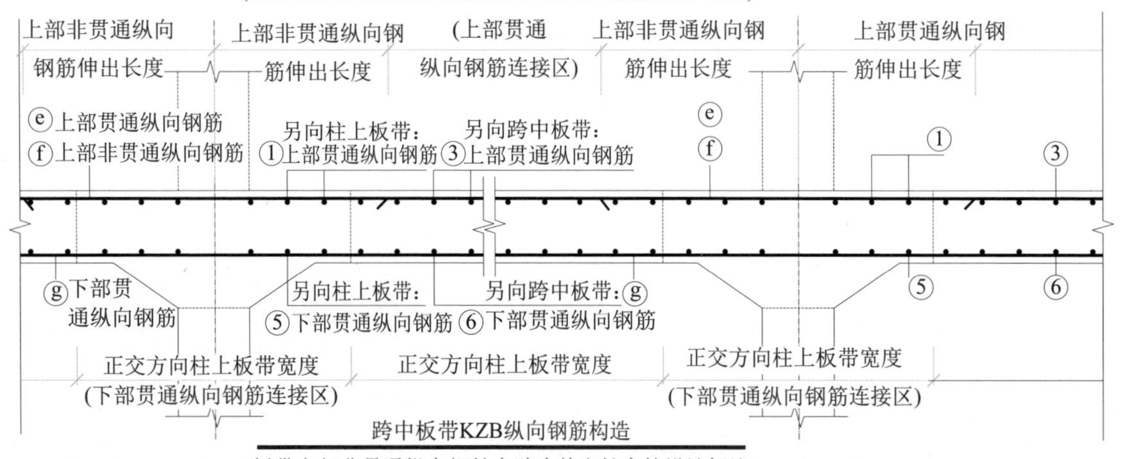

跨中板带KZB纵向钢筋构造

(板带上部非贯通纵向钢筋向跨内伸出长度按设计标注)

注：1. 当相邻等跨或不等跨的上部贯通纵向钢筋配置不同时，应将配置较大者越过其标注的跨数终点或起点伸出至相邻跨的跨中连接区域连接。

2. 板贯通纵向钢筋的连接要求详见22G101—1图集第60页纵向钢筋连接构造，且同一连接区段内钢筋接头百分率不宜大于50%。不等跨板上部贯通纵向钢筋连接构造详见22G101—1图集第108页。当采用非接触方式的绑扎搭接连接时，具体构造要求详见22G101—1图集第109页。

3. 板贯通纵向钢筋在连接区域内也可采用机械连接或焊接连接。

4. 板各部位同一层面的两向交叉纵向钢筋何向在下何向在上，应按具体设计说明。

5. 本图构造同样适用于无柱帽的无梁楼盖。

6. 板带端支座与悬挑端的纵向钢筋构造见22G101—1图集第112页。

7. 无梁楼盖柱上板带内贯通纵向钢筋搭接长度为l_{lE}。无柱帽柱上板带的下部贯通纵向钢筋，宜在距柱面2倍板厚以外连接，采用搭接时钢筋端部宜设置垂直于板面的弯钩（弯钩末端距离板面一倍保护层厚度）。

无梁楼盖柱上板带ZSB与跨中板带KZB 纵向钢筋构造（一）						图集号	22G101—1—111
审核	郭仁俊	校对	廖宜香	设计	傅华夏		

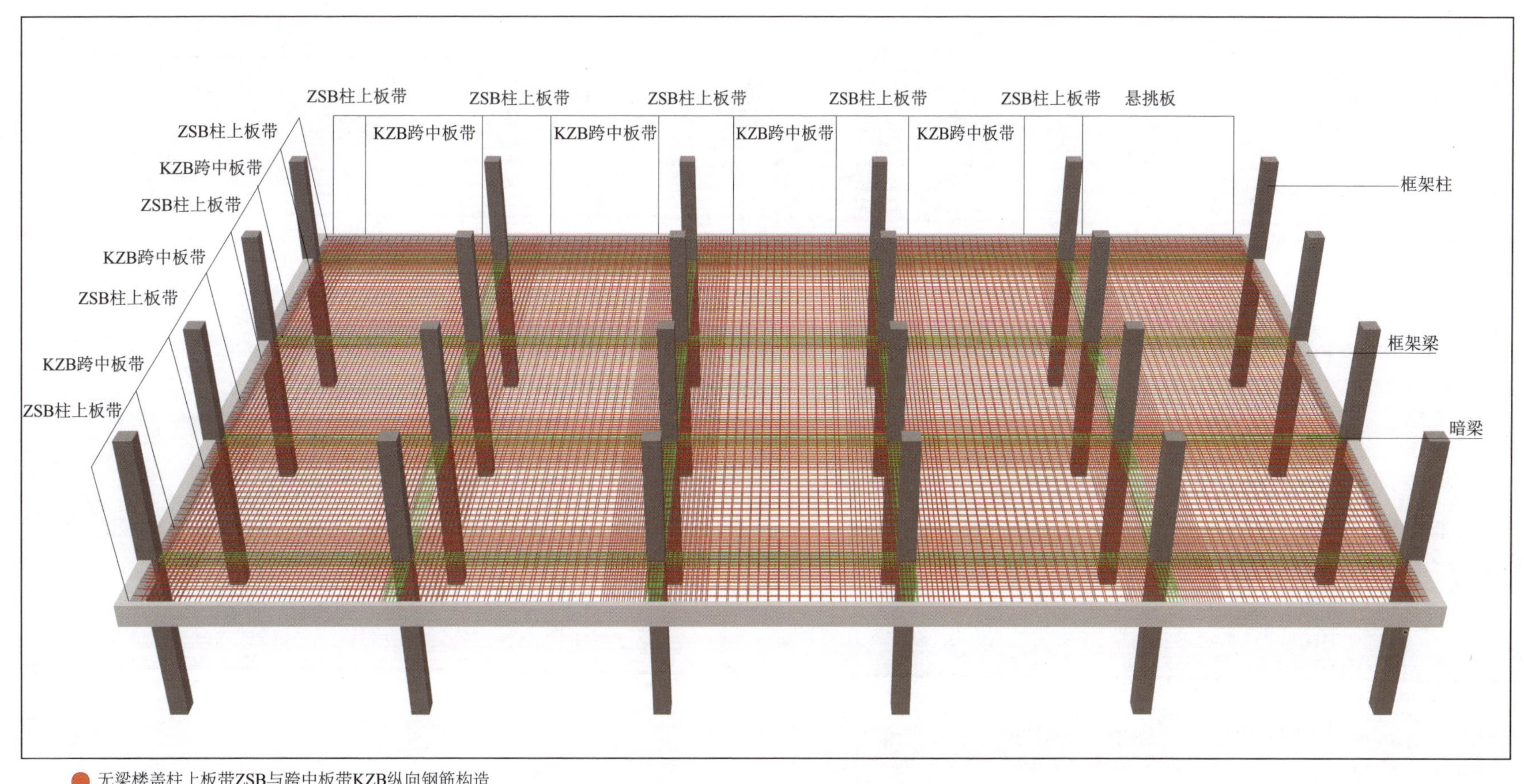

● 无梁楼盖柱上板带ZSB与跨中板带KZB纵向钢筋构造

● 暗梁纵向钢筋构造

无梁楼盖柱上板带 ZSB 与跨中板带 KZB 纵向钢筋构造（二）						图集号	22G101—1—111
审核	郭仁俊	校对	廖宜香	设计	傅华夏		

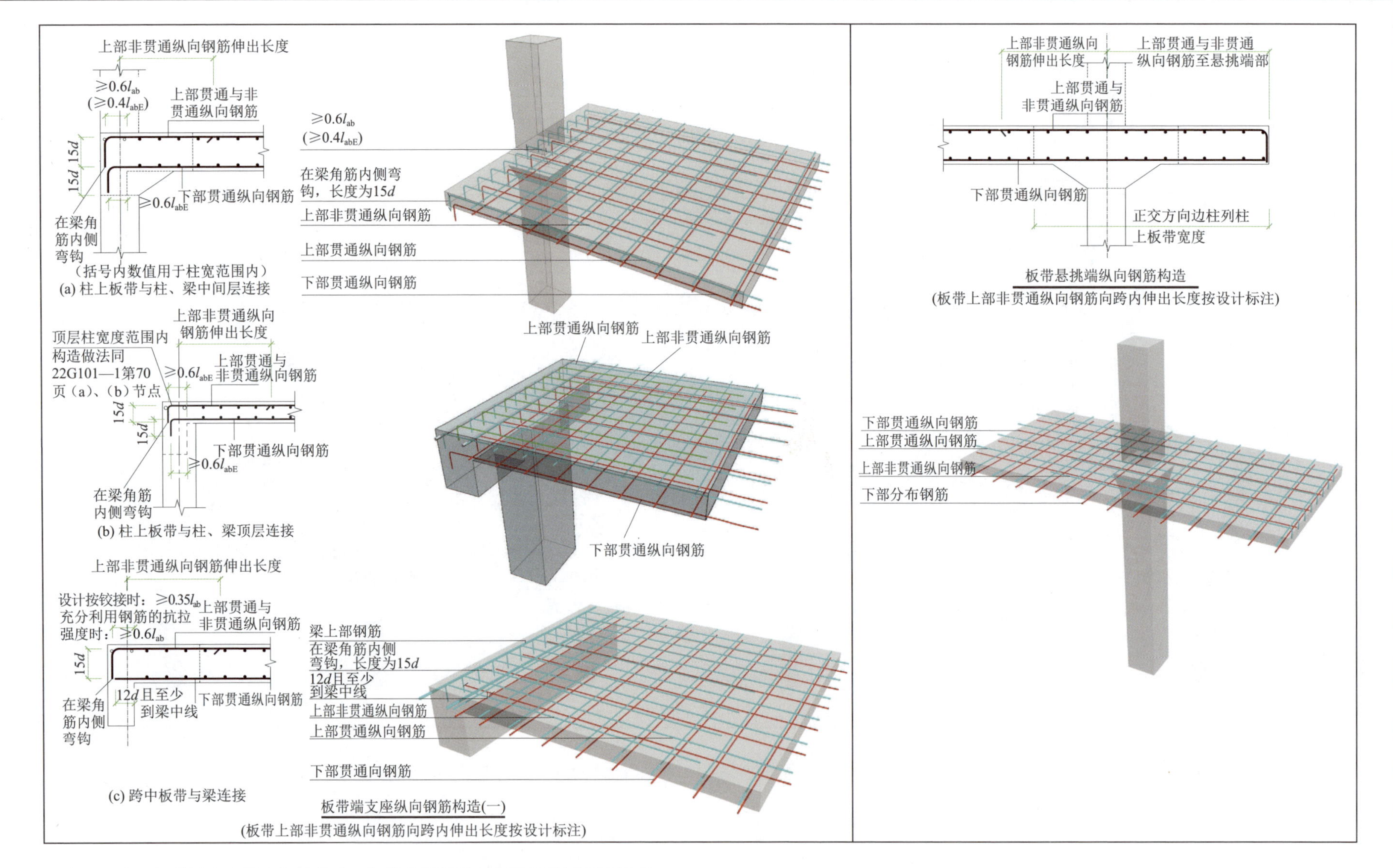

板带端支座纵向钢筋构造(一)

(板带上部非贯通纵向钢筋向跨内伸出长度按设计标注)

板带悬挑端纵向钢筋构造

(板带上部非贯通纵向钢筋向跨内伸出长度按设计标注)

注：1. 本图板带端支座纵向钢筋构造、板带悬挑端纵向钢筋构造同样适用于无柱帽的无梁楼盖。
2. 其余要求见 22G101—1 图集第 111 页。
3. 图中“设计按铰接时”“充分利用钢筋的抗拉强度时”由设计人员指定。

板带端支座纵向钢筋构造（一） 板带悬挑端纵向钢筋构造						图集号	22G101—1—112
审核	郭仁俊	校对	廖宜香	设计	傅华夏		

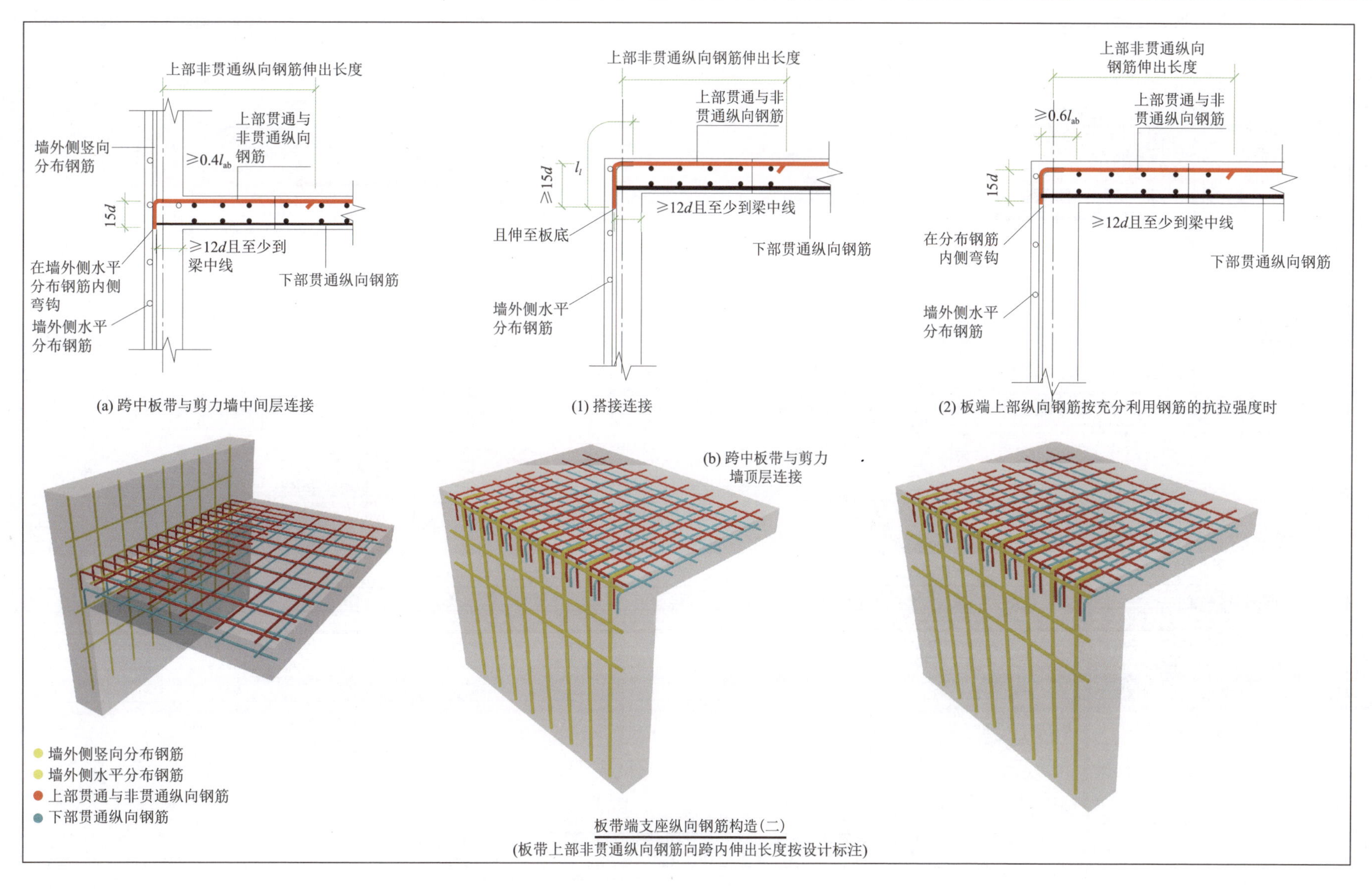

板带端支座纵向钢筋构造(二)

(板带上部非贯通纵向钢筋向跨内伸出长度按设计标注)

注：1. 跨中板带与剪力墙顶层连接时，图(1)、(2)做法由设计人员指定。

2. 纵向钢筋构造见 22G101—1 图集第 111 页。

板带端支座纵向钢筋构造(二)						图集号	22G101—1—113
审核	郭仁俊	校对	廖宜香	设计	傅华夏		

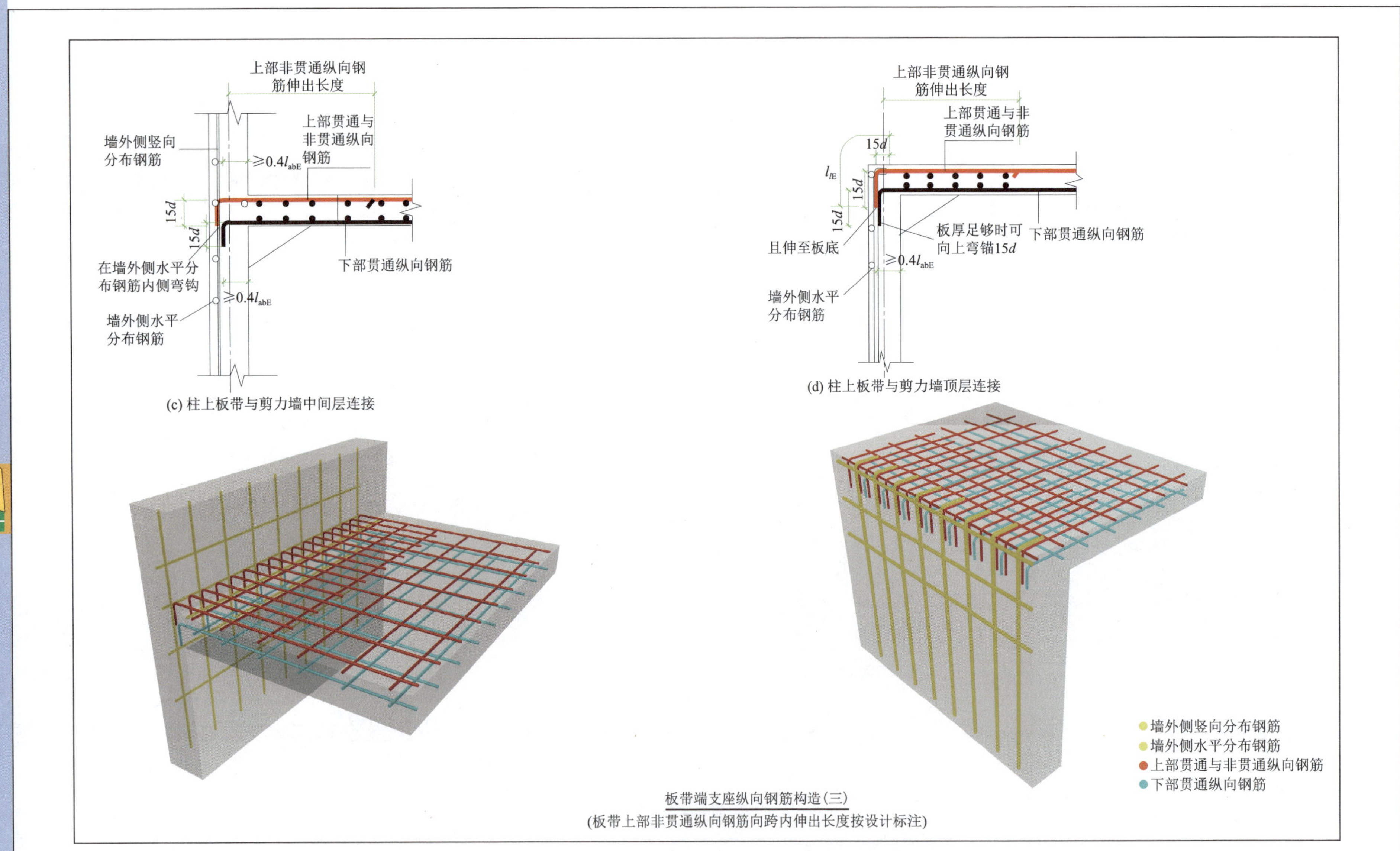

板带端支座纵向钢筋构造(三)
(板带上部非贯通纵向钢筋向跨内伸出长度按设计标注)

注：纵向钢筋构造见 22G101—1 图集第 111 页。

板带端支座纵向钢筋构造（三）						图集号	22G101—1—113
审核	郭仁俊	校对	廖宜香	设计	傅华夏		

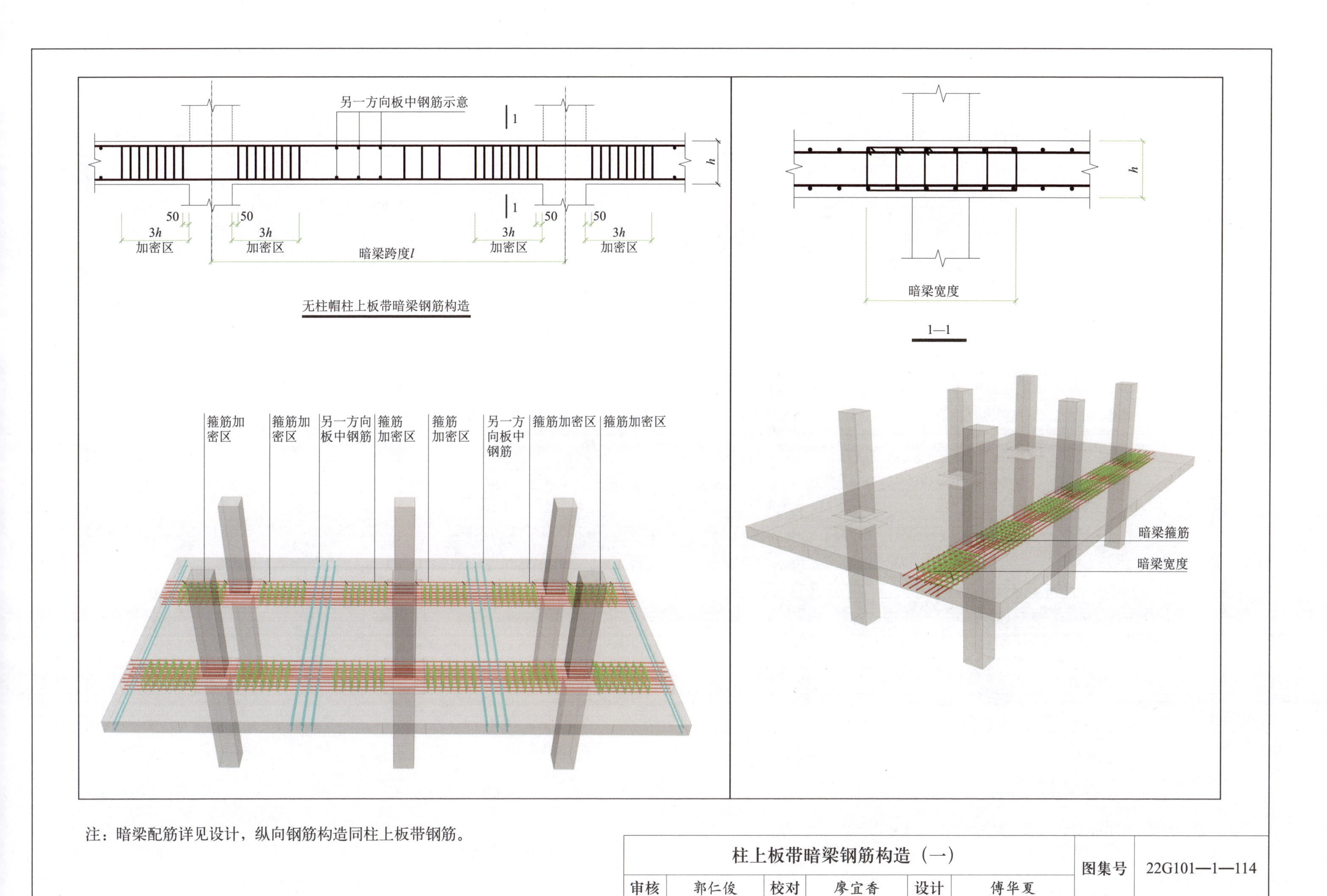

注：暗梁配筋详见设计，纵向钢筋构造同柱上板带钢筋。

柱上板带暗梁钢筋构造（一）						图集号	22G101—1—114
审核	郭仁俊	校对	廖宜香	设计	傅华夏		

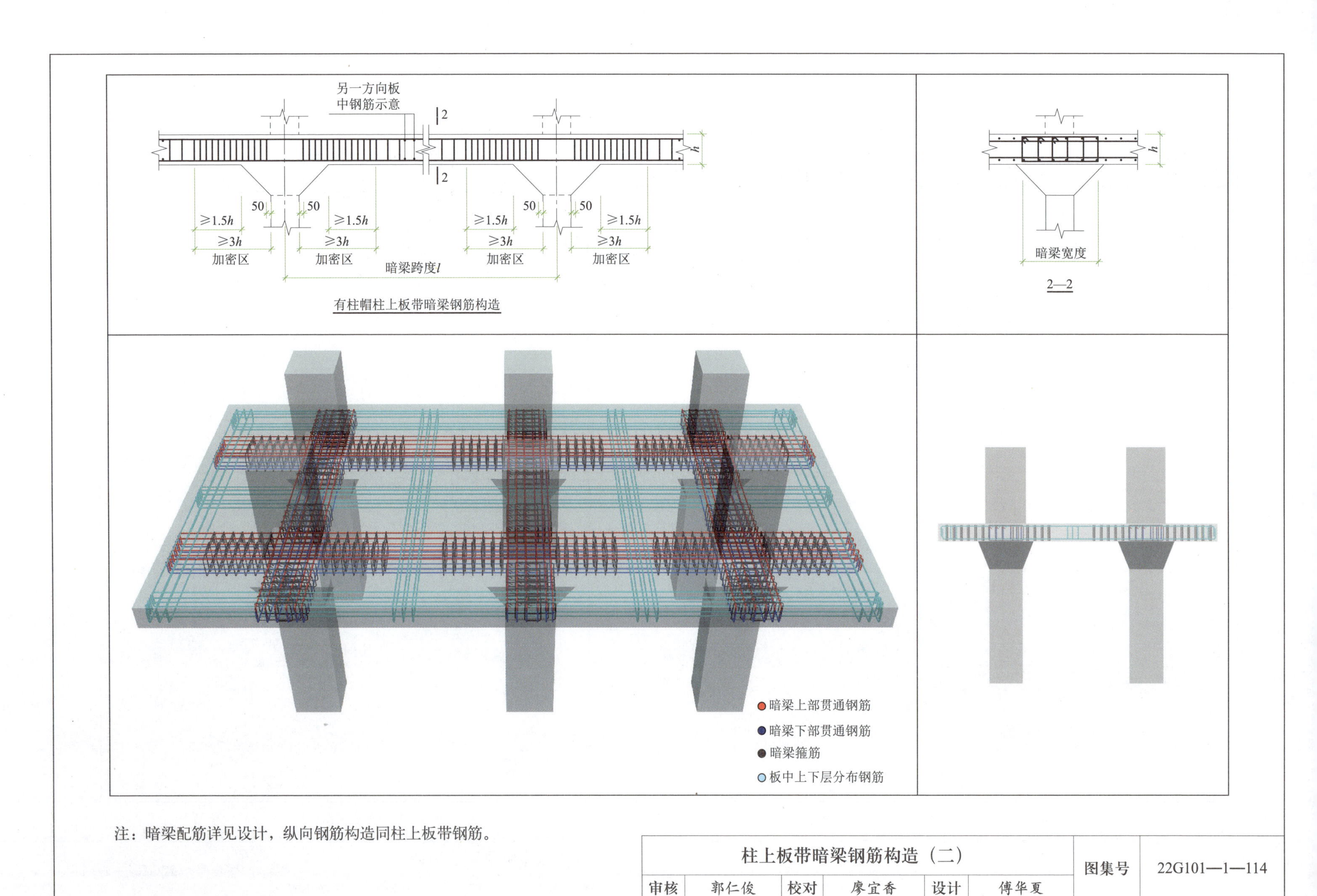

有柱帽柱上板带暗梁钢筋构造

注：暗梁配筋详见设计，纵向钢筋构造同柱上板带钢筋。

柱上板带暗梁钢筋构造（二）						图集号	22G101—1—114
审核	郭仁俊	校对	廖宜香	设计	傅华夏		

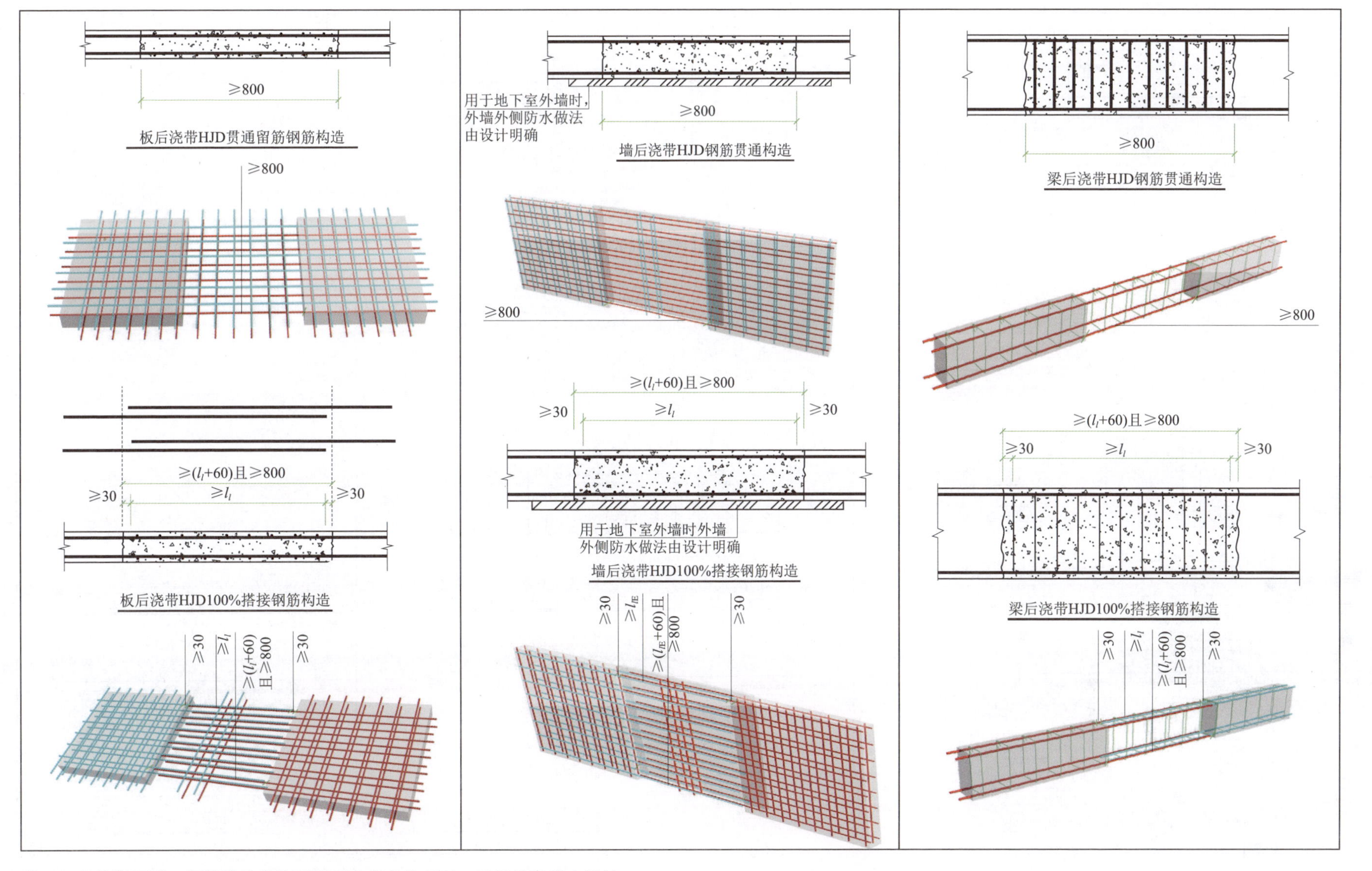

注：1. 条件许可时，钢筋搭接接头面积百分率宜为50%，后浇带宽度由设计人员指定且不小于800mm。

2. 当构件抗震等级为一～四级时，图中 l_l 应改为 l_{lE}。

板后浇带HJD钢筋构造　墙后浇带HJD钢筋构造 梁后浇带HJD钢筋构造						图集号	22G101—1—115
审核	郭仁俊	校对	廖宜香	设计	傅华夏		

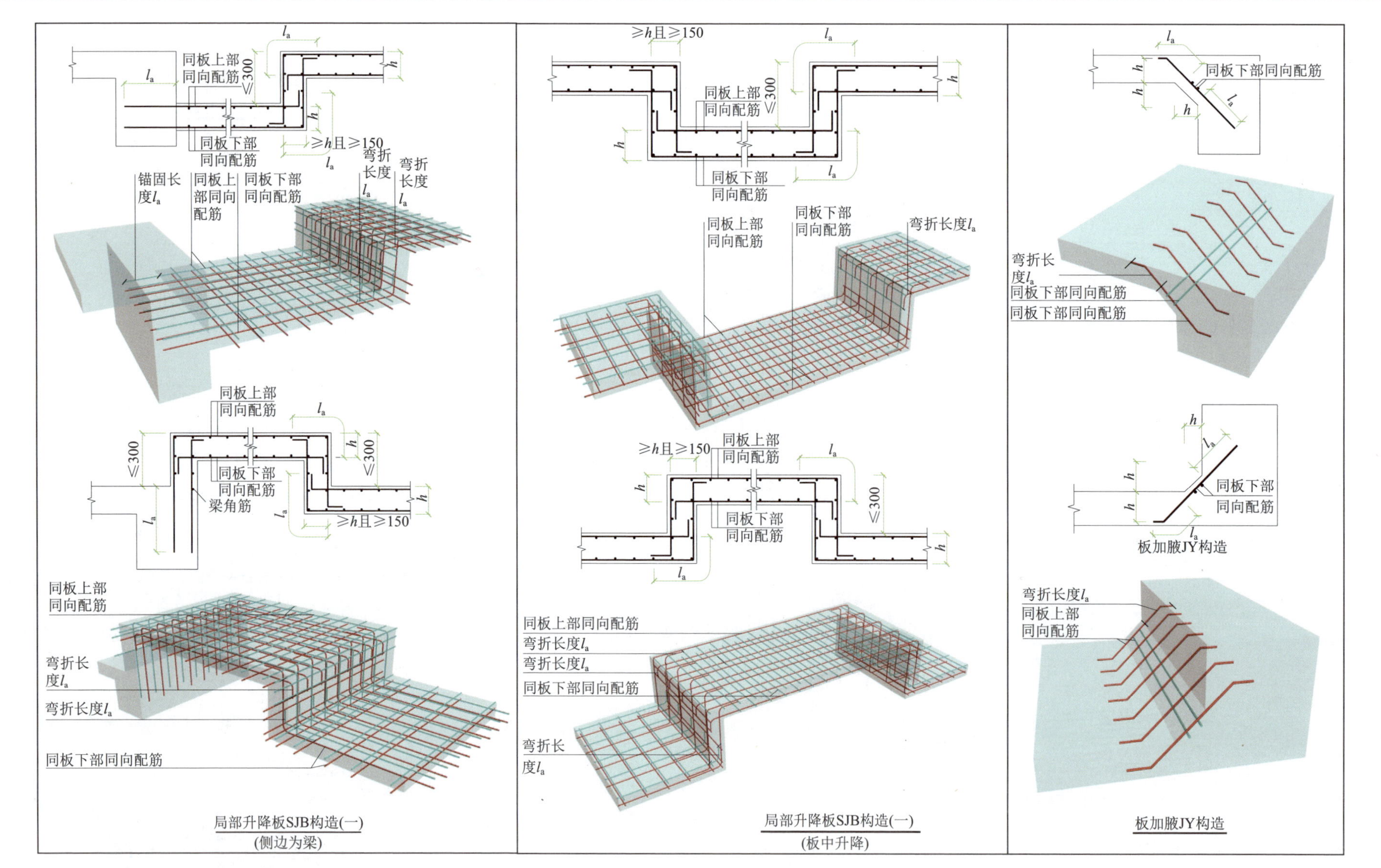

局部升降板SJB构造(一)
(侧边为梁)

局部升降板SJB构造(一)
(板中升降)

板加腋JY构造

注：1. 局部升降板升高与降低的高度限定为≤300mm，当高度>300mm时，设计人员应补充配筋构造图。
2. 局部升降板的下部与上部配筋宜为双向贯通钢筋。
3. 本图构造同样适用于狭长沟状降板。

板加腋 JY 构造　局部升降板 SJB 构造（一）						图集号	22G101—1—116
审核	郭仁俊	校对	廖宜香	设计	傅华夏		

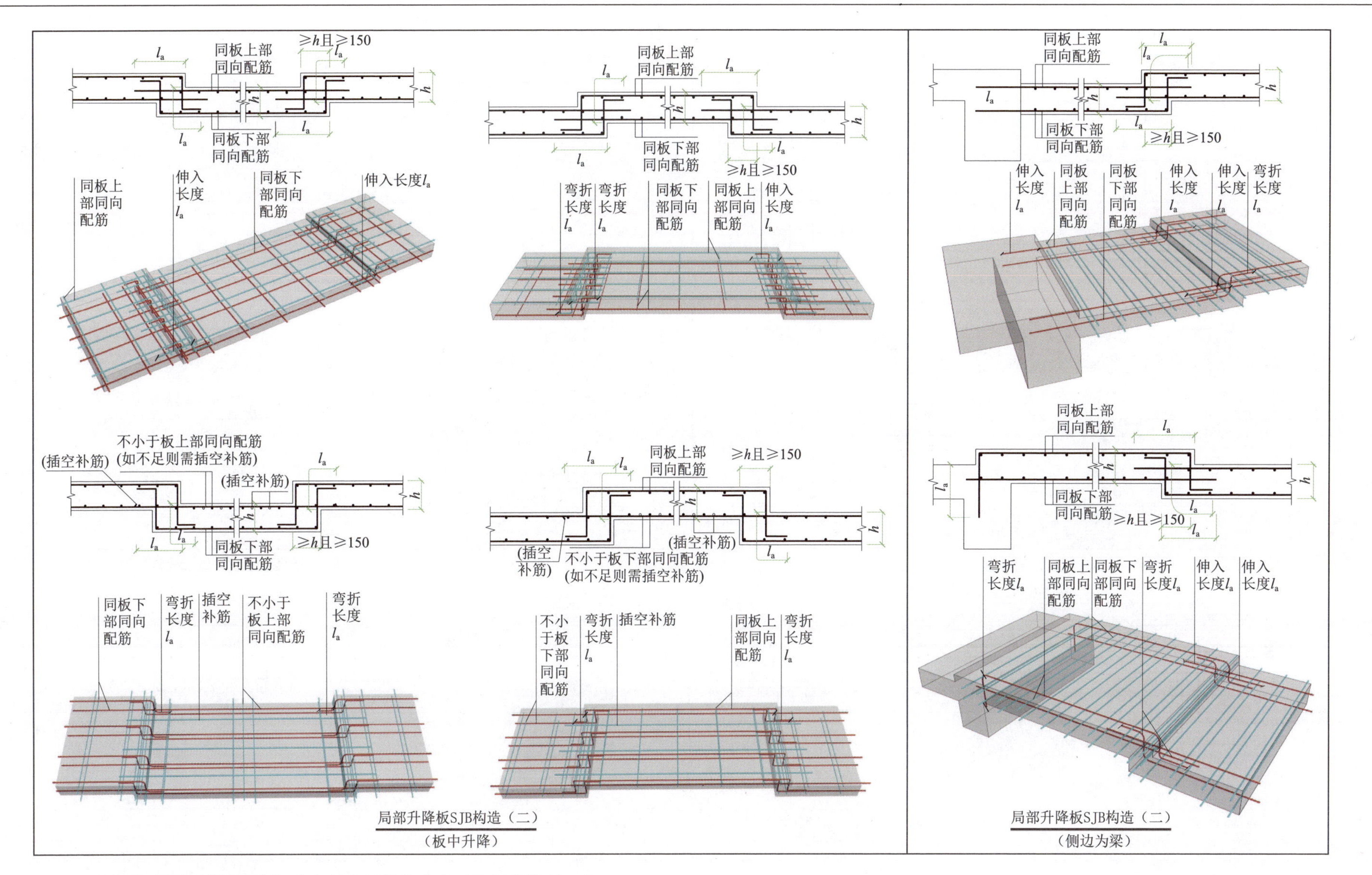

局部升降板SJB构造（二）
（板中升降）

局部升降板SJB构造（二）
（侧边为梁）

注：1. 本图构造用于局部升降板升高与降低的高度小于板厚的情况，高度大于板厚见 22G101—1 图集第 116 页。
2. 局部升降板的下部与上部配筋宜为双向贯通钢筋。
3. 本图构造同样适用于狭长沟状降板。

局部升降板 SJB 构造（二）						图集号	22G101—1—117
审核	郭仁俊	校对	廖宜香	设计	傅华夏		

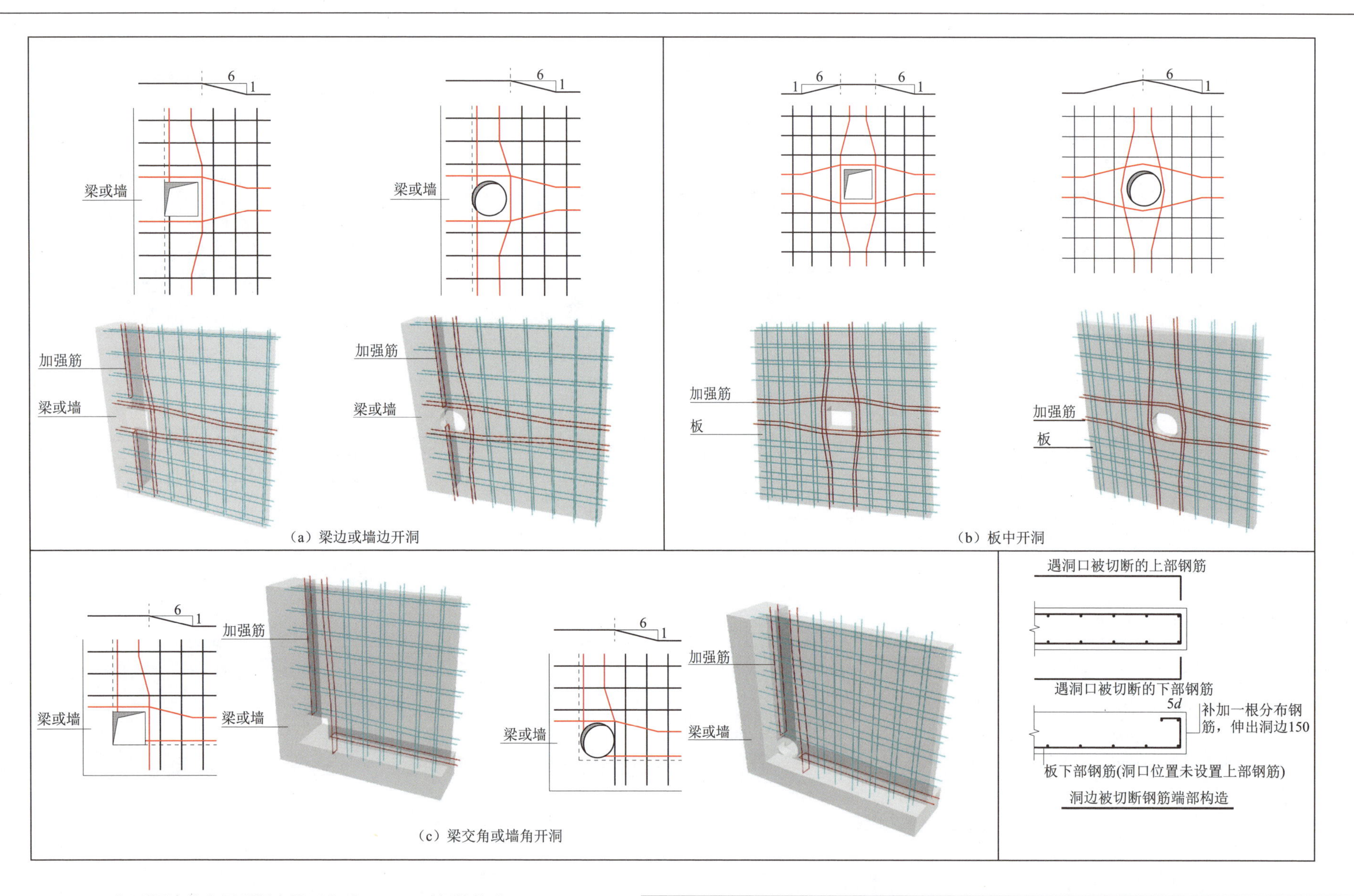

矩形洞边长和圆形洞直径不大于 300mm 时钢筋构造

（受力钢筋绕过孔洞，不另设补强钢筋）

板开洞 BD 与洞边加强钢筋构造（洞边无集中荷载）						图集号	22G101—1—118
审核	郭仁俊	校对	廖宜香	设计	傅华夏		

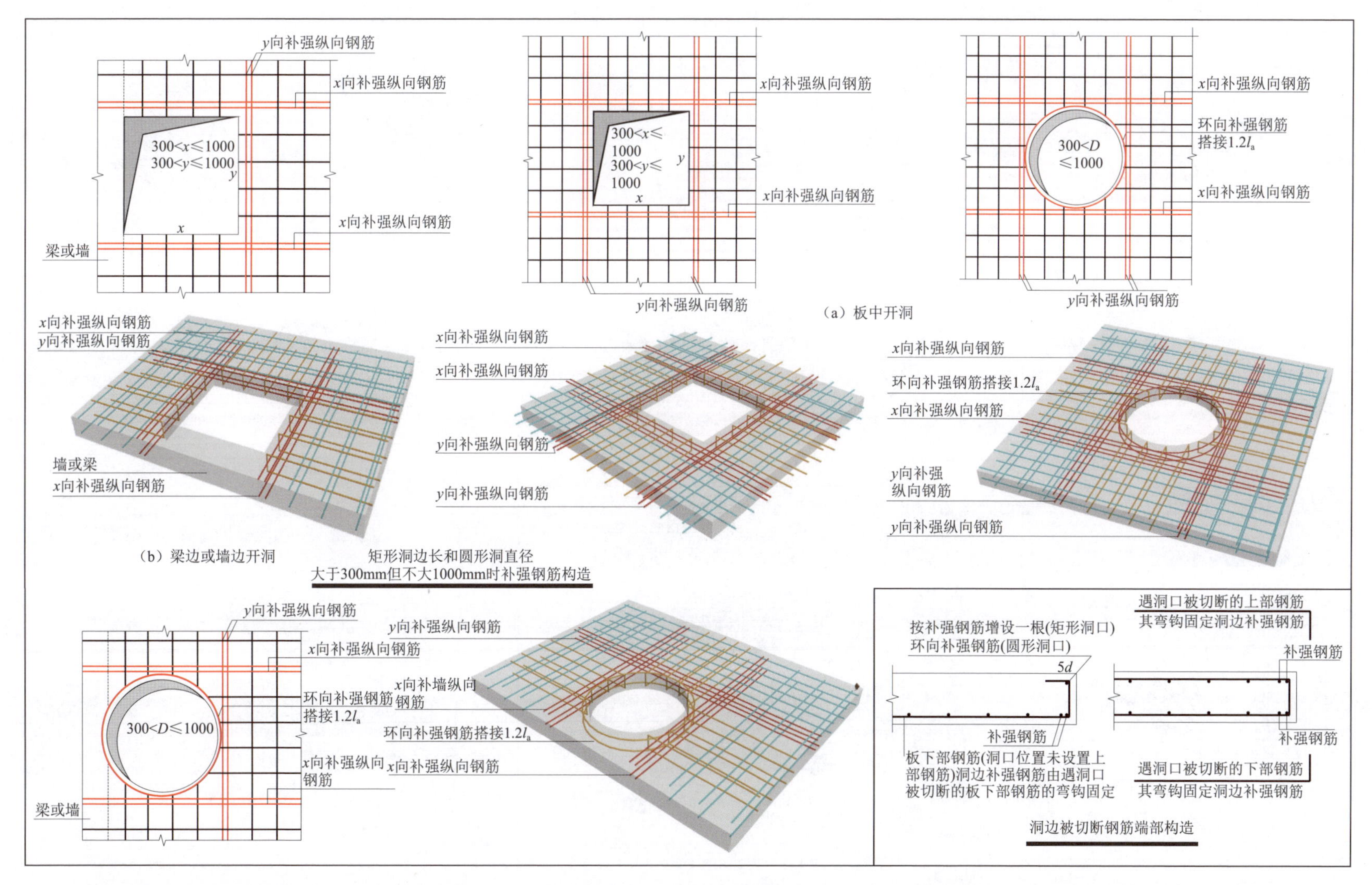

注：1. 当设计人员注写补强钢筋时，应按注写的规格、数量与长度值补强。当设计人员未注写时，x 向、y 向分别按每边配置两根直径不小于 12mm 且不小于同向被切断纵向钢筋总面积的 50% 补强，补强钢筋与被切断钢筋布置在同一层面，两根补强钢筋之间的净距为 30mm；环向上下各配置一根直径不小于 10mm 的钢筋补强。

2. 补强钢筋的强度等级与被切断钢筋相同。

3. x 向、y 向补强纵向钢筋伸入支座的锚固方式同板中钢筋，当不伸入支座时，设计人员应标注。

板开洞 BD 与洞边加强钢筋构造（洞边无集中荷载）						图集号	22G101—1—119
审核	郭仁俊	校对	廖宜香	设计	傅华夏		

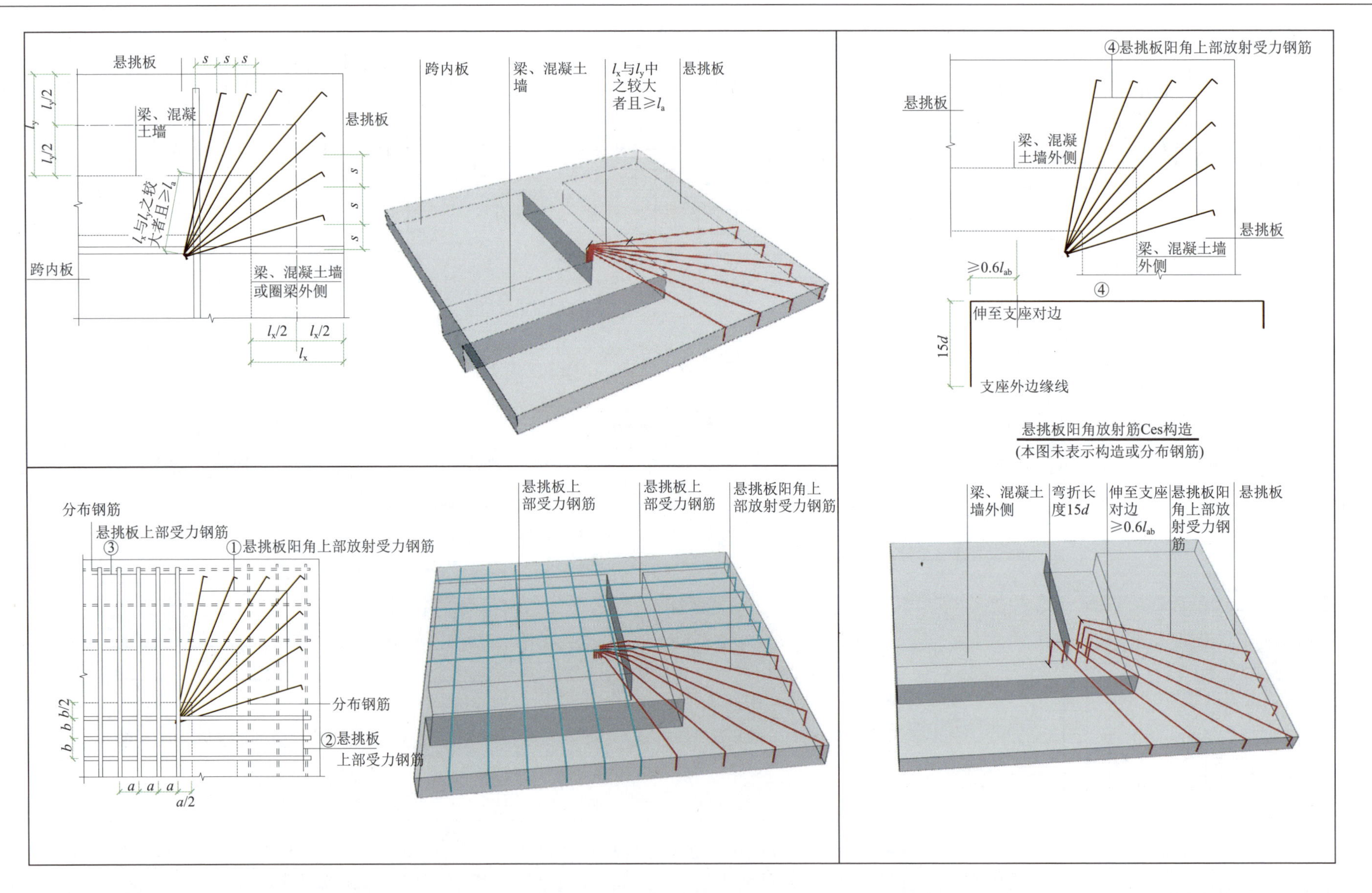

注：1. 悬挑板内，①～③号筋应位于同一层面。
2. ①号筋在支座和跨内，向内斜弯到③号与②号筋下侧，并向跨内平伸。
3. 需要考虑竖向地震作用时，另行设计。

悬挑板阳角放射筋 Ces 构造						图集号	22G101—1—120
审核	郭仁俊	校对	廖宜香	设计	傅华夏		

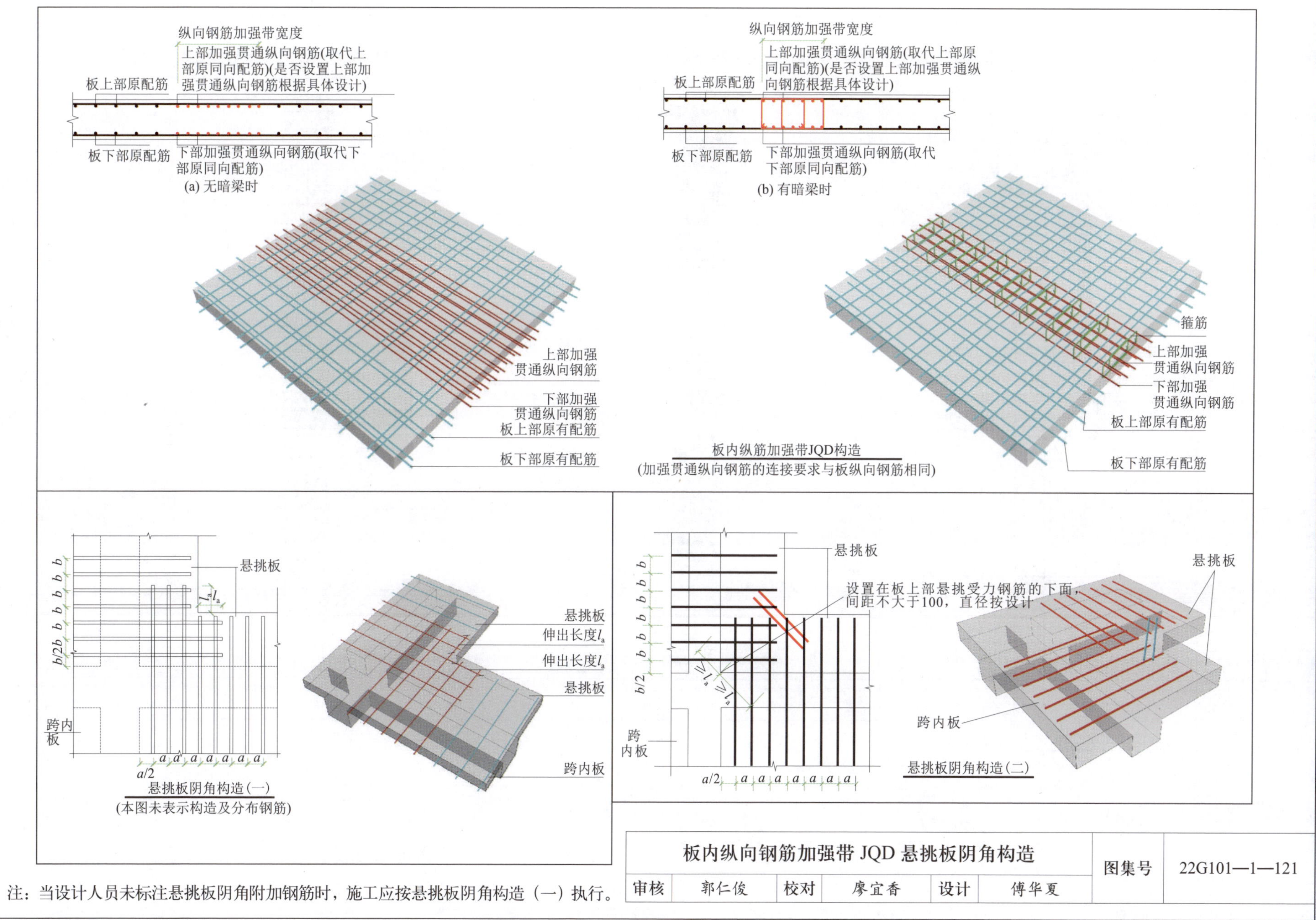

板内纵筋加强带JQD构造

(加强贯通纵向钢筋的连接要求与板纵向钢筋相同)

悬挑板阴角构造(一)

(本图未表示构造及分布钢筋)

悬挑板阴角构造(二)

注：当设计人员未标注悬挑板阴角附加钢筋时，施工应按悬挑板阴角构造（一）执行。

板内纵向钢筋加强带 JQD 悬挑板阴角构造						图集号	22G101—1—121
审核	郭仁俊	校对	廖宜香	设计	傅华夏		

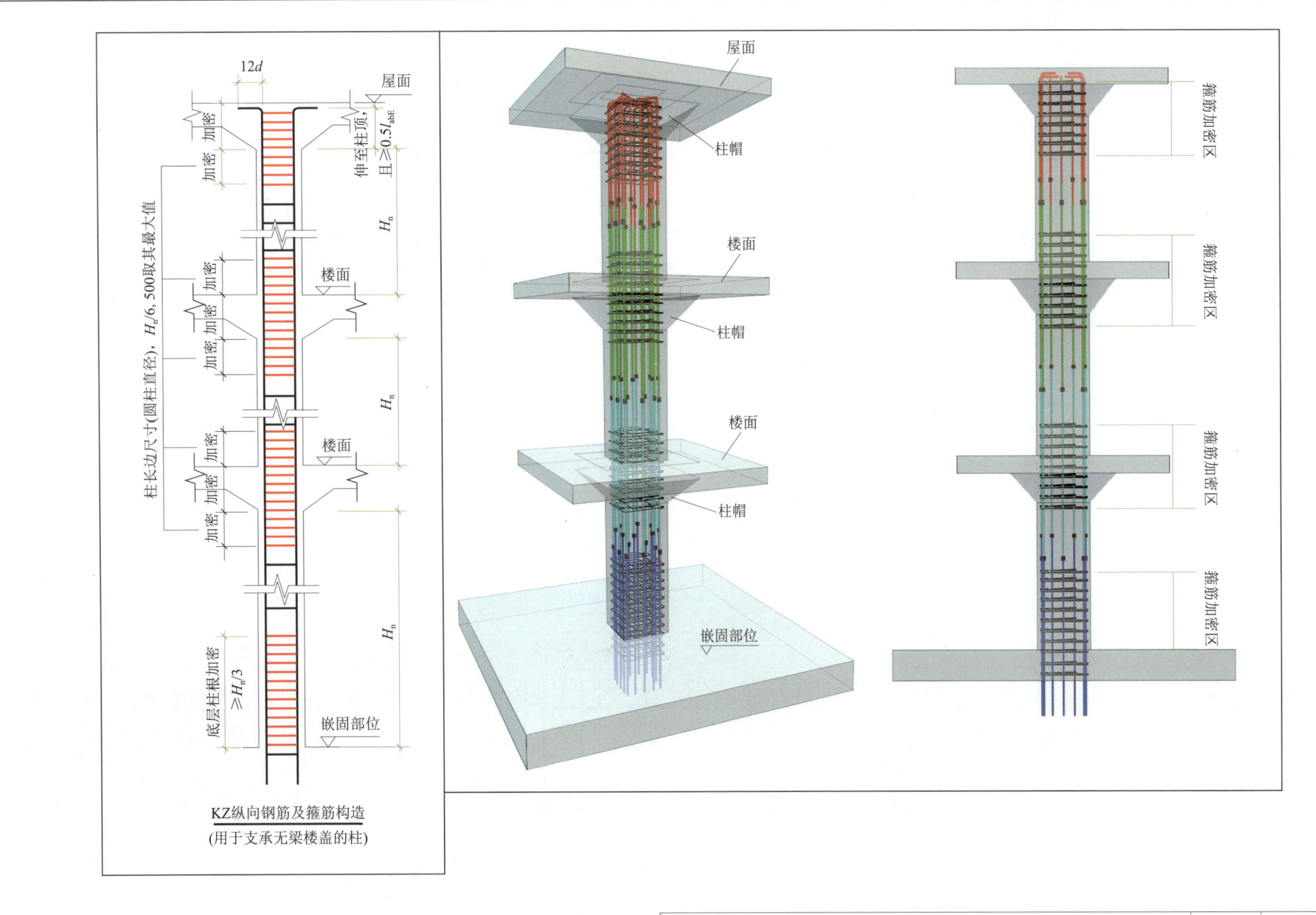

KZ纵向钢筋及箍筋构造

(用于支承无梁楼盖的柱)

无梁楼盖KZ纵向钢筋及箍筋构造						图集号	22G101—1—122
审核	郭仁俊	校对	廖宜香	设计	傅华夏		

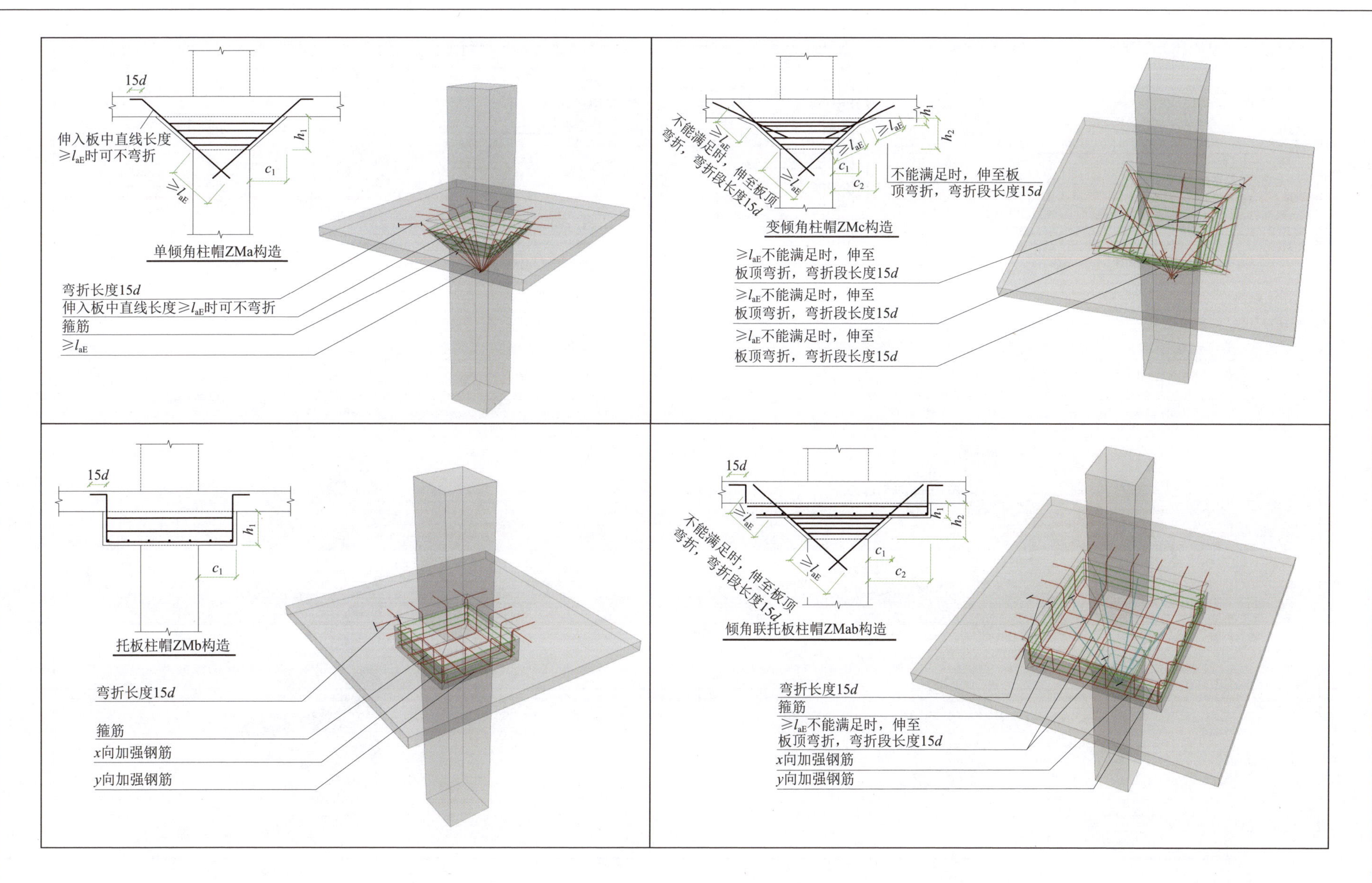

柱帽 ZMa、ZMb、ZMc、ZMab 构造						图集号	22G101—1—122
审核	郭仁俊	校对	廖宜香	设计	傅华夏		

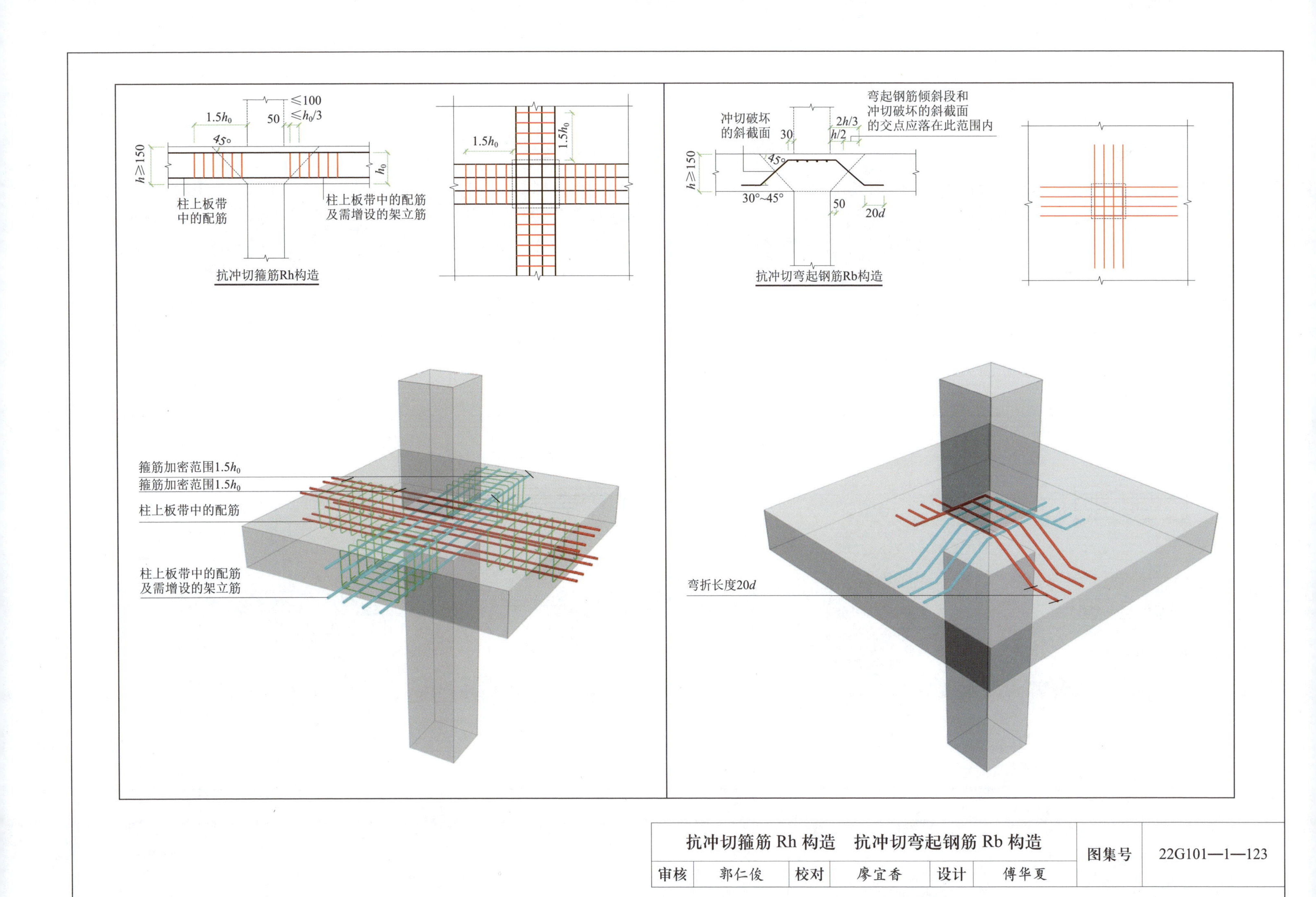

≤100
≤h_0/3
1.5h_0
50
45°
h≥150
h_0
柱上板带
中的配筋
柱上板带中的配筋
及需增设的架立筋
抗冲切箍筋Rh构造
1.5h_0
1.5h_0
弯起钢筋倾斜段和
冲切破坏的斜截面
的交点应落在此范围内
冲切破坏
的斜截面
30
2h/3
h/2
45°
h≥150
30°~45°
50
20d
抗冲切弯起钢筋Rb构造
箍筋加密范围1.5h_0
箍筋加密范围1.5h_0
柱上板带中的配筋
柱上板带中的配筋
及需增设的架立筋
弯折长度20d
抗冲切箍筋 Rh 构造　抗冲切弯起钢筋 Rb 构造
图集号
22G101—1—123
审核
郭仁俊
校对
廖宜香
设计
傅华夏

楼梯平法识图规则与标准构造详图及三维示意图

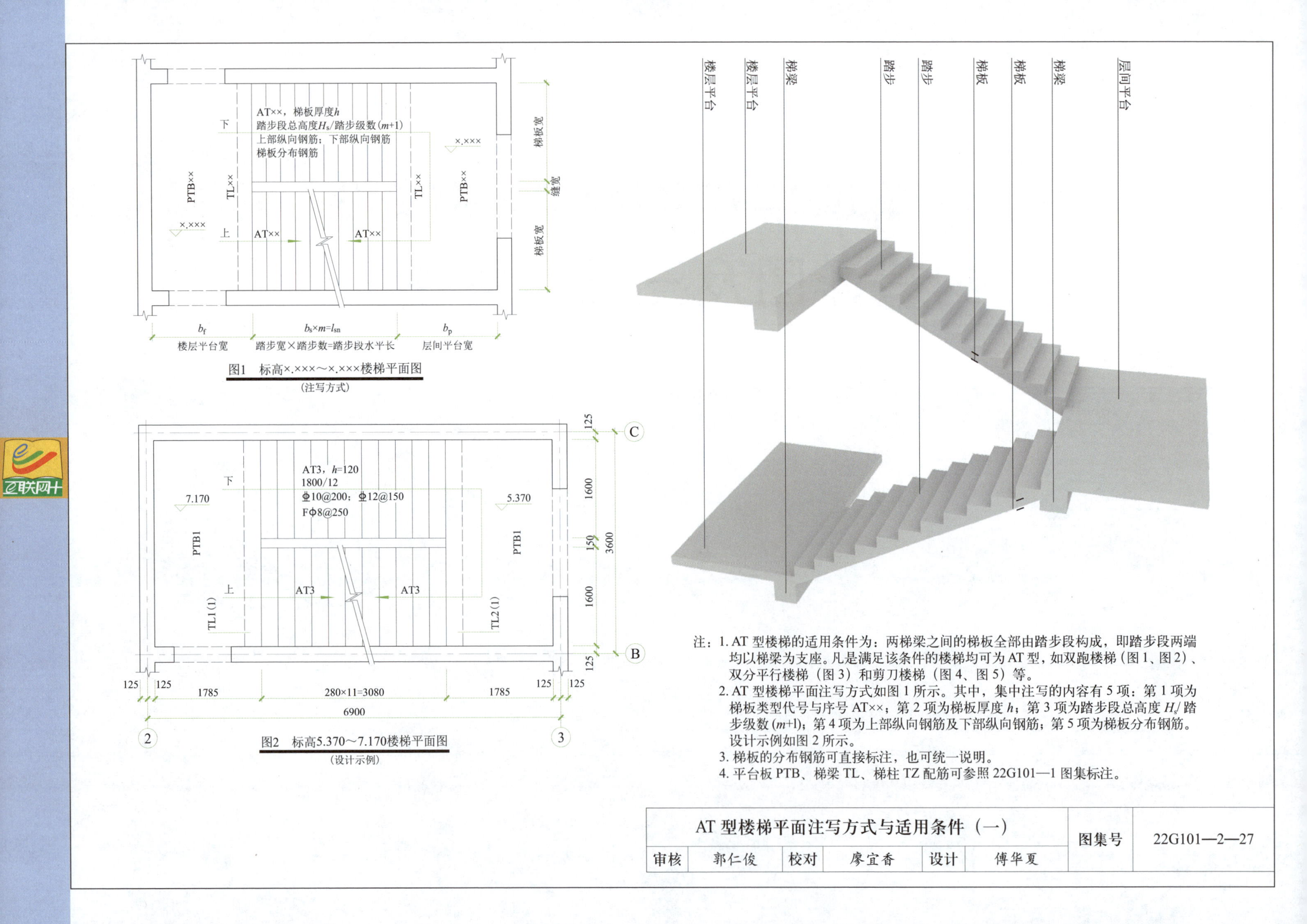

注：1. AT 型楼梯的适用条件为：两梯梁之间的梯板全部由踏步段构成，即踏步段两端均以梯梁为支座。凡是满足该条件的楼梯均可为 AT 型，如双跑楼梯（图 1、图 2）、双分平行楼梯（图 3）和剪刀楼梯（图 4、图 5）等。

2. AT 型楼梯平面注写方式如图 1 所示。其中，集中注写的内容有 5 项：第 1 项为梯板类型代号与序号 AT××；第 2 项为梯板厚度 h；第 3 项为踏步段总高度 H_s/ 踏步级数 (m+1)；第 4 项为上部纵向钢筋及下部纵向钢筋；第 5 项为梯板分布钢筋。设计示例如图 2 所示。

3. 梯板的分布钢筋可直接标注，也可统一说明。

4. 平台板 PTB、梯梁 TL、梯柱 TZ 配筋可参照 22G101—1 图集标注。

AT 型楼梯平面注写方式与适用条件（一）						图集号	22G101—2—27
审核	郭仁俊	校对	廖宜香	设计	傅华夏		

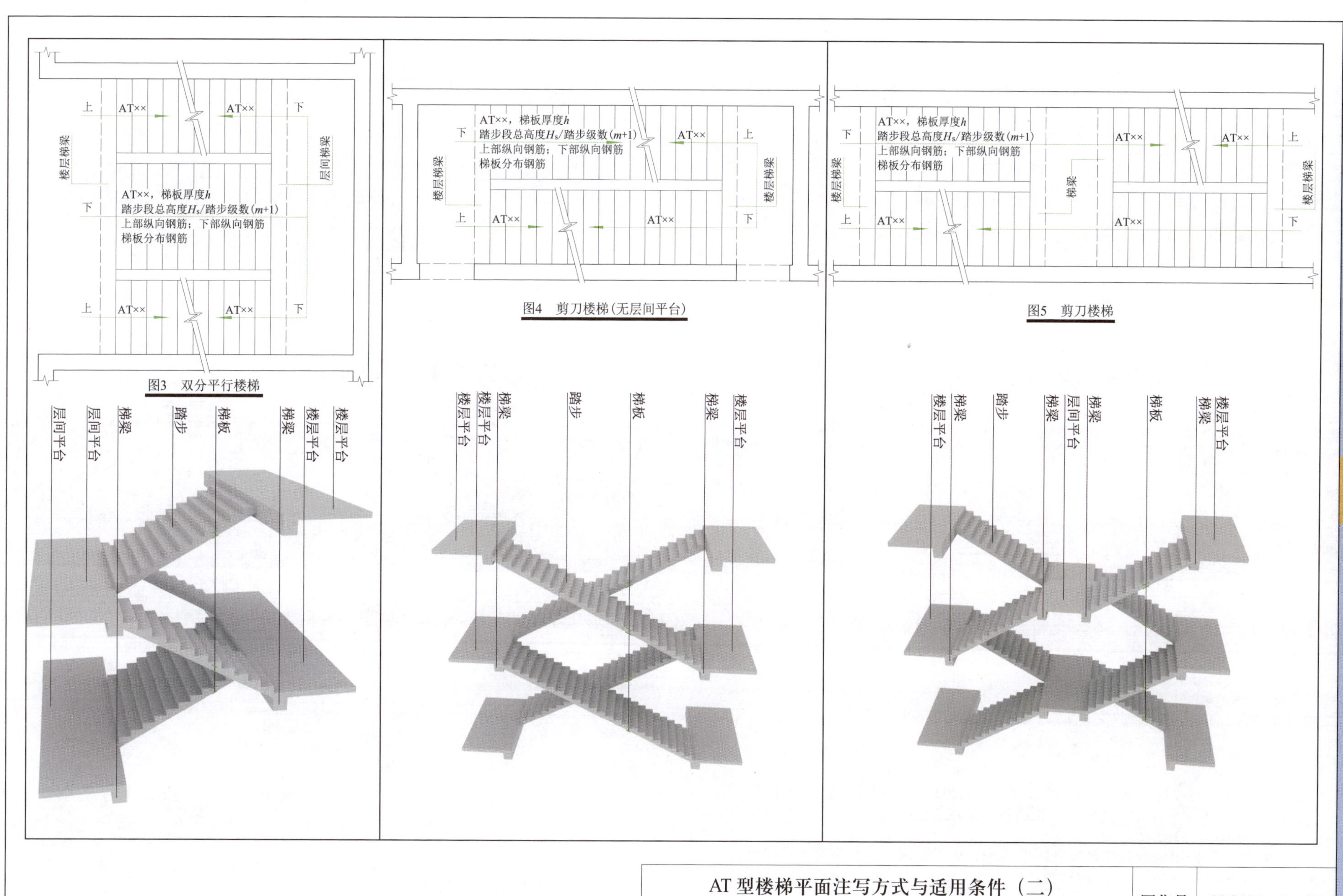

AT 型楼梯平面注写方式与适用条件（二）

审核	郭仁俊	校对	廖宜香	设计	傅华夏	图集号	22G101—2—27

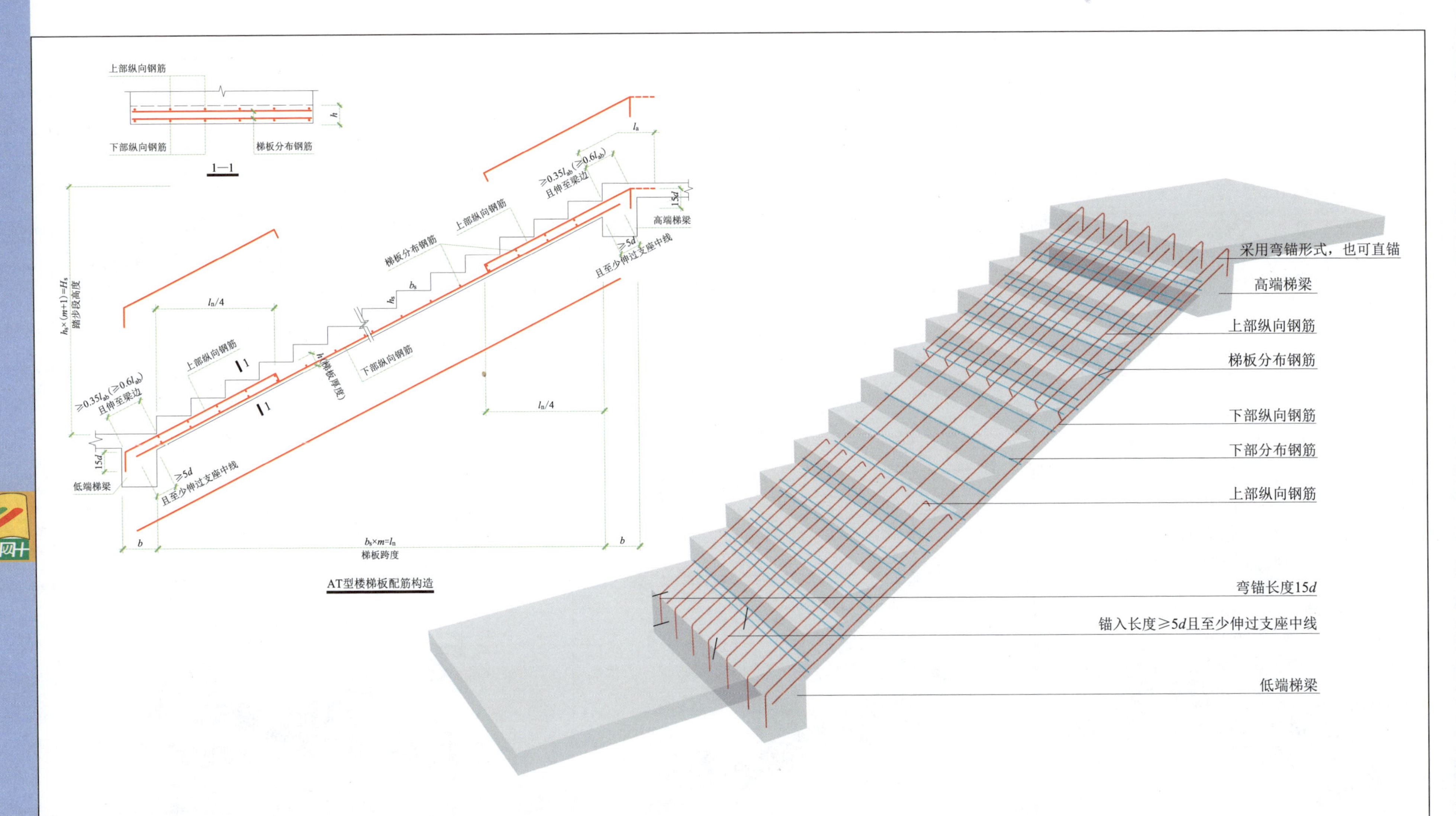

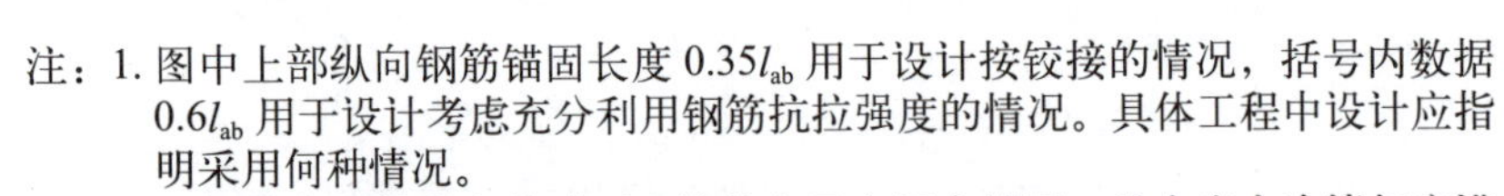
注：1. 图中上部纵向钢筋锚固长度 0.35l_{ab} 用于设计按铰接的情况，括号内数据 0.6l_{ab} 用于设计考虑充分利用钢筋抗拉强度的情况。具体工程中设计应指明采用何种情况。

2. 上部纵向钢筋有条件时可直接伸入平台板内锚固，从支座内边算起应满足锚固长度 l_a，如图中虚线所示。

3. 高端、低端踏步高度调整见 22G101—2 图集第 59 页。

AT 型楼梯板配筋构造						图集号	22G101—2—28
审核	郭仁俊	校对	廖宜香	设计	傅华夏		

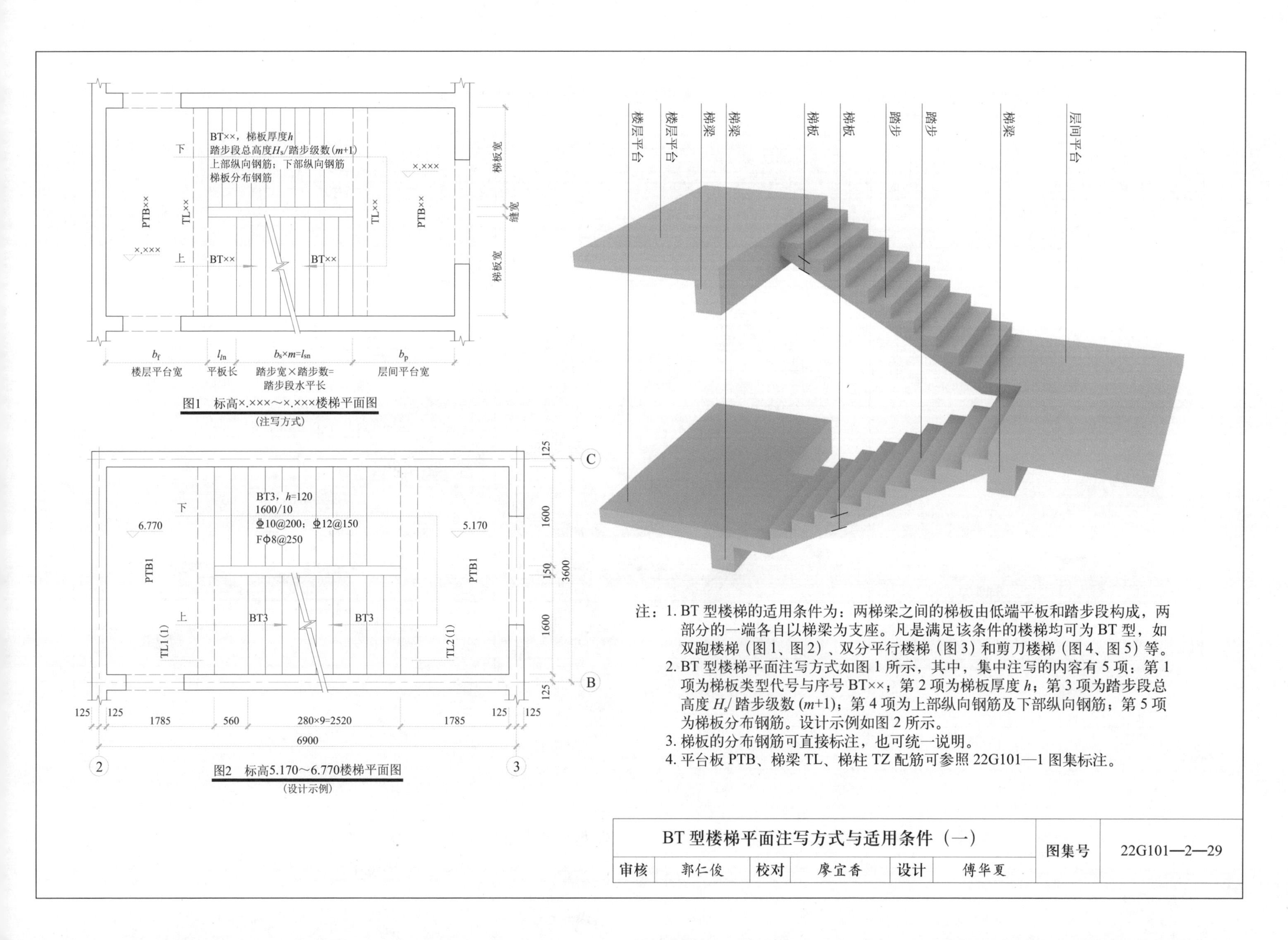

图1 标高×.×××～×.×××楼梯平面图
（注写方式）

图2 标高5.170～6.770楼梯平面图
（设计示例）

注：1. BT型楼梯的适用条件为：两梯梁之间的梯板由低端平板和踏步段构成，两部分的一端各自以梯梁为支座。凡是满足该条件的楼梯均可为BT型，如双跑楼梯（图1、图2）、双分平行楼梯（图3）和剪刀楼梯（图4、图5）等。
2. BT型楼梯平面注写方式如图1所示，其中，集中注写的内容有5项：第1项为梯板类型代号与序号BT××；第2项为梯板厚度h；第3项为踏步段总高度H_s/踏步级数(m+1)；第4项为上部纵向钢筋及下部纵向钢筋；第5项为梯板分布钢筋。设计示例如图2所示。
3. 梯板的分布钢筋可直接标注，也可统一说明。
4. 平台板PTB、梯梁TL、梯柱TZ配筋可参照22G101—1图集标注。

BT型楼梯平面注写方式与适用条件（一）						图集号	22G101—2—29
审核	郭仁俊	校对	廖宜香	设计	傅华夏		

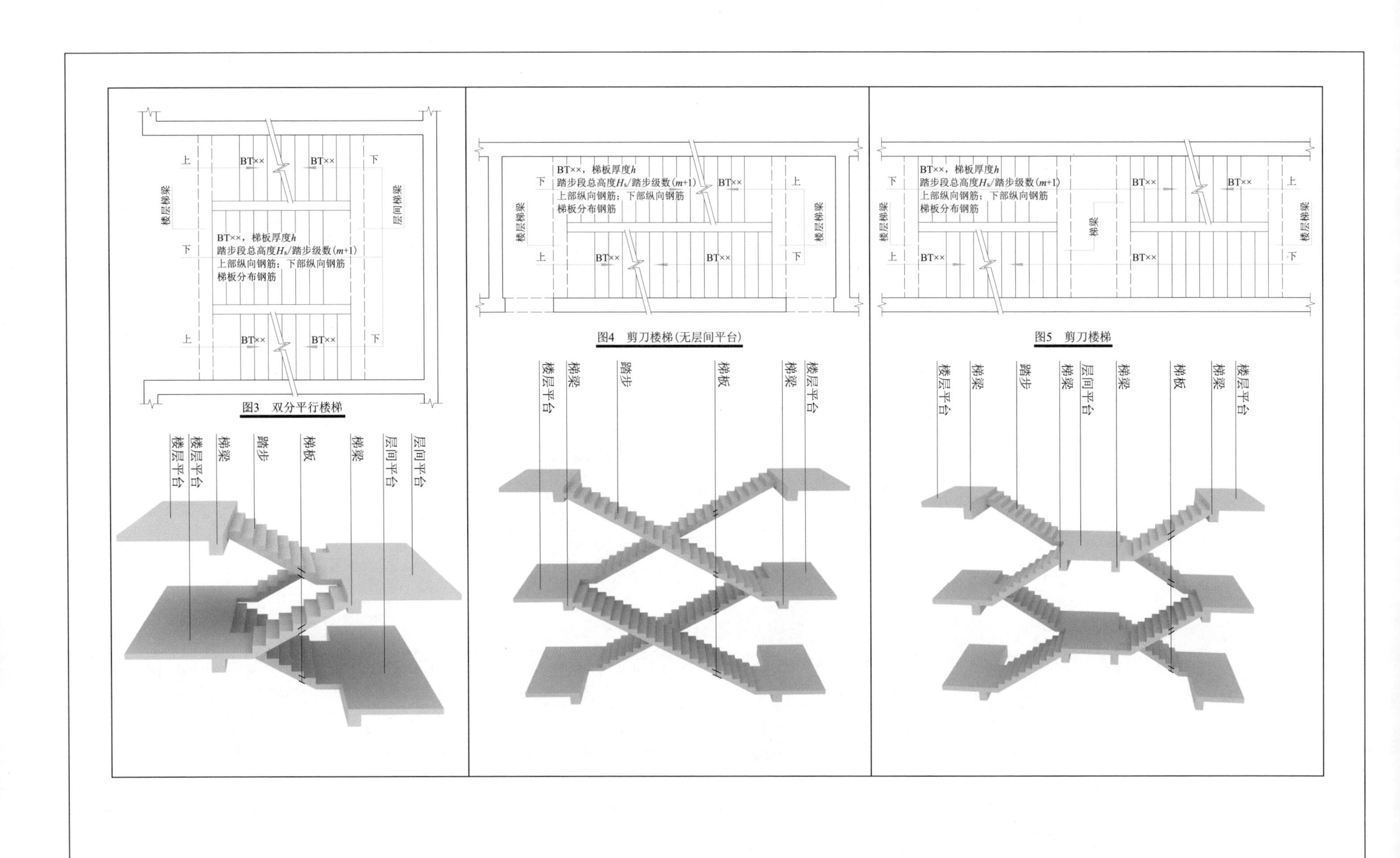

BT 型楼梯平面注写方式与适用条件（二）						图集号	22G101—2—29
审核	郭仁俊	校对	廖宜香	设计	傅华夏		

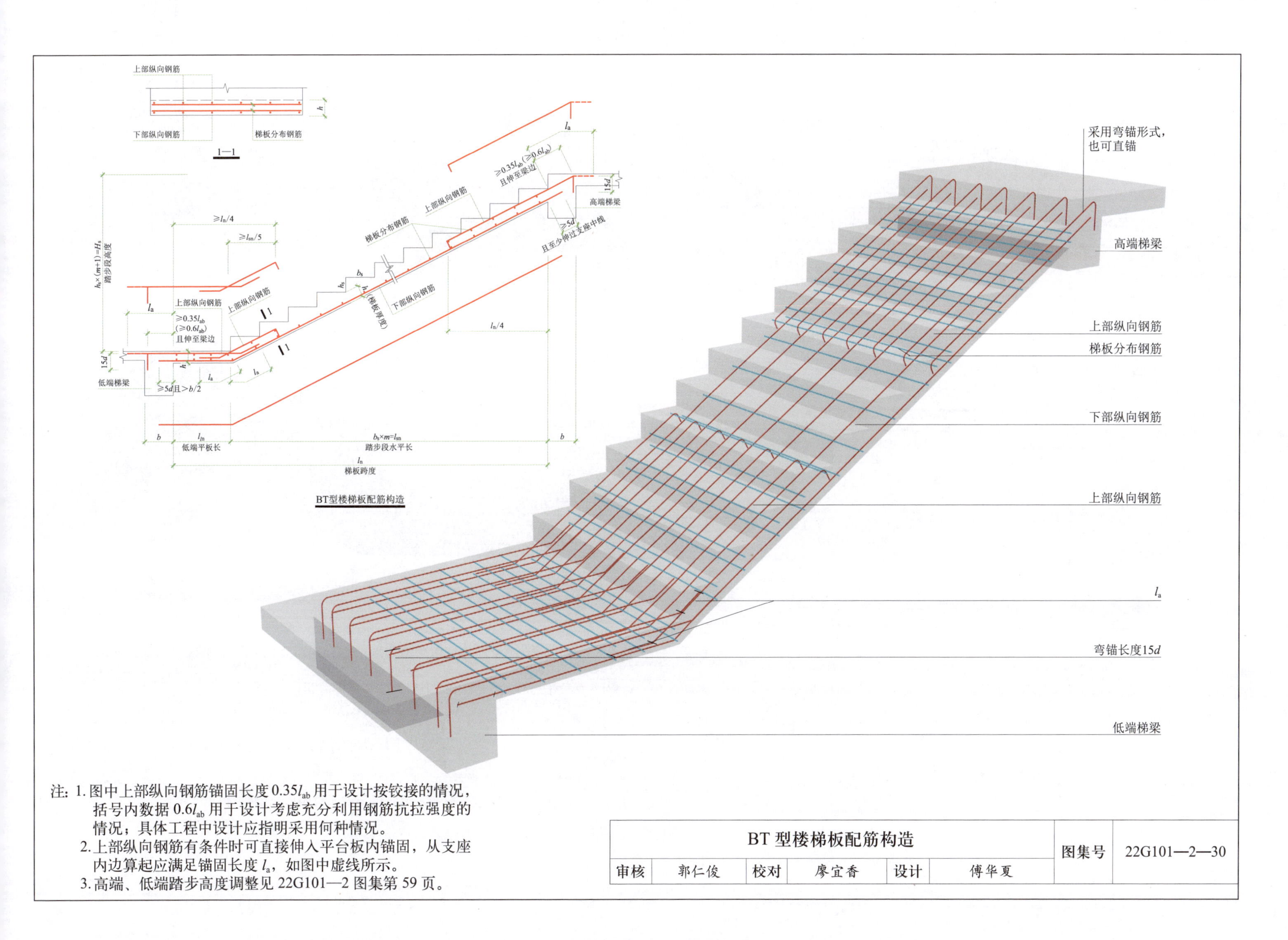

注：1. 图中上部纵向钢筋锚固长度 0.35l_{ab} 用于设计按铰接的情况，括号内数据 0.6l_{ab} 用于设计考虑充分利用钢筋抗拉强度的情况；具体工程中设计应指明采用何种情况。
2. 上部纵向钢筋有条件时可直接伸入平台板内锚固，从支座内边算起应满足锚固长度 l_a，如图中虚线所示。
3. 高端、低端踏步高度调整见 22G101—2 图集第 59 页。

BT 型楼梯板配筋构造						图集号	22G101—2—30
审核	郭仁俊	校对	廖宜香	设计	傅华夏		

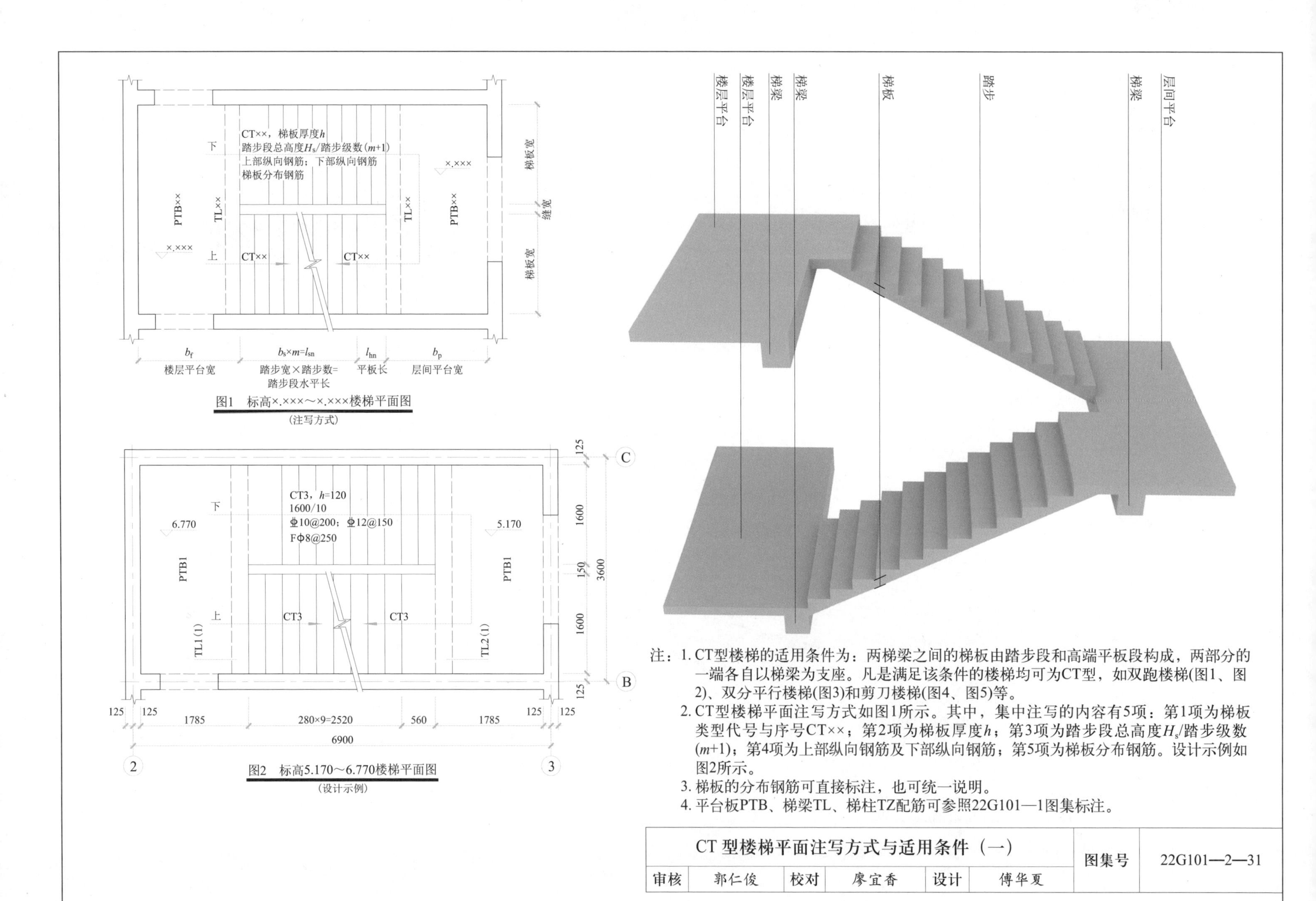

注：1. CT型楼梯的适用条件为：两梯梁之间的梯板由踏步段和高端平板段构成，两部分的一端各自以梯梁为支座。凡是满足该条件的楼梯均可为CT型，如双跑楼梯(图1、图2)、双分平行楼梯(图3)和剪刀楼梯(图4、图5)等。

2. CT型楼梯平面注写方式如图1所示。其中，集中注写的内容有5项：第1项为梯板类型代号与序号CT××；第2项为梯板厚度h；第3项为踏步段总高度H_s/踏步级数(m+1)；第4项为上部纵向钢筋及下部纵向钢筋；第5项为梯板分布钢筋。设计示例如图2所示。

3. 梯板的分布钢筋可直接标注，也可统一说明。

4. 平台板PTB、梯梁TL、梯柱TZ配筋可参照22G101—1图集标注。

CT 型楼梯平面注写方式与适用条件（一）						图集号	22G101—2—31
审核	郭仁俊	校对	廖宜香	设计	傅华夏		

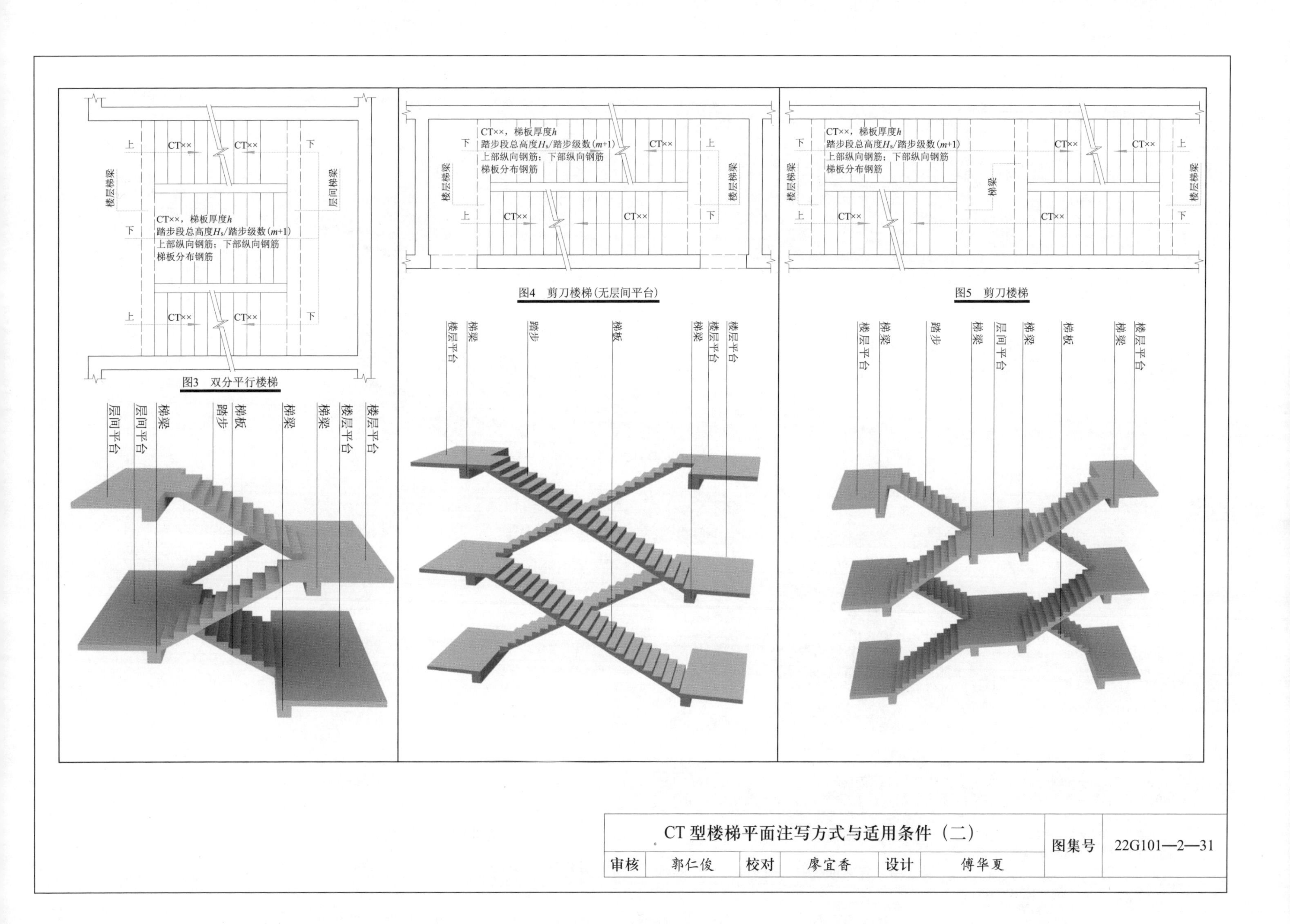

图3 双分平行楼梯

图4 剪刀楼梯（无层间平台）

图5 剪刀楼梯

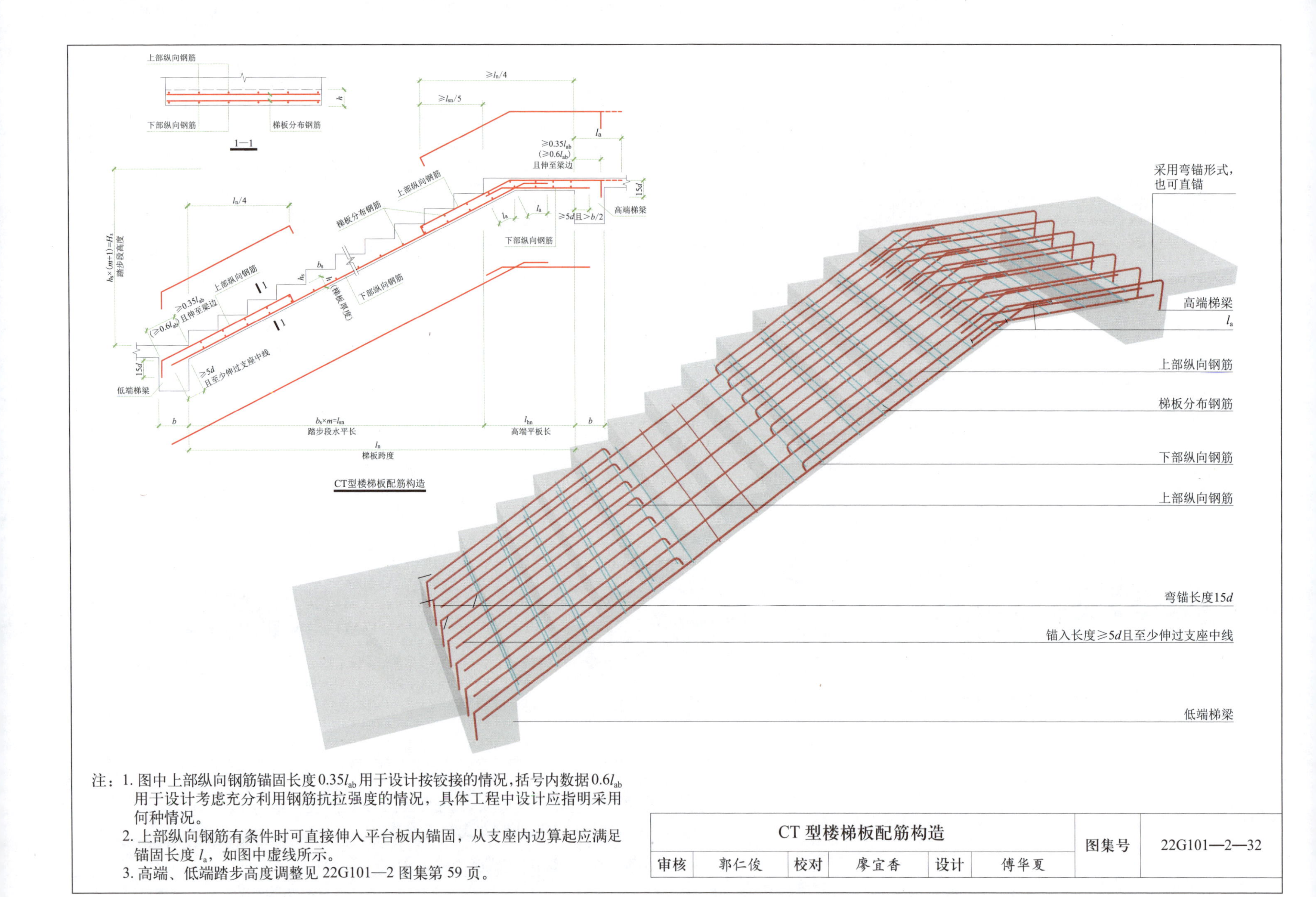

注：1. 图中上部纵向钢筋锚固长度$0.35l_{ab}$用于设计按铰接的情况，括号内数据$0.6l_{ab}$用于设计考虑充分利用钢筋抗拉强度的情况，具体工程中设计应指明采用何种情况。

2. 上部纵向钢筋有条件时可直接伸入平台板内锚固，从支座内边算起应满足锚固长度l_a，如图中虚线所示。

3. 高端、低端踏步高度调整见22G101—2图集第59页。

CT 型楼梯板配筋构造						图集号	22G101—2—32
审核	郭仁俊	校对	廖宜香	设计	傅华夏		

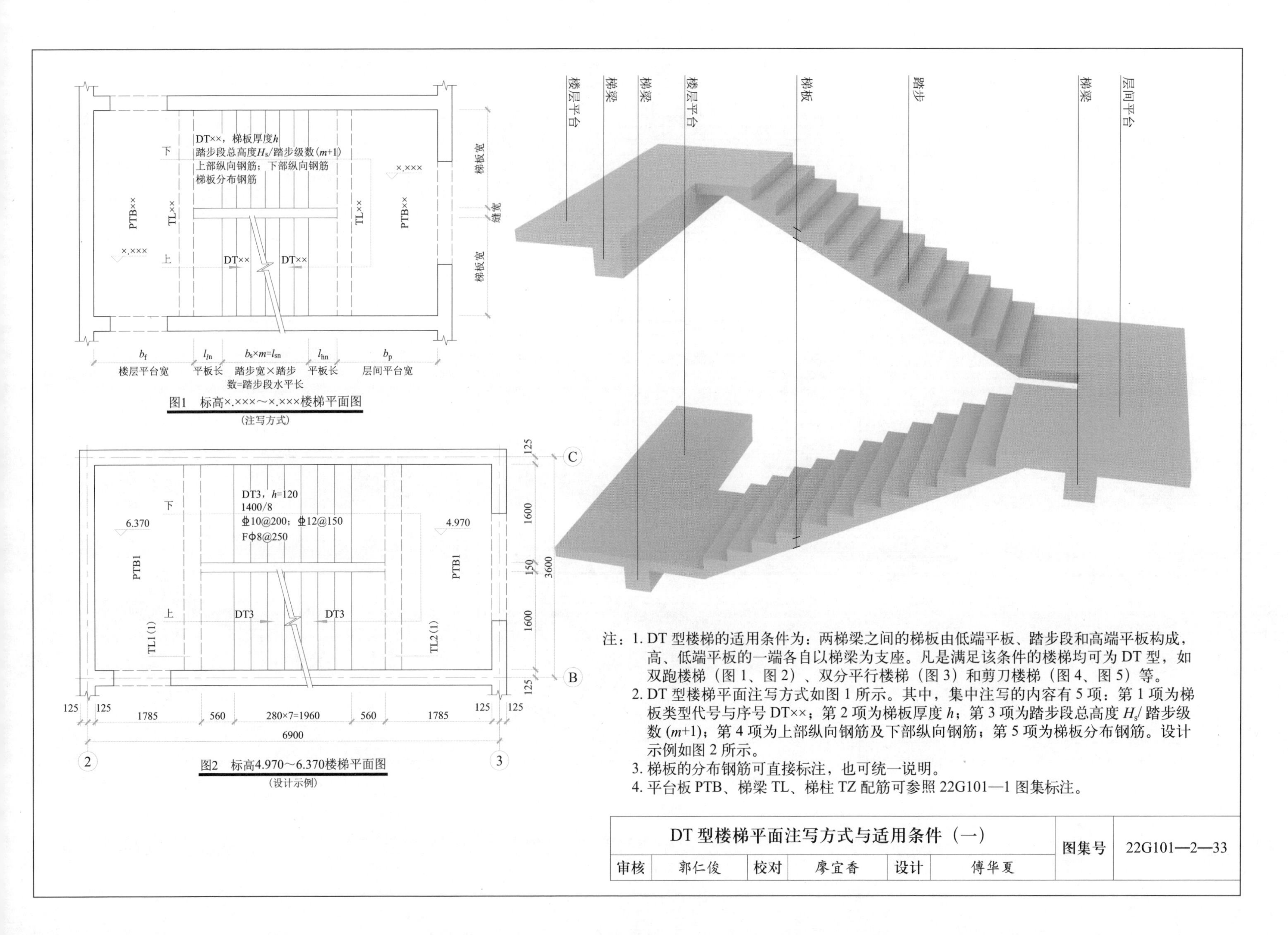

图1 标高×.×××～×.×××楼梯平面图
(注写方式)

图2 标高4.970～6.370楼梯平面图
(设计示例)

注：1. DT 型楼梯的适用条件为：两梯梁之间的梯板由低端平板、踏步段和高端平板构成，高、低端平板的一端各自以梯梁为支座。凡是满足该条件的楼梯均可为 DT 型，如双跑楼梯（图 1、图 2）、双分平行楼梯（图 3）和剪刀楼梯（图 4、图 5）等。

2. DT 型楼梯平面注写方式如图 1 所示。其中，集中注写的内容有 5 项：第 1 项为梯板类型代号与序号 DT××；第 2 项为梯板厚度 h；第 3 项为踏步段总高度 H_s/ 踏步级数 (m+1)；第 4 项为上部纵向钢筋及下部纵向钢筋；第 5 项为梯板分布钢筋。设计示例如图 2 所示。

3. 梯板的分布钢筋可直接标注，也可统一说明。

4. 平台板 PTB、梯梁 TL、梯柱 TZ 配筋可参照 22G101—1 图集标注。

DT 型楼梯平面注写方式与适用条件（一）						图集号	22G101—2—33
审核	郭仁俊	校对	廖宜香	设计	傅华夏		

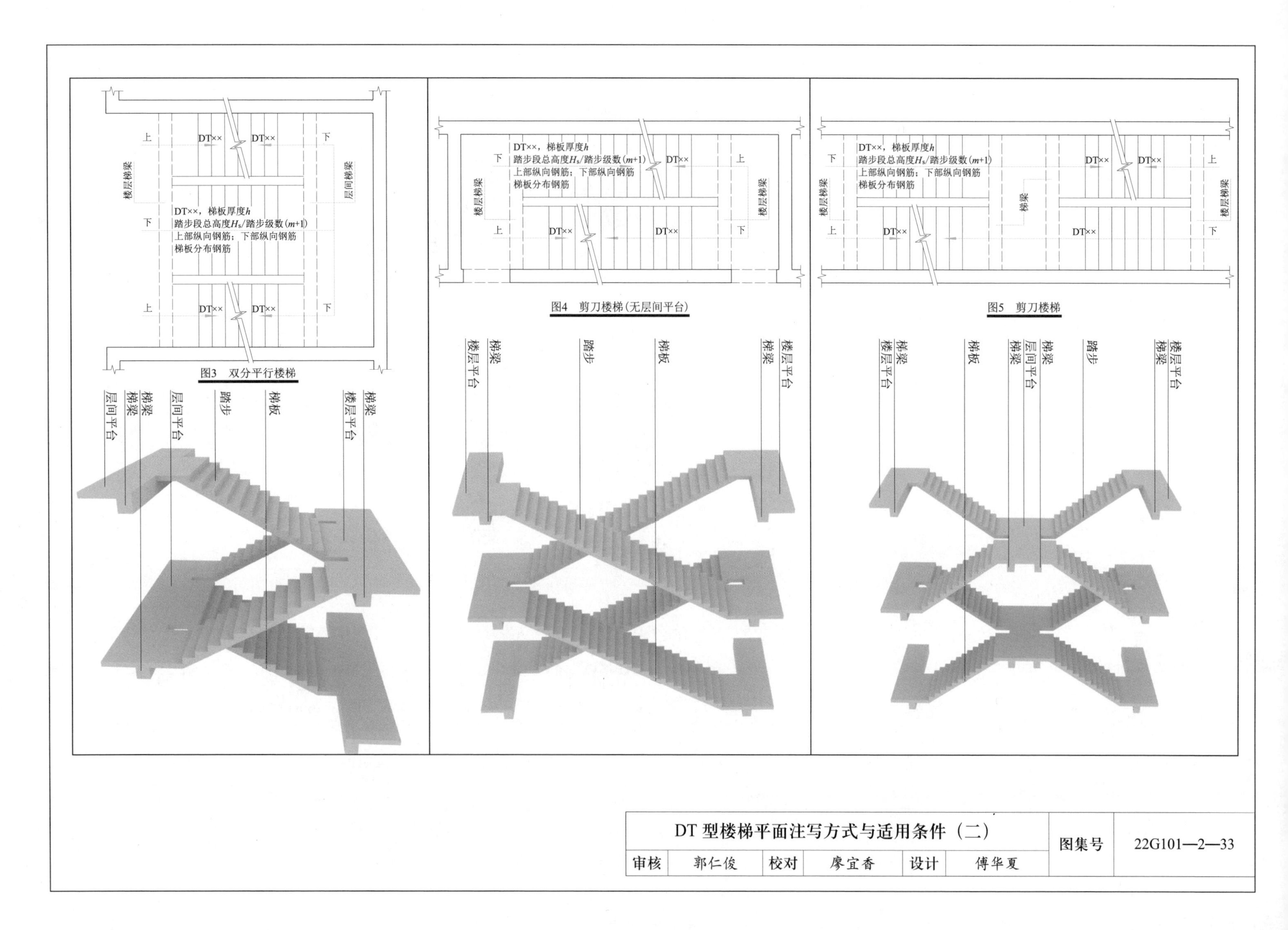

图3　双分平行楼梯

图4　剪刀楼梯（无层间平台）

图5　剪刀楼梯

DT 型楼梯平面注写方式与适用条件（二）						图集号	22G101—2—33
审核	郭仁俊	校对	廖宜香	设计	傅华夏		

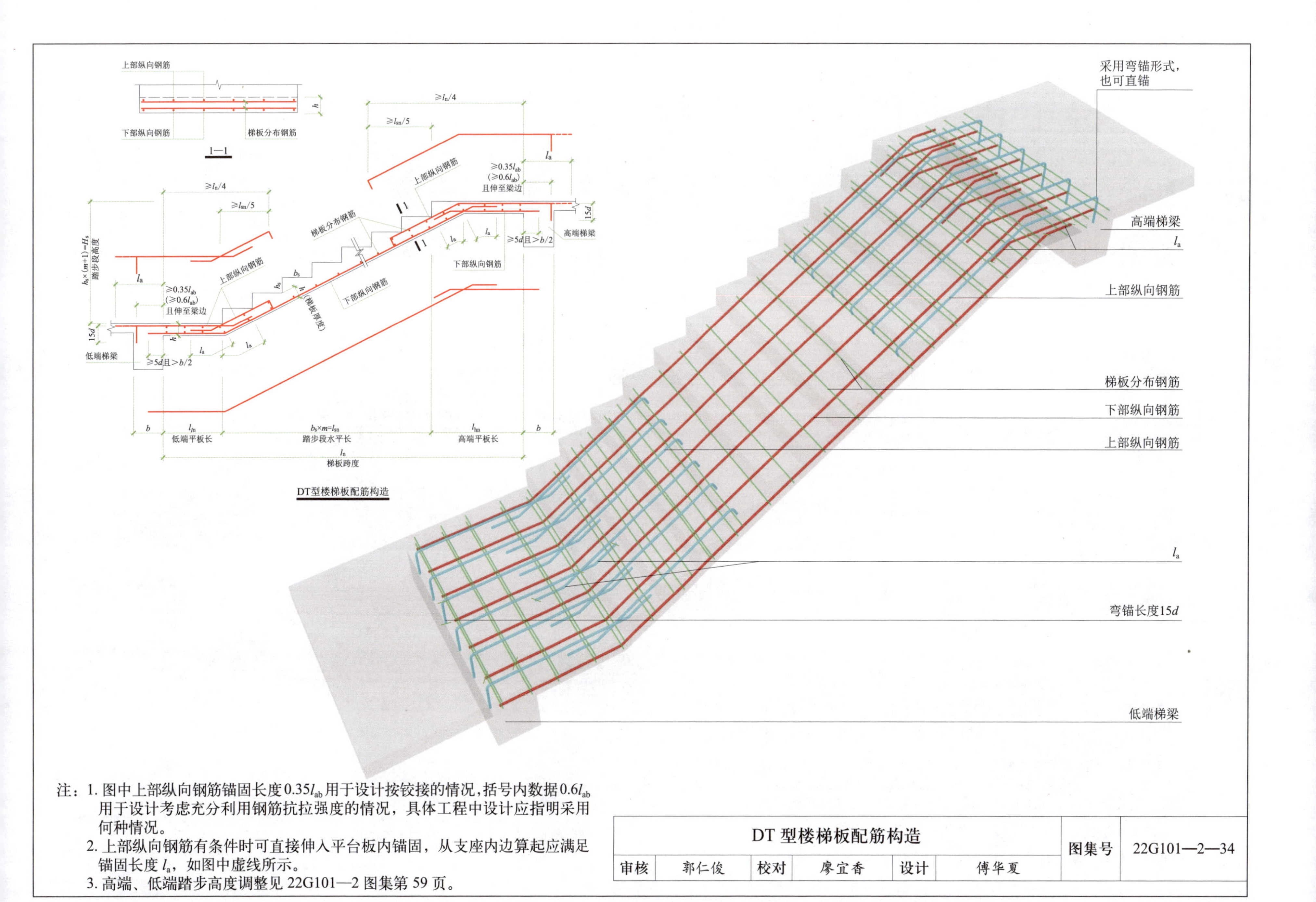

注：1. 图中上部纵向钢筋锚固长度$0.35l_{ab}$用于设计按铰接的情况，括号内数据$0.6l_{ab}$用于设计考虑充分利用钢筋抗拉强度的情况，具体工程中设计应指明采用何种情况。

2. 上部纵向钢筋有条件时可直接伸入平台板内锚固，从支座内边算起应满足锚固长度l_a，如图中虚线所示。

3. 高端、低端踏步高度调整见22G101—2图集第59页。

DT型楼梯板配筋构造						图集号	22G101—2—34
审核	郭仁俊	校对	廖宜香	设计	傅华夏		

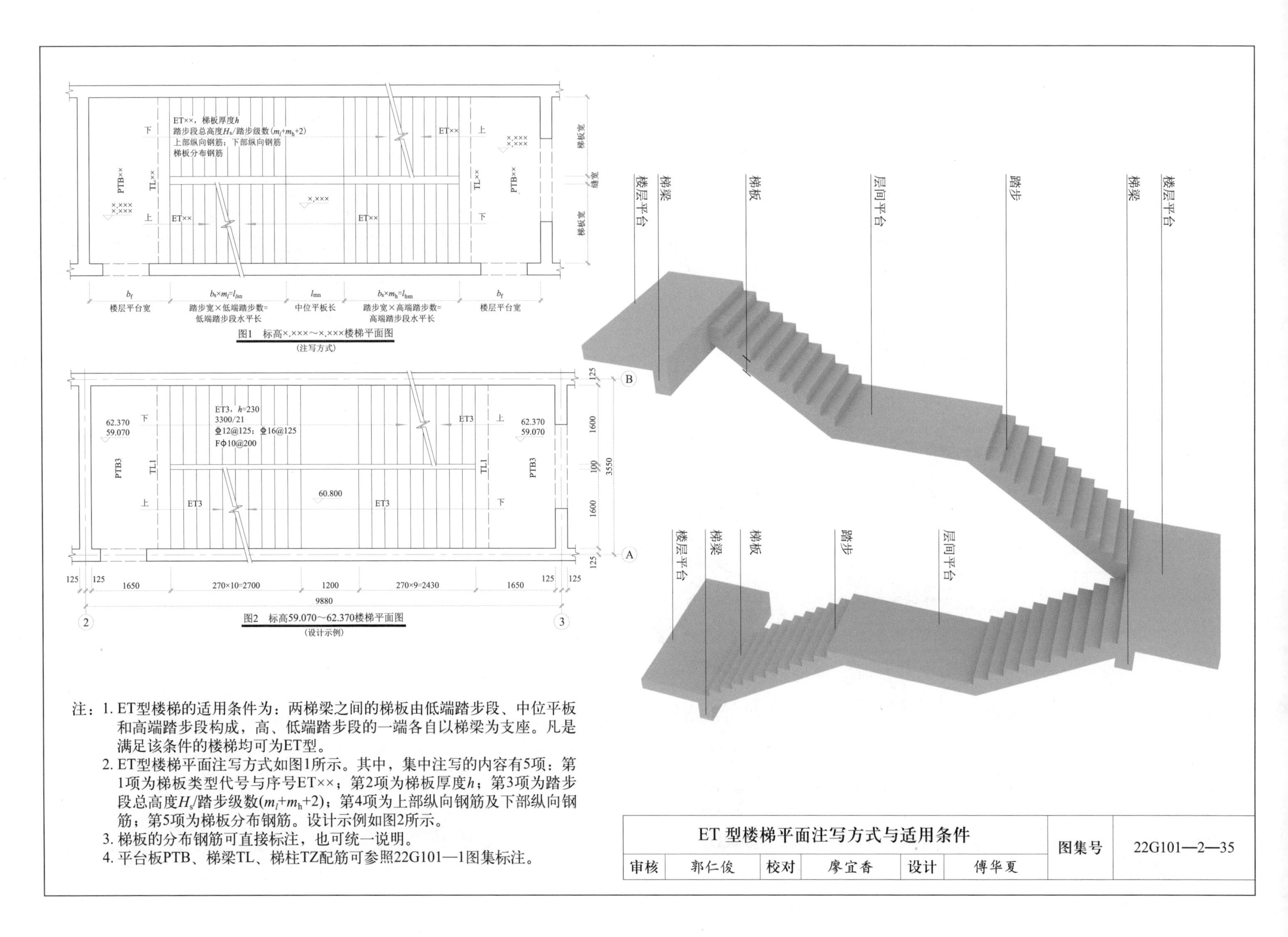

图1　标高×.×××～×.×××楼梯平面图

（注写方式）

图2　标高59.070～62.370楼梯平面图

（设计示例）

注：1. ET型楼梯的适用条件为：两梯梁之间的梯板由低端踏步段、中位平板和高端踏步段构成，高、低端踏步段的一端各自以梯梁为支座。凡是满足该条件的楼梯均可为ET型。

2. ET型楼梯平面注写方式如图1所示。其中，集中注写的内容有5项：第1项为梯板类型代号与序号ET××；第2项为梯板厚度h；第3项为踏步段总高度H_s/踏步级数(m_l+m_h+2)；第4项为上部纵向钢筋及下部纵向钢筋；第5项为梯板分布钢筋。设计示例如图2所示。

3. 梯板的分布钢筋可直接标注，也可统一说明。

4. 平台板PTB、梯梁TL、梯柱TZ配筋可参照22G101—1图集标注。

ET 型楼梯平面注写方式与适用条件						图集号	22G101—2—35
审核	郭仁俊	校对	廖宜香	设计	傅华夏		

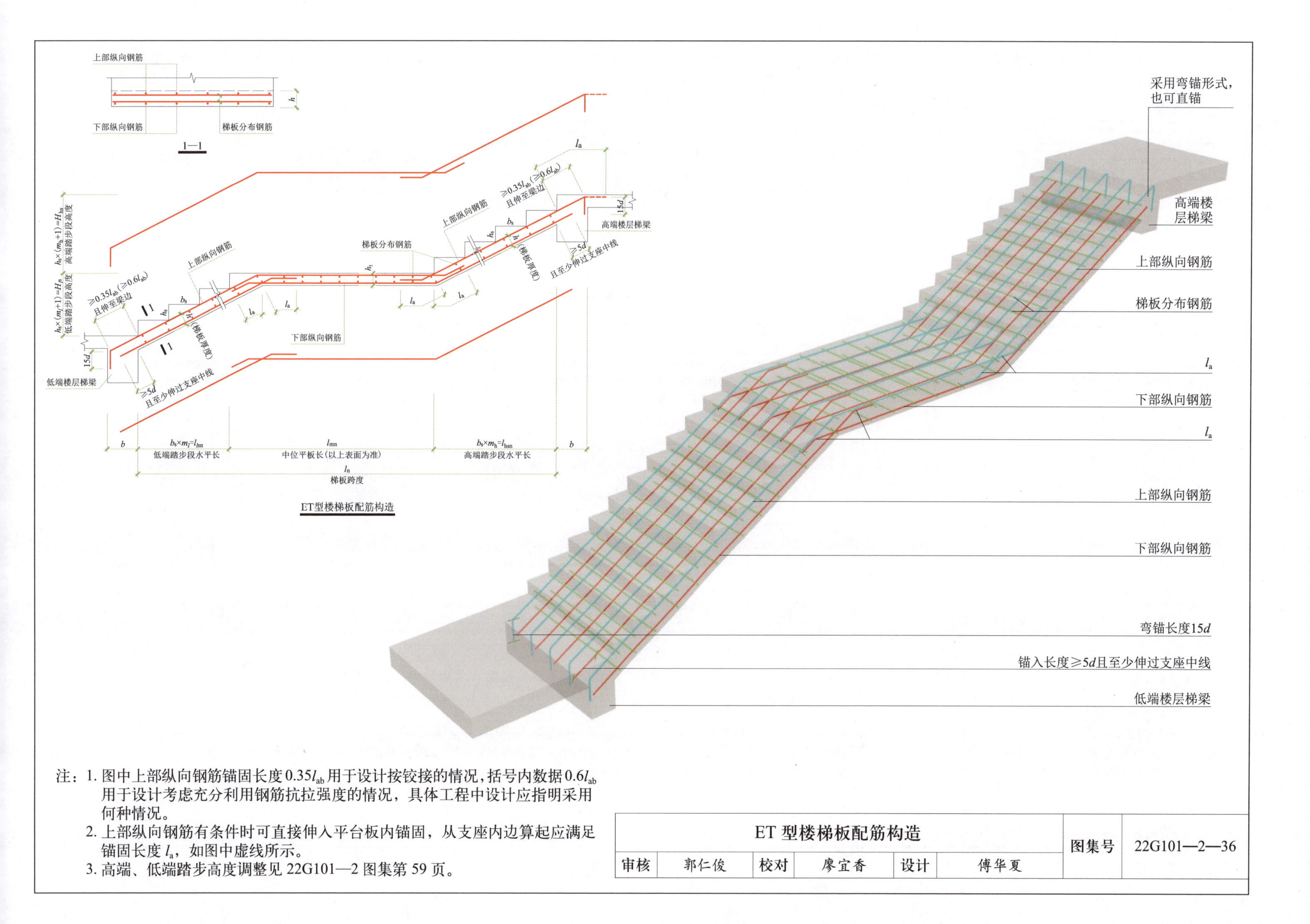
上部纵向钢筋
下部纵向钢筋
梯板分布钢筋
1—1
ET型楼梯板配筋构造
$h_s \times (m_h+1)=H_{hs}$ 高端踏步段高度
$h_s \times (m_l+1)=H_{ls}$ 低端踏步段高度
≥0.35l_{ab}(≥0.6l_{ab}) 且伸至梁边
≥5d 且至少伸过支座中线
15d
低端楼层梯梁
高端楼层梯梁
h(梯板厚度)
l_a
$b_s \times m_l=l_{lsn}$ 低端踏步段水平长
l_{mn} 中位平板长(以上表面为准)
$b_s \times m_h=l_{hsn}$ 高端踏步段水平长
l_n 梯板跨度
采用弯锚形式，也可直锚
高端楼层梯梁
弯锚长度15d
锚入长度≥5d且至少伸过支座中线
低端楼层梯梁
注：1. 图中上部纵向钢筋锚固长度0.35l_{ab}用于设计按铰接的情况，括号内数据0.6l_{ab}用于设计考虑充分利用钢筋抗拉强度的情况，具体工程中设计应指明采用何种情况。
2. 上部纵向钢筋有条件时可直接伸入平台板内锚固，从支座内边算起应满足锚固长度l_a，如图中虚线所示。
3. 高端、低端踏步高度调整见22G101—2图集第59页。
ET型楼梯板配筋构造
图集号 22G101—2—36
审核 郭仁俊 校对 廖宜香 设计 傅华夏

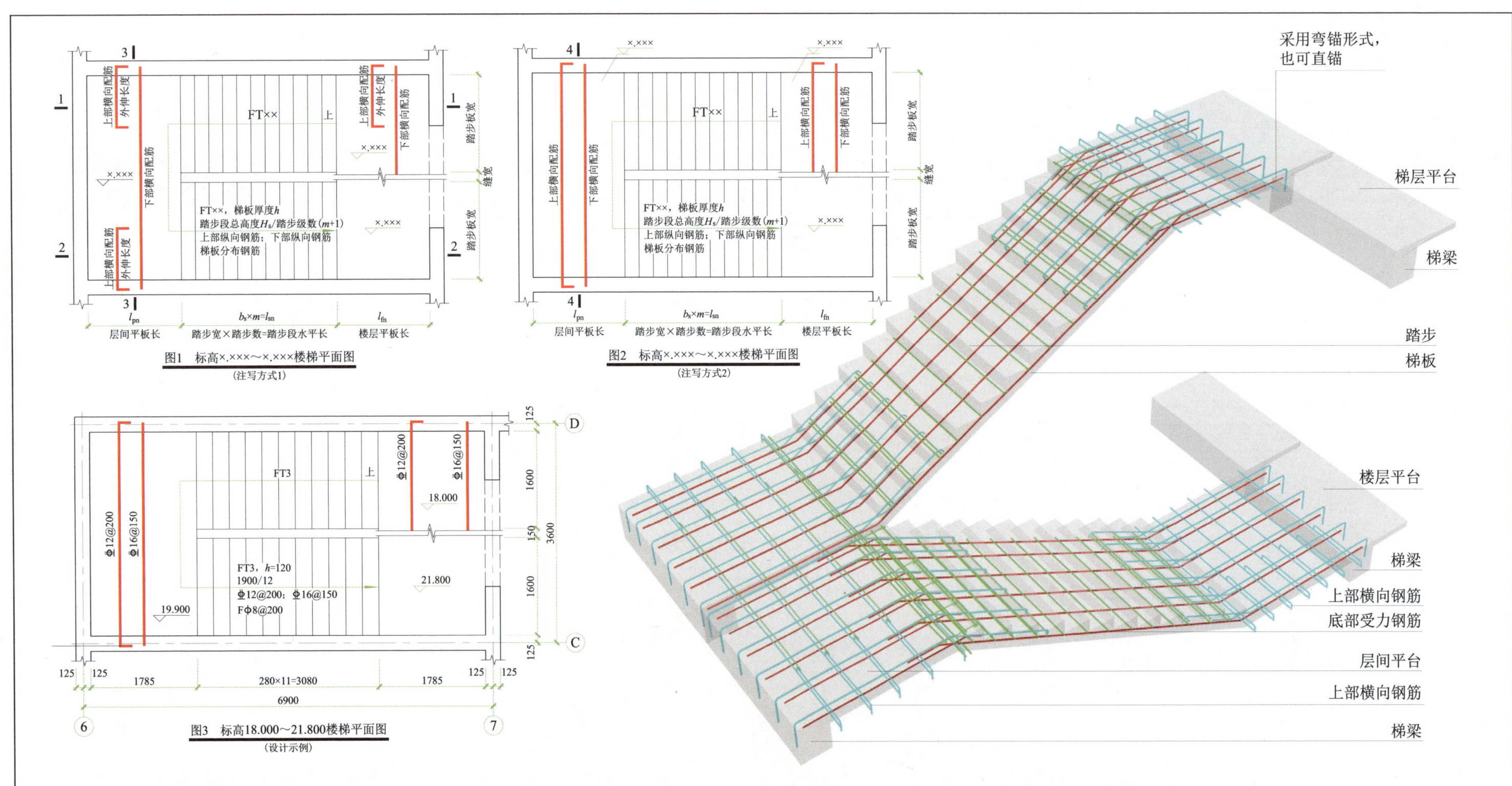

注：1. FT 型楼梯的适用条件为：①梯板由楼层平板、两跑踏步段与层间平板三部分构成，楼梯间内不设置梯梁；②楼层平板及层间平板均采用三边支撑，另一边与踏步段相连；③同一楼层内各踏步段的水平长度相等，高度相等（即等分楼层高度）。凡是满足以上条件的可为 FT 型，如双跑楼梯（图 1 ～图 3）。

2. FT 型楼梯平面注写方式如图 1、图 2 所示。其中，集中注写的内容有 5 项：第 1 项为梯板类型代号与序号 FT××；第 2 项为梯板厚度 h，当平板厚度与梯板厚度不同时，板厚标注方式见 22G101—2 图集制图规则第 2.3.2 条；第 3 项为踏步段总高度 H_s/ 踏步级数 (m+1)；第 4 项为梯板上部纵向钢筋及下部纵向钢筋；第 5 项为梯板分布钢筋（梯板分布钢筋也可在平面图中注写或统一说明）。原位注写的内容为楼层与层间平板上、下部横向配筋。设计示例如图 3 所示。

3. 图 1、图 2 中的剖面符号仅为表示后面标准构造详图的表达部位而设，在结构设计施工图中不需要绘制剖面符号及详图。

4. 1—1、2—2 剖面见 22G101—2 图集第 38、39 页，3—3、4—4 剖面见 22G101—2 图集第 43 页。

FT 型楼梯平面注写方式与适用条件						图集号	22G101—2—37
审核	郭仁俊	校对	廖宜香	设计	傅华夏		

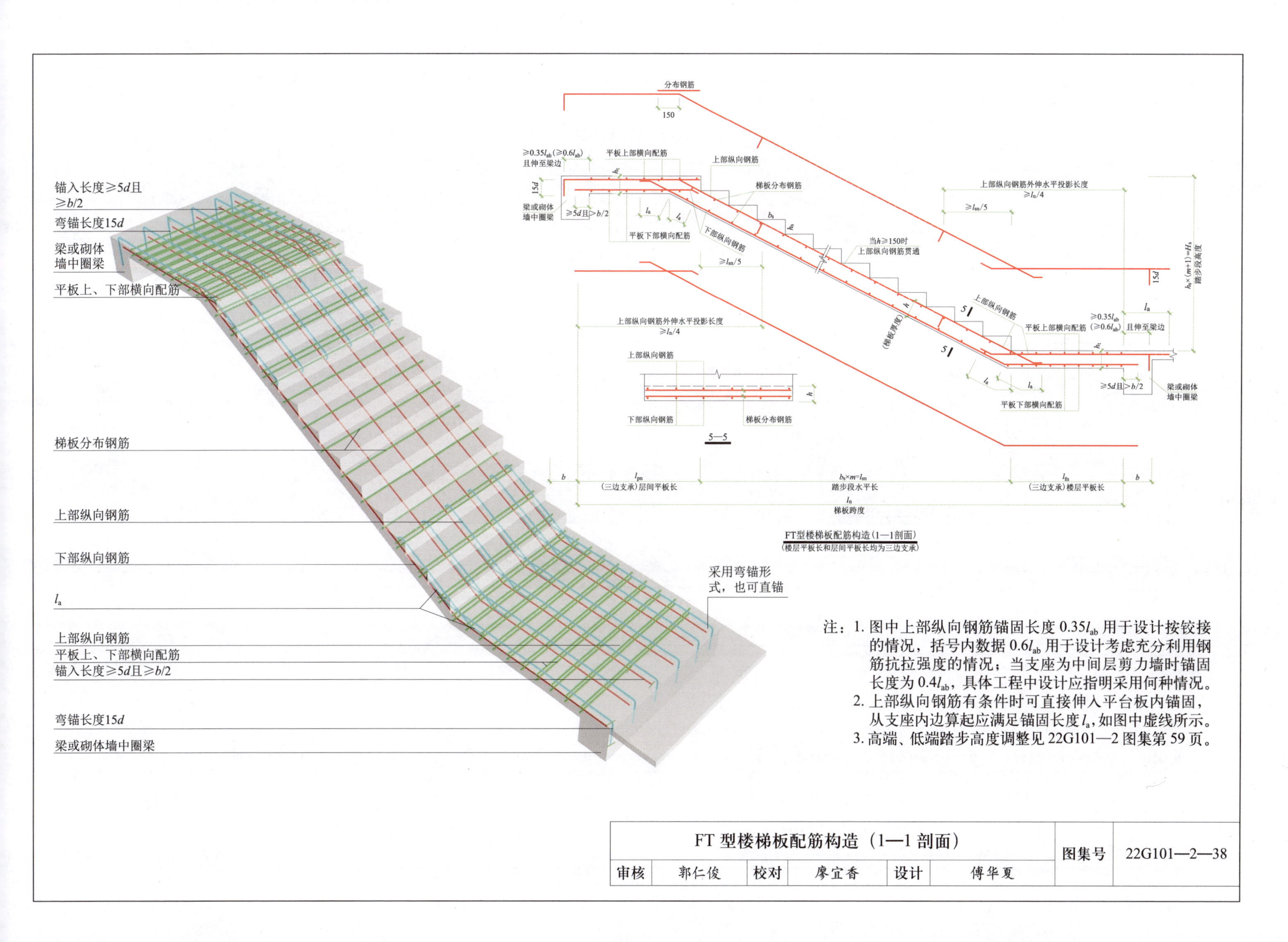

FT型楼梯板配筋构造(1—1剖面)
(楼层平板长和层间平板长均为三边支承)

注：1. 图中上部纵向钢筋锚固长度 0.35l_{ab} 用于设计按铰接的情况，括号内数据 0.6l_{ab} 用于设计考虑充分利用钢筋抗拉强度的情况；当支座为中间层剪力墙时锚固长度为 0.4l_{ab}，具体工程中设计应指明采用何种情况。

2. 上部纵向钢筋有条件时可直接伸入平台板内锚固，从支座内边算起应满足锚固长度 l_a，如图中虚线所示。

3. 高端、低端踏步高度调整见 22G101—2 图集第 59 页。

FT 型楼梯板配筋构造（1—1 剖面）						图集号	22G101—2—38
审核	郭仁俊	校对	廖宜香	设计	傅华夏		

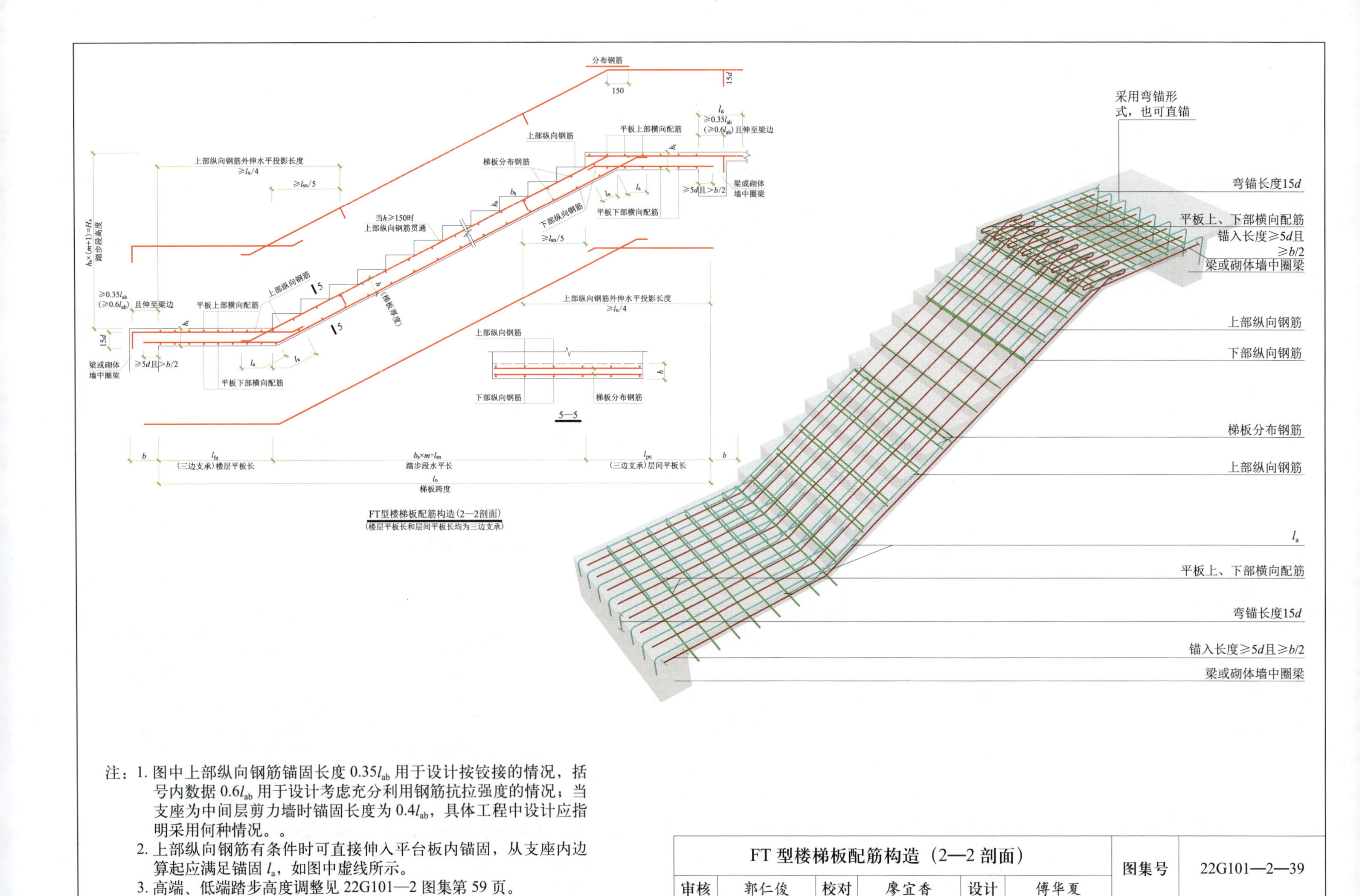

FT型楼梯板配筋构造（2—2剖面）
（楼层平板长和层间平板长均为三边支承）

注：1. 图中上部纵向钢筋锚固长度 $0.35l_{ab}$ 用于设计按铰接的情况，括号内数据 $0.6l_{ab}$ 用于设计考虑充分利用钢筋抗拉强度的情况；当支座为中间层剪力墙时锚固长度为 $0.4l_{ab}$，具体工程中设计应指明采用何种情况。。

2. 上部纵向钢筋有条件时可直接伸入平台板内锚固，从支座内边算起应满足锚固 l_a，如图中虚线所示。

3. 高端、低端踏步高度调整见 22G101—2 图集第 59 页。

FT 型楼梯板配筋构造（2—2 剖面）						图集号	22G101—2—39
审核	郭仁俊	校对	廖宜香	设计	傅华夏		

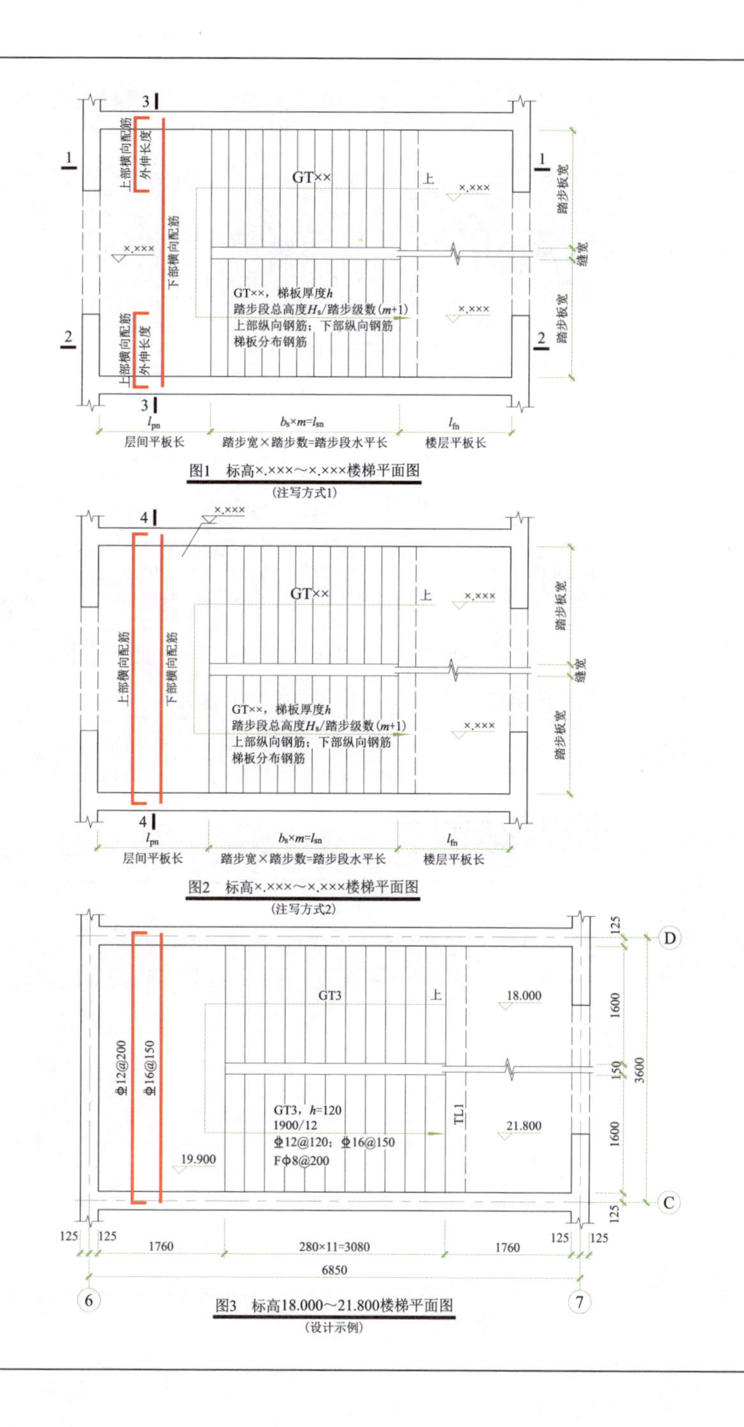

图1　标高×.×××～×.×××楼梯平面图

（注写方式1）

图2　标高×.×××～×.×××楼梯平面图

（注写方式2）

图3　标高18.000～21.800楼梯平面图

（设计示例）

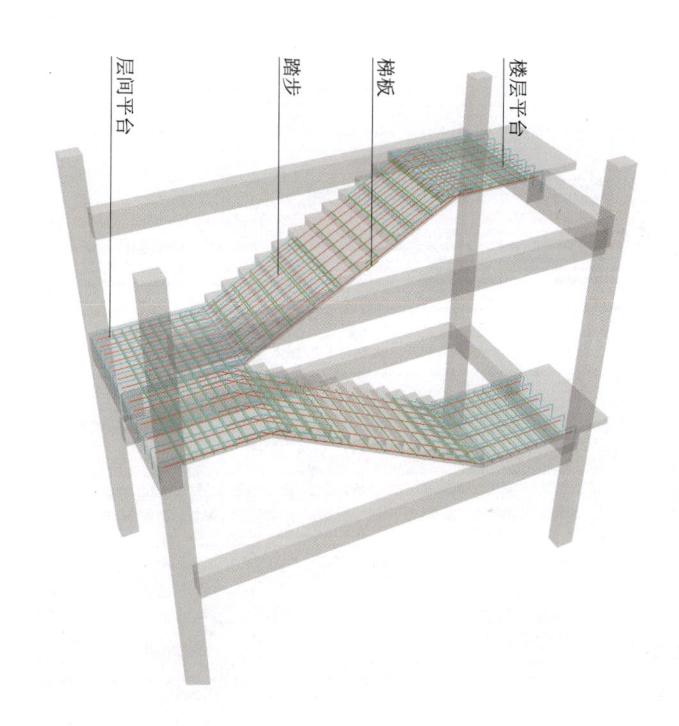

注：1. GT 型楼梯的适用条件为：①楼梯间设置楼层梯梁，但不设置层间梯梁，梯板由两跑踏步段与层间平台板两部分构成；②层间平台板采用三边支承，另一边与踏步段的一端相连，踏步段的另一端以楼层梯梁为支座；③同一楼层内各踏步段的水平长度相等，高度相等（即等分楼层高度）。凡是满足以上要求的可为 GT 型，如双跑楼梯（图 1～图 3）、双分楼梯等。

2. GT 型楼梯平面注写方式如图 1、图 2 所示。其中，集中注写的内容有 5 项：第 1 项为梯板类型代号与序号 GT××；第 2 项为梯板厚度 h，当平板厚度与梯板厚度不同时，板厚标注方式见 22G101—2 图集制图规则第 2.3.2 条；第 3 项为踏步段总高度 H_s/ 踏步级数 $(m+1)$；第 4 项为梯板上部纵向钢筋及下部纵向钢筋；第 5 项为梯板分布钢筋（梯板分布钢筋也可在平面图中注写或统一说明）。原位注写的内容为楼层与层间平板上部纵向与横向配筋。设计示例如图 3 所示。

3. 图 1、图 2 中的剖面符号仅为表示后面标准构造详图的表达部位而设，在结构设计施工图中不需要绘制剖面符号及详图。

4. 1—1、2—2 剖面详见 22G101—2 图集第 41、42 页，3—3、4—4 剖面详见 22G101—2 图集第 43 页。

GT 型楼梯平面注写方式与适用条件						图集号	22G101—2—40
审核	郭仁俊	校对	廖宜香	设计	傅华夏		

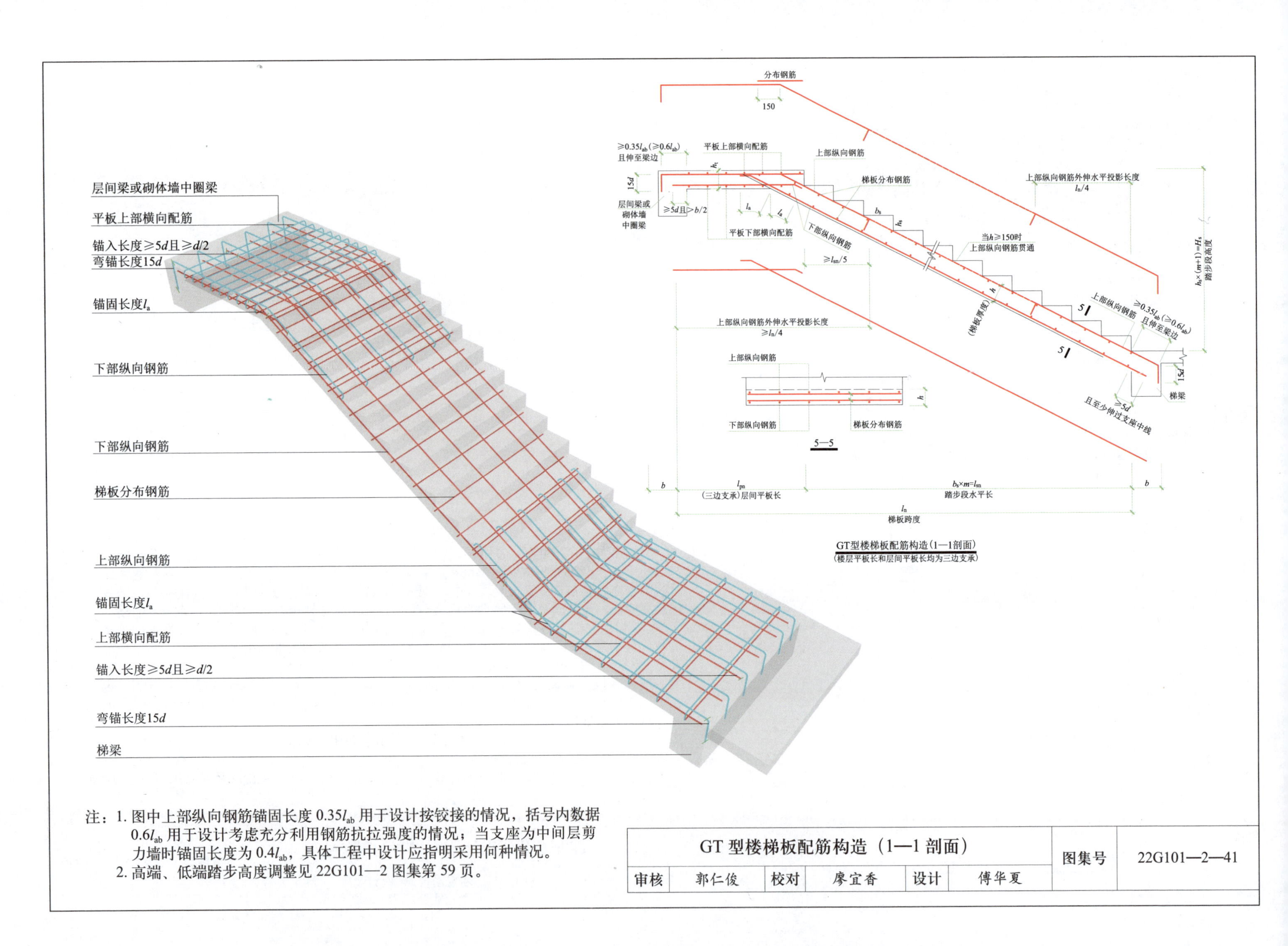

注：1. 图中上部纵向钢筋锚固长度 $0.35l_{ab}$ 用于设计按铰接的情况，括号内数据 $0.6l_{ab}$ 用于设计考虑充分利用钢筋抗拉强度的情况；当支座为中间层剪力墙时锚固长度为 $0.4l_{ab}$，具体工程中设计应指明采用何种情况。

2. 高端、低端踏步高度调整见 22G101—2 图集第 59 页。

GT 型楼梯板配筋构造（1—1 剖面）						图集号	22G101—2—41
审核	郭仁俊	校对	廖宜香	设计	傅华夏		

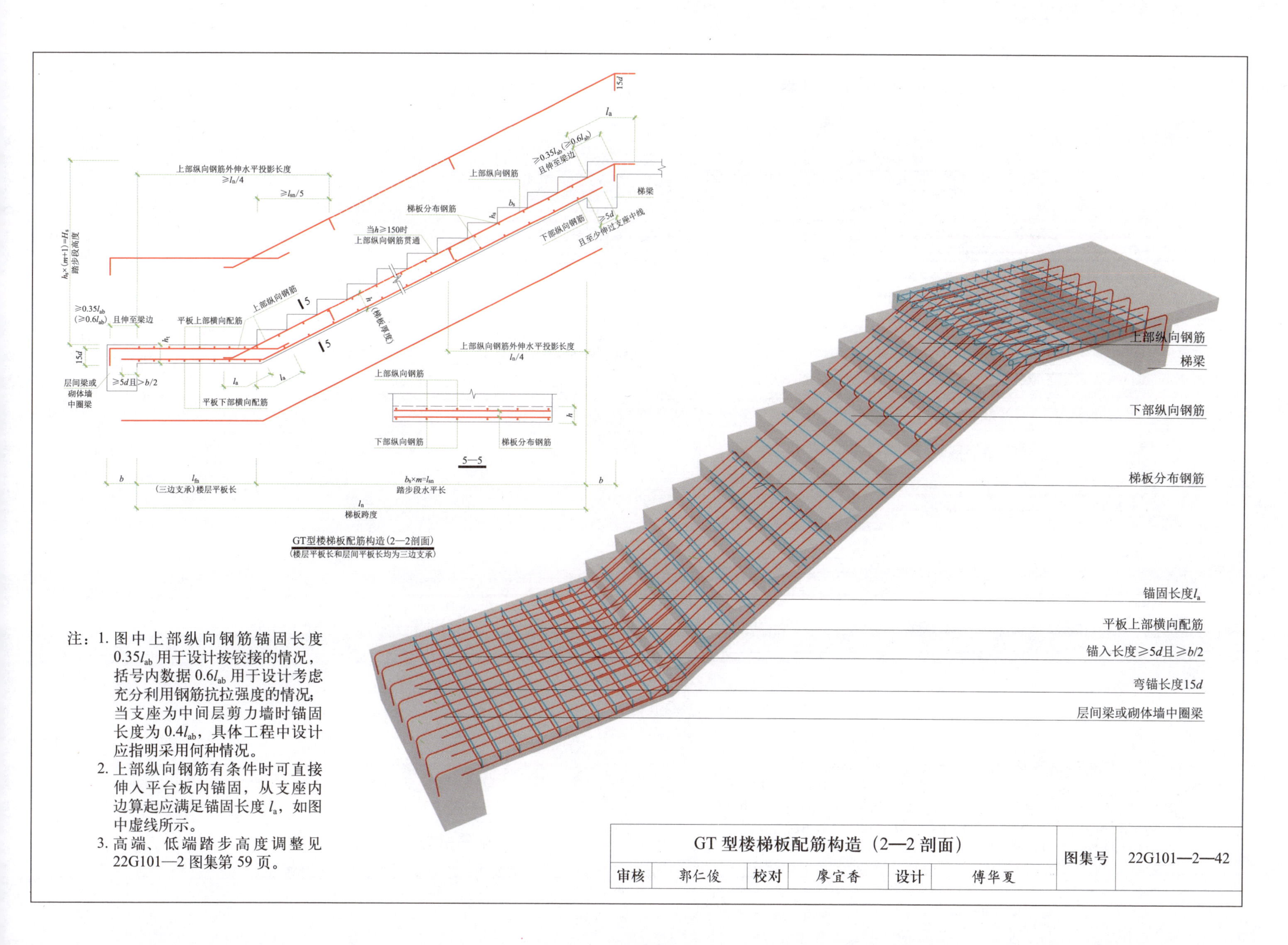

注：1. 图中上部纵向钢筋锚固长度0.35l_{ab}用于设计按铰接的情况，括号内数据0.6l_{ab}用于设计考虑充分利用钢筋抗拉强度的情况；当支座为中间层剪力墙时锚固长度为0.4l_{ab}，具体工程中设计应指明采用何种情况。

2. 上部纵向钢筋有条件时可直接伸入平台板内锚固，从支座内边算起应满足锚固长度l_a，如图中虚线所示。

3. 高端、低端踏步高度调整见22G101—2图集第59页。

GT 型楼梯板配筋构造（2—2 剖面）						图集号	22G101—2—42
审核	郭仁俊	校对	廖宜香	设计	傅华夏		

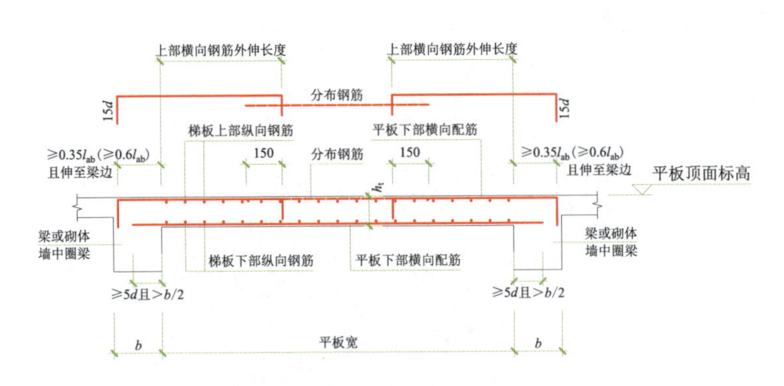

FT、GT型楼梯平板配筋构造(3—3剖面)

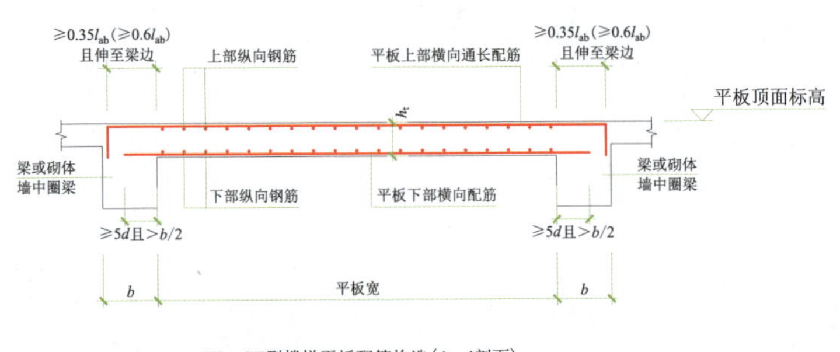

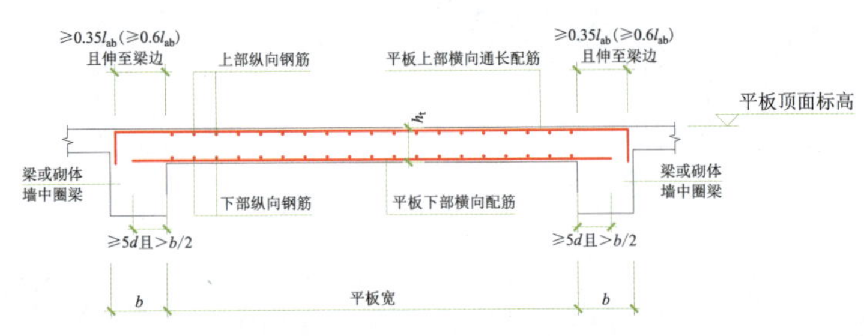

FT、GT型楼梯平板配筋构造(4—4剖面)

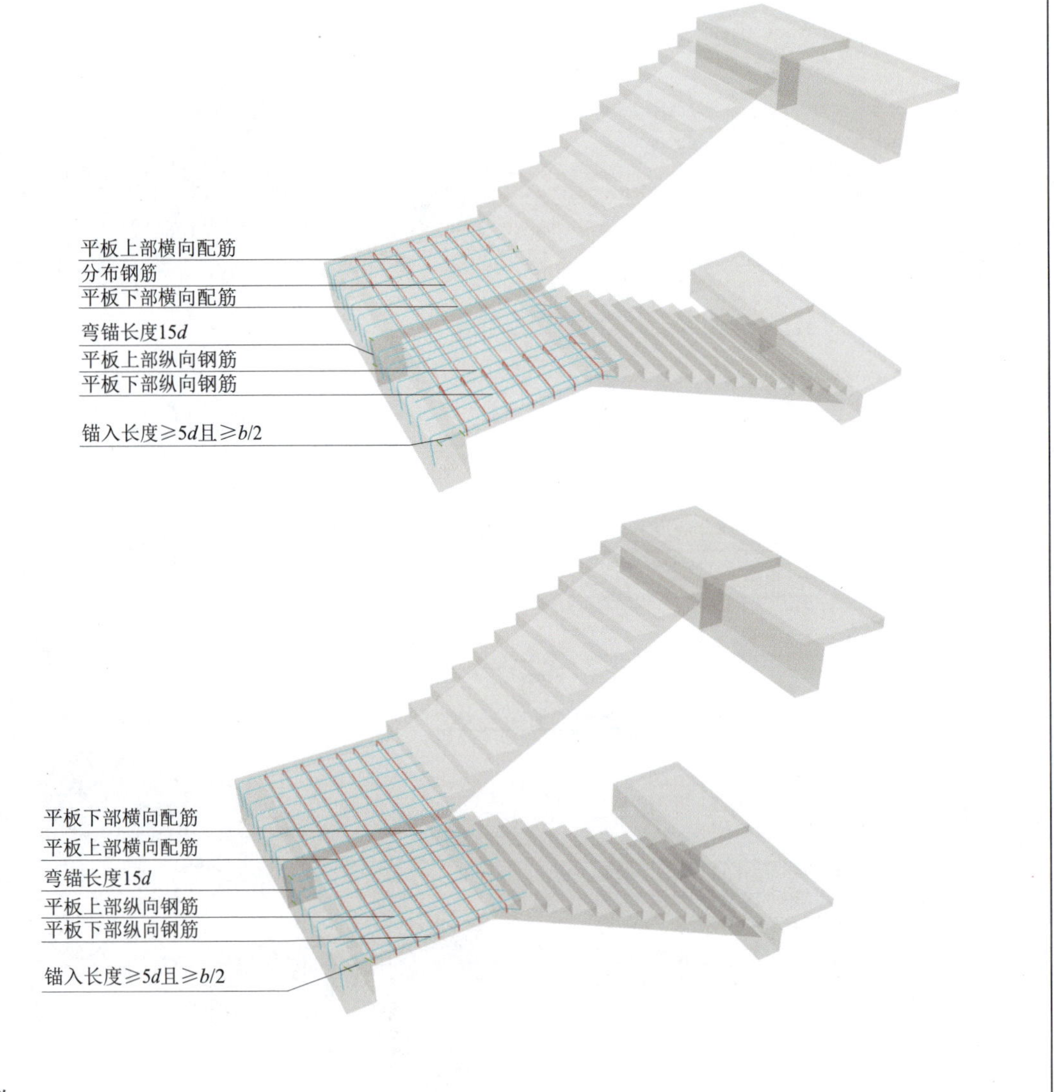

注：1. 3—3、4—4 剖面位置见 22G101—2 图集第 37、40 页。

2. 图中上部纵向钢筋锚固长度 0.35l_{ab} 用于设计按铰接的情况，括号内数据 0.6l_{ab} 用于设计考虑充分利用钢筋抗拉强度的情况；当支座为中间层剪力墙时锚固长度为 0.4l_{ab}，具体工程中设计应指明采用何种情况。

3. 3—3 剖面上部钢筋外伸长度由设计计算确定，其上部横向钢筋可配通长筋。

FT、GT 型楼梯平板配筋构造（3—3、4—4 剖面）						图集号	22G101—2—43
审核	郭仁俊	校对	廖宜香	设计	傅华夏		

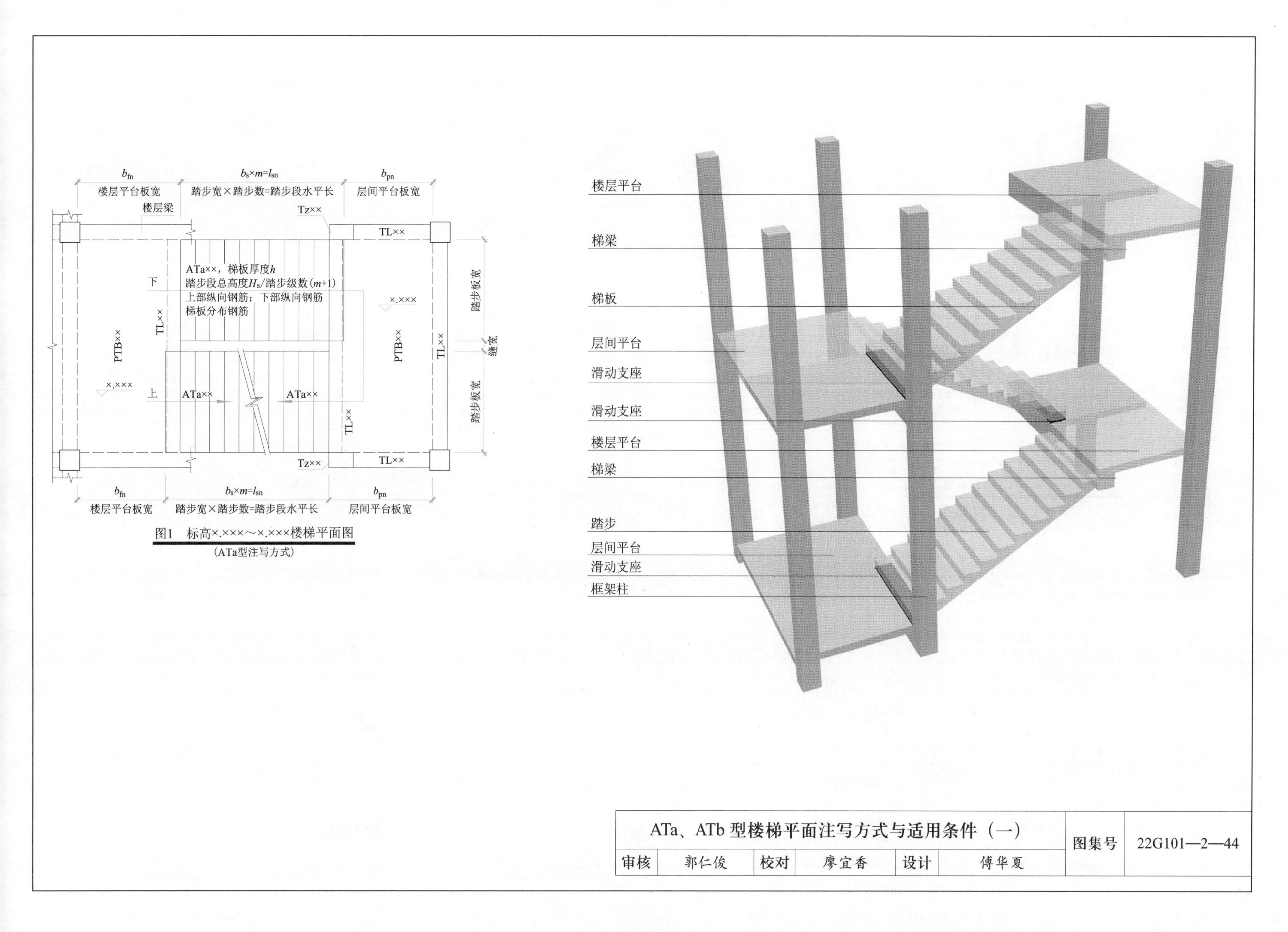

图1　标高×.×××～×.×××楼梯平面图

(ATa型注写方式)

ATa、ATb 型楼梯平面注写方式与适用条件（一）						图集号	22G101—2—44
审核	郭仁俊	校对	廖宜香	设计	傅华夏		

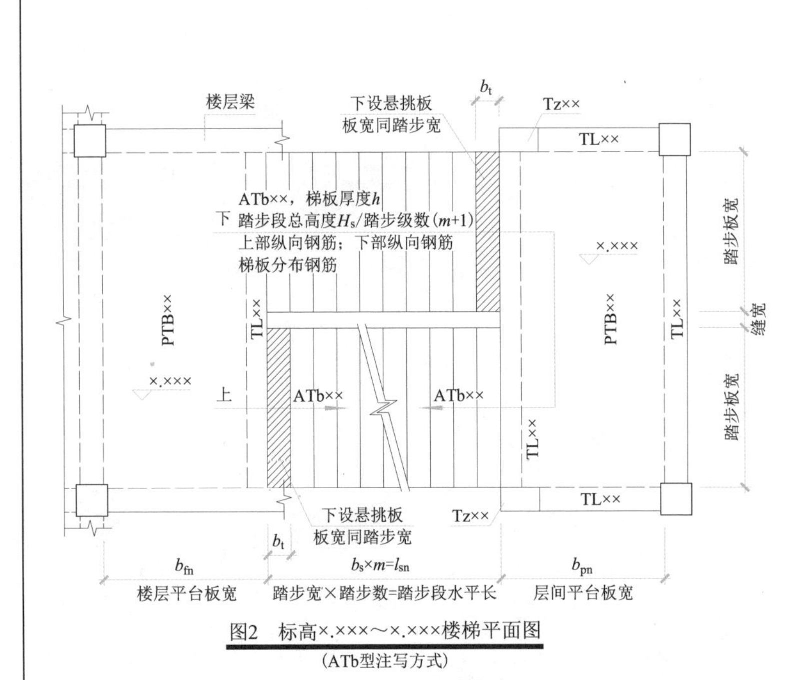

图2　标高×.×××～×.×××楼梯平面图

（ATb型注写方式）

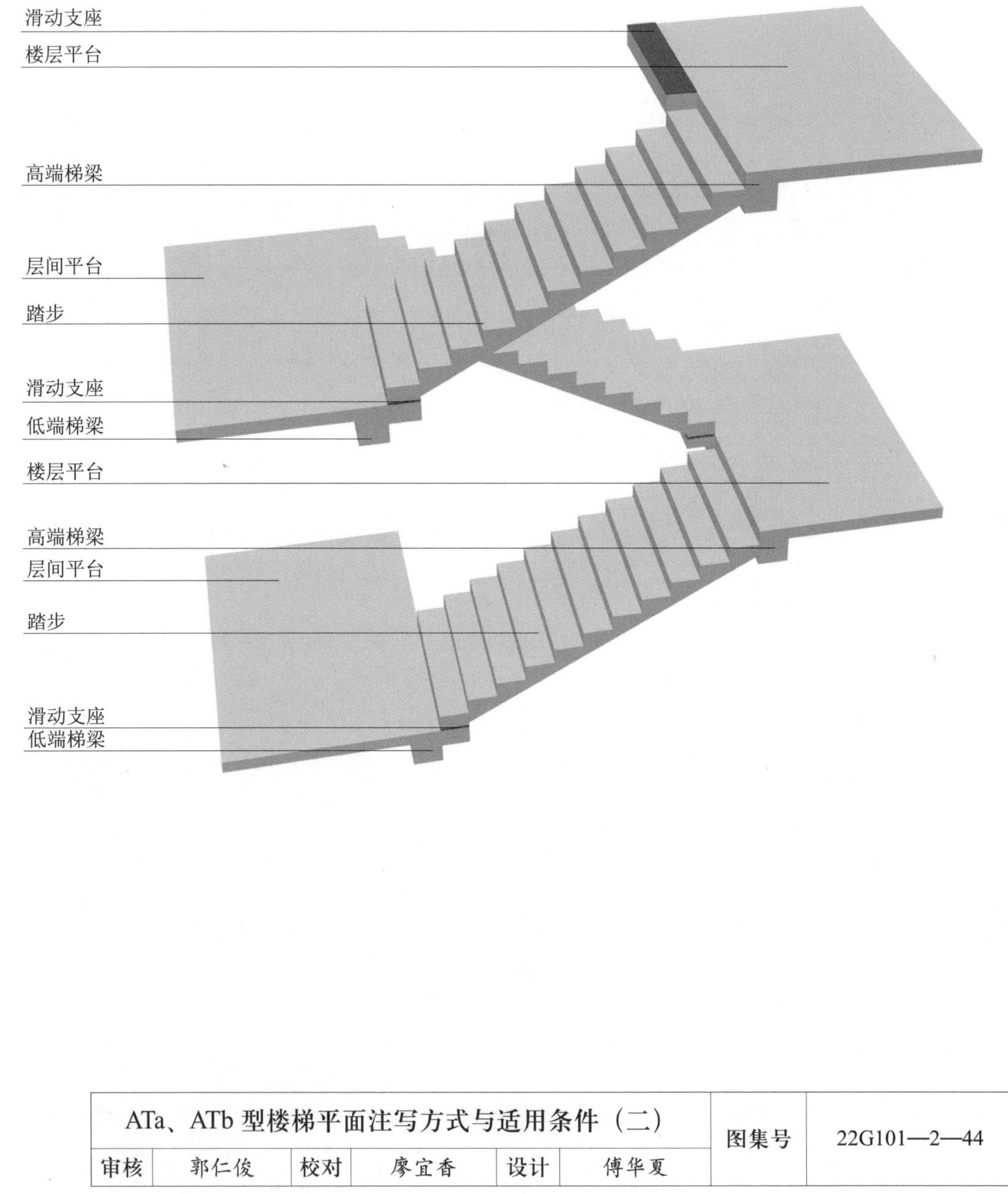

注：1. ATa、ATb 型为带滑动支座的板式楼梯，不参与结构整体抗震计算；其适用条件为：梯板全部由踏步段构成，其支承方式为梯板高端均支承在梯梁上，ATa 型梯板低端带滑动支座支承在梯梁上，ATb 型梯板低端带滑动支座支承在挑板上。框架结构中，楼梯层间平台通常设梯柱、梯梁，层间平台可与框架柱连接。

2. 楼梯平面注写方式如图 1、图 2 所示。其中，集中注写的内容有 5 项：第 1 项为梯板类型代号与序号 ATa××(ATb××)；第 2 项为梯板厚度 h；第 3 项为踏步段总高度 H_s/ 踏步级数 (m+1)；第 4 项为上部纵向钢筋及下部纵向钢筋；第 5 项为梯板分布钢筋。

3. 梯板的分布钢筋可直接标注，也可统一说明。

4. 平台板 PTB、梯梁 TL、梯柱 TZ 配筋可参照 22G101—1 图集标注。带悬挑板的梯梁应采用截面注写方式。

5. 滑动支座做法由设计指定，当采用与 22G101—2 图集不同的做法时由设计另行给出。

6. 滑动支座做法中建筑构造应保证梯板滑动要求。

7. 地震作用下，ATb 型楼梯悬挑板尚承受梯板传来的附加竖向作用力，设计时应对挑板及与其相连的平台梁采取加强措施。

ATa、ATb 型楼梯平面注写方式与适用条件（二）						图集号	22G101—2—44
审核	郭仁俊	校对	廖宜香	设计	傅华夏		

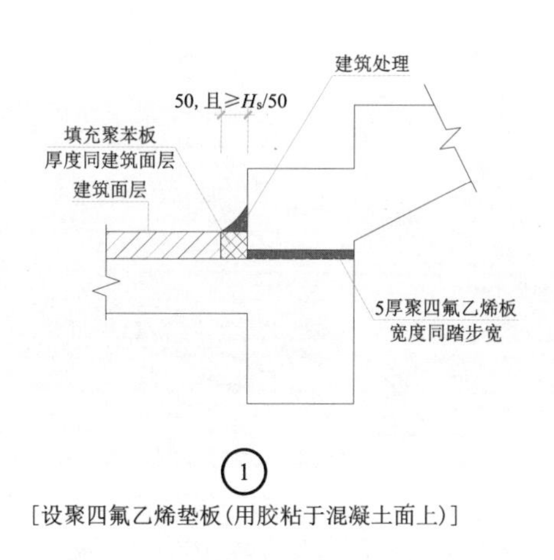

①
［设聚四氟乙烯垫板（用胶粘于混凝土面上）］

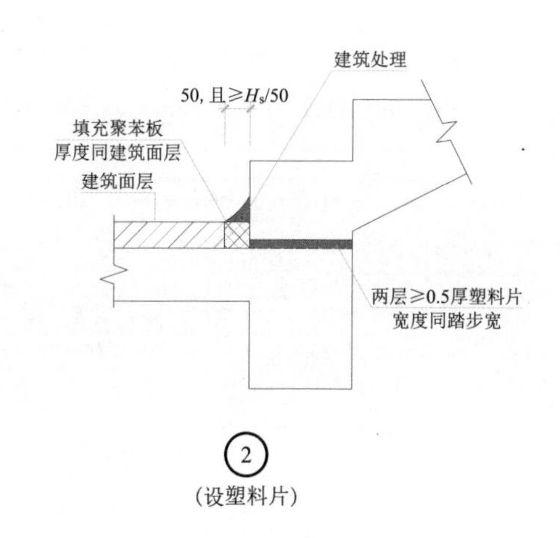

②
（设塑料片）

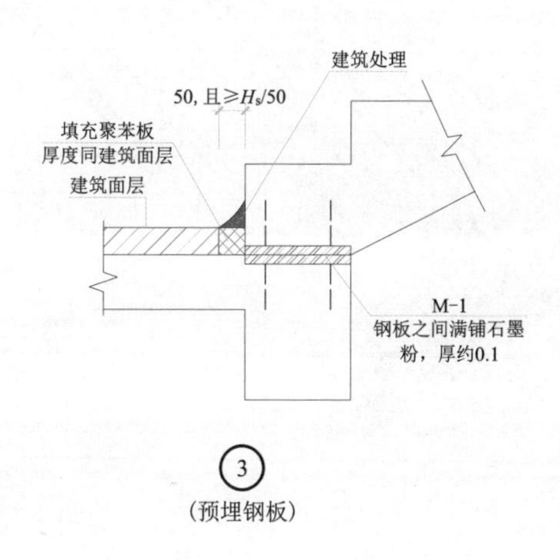

③
（预埋钢板）

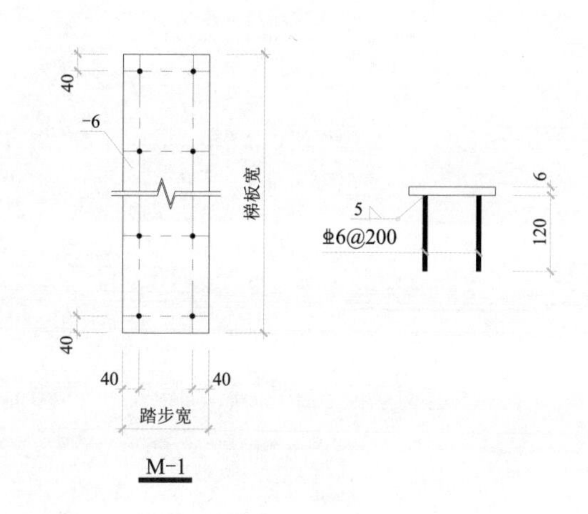

M-1

ATa、CTa型楼梯滑动支座构造详图						图集号	22G101—2—45
审核	郭仁俊	校对	廖宜香	设计	傅华夏		

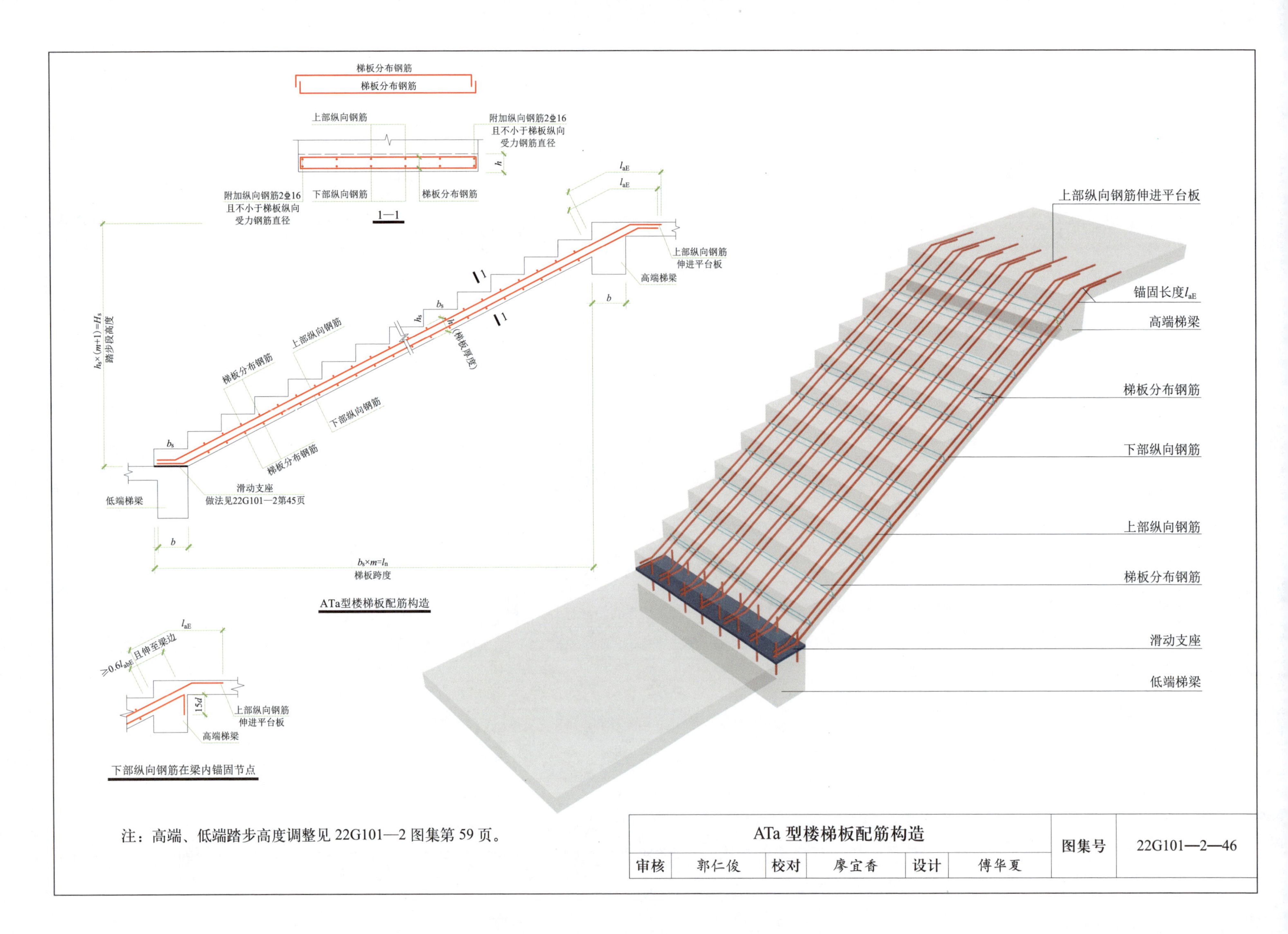

注：高端、低端踏步高度调整见 22G101—2 图集第 59 页。

ATa 型楼梯板配筋构造						图集号	22G101—2—46
审核	郭仁俊	校对	廖宜香	设计	傅华夏		

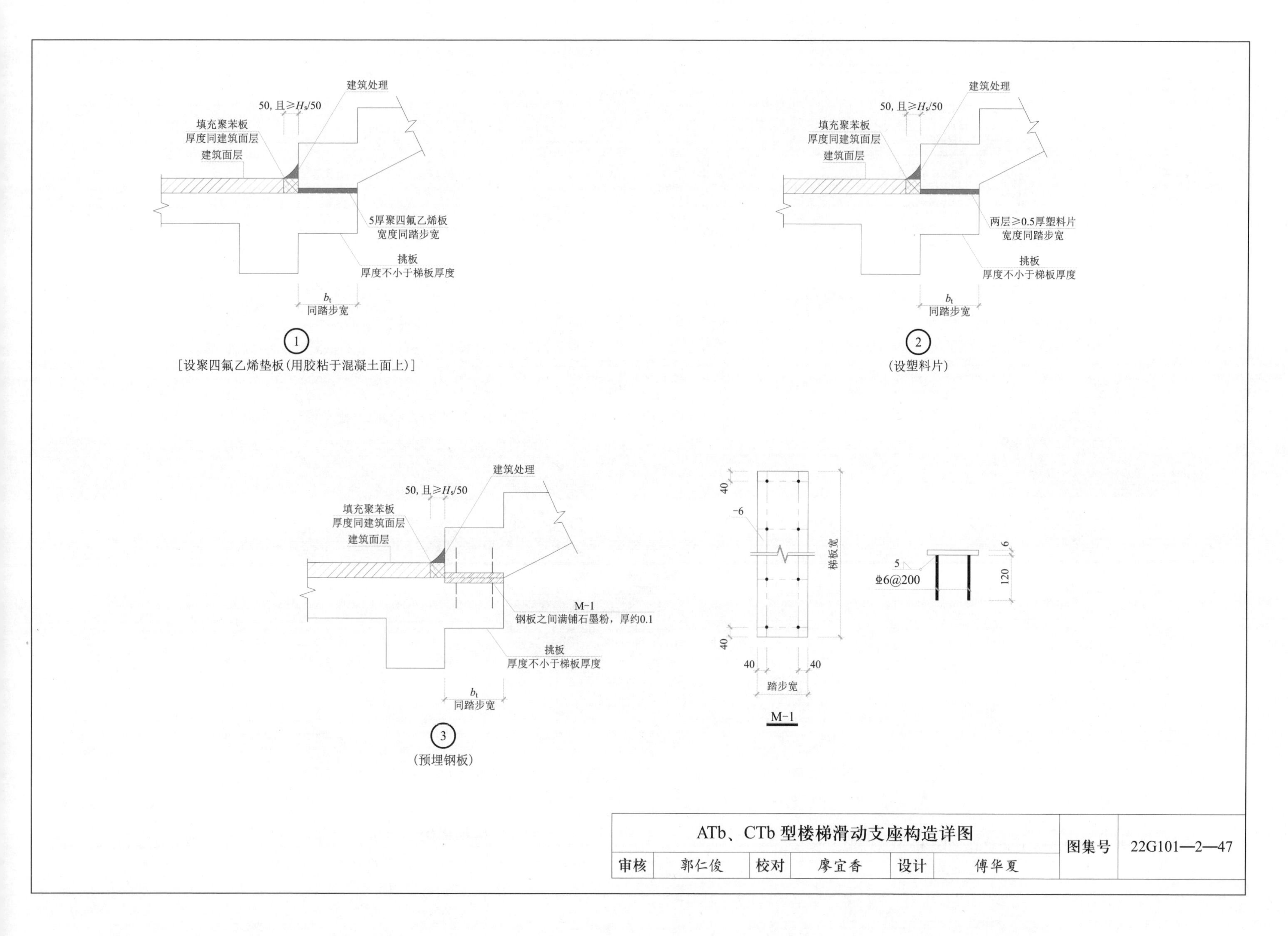
建筑处理
50，且≥H_s/50
填充聚苯板
厚度同建筑面层
建筑面层
5厚聚四氟乙烯板
宽度同踏步宽
挑板
厚度不小于梯板厚度
b_t
同踏步宽
1
[设聚四氟乙烯垫板(用胶粘于混凝土面上)]
建筑处理
50，且≥H_s/50
填充聚苯板
厚度同建筑面层
建筑面层
两层≥0.5厚塑料片
宽度同踏步宽
挑板
厚度不小于梯板厚度
b_t
同踏步宽
2
(设塑料片)
建筑处理
50，且≥H_s/50
填充聚苯板
厚度同建筑面层
建筑面层
M-1
钢板之间满铺石墨粉，厚约0.1
挑板
厚度不小于梯板厚度
b_t
同踏步宽
3
(预埋钢板)
40
-6
梯板宽
40
40
40
踏步宽
M-1
5
6
Φ6@200
120
ATb、CTb型楼梯滑动支座构造详图
图集号
22G101—2—47
审核
郭仁俊
校对
廖宜香
设计
傅华夏

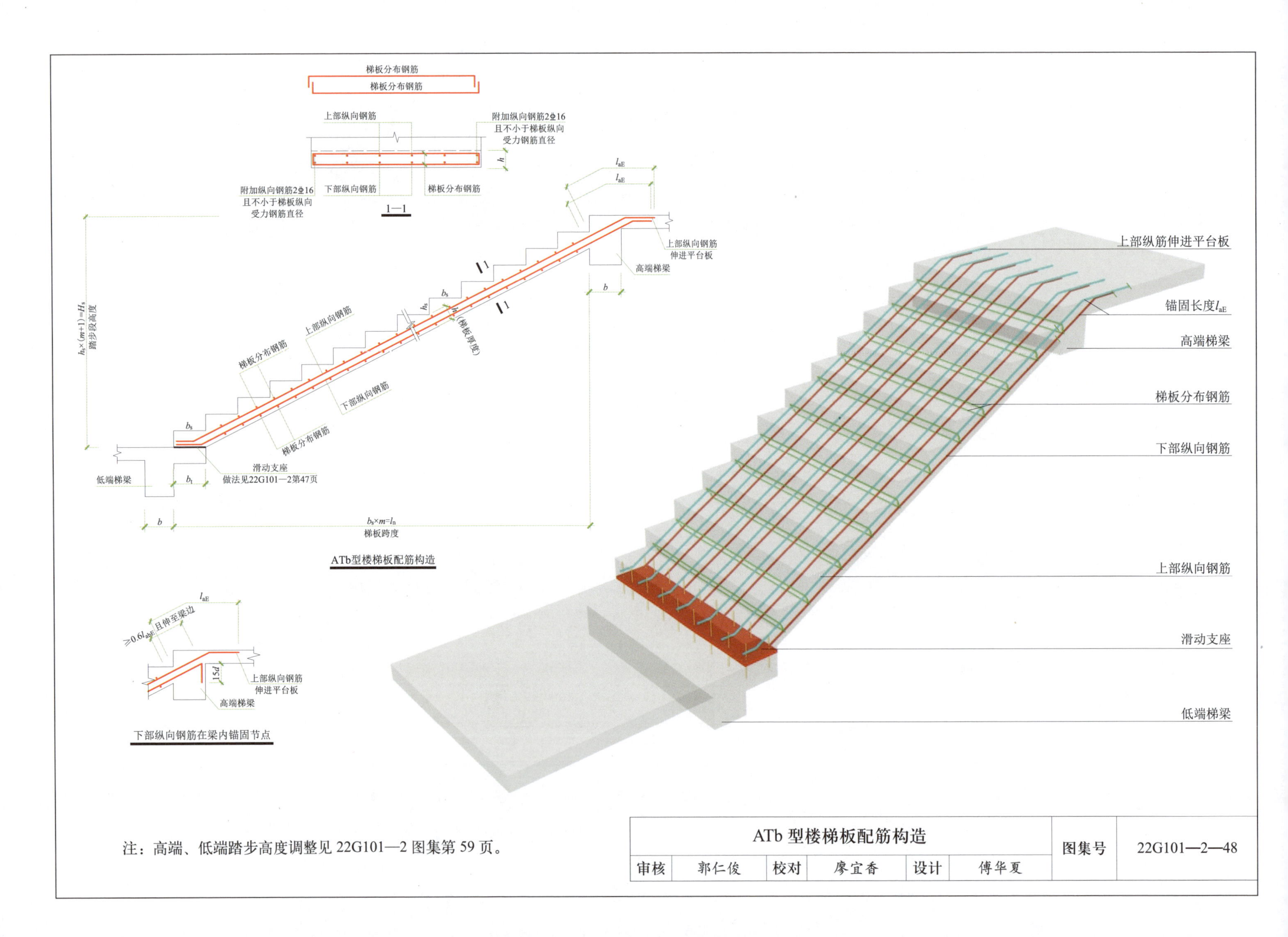

注：高端、低端踏步高度调整见 22G101—2 图集第 59 页。

ATb 型楼梯板配筋构造						图集号	22G101—2—48
审核	郭仁俊	校对	廖宜香	设计	傅华夏		

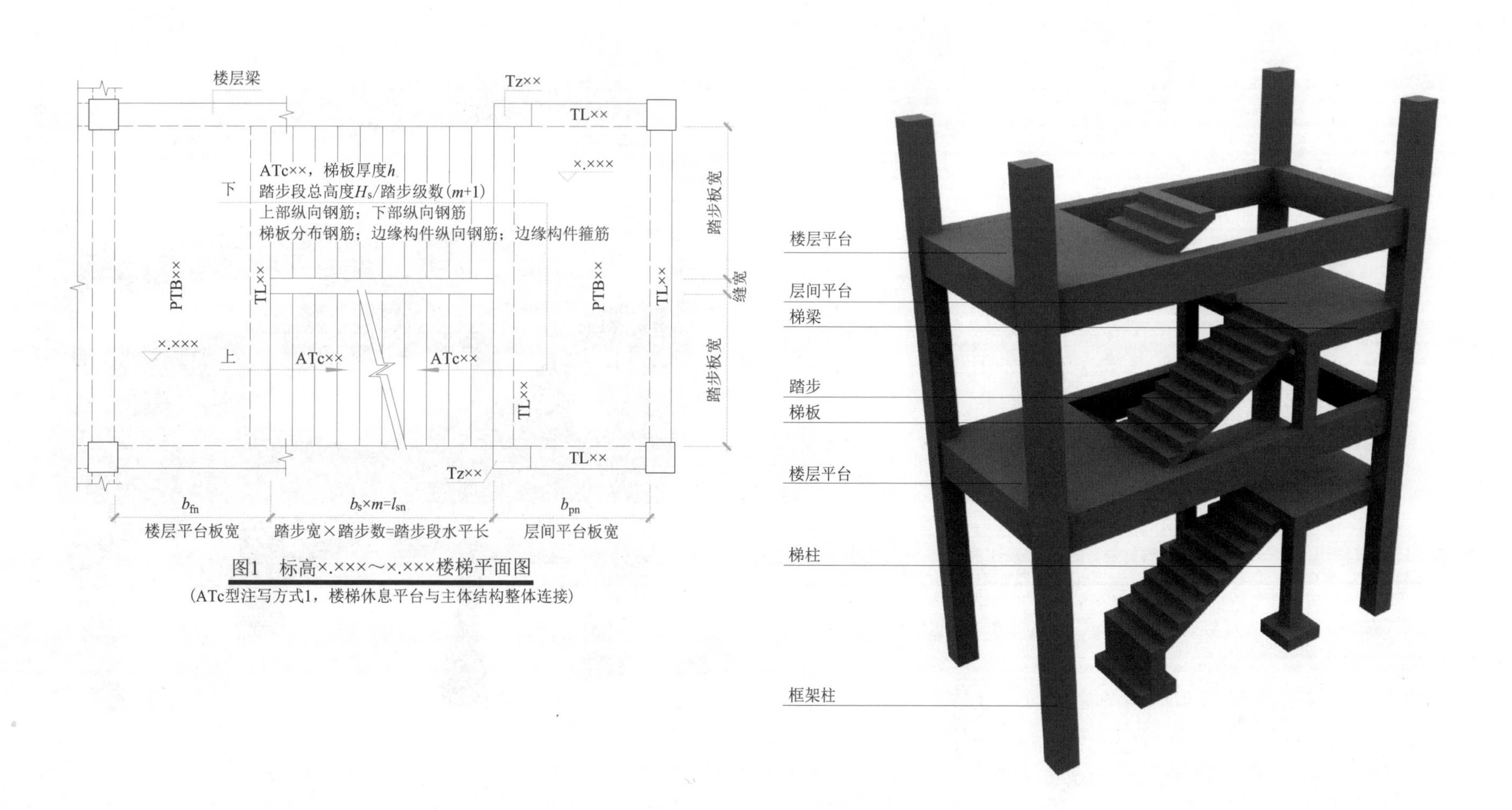

图1　标高×.×××～×.×××楼梯平面图

（ATc型注写方式1，楼梯休息平台与主体结构整体连接）

ATc 型楼梯平面注写方式与适用条件（一）						图集号	22G101—2—49
审核	郭仁俊	校对	廖宜香	设计	傅华夏		

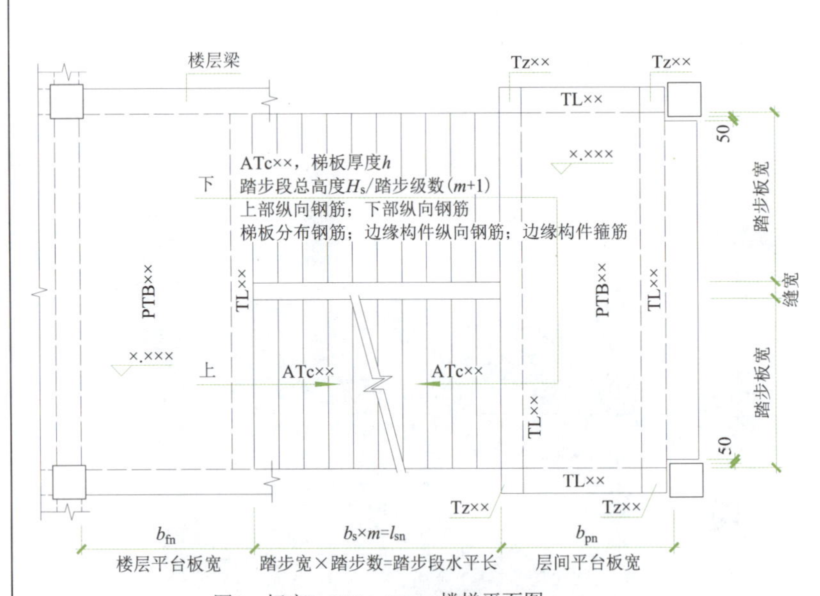

图2　标高×.×××～×.×××楼梯平面图

（ATc型注写方式2，楼梯休息平台与主体结构脱开连接）

注：1. ATc 型楼梯用于参与结构整体抗震计算；其适用条件为：两梯梁之间的梯板全部由踏步段构成，即踏步段两端均以梯梁为支座。框架结构中，楼梯层间平台通常设置梯柱、梯梁，层间平台可与框架柱连接（2 个梯柱形式）或脱开 (4 个梯柱形式)，见图 1 和图 2。

2. ATc 型楼梯平面注写方式如图 1、图 2 所示。其中，集中注写的内容有 6 项：第 1 项为梯板类型代号与序号 ATc××；第 2 项为梯板厚度 h；第 3 项为踏步段总高度 H_s/ 踏步级数（m+1)；第 4 项为上部纵向钢筋及下部纵向钢筋；第 5 项为梯板分布钢筋；第 6 项为边缘构件纵向钢筋及箍筋。

3. 梯板分布钢筋可直接标注，也可统一说明。

4. 平台板 PTB、梯梁 TL、梯柱 TZ 配筋可参照 22G101—1 图集标注。

ATc 型楼梯平面注写方式与适用条件（二）						图集号	22G101—2—49
审核	郭仁俊	校对	廖宜香	设计	傅华夏		

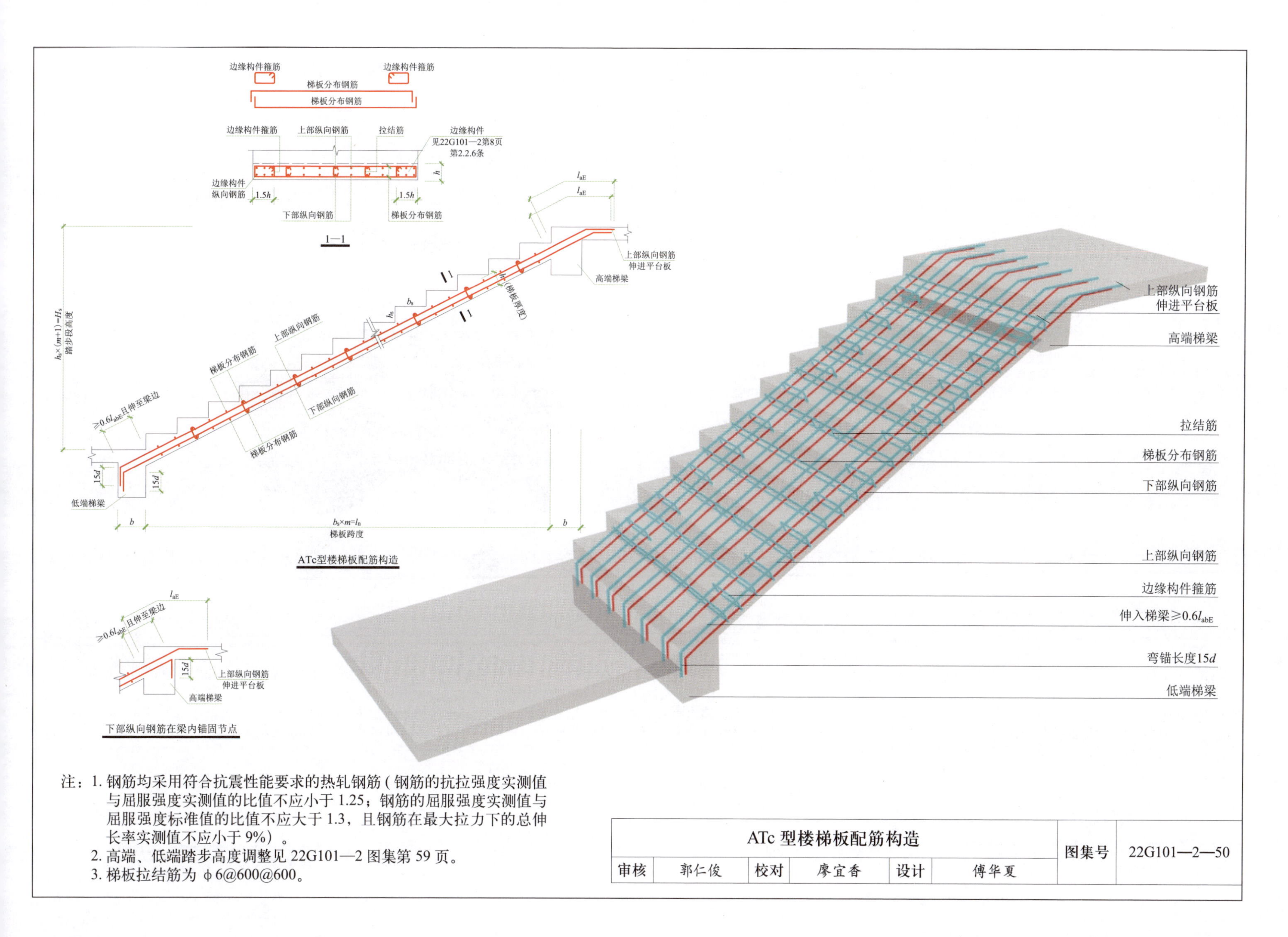

注：1. 钢筋均采用符合抗震性能要求的热轧钢筋（钢筋的抗拉强度实测值与屈服强度实测值的比值不应小于 1.25；钢筋的屈服强度实测值与屈服强度标准值的比值不应大于 1.3，且钢筋在最大拉力下的总伸长率实测值不应小于 9%）。
2. 高端、低端踏步高度调整见 22G101—2 图集第 59 页。
3. 梯板拉结筋为 φ6@600@600。

ATc 型楼梯板配筋构造						图集号	22G101—2—50
审核	郭仁俊	校对	廖宜香	设计	傅华夏		

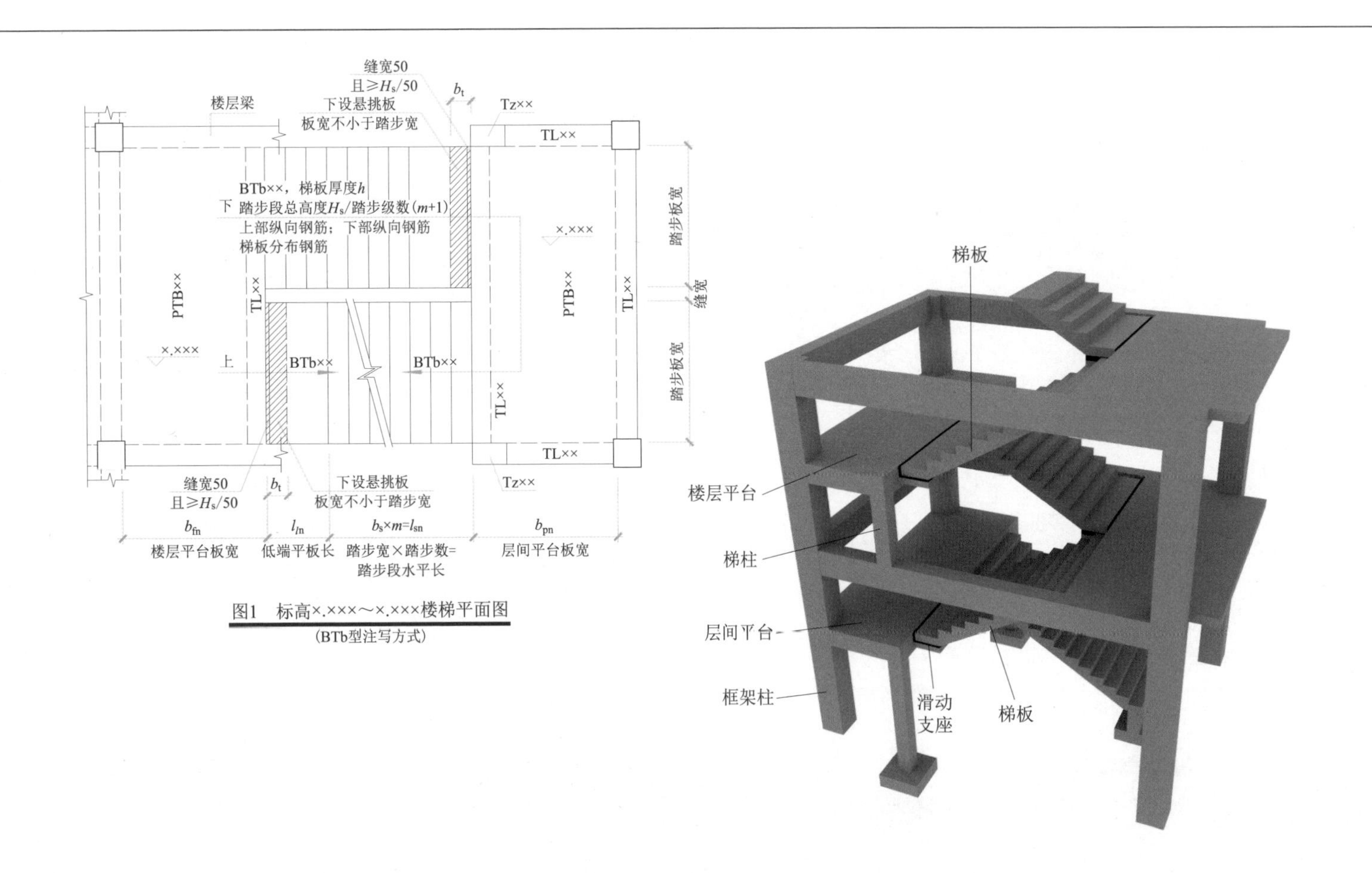

图1　标高×.×××～×.×××楼梯平面图

(BTb型注写方式)

注：1. BTb 型楼梯为带滑动支座的板式楼梯，不参与结构整体抗震计算；其适用条件为：梯板由踏步段和低端平板构成，其支承方式为梯板高端支承在梯梁上，梯板低端带滑动支座支承在挑板上。框架结构中，楼梯中间平台通常设置梯柱、梯梁，层间平台可与框架柱连接。

2. 楼梯平面注写方式如图 1 所示。其中，集中注写的内容有 5 项：第 1 项为梯板类型代号与序号 BTb××；第 2 项为梯板厚度 h，当低端平板厚度和踏步段厚度不同时，在梯板厚度后面括号内以字母 P 打头注写低端平板厚度 h_l；第 3 项为踏步段总高度 H_s/踏步级数 (m+1)；第 4 项为上部纵向钢筋及下部纵向钢筋；第 5 项为梯板分布钢筋。

3. 梯板的分布钢筋可直接标注，也可统一说明。

4. 平台板 PTB、梯梁 TL、梯柱 TZ 配筋可参照 22G101—1 图集标注。带悬挑板的梯梁应采用截面注写方式。

5. 滑动支座做法由设计指定，当采用与本图集不同的做法时由设计另行给出。

6. BTb 型楼梯滑动支座做法见 22G101—2 图集第 52 页，滑动支座中建筑构造应保证梯板滑动要求。

7. 地震作用下，BTb 型楼梯悬挑板尚承受梯板传来的附加竖向作用力，设计时应对挑板及与其相连的平台梁采取加强措施。

BTb 型楼梯平面注写方式与适用条件						图集号	22G101—2—51
审核	郭仁俊	校对	廖宜香	设计	傅华夏		

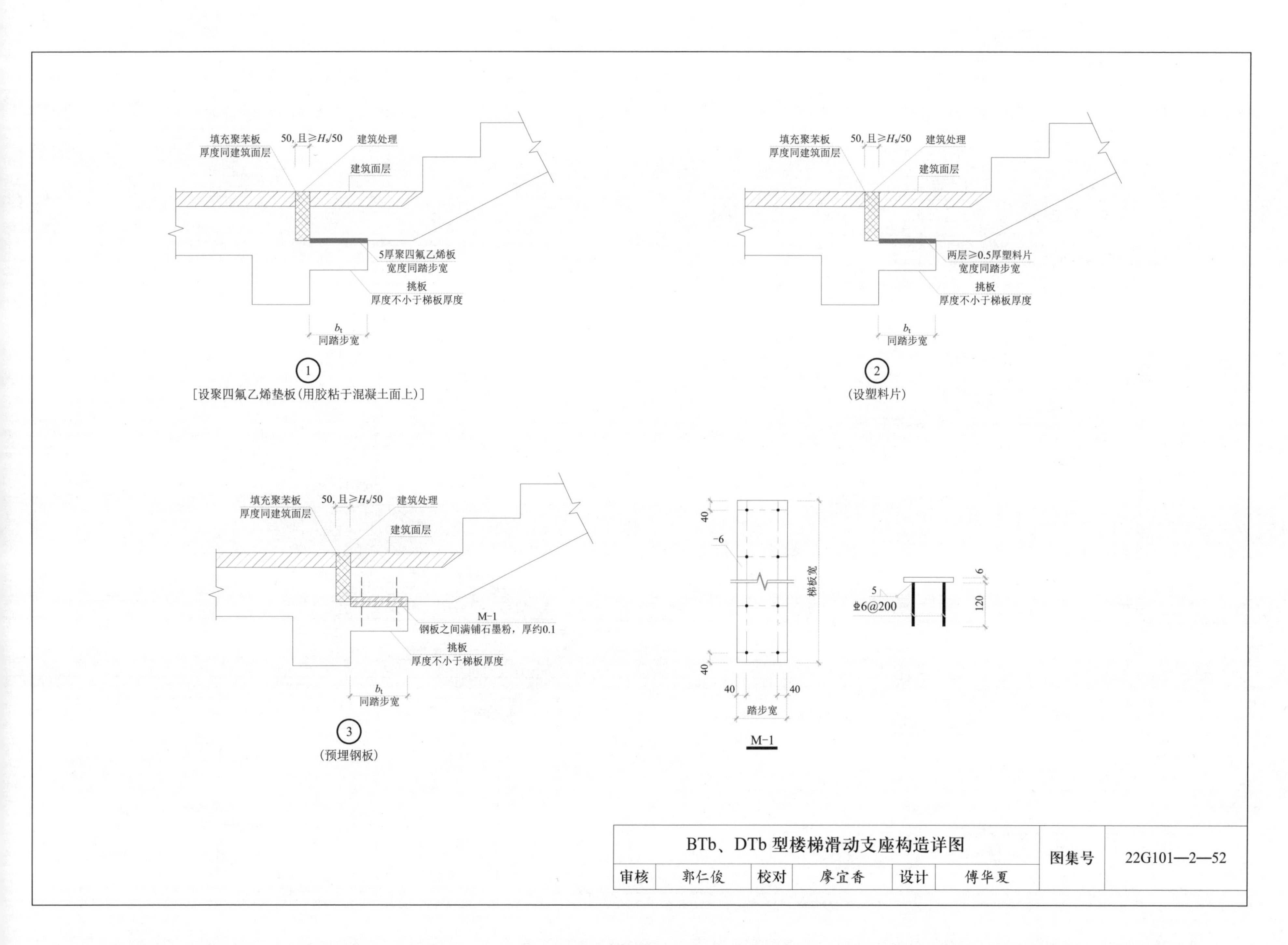

BTb、DTb 型楼梯滑动支座构造详图						图集号	22G101—2—52
审核	郭仁俊	校对	廖宜香	设计	傅华夏		

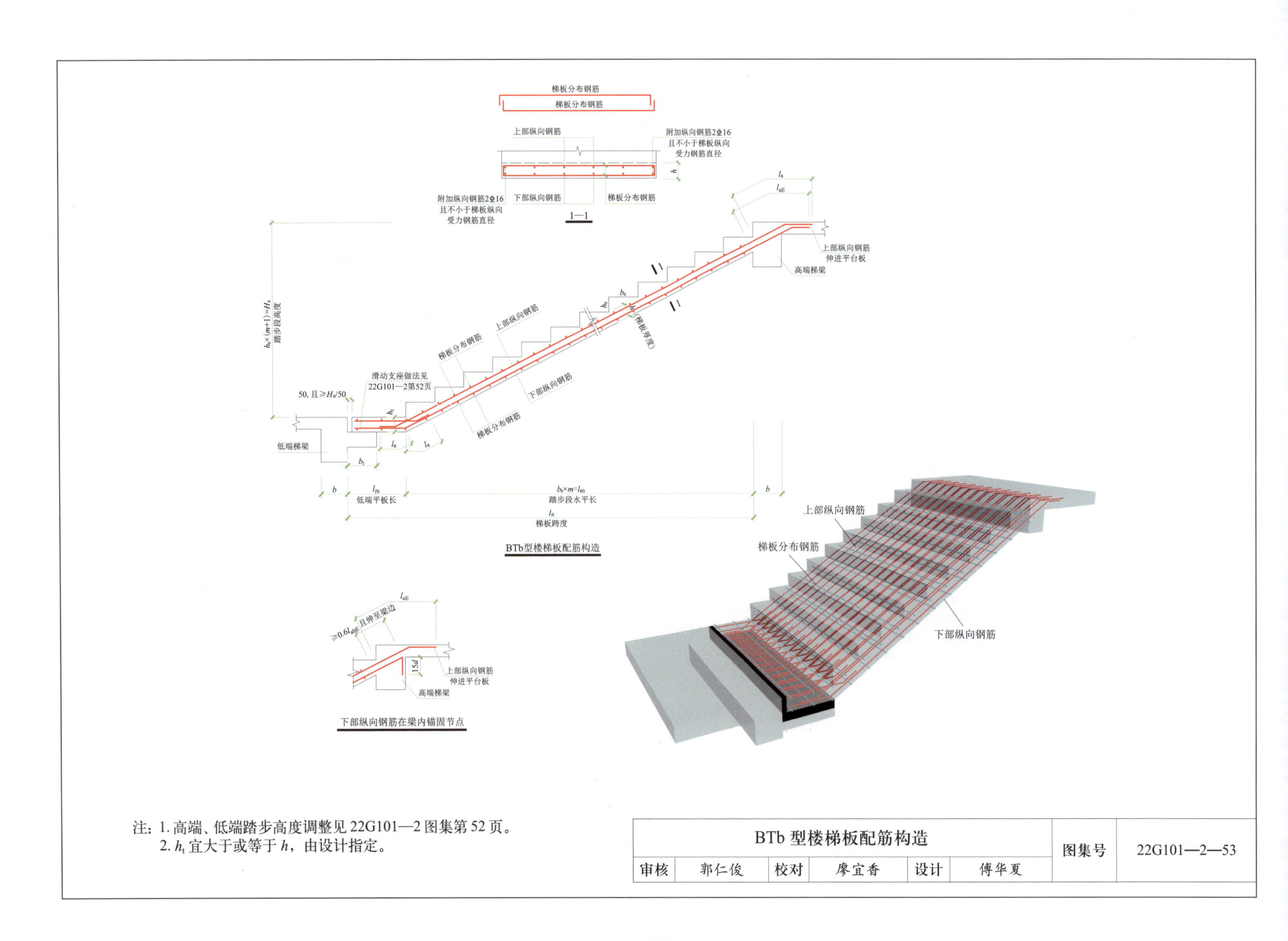

注：1. 高端、低端踏步高度调整见 22G101—2 图集第 52 页。
2. h_t 宜大于或等于 h，由设计指定。

BTb 型楼梯板配筋构造						图集号	22G101—2—53
审核	郭仁俊	校对	廖宜香	设计	傅华夏		

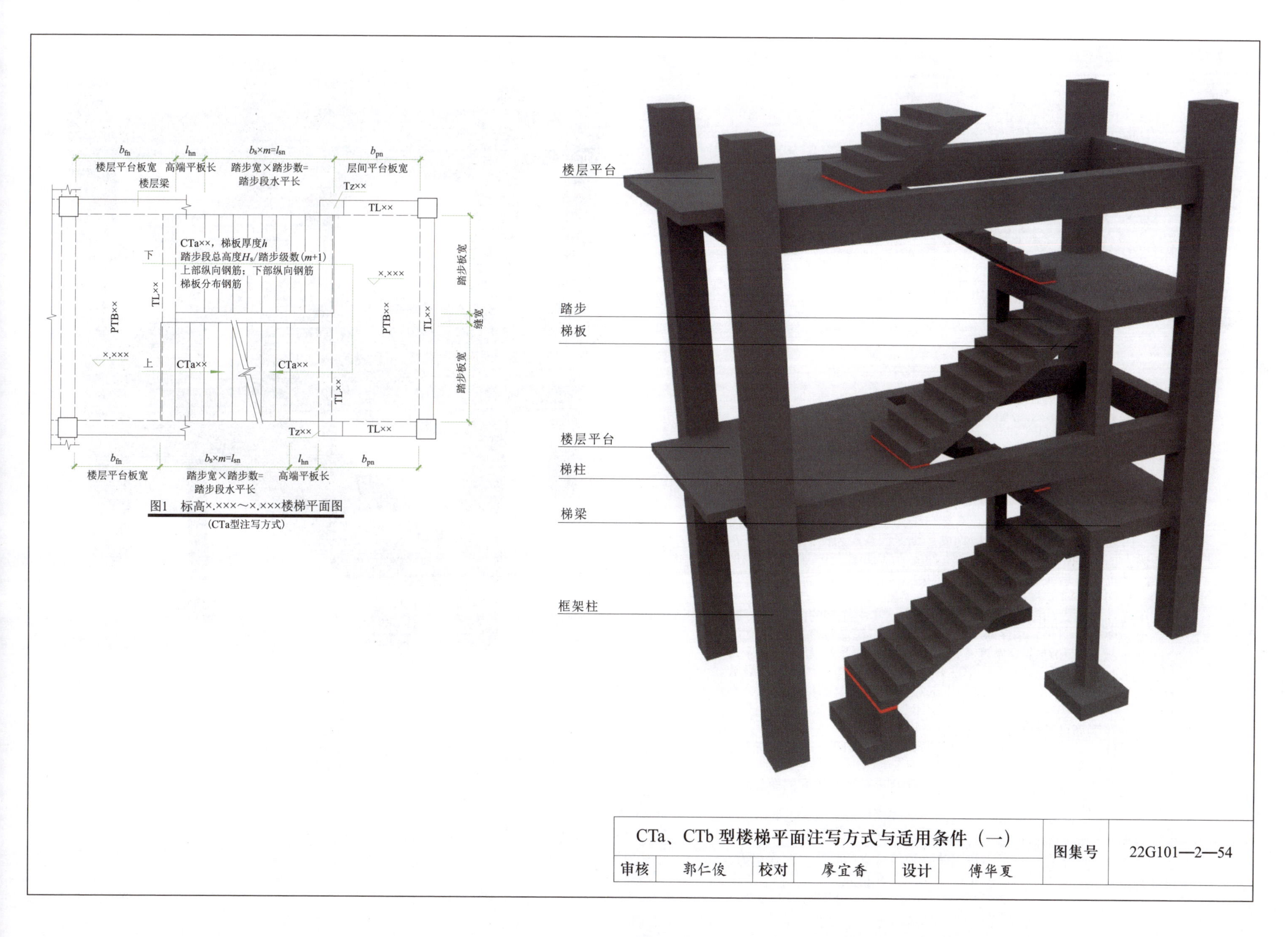
b_{fn}
楼层平台板宽
l_{hn}
高端平板长
$b_s \times m = l_{sn}$
踏步宽×踏步数=
踏步段水平长
b_{pn}
层间平台板宽
楼层梁
Tz××
TL××
CTa××，梯板厚度h
踏步段总高度H_s/踏步级数(m+1)
上部纵向钢筋；下部纵向钢筋
梯板分布钢筋
下
上
×.×××
PTB××
TL××
CTa××
踏步板宽
缝宽
图1　标高×.×××～×.×××楼梯平面图
(CTa型注写方式)
楼层平台
踏步
梯板
楼层平台
梯柱
梯梁
框架柱
CTa、CTb 型楼梯平面注写方式与适用条件（一）
图集号
22G101—2—54
审核
郭仁俊
校对
廖宜香
设计
傅华夏

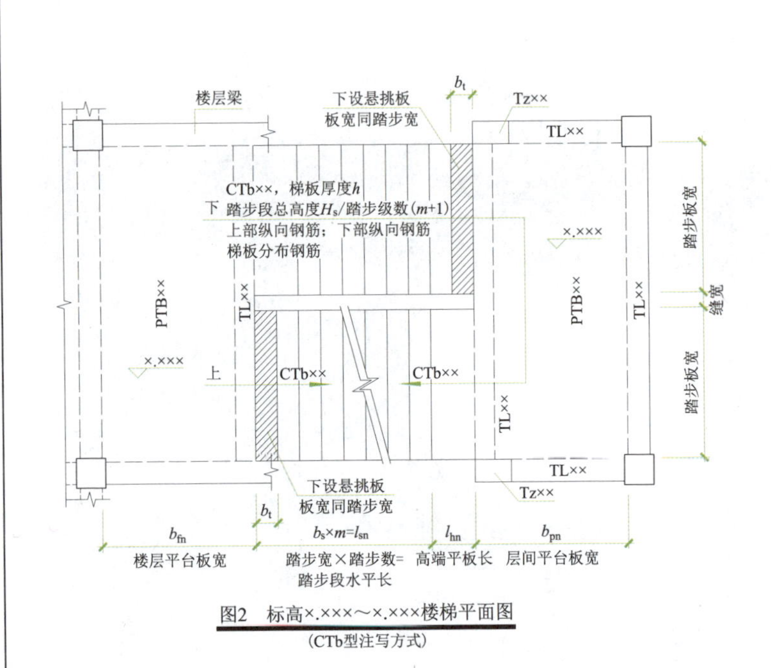

图2 标高×.×××～×.×××楼梯平面图

(CTb型注写方式)

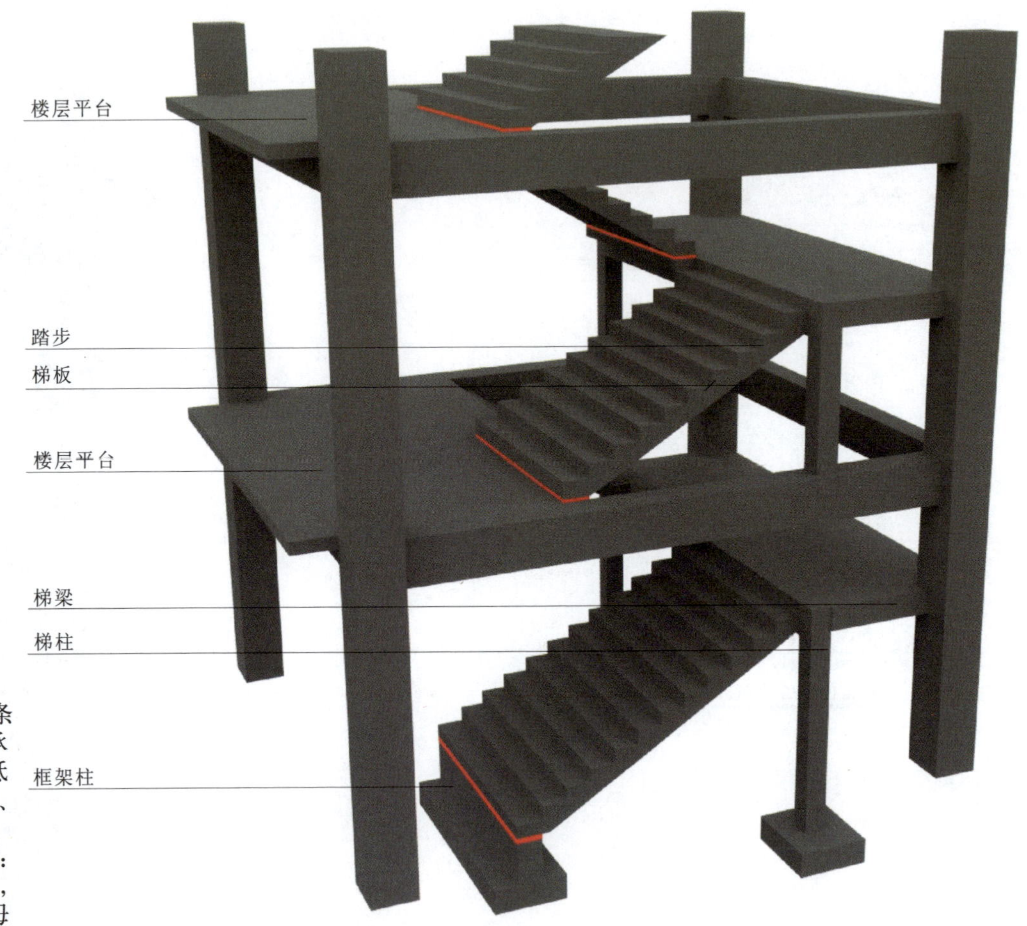

注：1. CTa、CTb 型楼梯设滑动支座，不参与结构整体抗震计算，其适用条件为：梯板由踏步段和高端平板构成，其支承方式为梯板高端均支承在梯梁上。CTa 型梯板低端带滑动支座支承在梯梁上，CTb 型梯板低端带滑动支座支承在挑板上。框架结构中，楼梯层间平台通常设梯柱、梯梁，层间平台可与框架柱连接。

2. 楼梯平面注写方式如图 1、图 2 所示。其中，集中注写的内容有 5 项：第 1 项为梯板类型代号与序号 CTa××(CTb××)；第 2 项为梯板厚度 h，当高端平板厚度和踏步段厚度不同时，在梯板厚度后面括号以字母 P 打头注写高端平板厚度 h_t；第 3 项为踏步段总高度 H_s/ 踏步级数 (m+1)；第 4 项为上部纵向钢筋及下部纵向钢筋；第 5 项为梯板分布钢筋。

3. 梯板的分布钢筋可直接标注，也可统一说明。

4. 平台板 PTB、梯梁 TL、梯柱 TZ 配筋可参照 22G101—1 图集标注。带悬挑板的梯梁应采用截面注写方式。

5. 滑动支座做法由设计指定，当采用与 22G101—2 图集不同的做法时，由设计另行给出。

6. CTa、CTb 型楼梯滑动支座做法分别见 22G101—2 图集第 45、47 页，滑动支座中建筑构造应保证梯板滑动要求。

7. 地震作用下，CTb 型楼梯悬挑板尚承受梯板传来的附加竖向作用力，设计时应对挑板及与其相连的平台梁采取加强措施。

CTa、CTb 型楼梯平面注写方式与适用条件（二）						图集号	22G101—2—54
审核	郭仁俊	校对	廖宜香	设计	傅华夏		

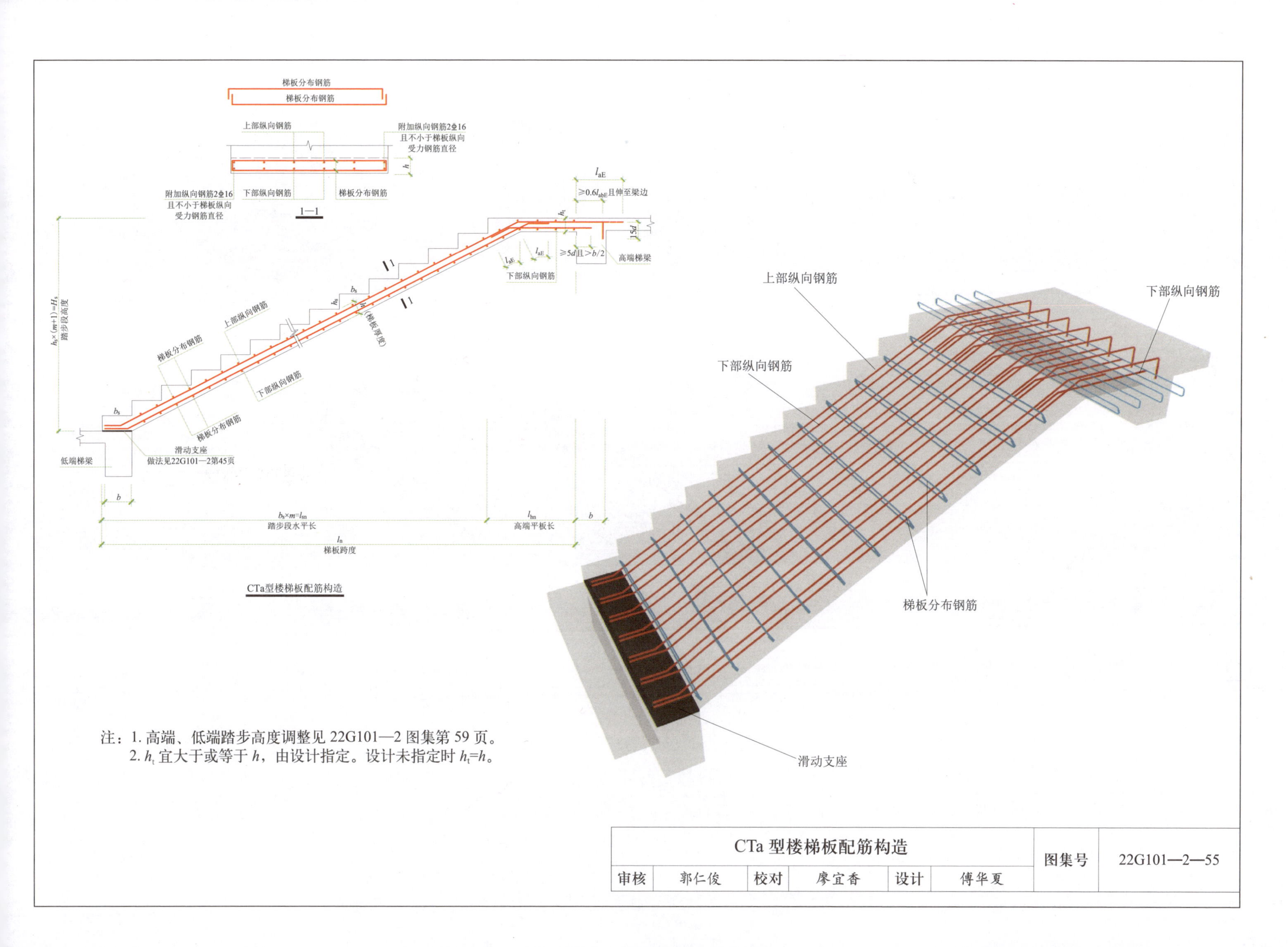
梯板分布钢筋
梯板分布钢筋
上部纵向钢筋
附加纵向钢筋2⌀16
且不小于梯板纵向
受力钢筋直径
附加纵向钢筋2⌀16
且不小于梯板纵向
受力钢筋直径
下部纵向钢筋
梯板分布钢筋
1—1
l_{aE}
≥0.6l_{abE}且伸至梁边
h_t
5d
l_{aE}
l_{aE}
≥5d且≥b/2
高端梯梁
下部纵向钢筋
b_s
h_s
h（梯板厚度）
$h_s\times(m+1)=H_s$
踏步段高度
上部纵向钢筋
梯板分布钢筋
下部纵向钢筋
梯板分布钢筋
b_s
滑动支座
做法见22G101—2第45页
低端梯梁
b
$b_s\times m=l_{sn}$
踏步段水平长
l_{hn}
高端平板长
b
l_n
梯板跨度
CTa型楼梯板配筋构造
注：1. 高端、低端踏步高度调整见 22G101—2 图集第 59 页。
2. h_t 宜大于或等于 h，由设计指定。设计未指定时 $h_t=h$。
上部纵向钢筋
下部纵向钢筋
下部纵向钢筋
梯板分布钢筋
滑动支座
CTa 型楼梯板配筋构造
图集号
22G101—2—55
审核
郭仁俊
校对
廖宜香
设计
傅华夏

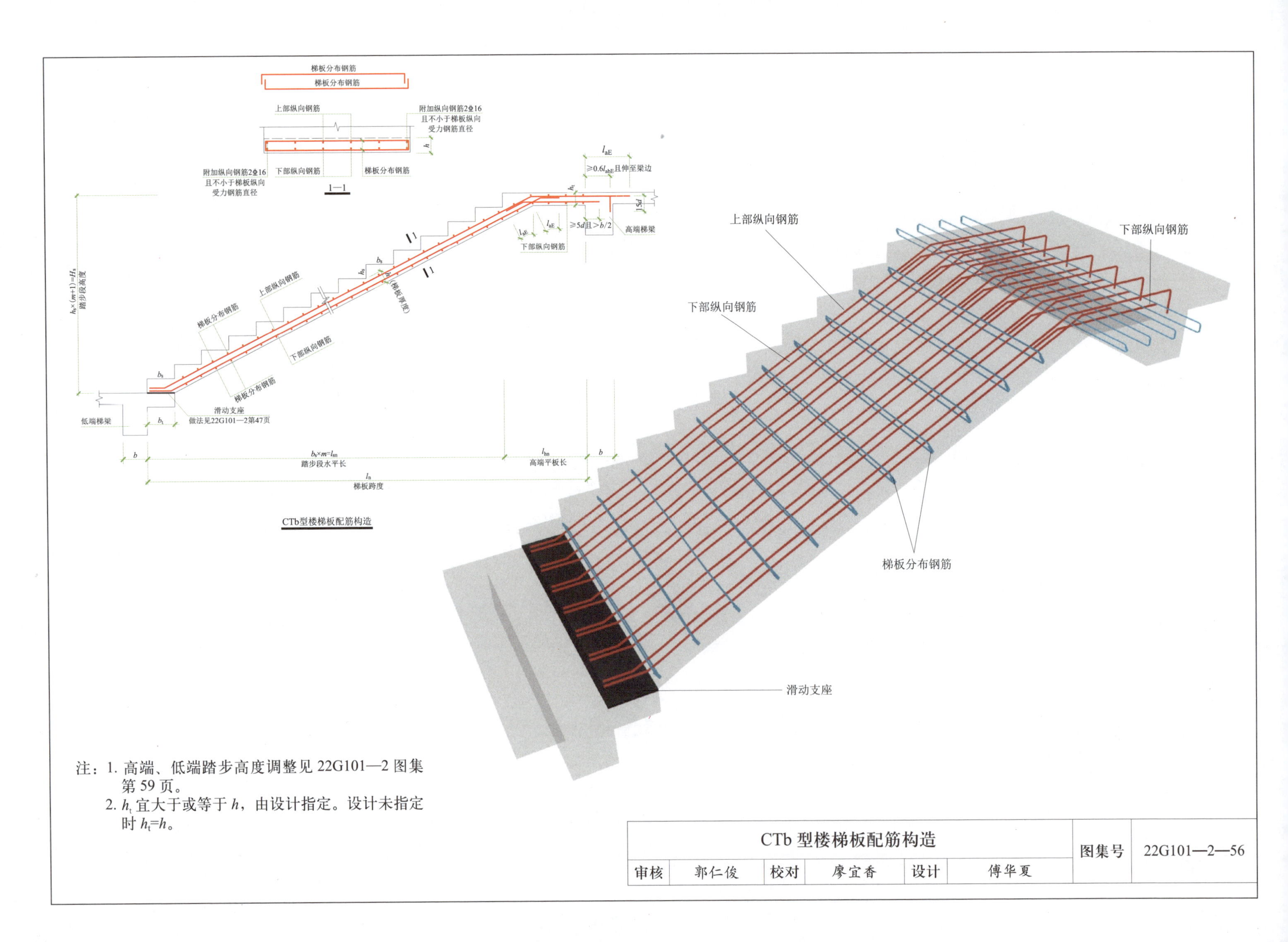
梯板分布钢筋
梯板分布钢筋
上部纵向钢筋
附加纵向钢筋2⌀16
且不小于梯板纵向
受力钢筋直径
h
附加纵向钢筋2⌀16
且不小于梯板纵向
受力钢筋直径
下部纵向钢筋
梯板分布钢筋
1—1
l_{aE}
≥$0.6l_{abE}$且伸至梁边
h_t
15d
l_{aE}
l_{aE}
≥5d且>b/2
高端梯梁
下部纵向钢筋
1
1
$h_s \times (m+1) = H_s$
踏步段高度
b_s
h_s
h（梯板厚度）
上部纵向钢筋
梯板分布钢筋
下部纵向钢筋
b_s
梯板分布钢筋
滑动支座
做法见22G101—2第47页
低端梯梁
b_t
b
$b_s \times m = l_{sn}$
踏步段水平长
l_{hn}
高端平板长
b
l_n
梯板跨度
CTb型楼梯板配筋构造
上部纵向钢筋
下部纵向钢筋
下部纵向钢筋
梯板分布钢筋
滑动支座
注：1. 高端、低端踏步高度调整见22G101—2图集第59页。
2. h_t宜大于或等于h，由设计指定。设计未指定时$h_t=h$。
CTb型楼梯板配筋构造
图集号
22G101—2—56
审核
郭仁俊
校对
廖宜香
设计
傅华夏

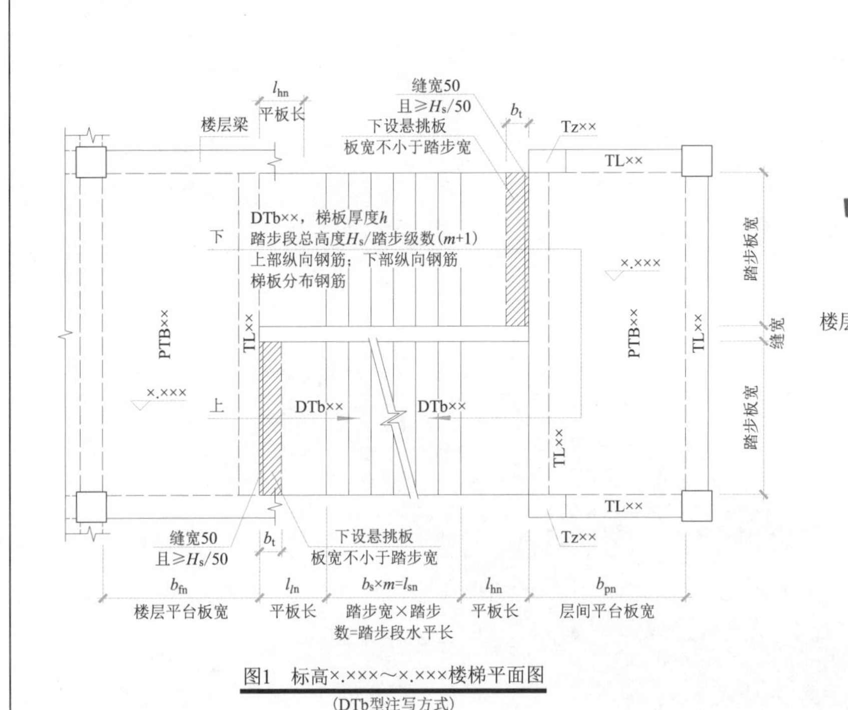

图1 标高×.×××～×.×××楼梯平面图

（DTb型注写方式）

注：1. DTb 型楼梯设滑动支座，不参与结构整体抗震计算；其适用条件为：两梯梁之间的梯板由低端平板、踏步段和高端平板构成，其支承方式为梯板高端平板支承在梯梁上，梯板低端带滑动支座支承在挑板上。框架结构中，楼梯层间平台通常设置梯柱、梯梁，层间平台可与框架柱连接。

2. 楼梯平面注写方式如图 1 所示。其中，集中注写的内容有 5 项：第 1 项为梯板类型代号与序号 DTb××；第 2 项为梯板厚度 h，当平板厚度和踏步段厚度不同时，在梯板厚度后面括号内以字母 P 打头注写平板厚度 h_t；第 3 项为踏步段总高度 H_s/ 踏步级数 (m+1)；第 4 项为上部纵向钢筋及下部纵向钢筋；第 5 项为梯板分布钢筋。

3. 梯板的分布钢筋可直接标注，也可统一说明。

4. 平台板 PTB、梯梁 TL、梯柱 TZ 配筋可参照 22G101—1 图集标注。带悬挑板的梯梁应采用截面注写方式 .

5. 滑动支座做法由设计指定，当采用与本图集不同的做法时由设计另行给出。

6. DTb 型楼梯滑动支座做法见 22G101—2 图集第 52 页，滑动支座中建筑构造应保证梯板滑动要求 .

7. 地震作用下，DTb 型楼梯悬挑板尚承受梯板传来的附加竖向作用力，设计时应对挑板及与其相连的平台梁采取加强措施。

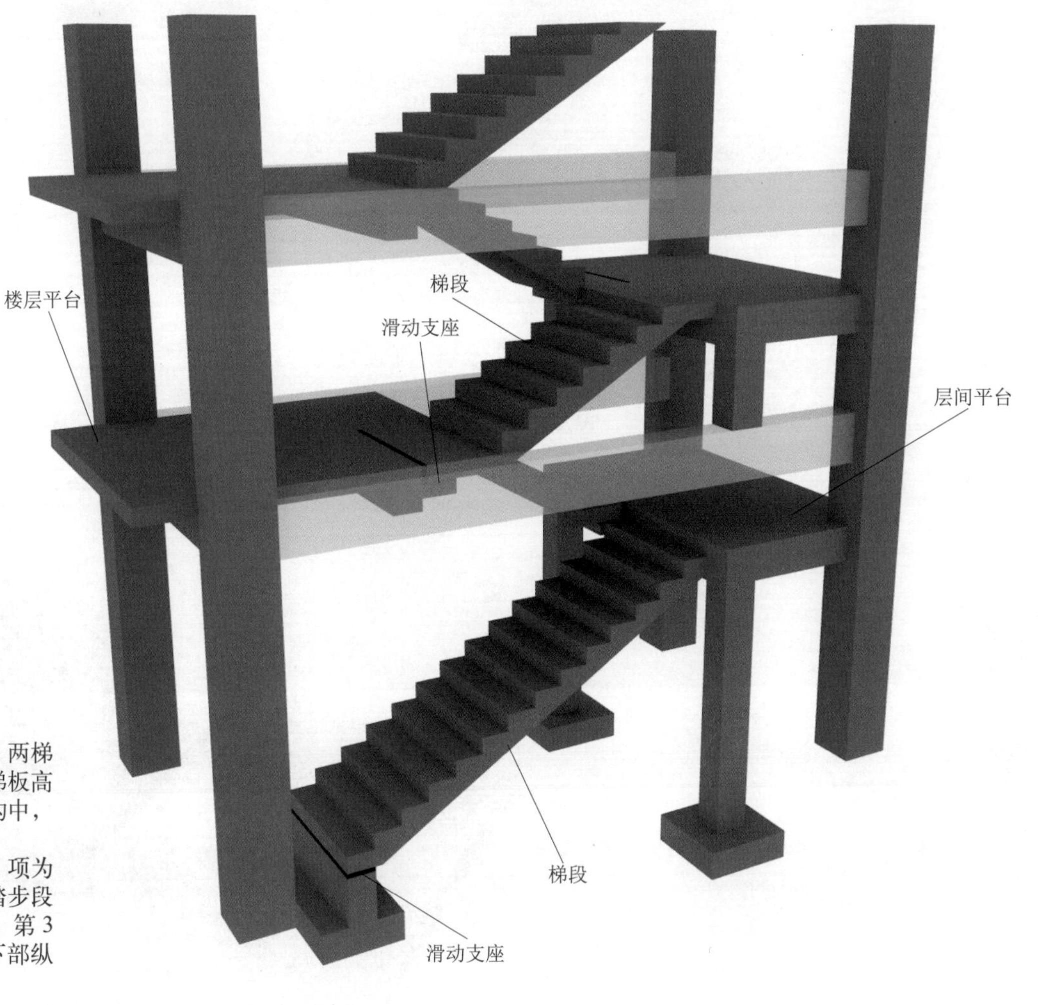

DTb 型楼梯平面注写方式与适用条件						图集号	22G101—2—57
审核	郭仁俊	校对	廖宜香	设计	傅华夏		

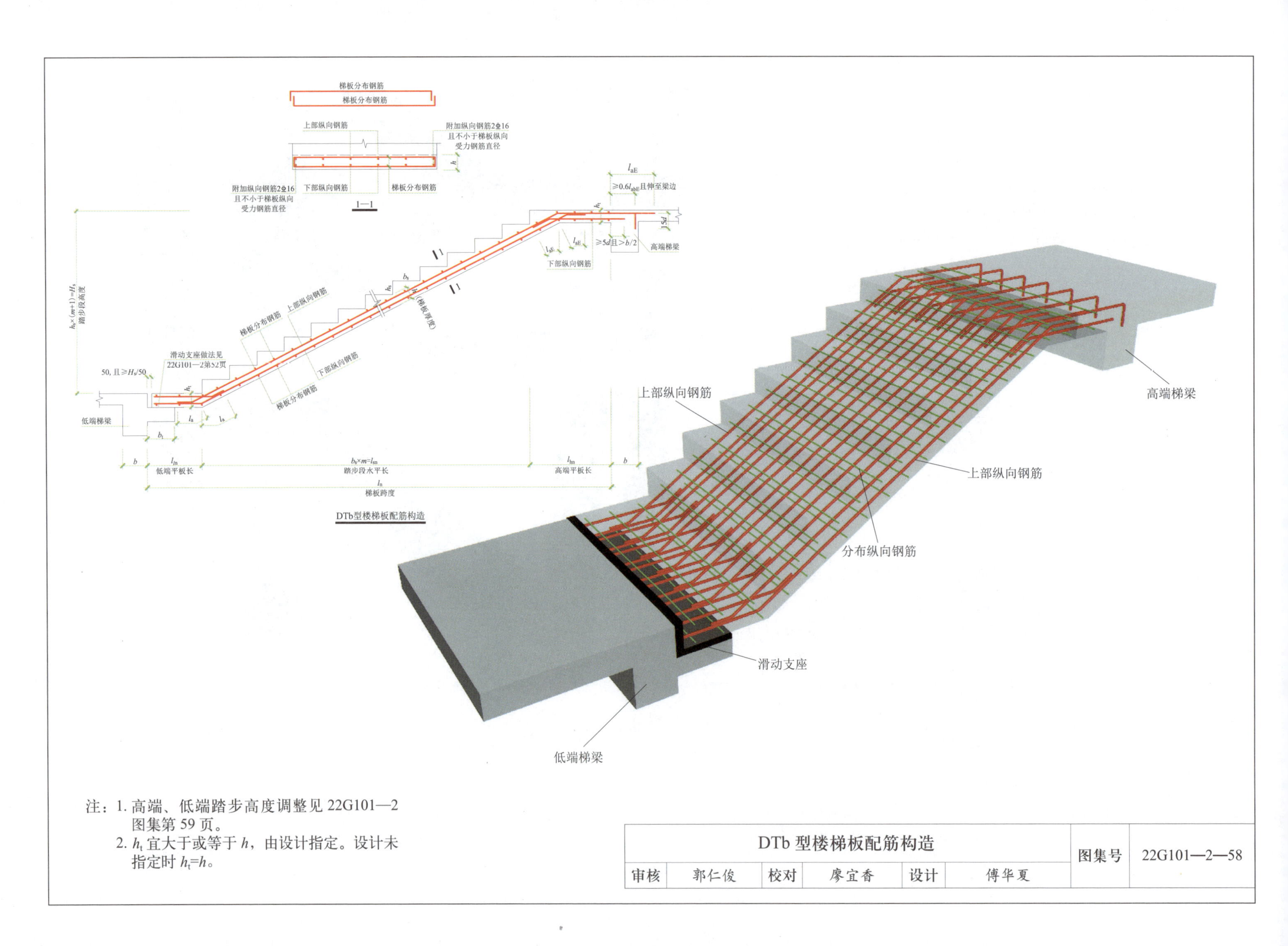

注：1. 高端、低端踏步高度调整见 22G101—2 图集第 59 页。

2. h_t 宜大于或等于 h，由设计指定。设计未指定时 $h_t=h$。

DTb 型楼梯板配筋构造						图集号	22G101—2—58
审核	郭仁俊	校对	廖宜香	设计	傅华夏		

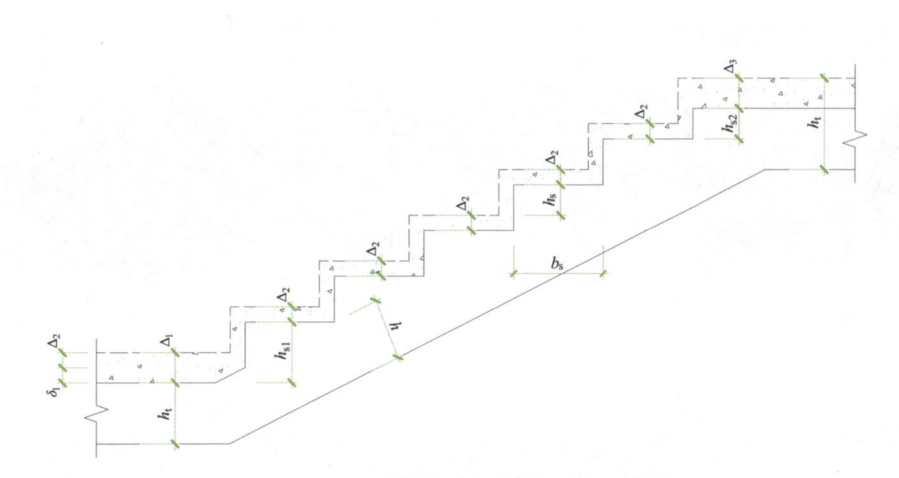

不同踏步位置推高与高度减小构造

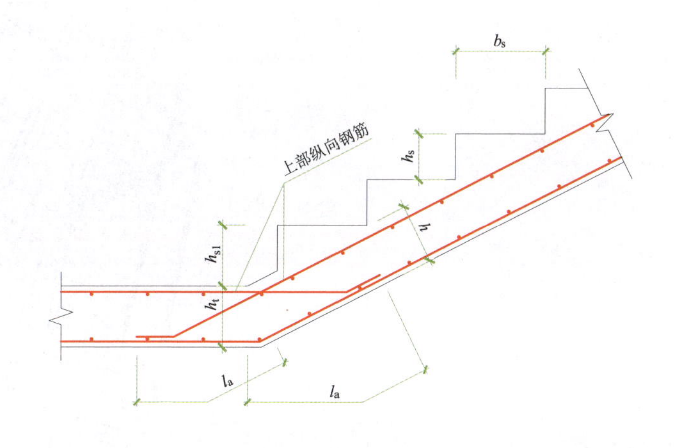

$h_{s1}>h_s$时梯板低端上部纵向钢筋锚固构造

注：1. 图中 δ_1 为第一级与中间各级踏步整体竖向推高值；h_{s1} 为第一级（推高后）踏步的结构高度；h_{s2} 为最上一级（减小后）踏步的结构高度；h_t 为梯板水平段厚度；Δ_1 为第一级踏步根部面层厚度；Δ_2 为中间各级踏步的面层厚度；Δ_3 为最上一级踏步（板）的面层厚度。

2. 由于踏步段上下两端板的建筑面层厚度不同，为使面层完工后各级踏步等高等宽，必须减小最上一级踏步的高度并将其余踏步整体斜向推高，整体推高的（垂直）高度值 $\delta_1=\Delta_1-\Delta_2$，高度减小后的最上一级踏步高度 $h_{s2}=h_s-(\Delta_3-\Delta_2)$。

不同踏步位置推高与高度减小构造						图集号	22G101—2—59
审核	郭仁俊	校对	廖宜香	设计	傅华夏		

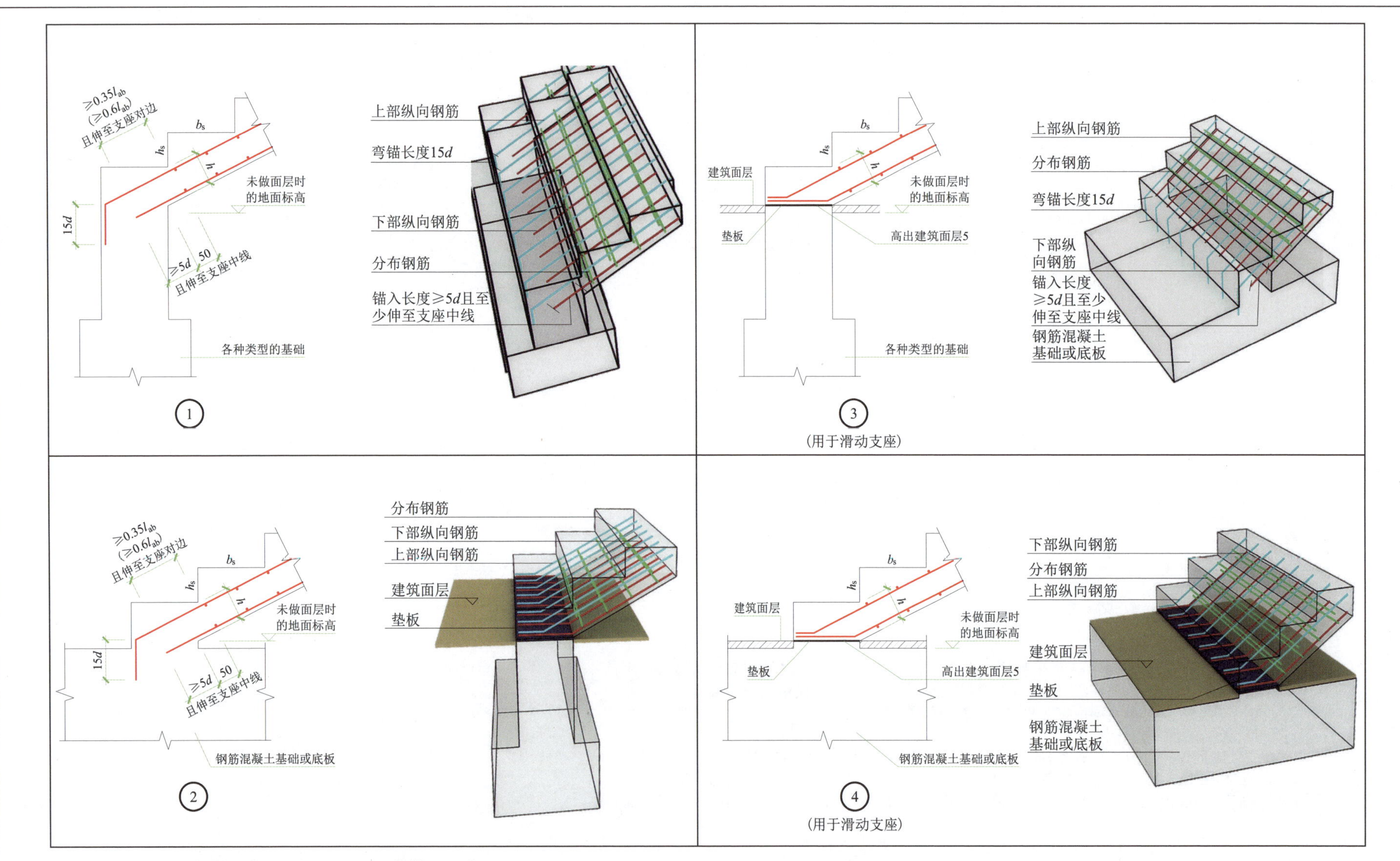

注：1. 滑动支座垫板做法参见 22G101—2 图集第 45 页。

2. 图中上部纵向钢筋锚固长度 0.35l_{ab} 用于设计按铰接的情况，括号内数据 0.6l_{ab} 用于设计考虑充分利用钢筋抗拉强度的情况。具体工程中设计人员应指明采用何种情况。

3. 当梯板型号为 ATc 时，详图一、二中应改为分布钢筋在纵向钢筋外侧，l_{ab} 应改为 l_{abE}，下部纵向钢筋锚固要求同上部纵向钢筋，且平直段长度应不小于 0.6l_{abE}。

各型楼梯第一跑与基础连接构造						图集号	22G101—2—60
审核	郭仁俊	校对	廖宜香	设计	傅华夏		

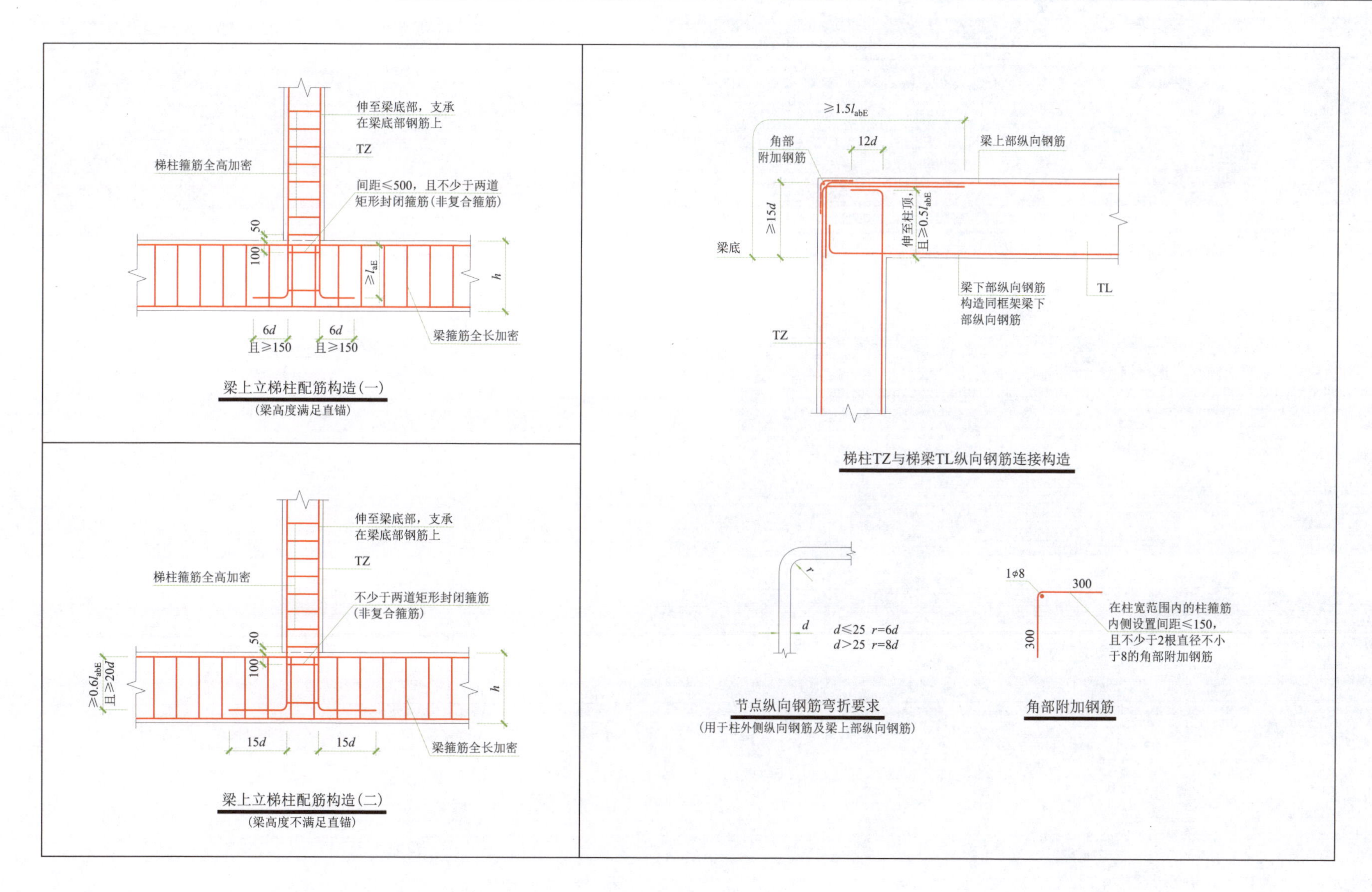

梁上立梯柱配筋构造(一)
(梁高度满足直锚)

梁上立梯柱配筋构造(二)
(梁高度不满足直锚)

梯柱TZ与梯梁TL纵向钢筋连接构造

节点纵向钢筋弯折要求
(用于柱外侧纵向钢筋及梁上部纵向钢筋)

角部附加钢筋

注：梯梁 TL、梯柱 TZ 配筋可参照 22G101—1 图集标注。

梯梁 TL、梯柱 TZ 配筋构造						图集号	22G101—2—61
审核	郭仁俊	校对	廖宜香	设计	傅华夏		

基础平法标准构造详图及三维示意图

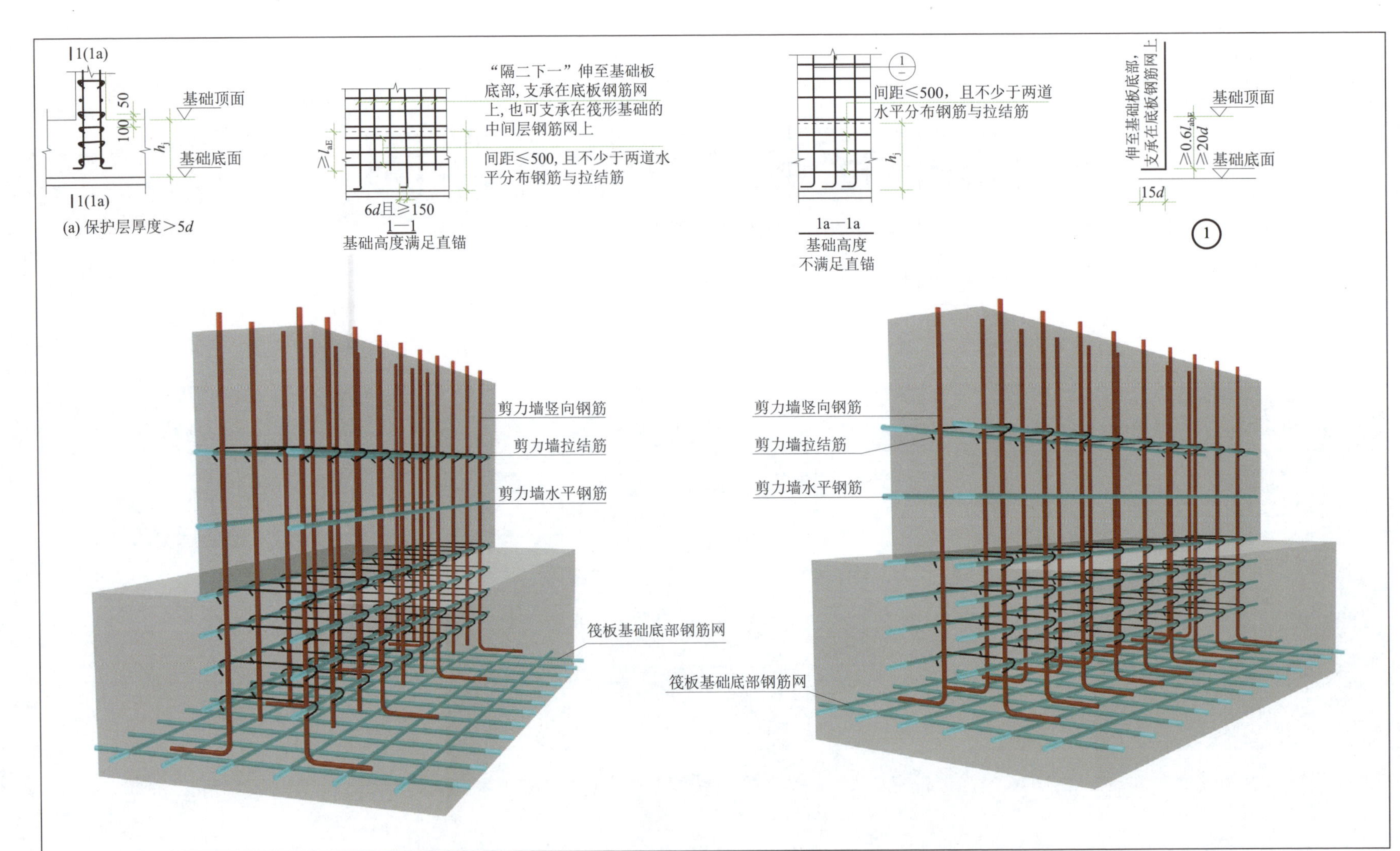

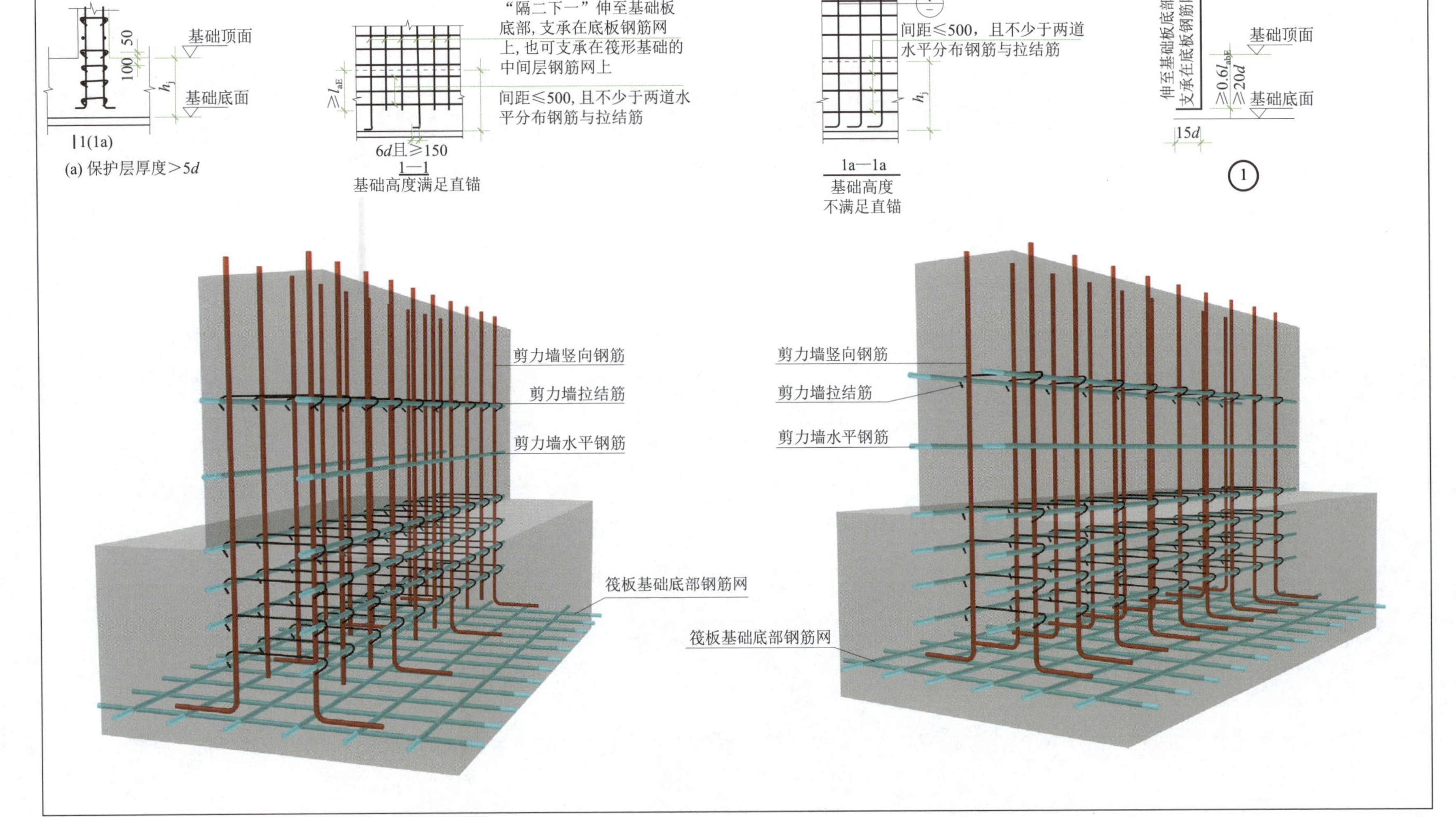

墙身竖向分布钢筋在基础中的构造（一）						图集号	22G101—3—64
审核	郭仁俊	校对	廖宜香	设计	傅华夏		

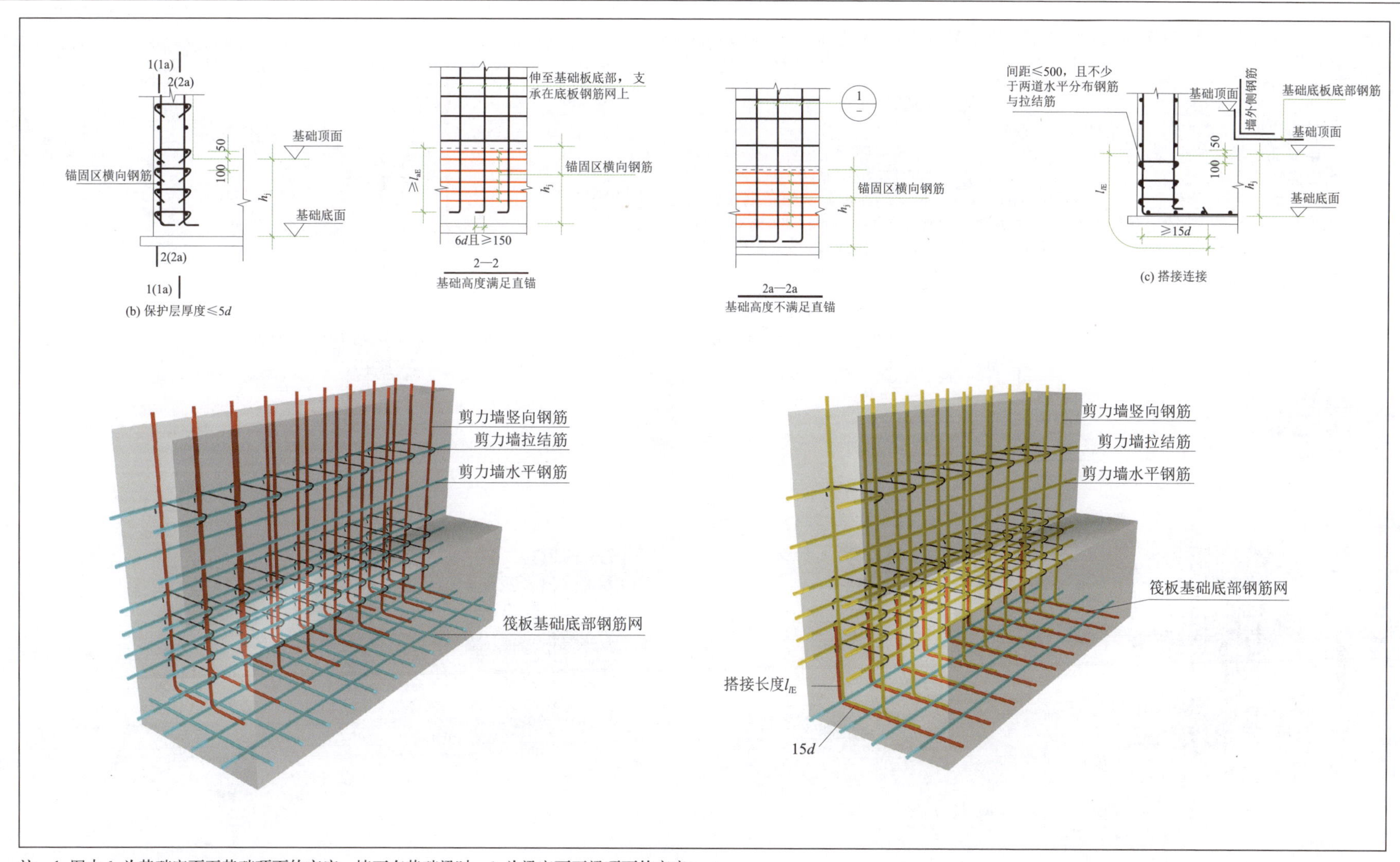

注：1. 图中 h_j 为基础底面至基础顶面的高度，墙下有基础梁时，h_j 为梁底面至梁顶面的高度。
2. 锚固区横向钢筋应满足直径≥ $d/4$ (d 为纵向钢筋最大直径)、间距≤ $10d$(d 为纵向钢筋最小直径) 且≤ 100mm 的要求。
3. 当墙身竖向分布钢筋在基础中保护层厚度不一致（如分布钢筋部分位于梁中，部分位于板内），保护层厚度≤ $5d$ 的部分应设置锚固区横向钢筋。若已设置垂直于剪力墙竖向钢筋的其他钢筋（如筏板封边钢筋等），并满足锚固区横向钢筋直径与间距的要求，可不另设锚固区横向钢筋。
4. 当选用“墙身竖向分布钢筋在基础中的构造”中图 (c) 搭接连接时，设计人员应在图纸中注明。
5. 图中 d 为墙身竖向分布钢筋直径。
6. 1—1 剖面，当施工采取有效措施保证钢筋定位时，墙身竖向分布钢筋伸入基础长度满足直锚即可。

墙身竖向分布钢筋在基础中的构造（二）						图集号	22G101—3—64
审核	郭仁俊	校对	廖宜香	设计	傅华夏		

注：1. 图中 h_j 为基础底面至基础顶面的高度，墙下有基础梁时，h_j 为梁底面至梁顶面的高度。
2. 锚固区横向钢筋应满足直径≥ $d/4$（d 为纵向钢筋最大直径）、间距≤$10d$（d 为纵向钢筋最小直径）且≤ 100mm 的要求。
3. 当边缘构件纵向钢筋在基础中保护层厚度不一致（如纵向钢筋部分位于梁中，部分位于板内），保护层厚度≤ $5d$ 的部分应设置锚固区横向箍筋。
4. 图中 d 为边缘构件纵向钢筋直径。
5. 当边缘构件（包括端柱）一侧纵向钢筋位于基础外边缘（保护层厚度≤$5d$，且基础高度满足直锚）时，边缘构件内所有纵向钢筋均按图（b）构造；对于端柱锚固区横向钢筋要求见 22G101—3 图集第 66 页；其他情况端柱纵向钢筋在基础中构造按 22G101—3 图集第 66 页。
6. 伸至钢筋网上的边缘构件角部纵向钢筋（不包含端柱）之间间距不应大于 500mm，不满足时应将边缘构件其他纵向钢筋伸至钢筋网上。
7. "边缘构件角部纵向钢筋" 图中角部纵向钢筋（不包含端柱）是指边缘构件阴影区角部纵向钢筋，图示为红色点状钢筋。图示红色的箍筋为在基础高度范围内采用的箍筋形式。

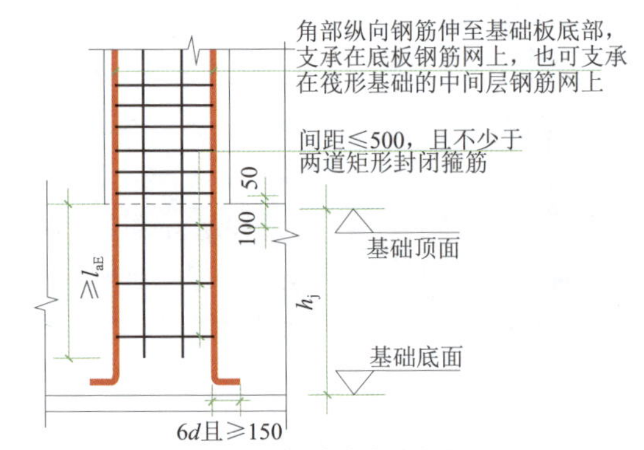

(a) 保护层厚度>$5d$；基础高度满足直锚

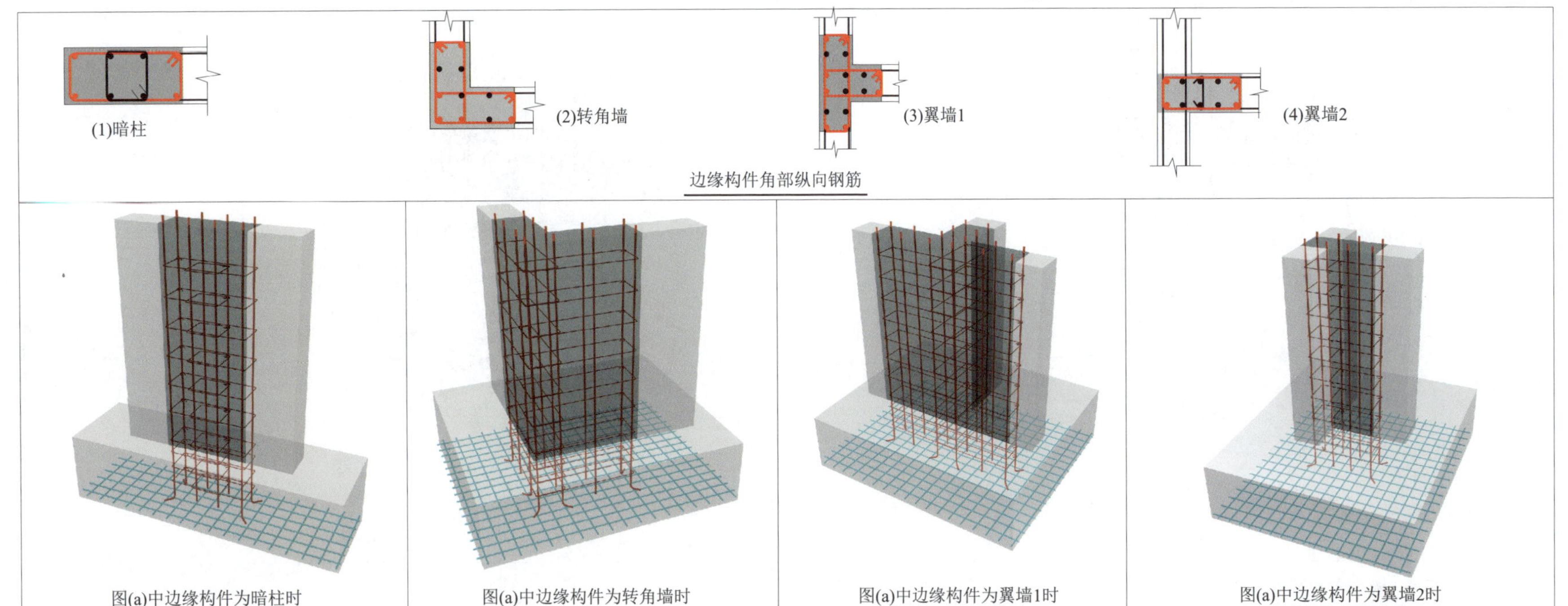

边缘构件角部纵向钢筋

图(a)中边缘构件为暗柱时角部纵向钢筋构造

图(a)中边缘构件为转角墙时角部纵向钢筋构造

图(a)中边缘构件为翼墙1时角部纵向钢筋构造

图(a)中边缘构件为翼墙2时角部纵向钢筋构造

● 边缘构件纵向钢筋、箍筋
● 筏形基础底层钢筋网

边缘构件纵向钢筋在基础中的构造（一）						图集号	22G101—3—65
审核	郭仁俊	校对	廖宜香	设计	傅华夏		

注：1. 图中 h_j 为基础底面至基础顶面的高度，墙下有基础梁时，h_j 为梁底面至梁顶面的高度。
2. 锚固区横向钢筋应满足直径≥ $d/4$（d 为纵向钢筋最大直径）、间距≤$10d$（d 为纵向钢筋最小直径）且≤ 100mm 的要求。
3. 当边缘构件纵向钢筋在基础中保护层厚度不一致（如纵向钢筋部分位于梁中，部分位于板内），保护层厚度≤ $5d$ 的部分应设置锚固区横向箍筋。
4. 图中 d 为边缘构件纵向钢筋直径。
5. 当边缘构件（包括端柱）一侧纵向钢筋位于基础外边缘（保护层厚度≤$5d$，且基础高度满足直锚）时，边缘构件内所有纵向钢筋均按图（b）构造；对于端柱锚固区横向钢筋要求见 22G101—3 图集第 66 页；其他情况端柱纵向钢筋在基础中构造按 22G101—3 图集第 66 页。
6. 伸至钢筋网上的边缘构件角部纵向钢筋（不包含端柱）之间间距不应大于 500mm，不满足时应将边缘构件其他纵向钢筋伸至钢筋网上。
7. “边缘构件角部纵向钢筋”图中角部纵向钢筋（不包含端柱）是指边缘构件阴影区角部纵向钢筋，图示为红色点状钢筋。图示红色的箍筋为在基础高度范围内采用的箍筋形式。

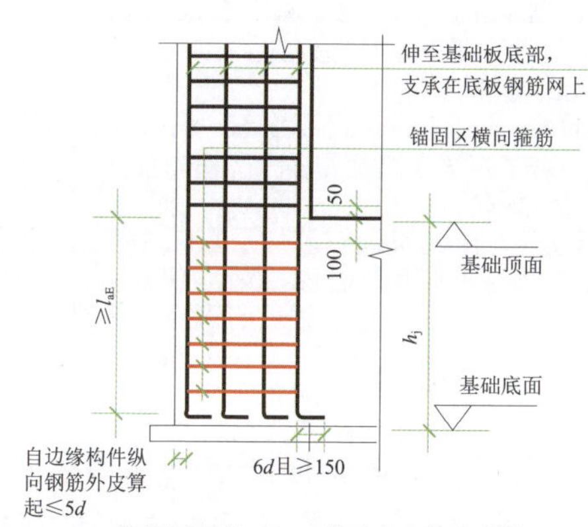

(b)保护层厚度≤$5d$；基础高度满足直锚

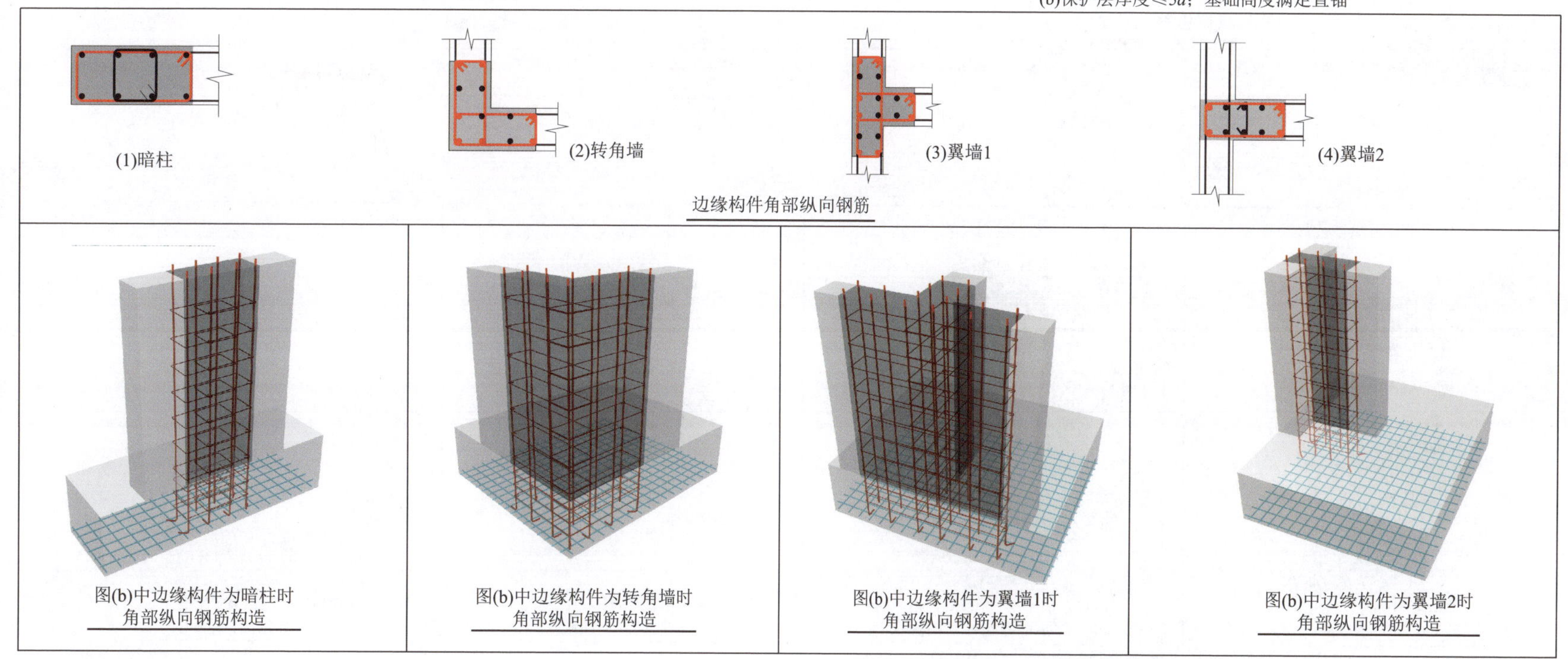

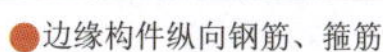

边缘构件纵向钢筋在基础中的构造（二）						图集号	22G101—3—65
审核	郭仁俊	校对	廖宜香	设计	傅华夏		

注：1. 图中 h_j 为基础底面至基础顶面的高度，墙下有基础梁时，h_j 为梁底面至梁顶面的高度。
2. 锚固区横向钢筋应满足直径≥ $d/4$（d 为纵向钢筋最大直径）、间距≤$10d$（d 为纵向钢筋最小直径）且≤ 100mm 的要求。
3. 当边缘构件纵向钢筋在基础中保护层厚度不一致（如纵向钢筋部分位于梁中，部分位于板内），保护层厚度≤ $5d$ 的部分应设置锚固区横向箍筋。
4. 图中 d 为边缘构件纵向钢筋直径。
5. 当边缘构件（包括端柱）一侧纵向钢筋位于基础外边缘（保护层厚度≤$5d$，且基础高度满足直锚）时，边缘构件内所有纵向钢筋均按图（b）构造；对于端柱锚固区横向钢筋要求见22G101—3 图集第 66 页；其他情况端柱纵向钢筋在基础中构造按 22G101—3 图集第 66 页。
6. 伸至钢筋网上的边缘构件角部纵向钢筋（不包含端柱）之间间距不应大于 500mm，不满足时应将边缘构件其他纵向钢筋伸至钢筋网上。
7. “边缘构件角部纵向钢筋”图中角部纵向钢筋（不包含端柱）是指边缘构件阴影区角部纵向钢筋，图示为红色点状钢筋。图示红色的箍筋为在基础高度范围内采用的箍筋形式。

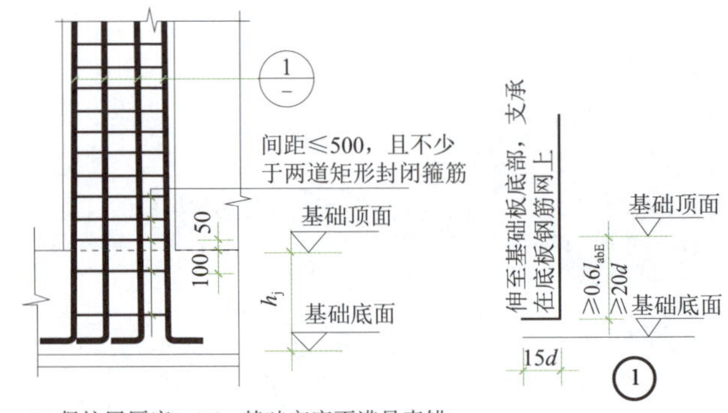

(c) 保护层厚度＞$5d$；基础高度不满足直锚

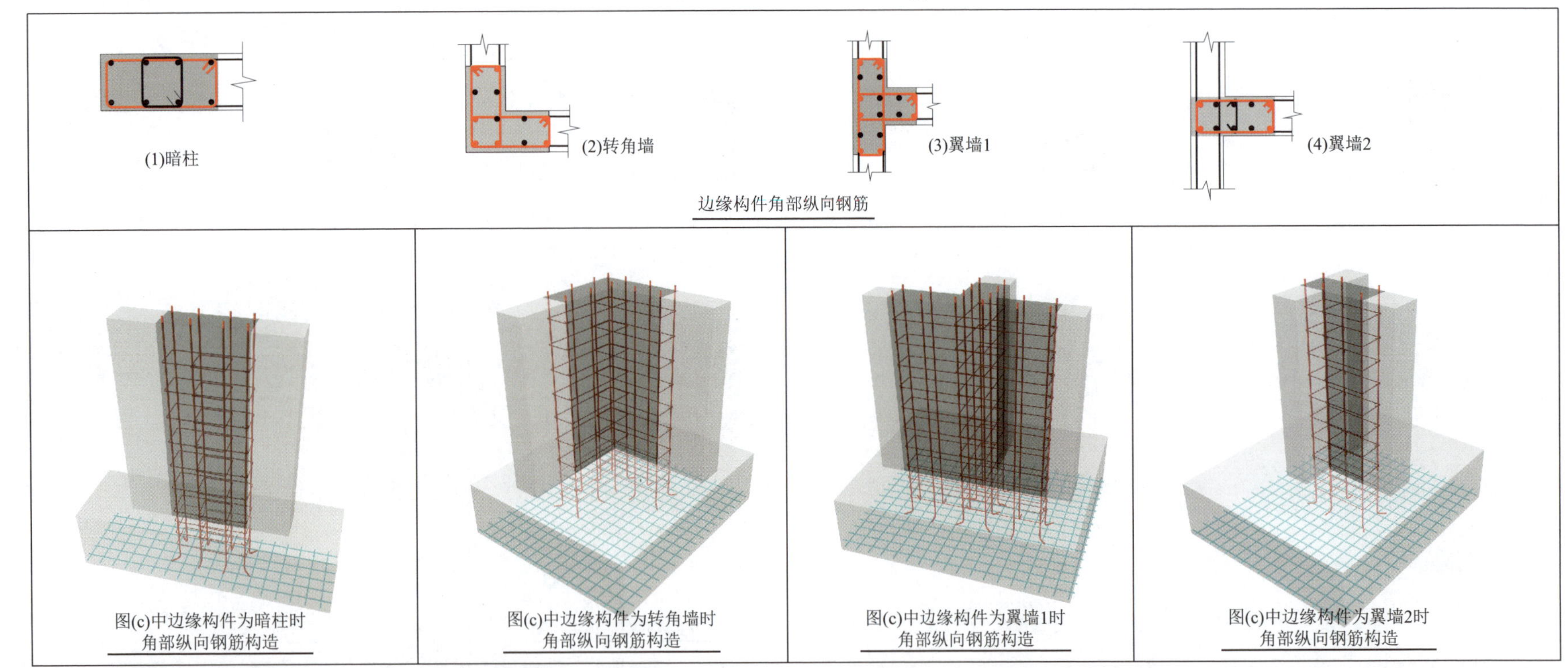

边缘构件角部纵向钢筋

图(c)中边缘构件为暗柱时角部纵向钢筋构造

图(c)中边缘构件为转角墙时角部纵向钢筋构造

图(c)中边缘构件为翼墙1时角部纵向钢筋构造

图(c)中边缘构件为翼墙2时角部纵向钢筋构造

● 边缘构件纵向钢筋、箍筋
● 筏形基础底层钢筋网

边缘构件纵向钢筋在基础中的构造（三）						图集号	22G101—3—65
审核	郭仁俊	校对	廖宜香	设计	傅华夏		

注：1. 图中 h_j 为基础底面至基础顶面的高度，墙下有基础梁时，h_j 为梁底面至梁顶面的高度。
2. 锚固区横向钢筋应满足直径≥ $d/4$（d 为纵向钢筋最大直径）、间距≤$10d$（d 为纵向钢筋最小直径）且≤ 100mm 的要求。
3. 当边缘构件纵向钢筋在基础中保护层厚度不一致（如纵向钢筋部分位于梁中，部分位于板内），保护层厚度≤ $5d$ 的部分应设置锚固区横向箍筋。
4. 图中 d 为边缘构件纵向钢筋直径。
5. 当边缘构件（包括端柱）一侧纵向钢筋位于基础外边缘（保护层厚度≤$5d$，且基础高度满足直锚）时，边缘构件内所有纵向钢筋均按图（b）构造；对于端柱锚固区横向钢筋要求见 22G101—3 图集第 66 页；其他情况端柱纵向钢筋在基础中构造按 22G101—3 图集第 66 页。
6. 伸至钢筋网上的边缘构件角部纵向钢筋（不包含端柱）之间间距不应大于 500mm，不满足时应将边缘构件其他纵向钢筋伸至钢筋网上。
7. "边缘构件角部纵向钢筋"图中角部纵向钢筋（不包含端柱）是指边缘构件阴影区角部纵向钢筋，图示为红色点状钢筋。图示红色的箍筋为在基础高度范围内采用的箍筋形式。

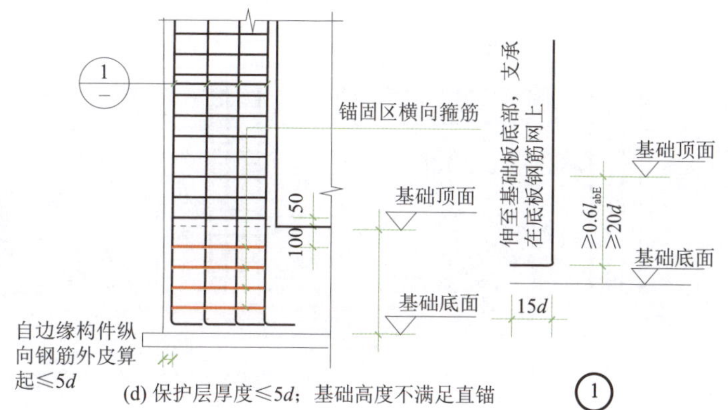

(d) 保护层厚度≤$5d$；基础高度不满足直锚 ①

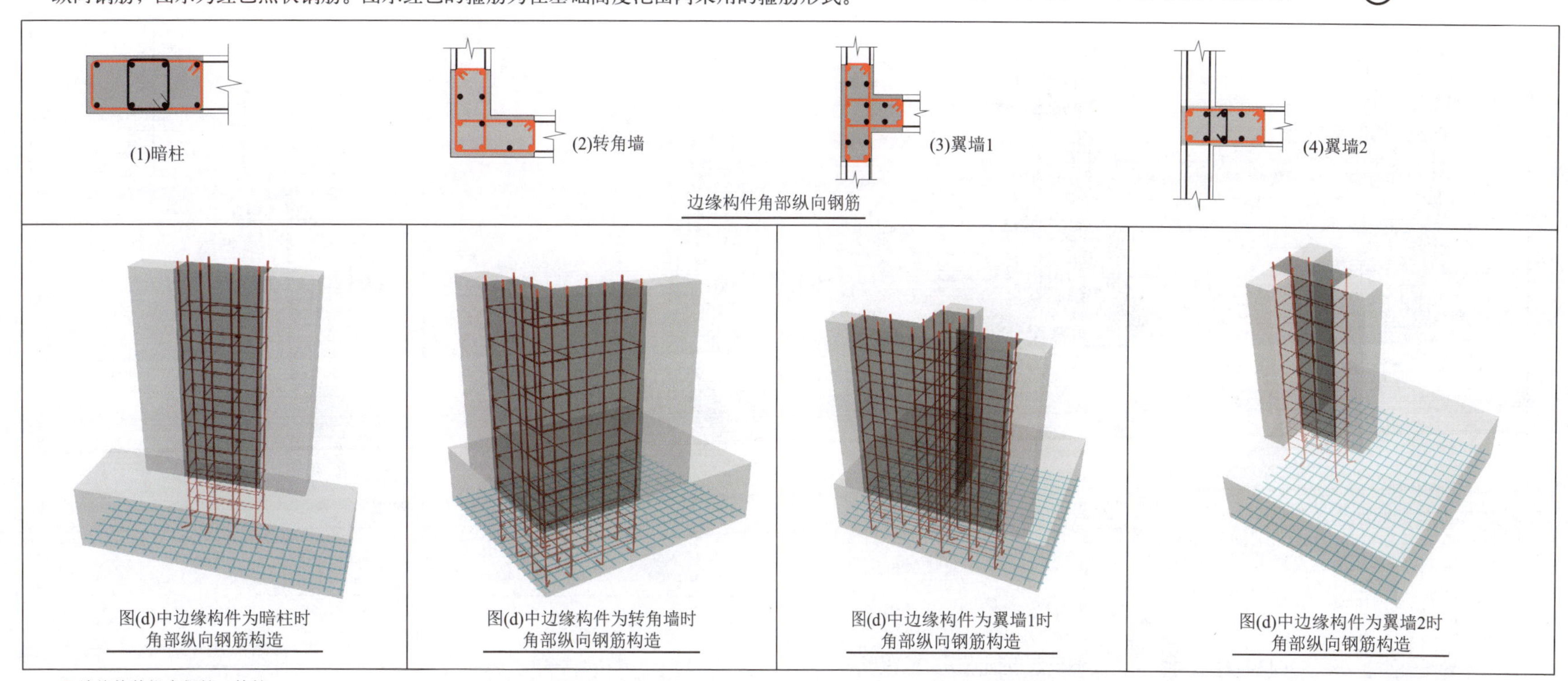

● 边缘构件纵向钢筋、箍筋
● 筏形基础底层钢筋网

边缘构件纵向钢筋在基础中的构造（四）						图集号	22G101—3—65
审核	郭仁俊	校对	廖宜香	设计	傅华夏		

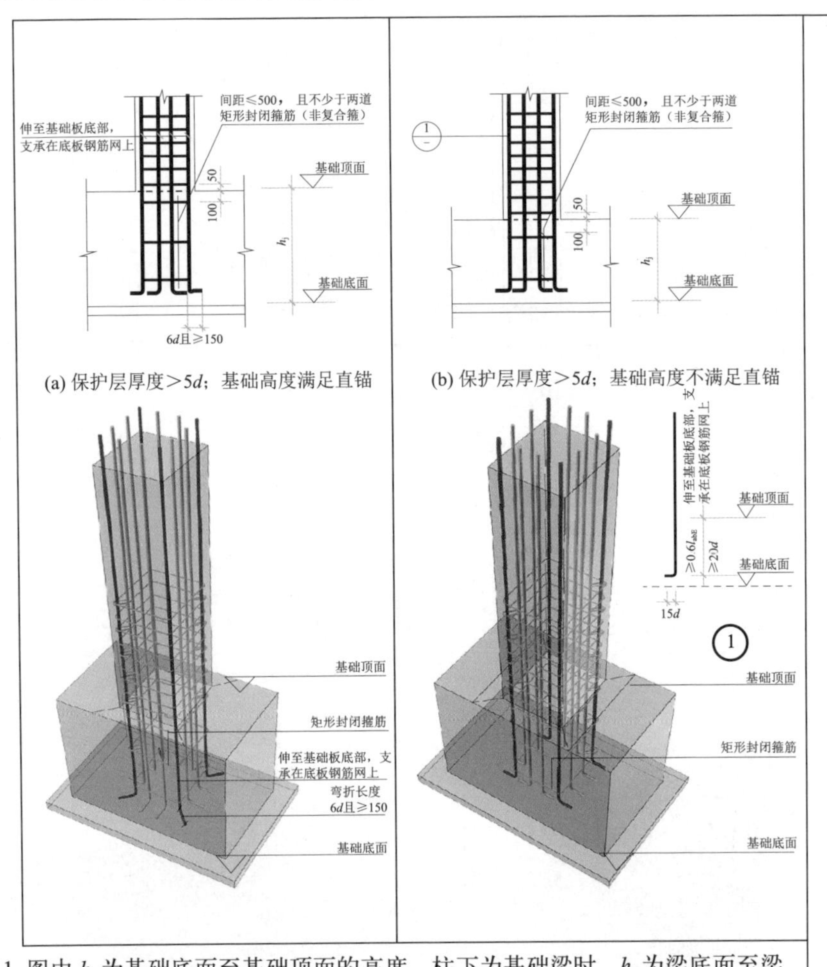

(a) 保护层厚度>5*d*；基础高度满足直锚

(b) 保护层厚度>5*d*；基础高度不满足直锚

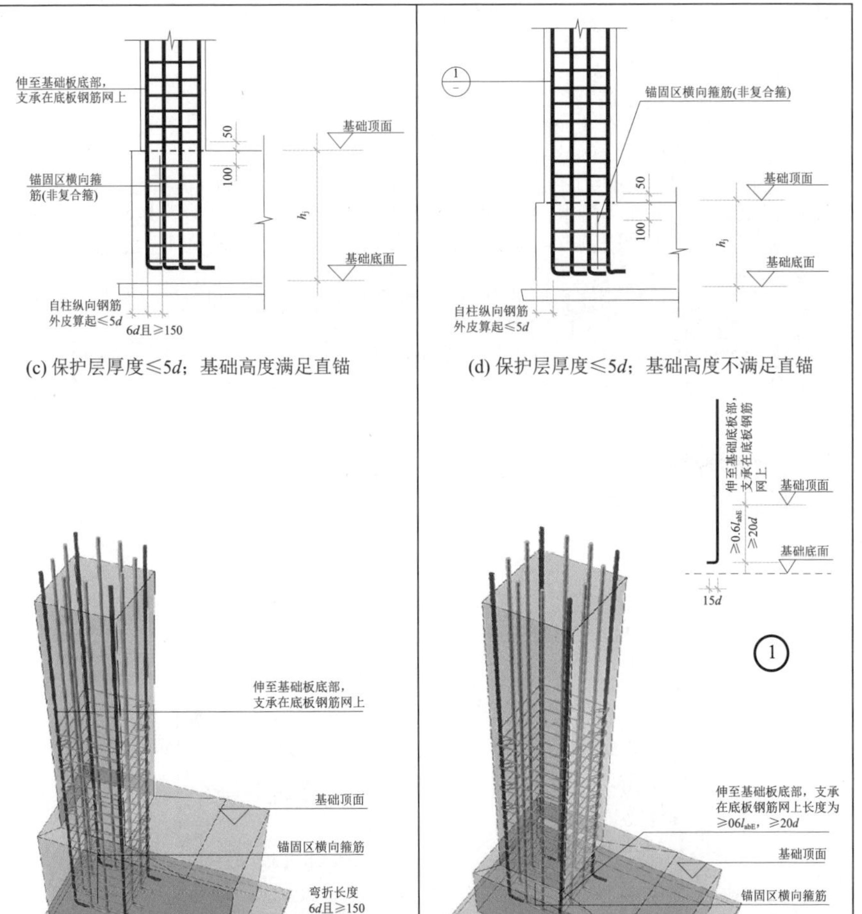

(c) 保护层厚度≤5*d*；基础高度满足直锚

(d) 保护层厚度≤5*d*；基础高度不满足直锚

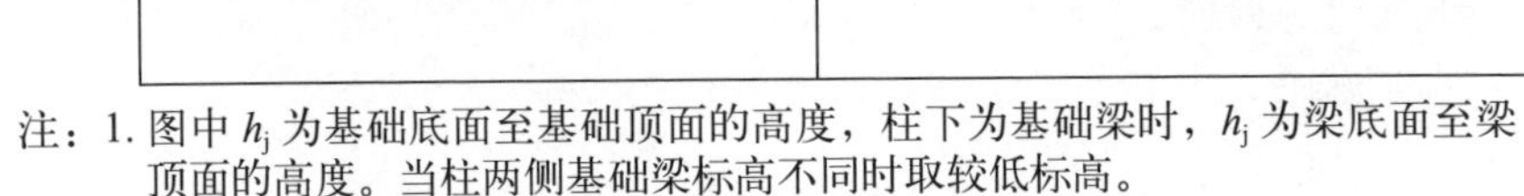

注：1. 图中 h_j 为基础底面至基础顶面的高度，柱下为基础梁时，h_j 为梁底面至梁顶面的高度。当柱两侧基础梁标高不同时取较低标高。

2. 锚固区横向箍筋应满足直径≥ *d*/4（*d* 为纵向钢筋最大直径），间距≤5*d*（*d* 为纵向钢筋最小直径）且≤100mm 的要求。

3. 当柱纵向钢筋在基础中保护层厚度不一致（如纵向钢筋部分位于梁中，部分位于板内），保护层厚度≤5*d* 的部分应设置锚固区横向钢筋。

4. 当符合下列条件之一时，可仅将柱四角纵向钢筋伸至底板钢筋网上或筏形基础中间层钢筋网上（伸至钢筋网上的柱纵向钢筋间距不应大于 1000mm），其余纵向钢筋锚固在基础顶面下 l_{aE} 即可：①柱为轴心受压或小偏心受压，基础高度或基础顶面至中间层钢筋网顶面距离不小于 1200mm；②柱为大偏心受压，基础高度或基础顶面至中间层钢筋网顶面距离不小于 1400mm。

5. 图中 *d* 为柱纵向钢筋直径。

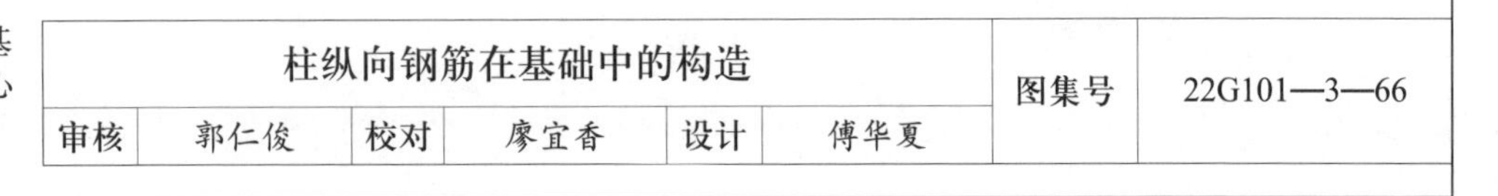

柱纵向钢筋在基础中的构造						图集号	22G101—3—66
审核	郭仁俊	校对	廖宜香	设计	傅华夏		

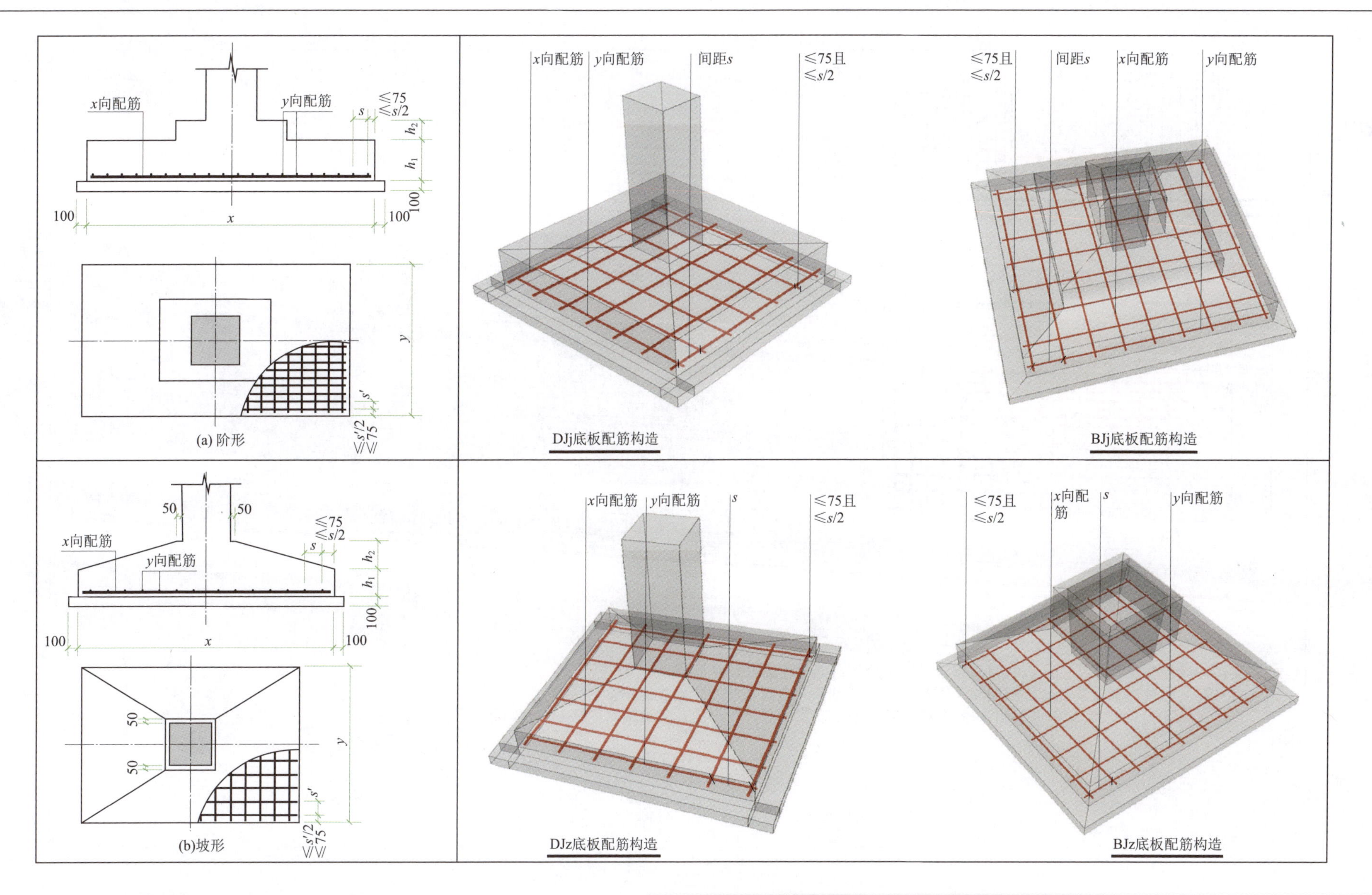

注：1. 独立基础底板配筋构造适用于普通独立基础和杯口独立基础。
2. 独立基础底板双向交叉钢筋长向设置在下，短向设置在上。

独立基础 DJj、DJz、BJj、BJz 底板配筋构造						图集号	22G101—3—67
审核	郭仁俊	校对	廖宜香	设计	傅华夏		

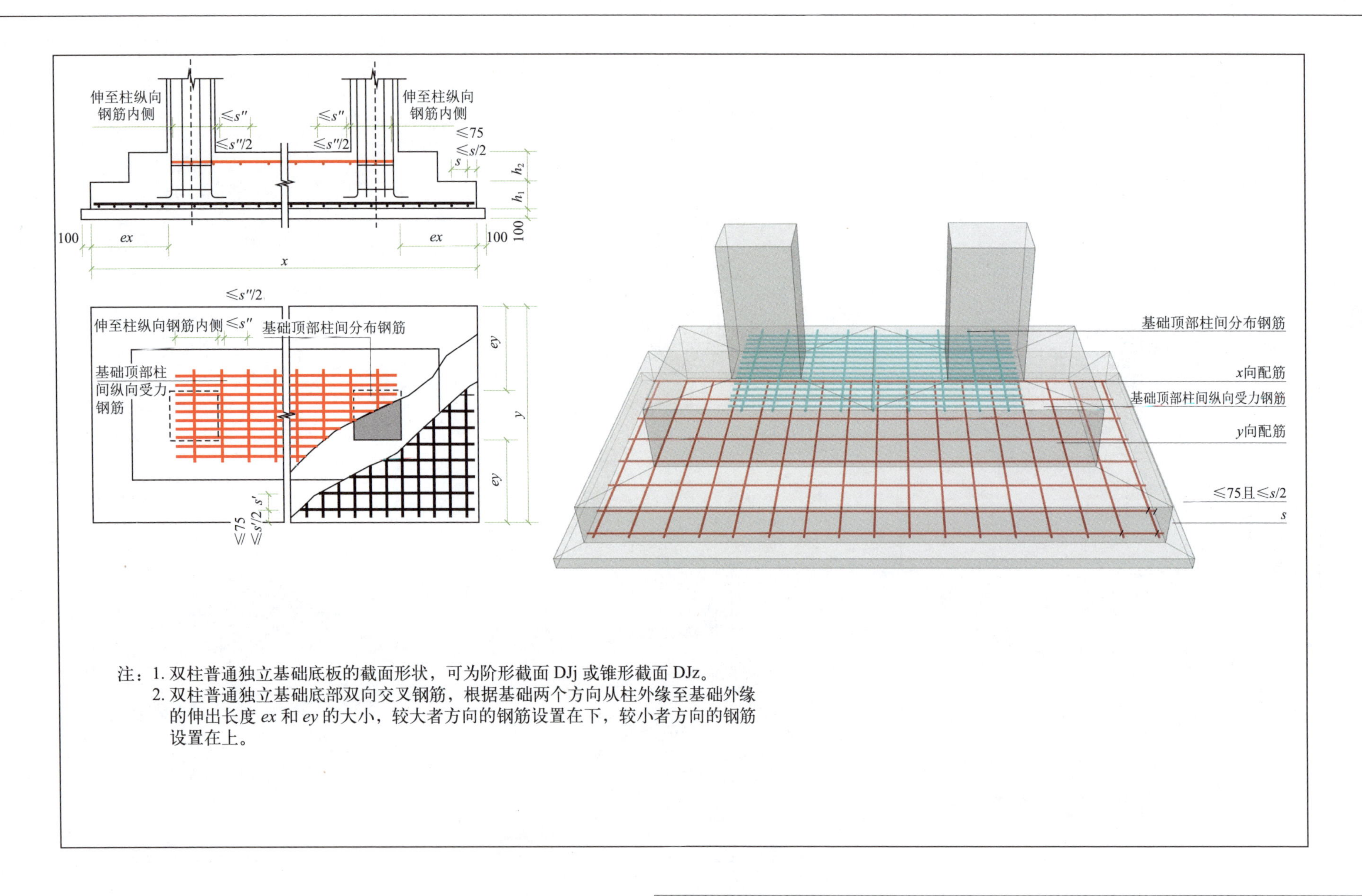

注：1. 双柱普通独立基础底板的截面形状，可为阶形截面 DJj 或锥形截面 DJz。

2. 双柱普通独立基础底部双向交叉钢筋，根据基础两个方向从柱外缘至基础外缘的伸出长度 *ex* 和 *ey* 的大小，较大者方向的钢筋设置在下，较小者方向的钢筋设置在上。

双柱普通独立基础 DJj、DJz 底部与顶部配筋构造						图集号	22G101—3—68
审核	郭仁俊	校对	廖宜香	设计	傅华夏		

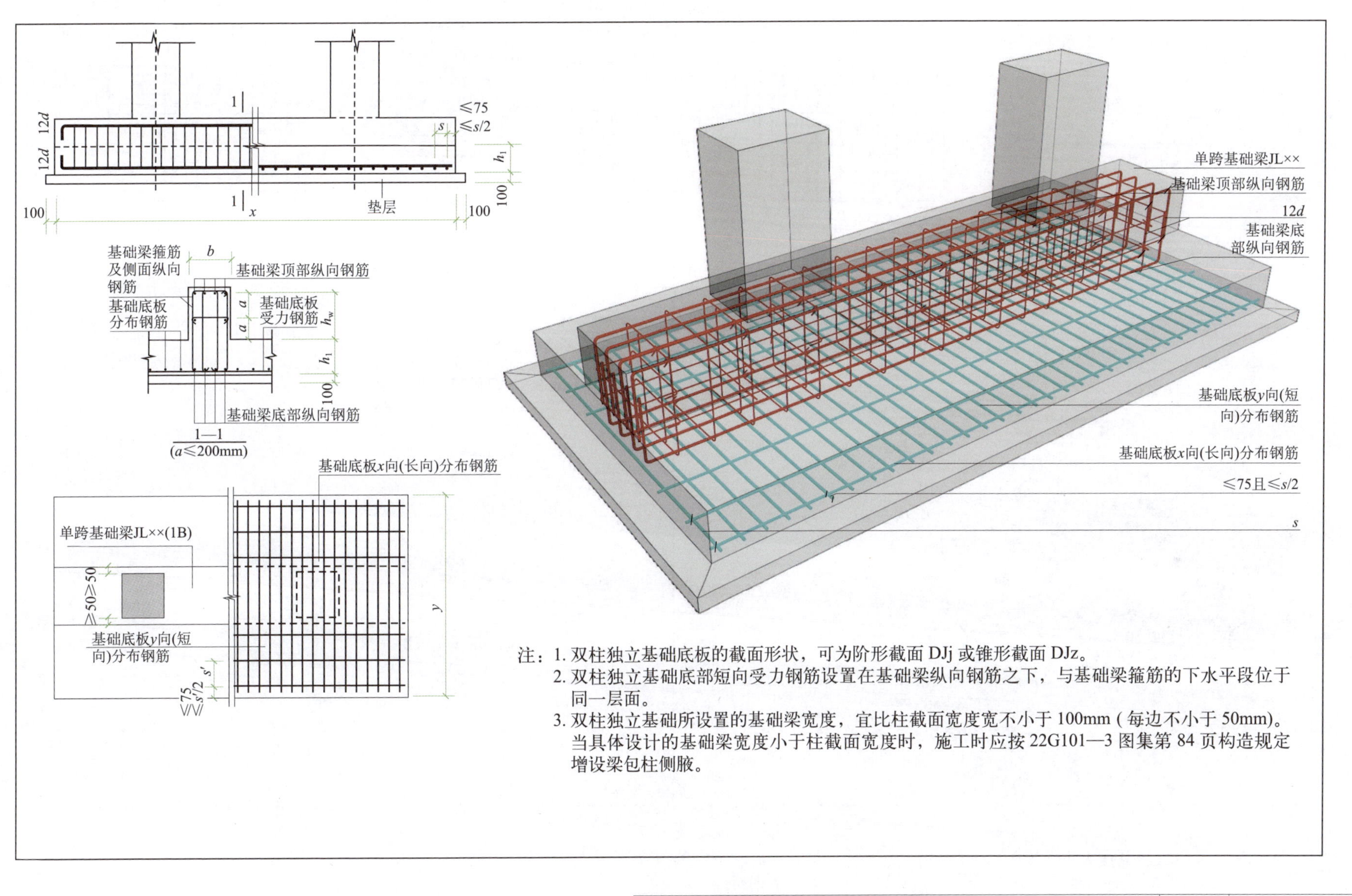

注：1. 双柱独立基础底板的截面形状，可为阶形截面 DJj 或锥形截面 DJz。
2. 双柱独立基础底部短向受力钢筋设置在基础梁纵向钢筋之下，与基础梁箍筋的下水平段位于同一层面。
3. 双柱独立基础所设置的基础梁宽度，宜比柱截面宽度宽不小于 100mm（每边不小于 50mm）。当具体设计的基础梁宽度小于柱截面宽度时，施工时应按 22G101—3 图集第 84 页构造规定增设梁包柱侧腋。

设置基础梁的双柱普通独立基础 DJj、DJz 配筋构造						图集号	22G101—3—69
审核	郭仁俊	校对	廖宜香	设计	傅华夏		

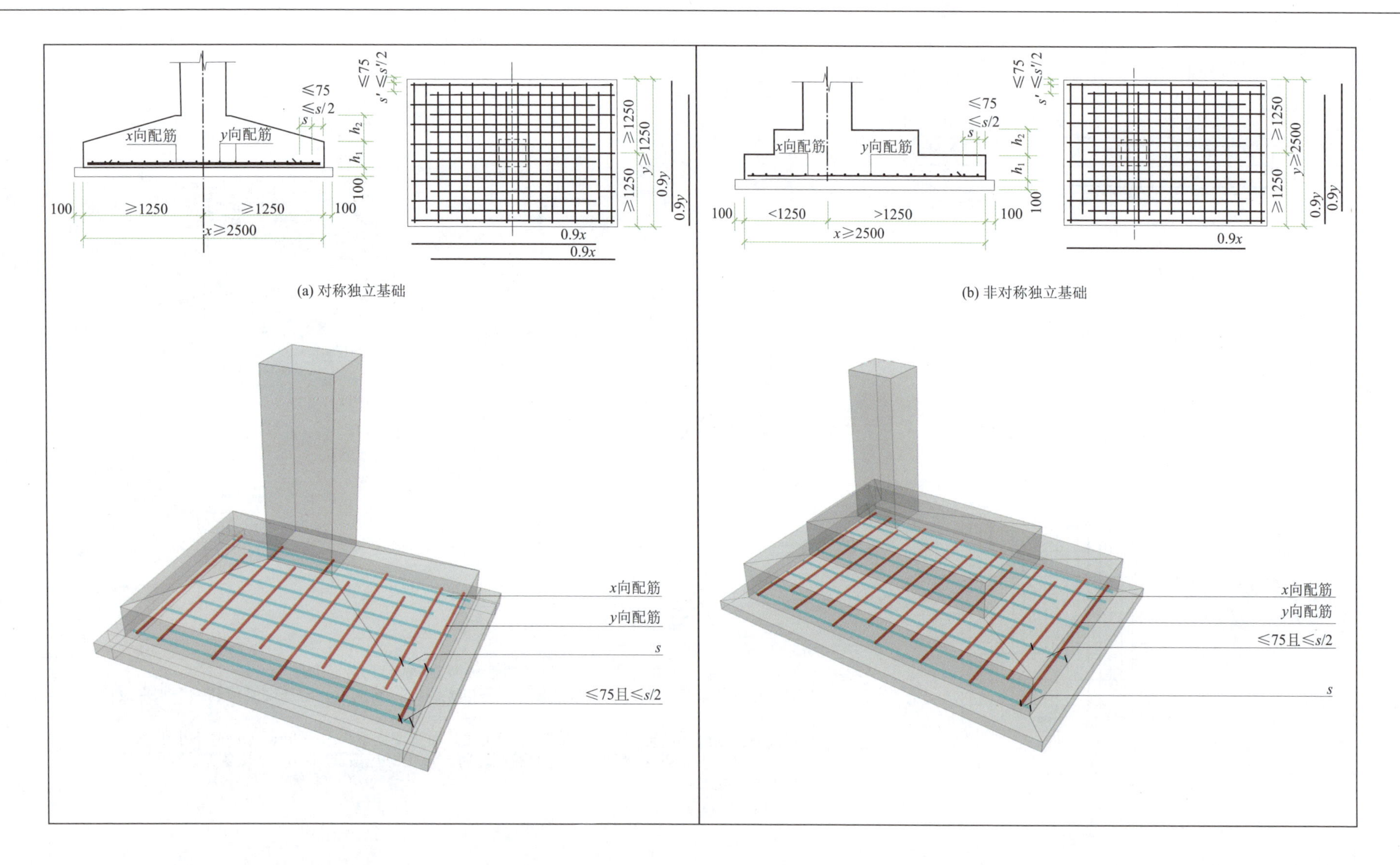

(a) 对称独立基础

(b) 非对称独立基础

注：1. 当独立基础底板长度大于或等于 2500mm 时，除外侧钢筋，底板配筋长度可取相应方向底板长度的 0.9 倍，交错放置，四边最外侧钢筋不减短。
2. 当非对称独立基础底板长度大于或等于 2500mm，但该基础某侧从柱中心至基础底板边缘的距离小于 1250mm 时，钢筋在该侧不应减短。

独立基础底板配筋长度减短 10% 构造						图集号	22G101—3—70
审核	郭仁俊	校对	廖宜香	设计	傅华夏		

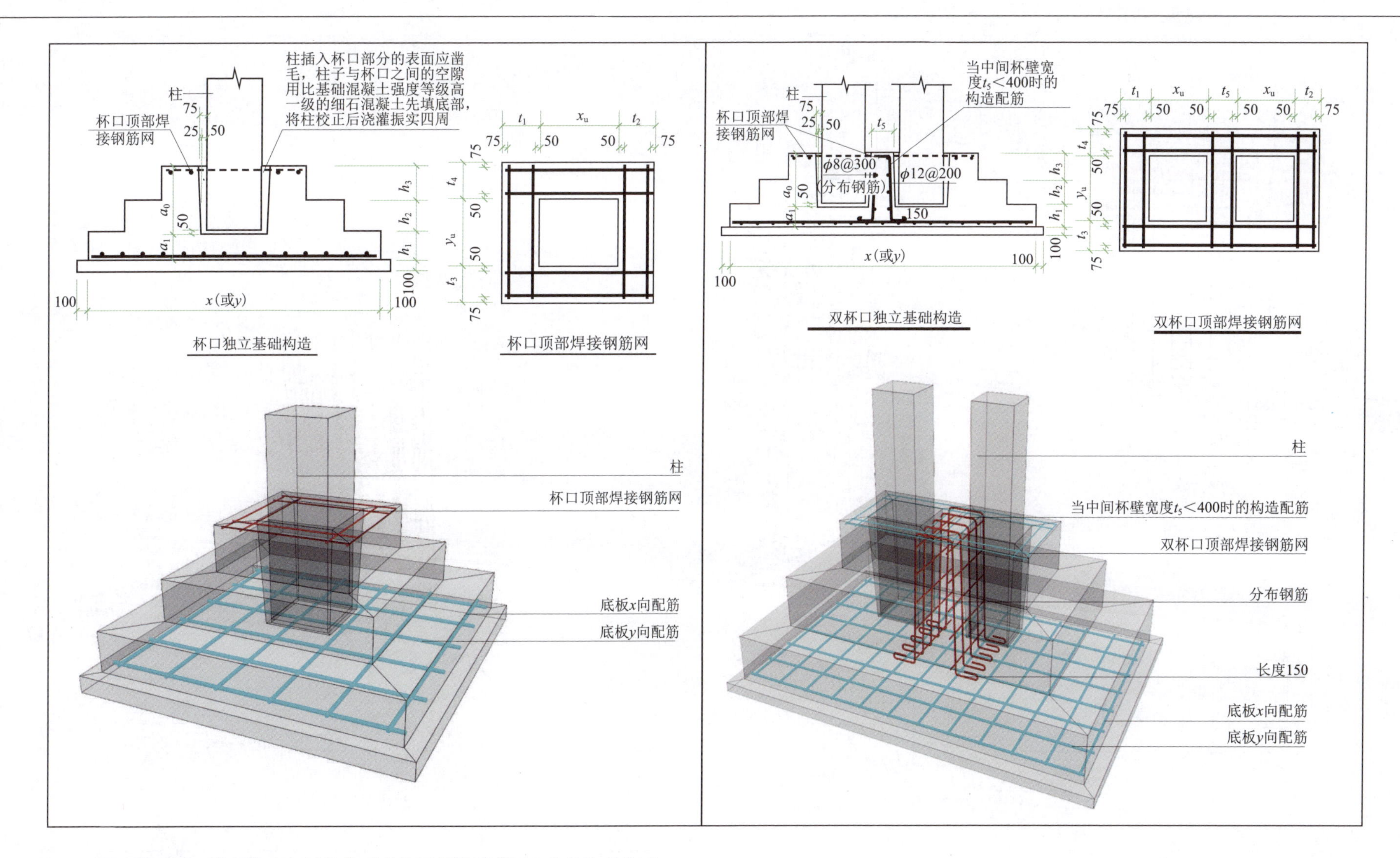

注：1. 杯口和双杯口独立基础底板的截面形状可为阶形截面 BJj 或锥形截面 BJz。当为锥形截面且坡度较大时，应在坡面上安装顶部模板，以确保混凝土能够浇筑成型、振捣密实。
2. 基础底板底部钢筋构造，详见 22G101—3 图集第 67、70 页。
3. 当双杯口的中间杯壁宽度 t_5 < 400mm 时，中间杯壁中配置的构造钢筋按本图所示施工。

杯口和双杯口独立基础 BJj、BJz 配筋构造						图集号	22G101—3—71
审核	郭仁俊	校对	廖宜香	设计	傅华夏		

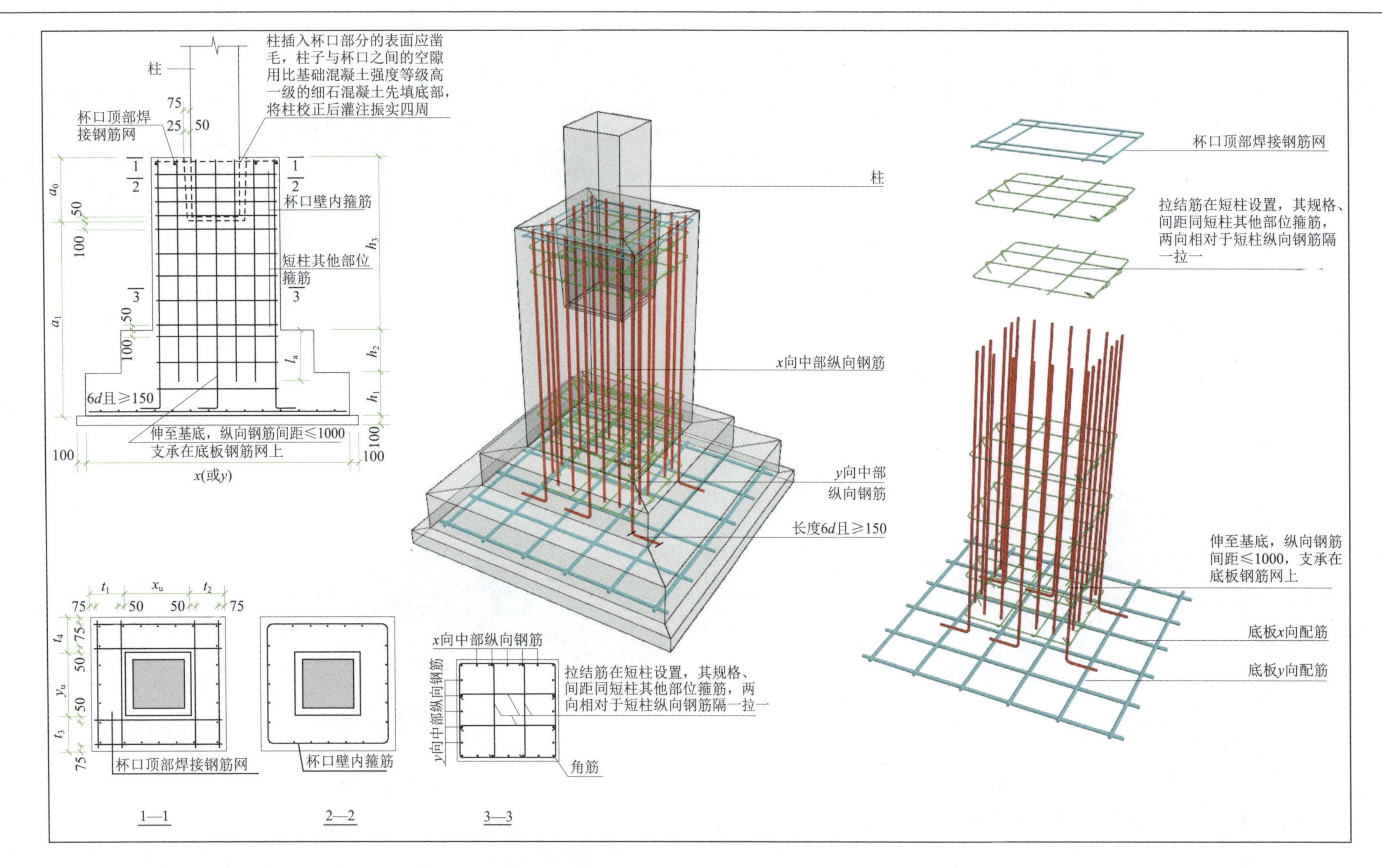

注：1. 高杯口独立基础底板的截面形状可为阶形截面 BJj 或锥形截面 BJz。当为锥形截面且坡度较大时，应在锥面上安装顶部模板，以确保混凝土能够浇筑成型、振捣密实。

2. 基础底板底部钢筋构造，详见 22G101—3 图集第 67、70 页。

高杯口独立基础 DJj、DJz 配筋构造						图集号	22G101—3—72
审核	郭仁俊	校对	廖宜香	设计	傅华夏		

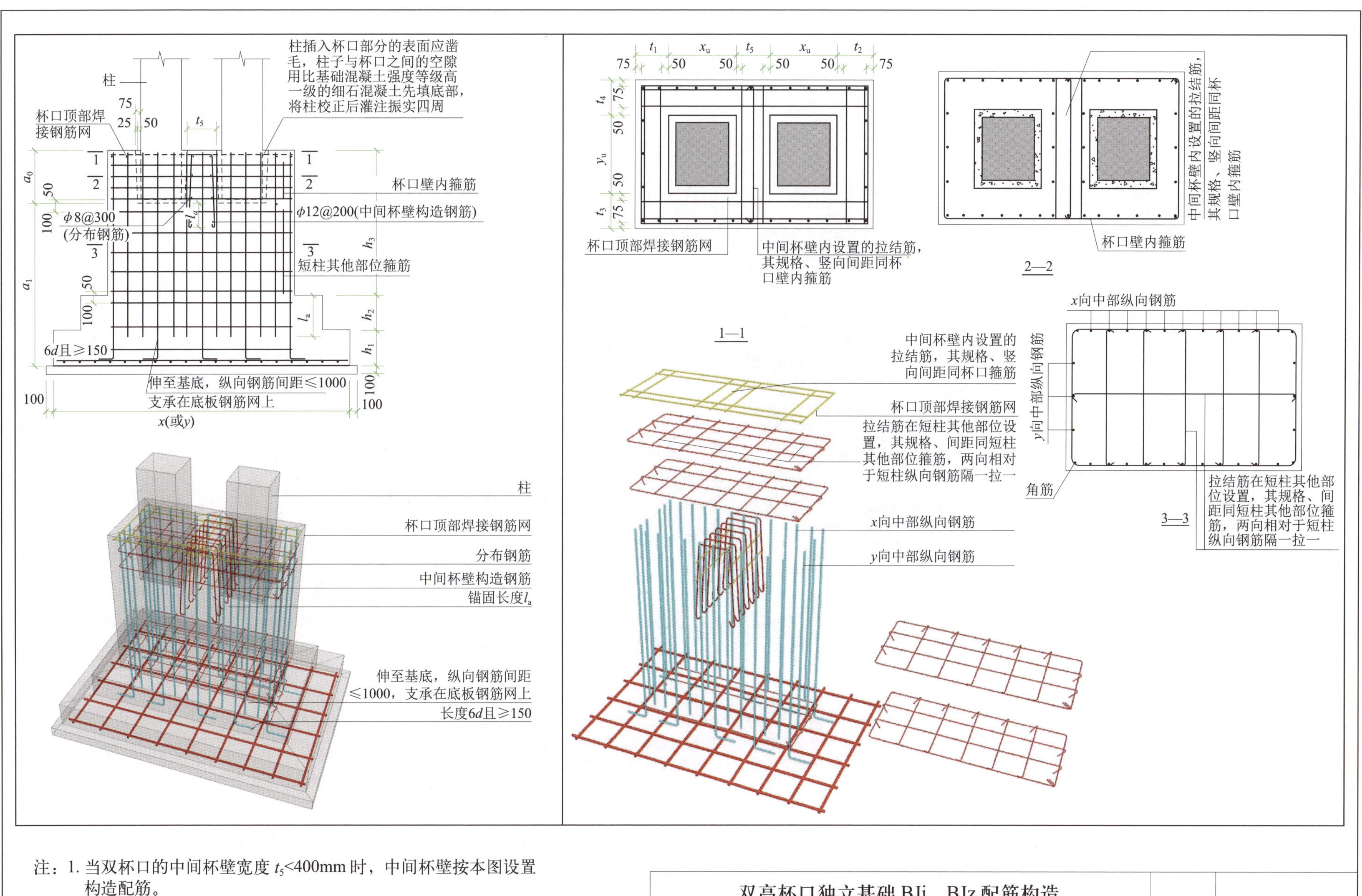

注：1. 当双杯口的中间杯壁宽度 t_5<400mm 时，中间杯壁按本图设置构造配筋。
2. 基本要求见 22G101—3 图集第 72 页注。

双高杯口独立基础 BJj、BJz 配筋构造						图集号	22G101—3—73
审核	郭仁俊	校对	廖宜香	设计	傅华夏		

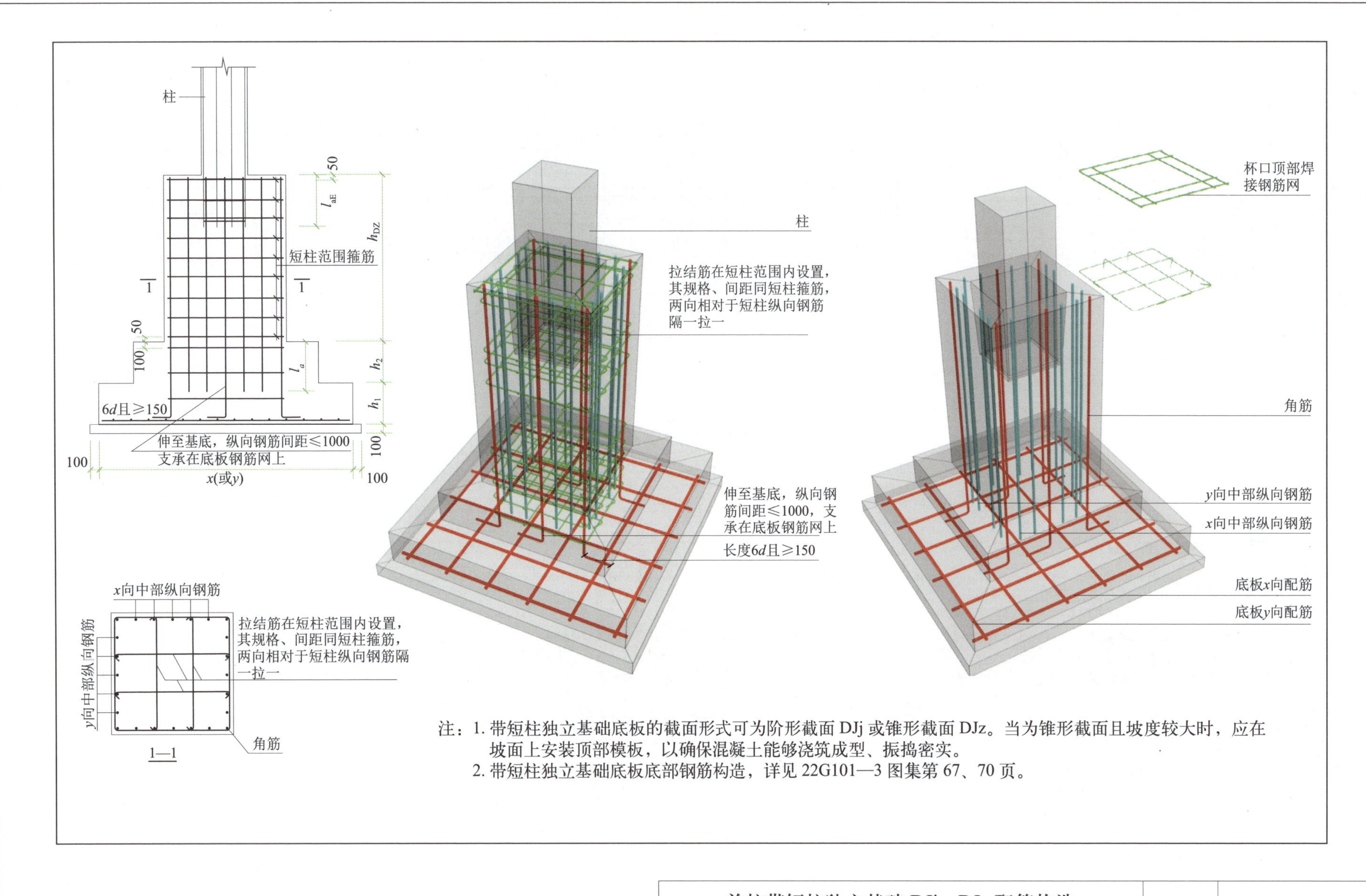

注：1. 带短柱独立基础底板的截面形式可为阶形截面 DJj 或锥形截面 DJz。当为锥形截面且坡度较大时，应在坡面上安装顶部模板，以确保混凝土能够浇筑成型、振捣密实。

2. 带短柱独立基础底板底部钢筋构造，详见 22G101—3 图集第 67、70 页。

单柱带短柱独立基础 DJj、DJz 配筋构造						图集号	22G101—3—74
审核	郭仁俊	校对	廖宜香	设计	傅华夏		

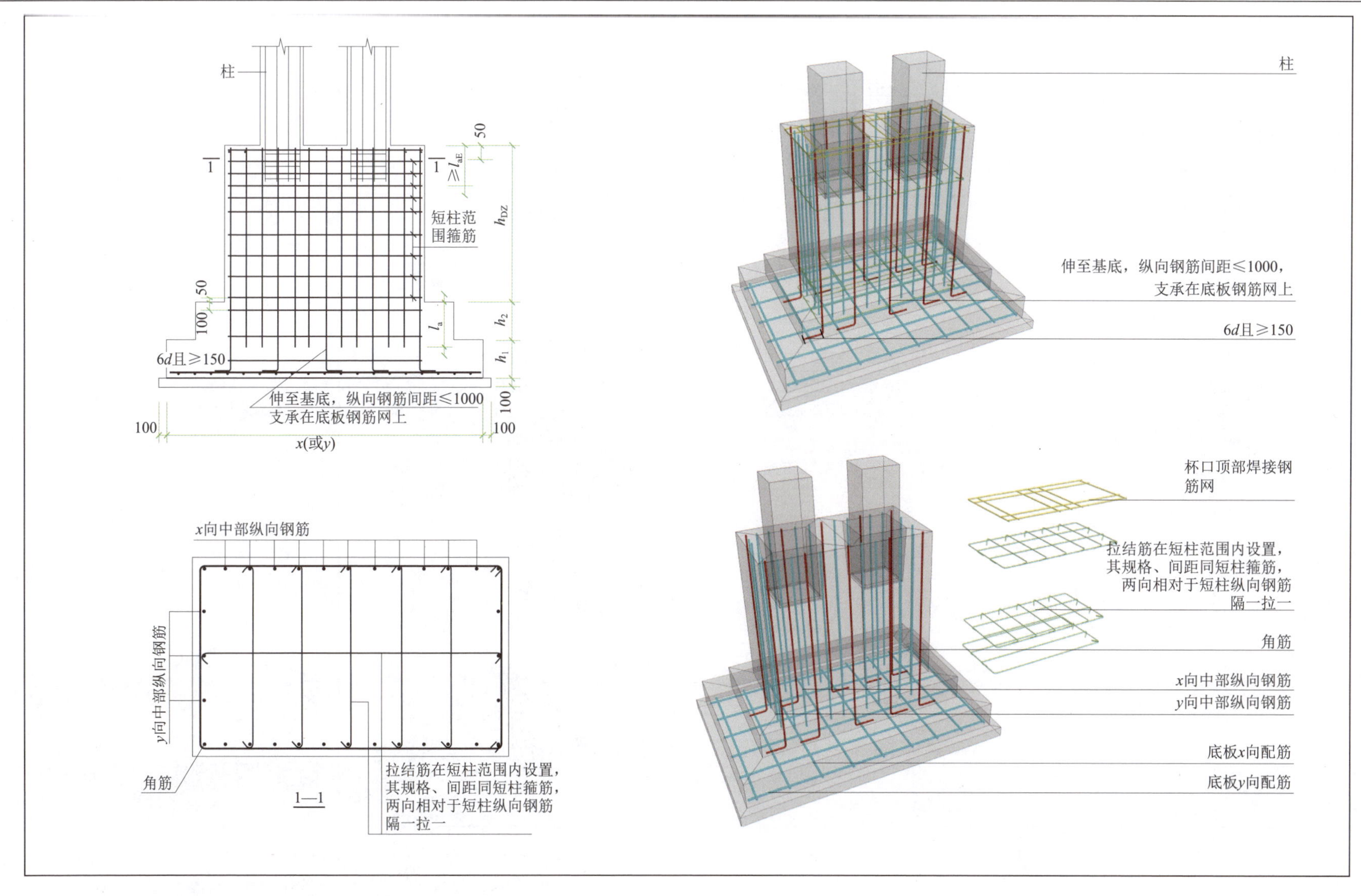

注：1. 带短柱独立基础底板的截面形式可为阶形截面 DJj 或锥形截面 DJz。当为锥形截面且坡度较大时，应在锥面上安装顶部模板，以确保混凝土能够浇筑成型、振捣密实。

2. 带短柱独立基础底板底部钢筋构造，详见 22G101—3 图集第 67、70 页。

双柱带短柱独立基础 DJj、DJz 配筋构造						图集号	22G101—3—75
审核	郭仁俊	校对	廖宜香	设计	傅华夏		

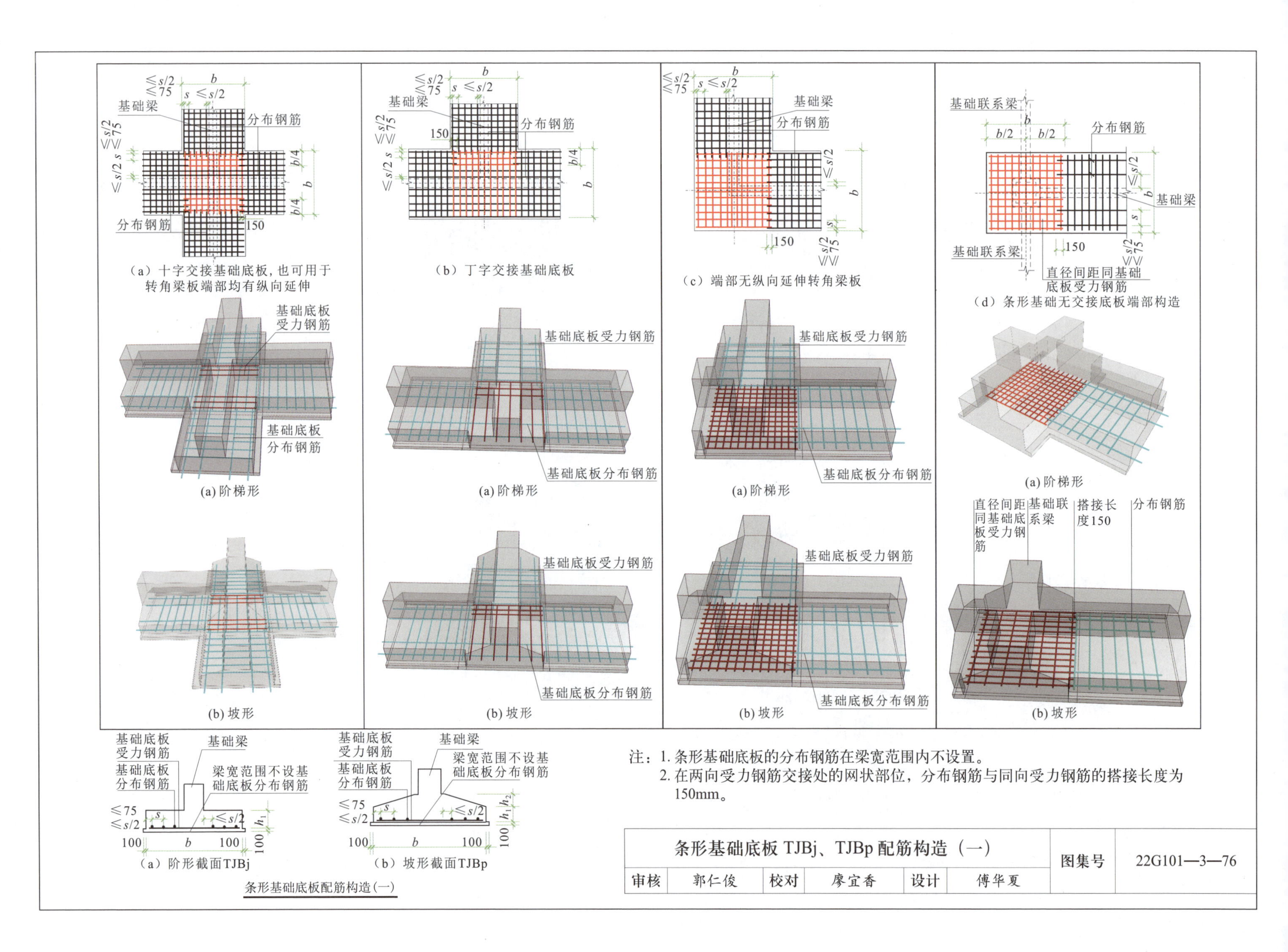
基础梁
分布钢筋
≤s/2
≤75
s ≤s/2
b
b/4
150
（a）十字交接基础底板，也可用于转角梁板端部均有纵向延伸
（b）丁字交接基础底板
（c）端部无纵向延伸转角梁板
基础联系梁
b/2
直径间距同基础底板受力钢筋
（d）条形基础无交接底板端部构造
基础底板受力钢筋
基础底板分布钢筋
(a) 阶梯形
(b) 坡形
直径间距同基础底板受力钢筋
基础联系梁
搭接长度150
梁宽范围不设基础底板分布钢筋
h_1
h_2
100
（a）阶形截面TJBj
（b）坡形截面TJBp
条形基础底板配筋构造（一）
注：1. 条形基础底板的分布钢筋在梁宽范围内不设置。
2. 在两向受力钢筋交接处的网状部位，分布钢筋与同向受力钢筋的搭接长度为150mm。
条形基础底板 TJBj、TJBp 配筋构造（一）
图集号 22G101—3—76
审核 郭仁俊 校对 廖宜香 设计 傅华夏

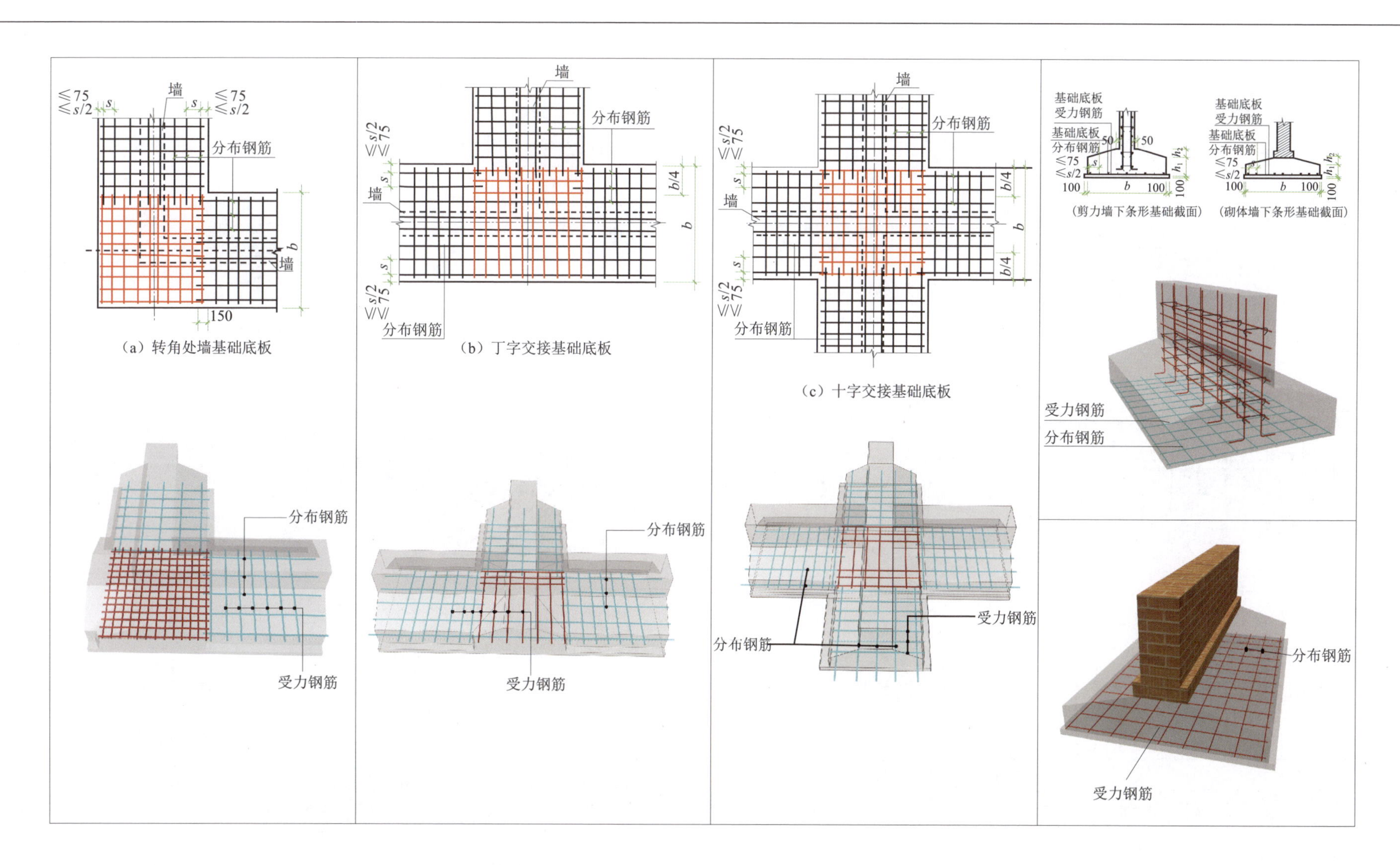

注：在两向受力钢筋交接处的网状部位，分布钢筋与同向受力钢筋的构造搭接长度为150mm。

条形基础底板 TJBj、TJBp 配筋构造（二）						图集号	22G101—3—77
审核	郭仁俊	校对	廖宜香	设计	傅华夏		

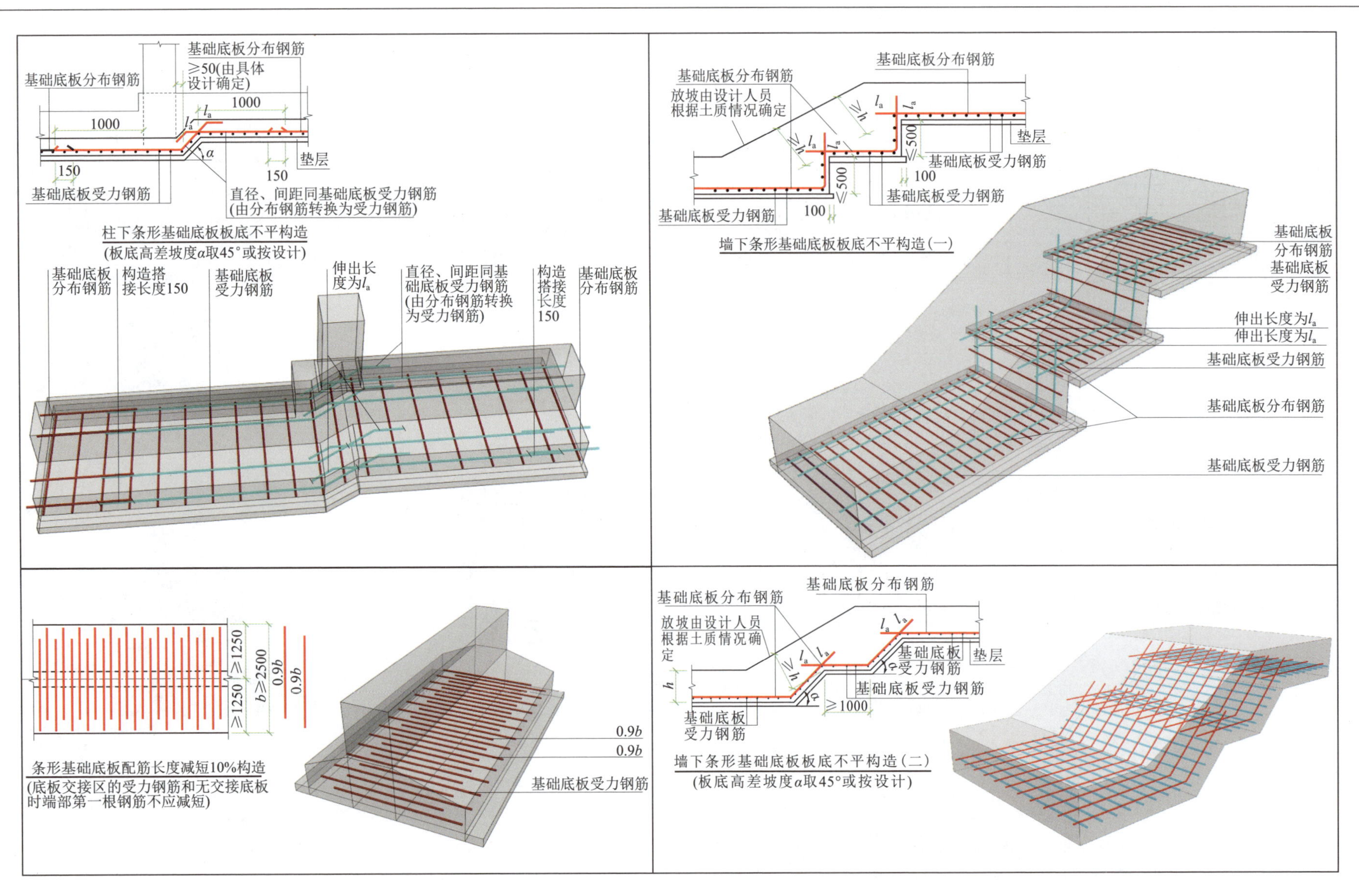

柱下条形基础底板板底不平构造
(板底高差坡度α取45°或按设计)

墙下条形基础底板板底不平构造(一)

条形基础底板配筋长度减短10%构造
(底板交接区的受力钢筋和无交接底板时端部第一根钢筋不应减短)

墙下条形基础底板板底不平构造(二)
(板底高差坡度α取45°或按设计)

条形基础板底不平构造 条形基础底板配筋长度减短 10% 构造						图集号	22G101—3—78
审核	郭仁俊	校对	廖宜香	设计	傅华夏		

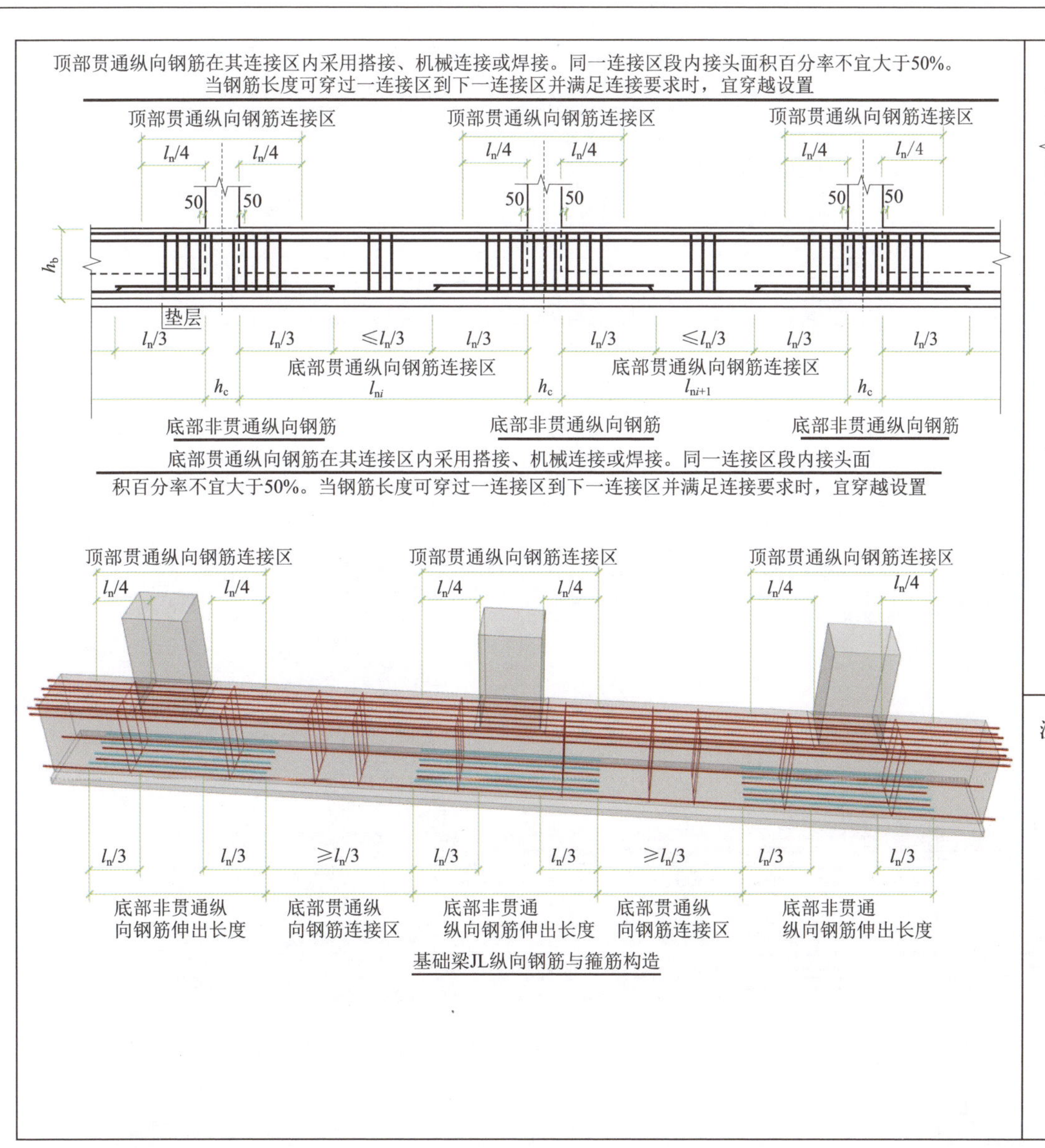

基础梁JL纵向钢筋与箍筋构造

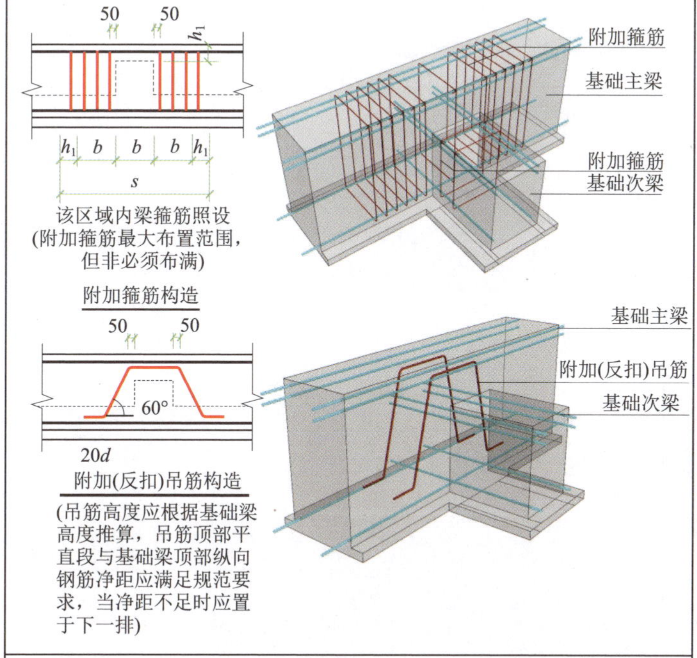

附加箍筋构造

附加(反扣)吊筋构造

注：1. 跨度值 l_n 为左跨 l_{ni} 和右跨 l_{ni+1} 之较大值，其中 i=1，2，3……
2. 节点区内箍筋按梁端箍筋设置。梁相互交叉宽度内的箍筋按截面高度较大的基础梁设置。同跨箍筋有两种时，各自设置范围按具体设计注写。
3. 当两毗邻跨的底部贯通纵向钢筋配置不同时，应将配置较大一跨的底部贯通纵向钢筋越过其标注的跨数终点或起点，伸至配置较小的毗邻跨的跨中连接区进行连接。
4. 钢筋连接要求见 22G101—3 图集第 60 页。
5. 梁端部与外伸部位钢筋构造见 22G101—3 图集第 81 页。
6. 当底部纵向钢筋多于两排时，从第三排起非贯通纵向钢筋向跨内的伸出长度值应由设计人员注明。
7. 基础梁相交处位于同一层面的交叉纵向钢筋，何梁纵向钢筋在下、何梁纵向钢筋在上，应按具体设计说明。
8. 纵向受力钢筋绑扎搭接区内箍筋设置要求见 22G101—3 图集第 60 页。
9. 本页构造同时适用于梁板式筏形基础。

基础梁 JL 纵向钢筋与箍筋构造 附加箍筋构造　附加(反扣)吊筋构造						图集号	22G101—3—79
审核	郭仁俊	校对	廖宜香	设计	傅华夏		

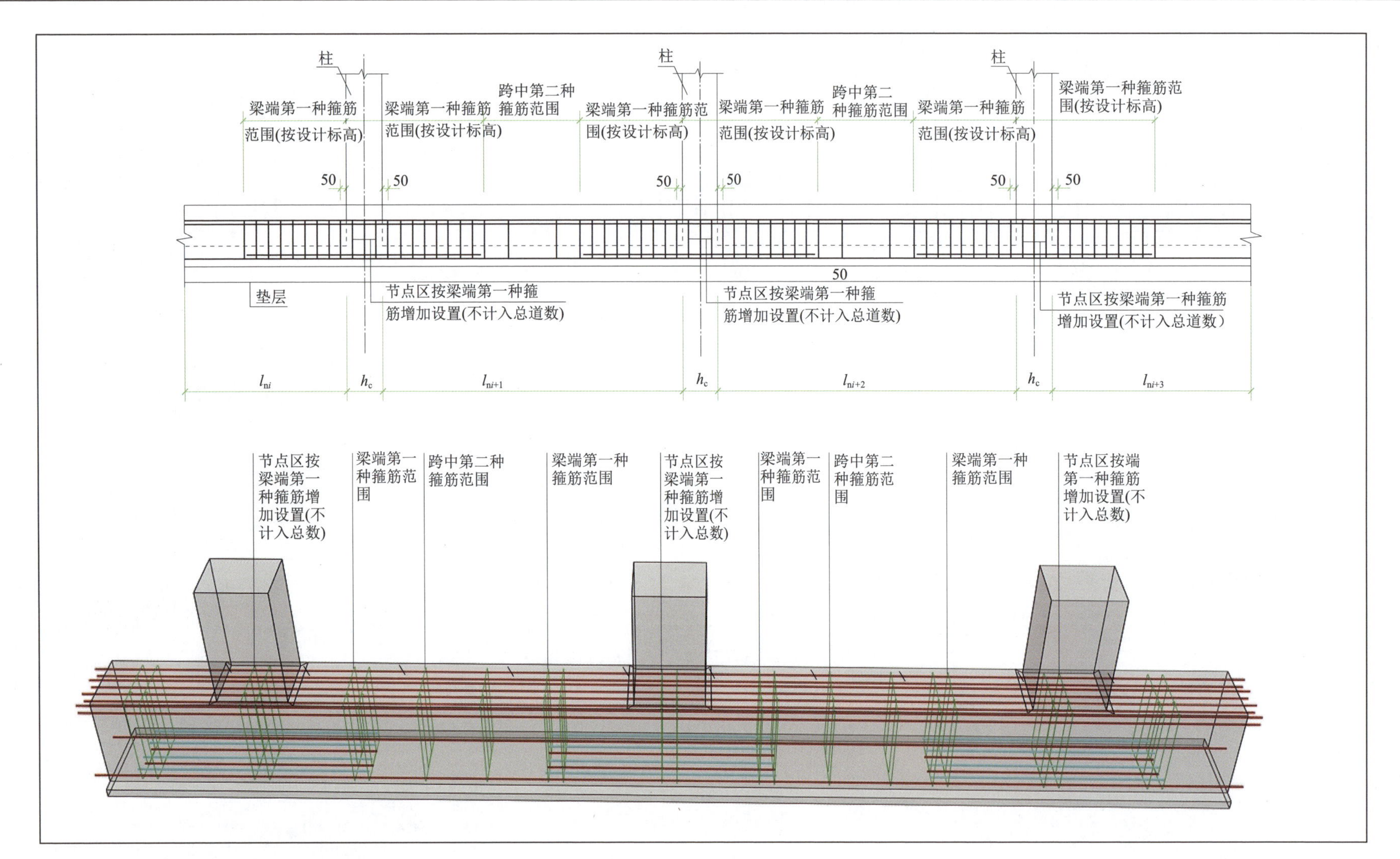

注：1. 当具体设计未注明时，基础梁的外伸部位以及基础梁端部节点内按第一种箍筋设置。
2. 基础梁竖向加腋部位的钢筋见设计标注。加腋范围的箍筋与基础梁的箍筋配置相同，仅箍筋高度为变值。
3. 基础梁的梁柱结合部位所加侧腋（见 22G101—3 图集第 84 页）顶面与基础梁非竖向加腋段顶面一平（即在同一平面上），不随梁竖向加腋的升高而变化。
4. 本页构造同时适用于梁板式筏形基础。

基础梁 JL 配置两种箍筋构造						图集号	22G101—3—80
审核	郭仁俊	校对	廖宜香	设计	傅华夏		

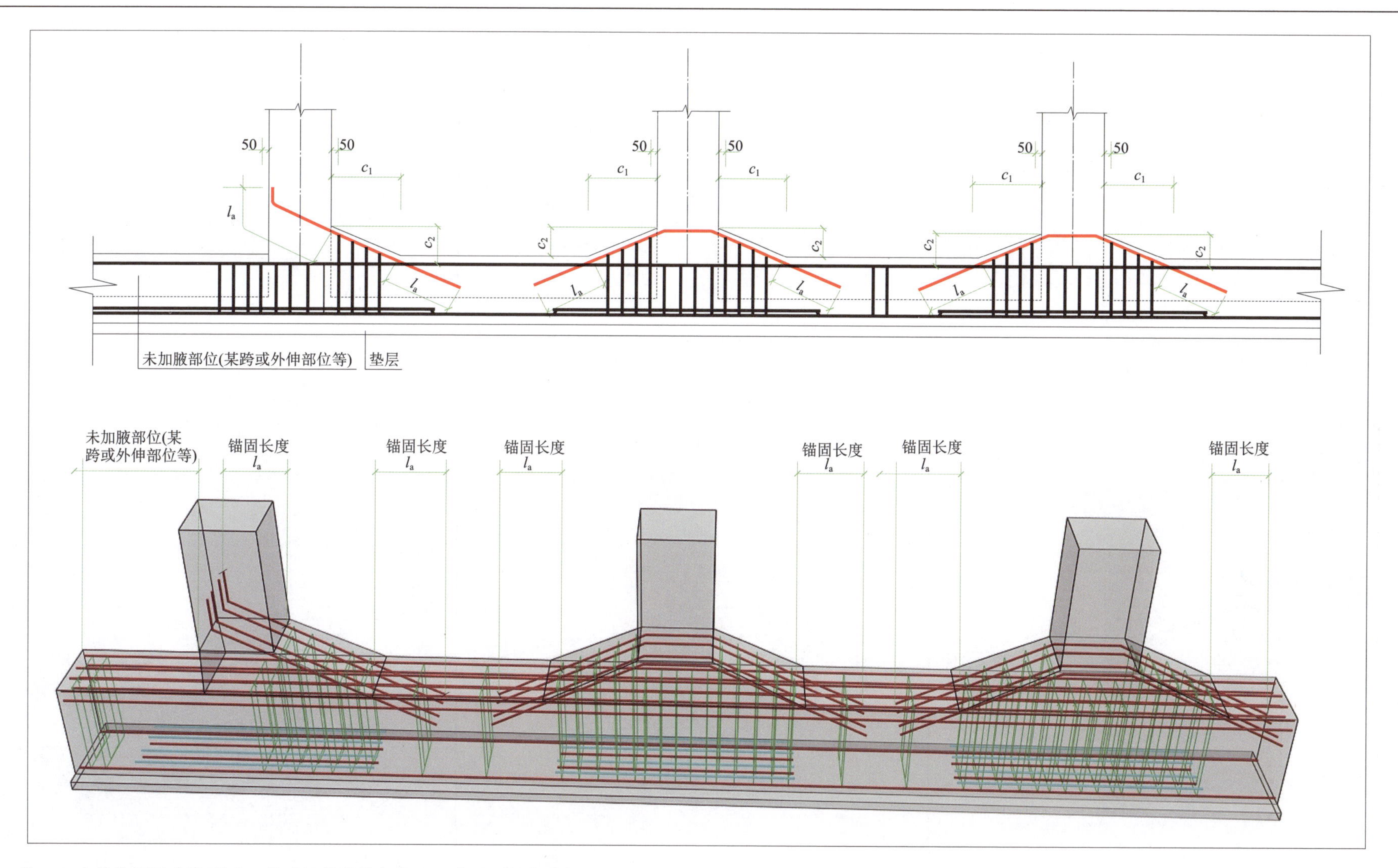

注：1. 当具体设计未注明时，基础梁的外伸部位以及基础梁端部节点内按第一种箍筋设置。

2. 基础梁竖向加腋部位的钢筋见设计标注。加腋范围的箍筋与基础梁的箍筋配置相同，仅箍筋高度为变值。

3. 基础梁的梁柱结合部位所加侧腋（见 22G101—3 图集第 84 页）顶面与基础梁非竖向加腋段顶面一平，不随梁竖向加腋的升高而变化。

4. 本页构造同时适用于梁板式筏形基础。

基础梁 JL 竖向加腋钢筋构造						图集号	22G101—3—80
审核	郭仁俊	校对	廖宜香	设计	傅华夏		

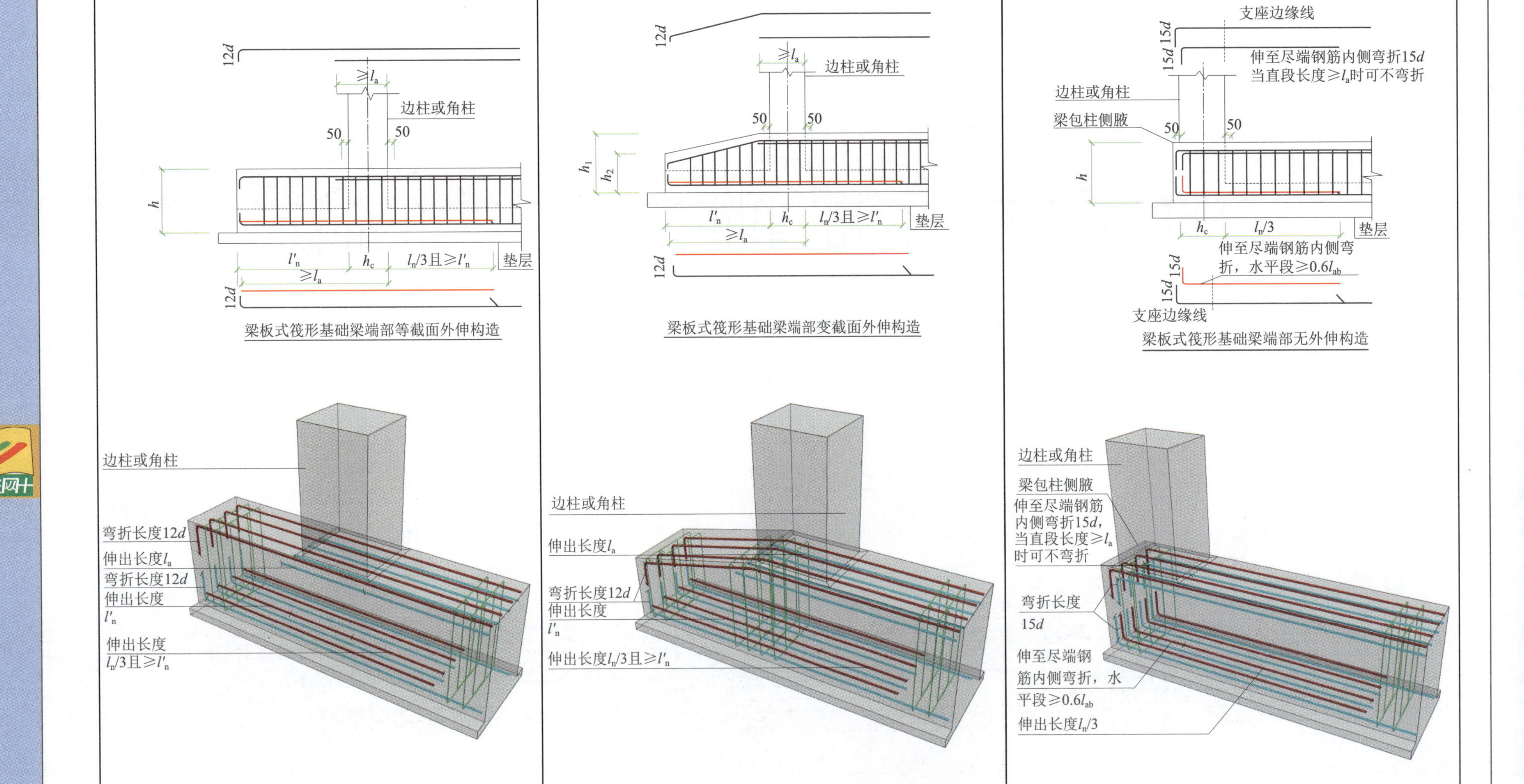

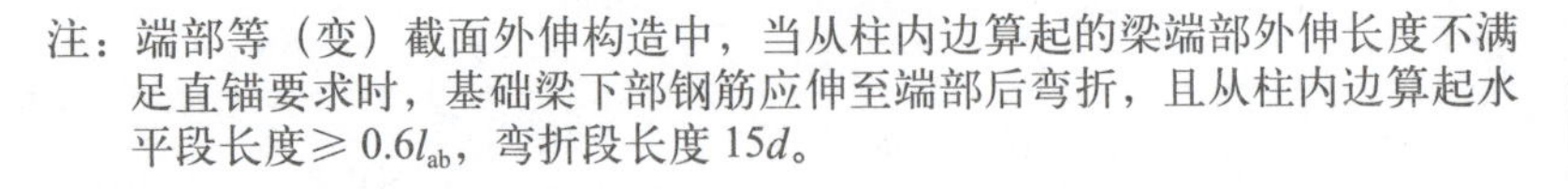

注：端部等（变）截面外伸构造中，当从柱内边算起的梁端部外伸长度不满足直锚要求时，基础梁下部钢筋应伸至端部后弯折，且从柱内边算起水平段长度≥ 0.6l_{ab}，弯折段长度 15d。

梁板式筏形基础梁 JL 端部与外伸部位钢筋构造						图集号	22G101—3—81
审核	郭仁俊	校对	廖宜香	设计	傅华夏		

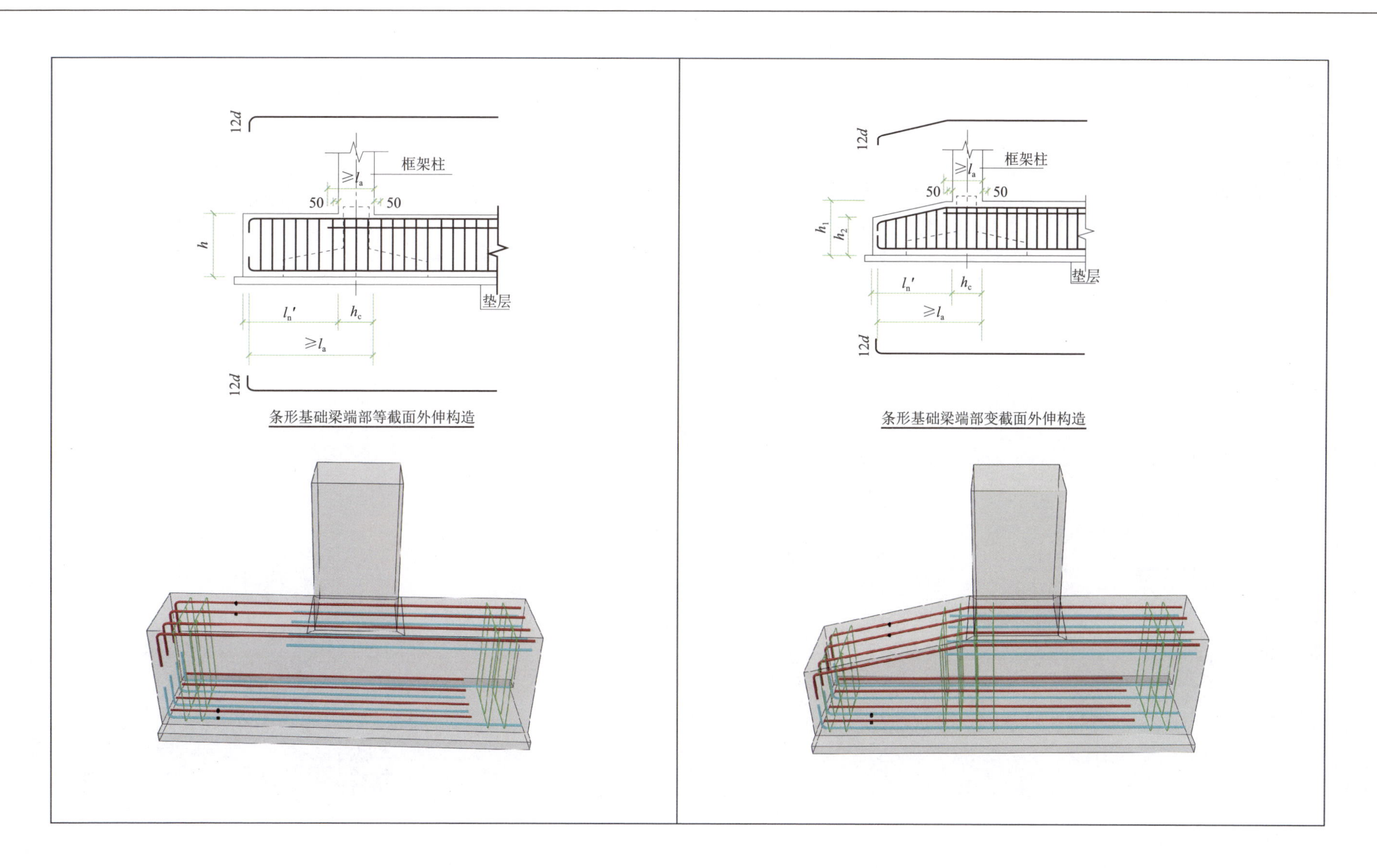

条形基础梁端部等截面外伸构造

条形基础梁端部变截面外伸构造

注：端部等（变）截面外伸构造中，当从柱内边算起的梁端部外伸长度不满足直锚要求时，基础梁下部钢筋应伸至端部后弯折，且从柱内边算起水平段长度≥ $0.6l_{ab}$，弯折段长度 $15d$。

条形基础梁 JL 端部与外伸部位钢筋构造						图集号	22G101—3—81
审核	郭仁俊	校对	廖宜香	设计	傅华夏		

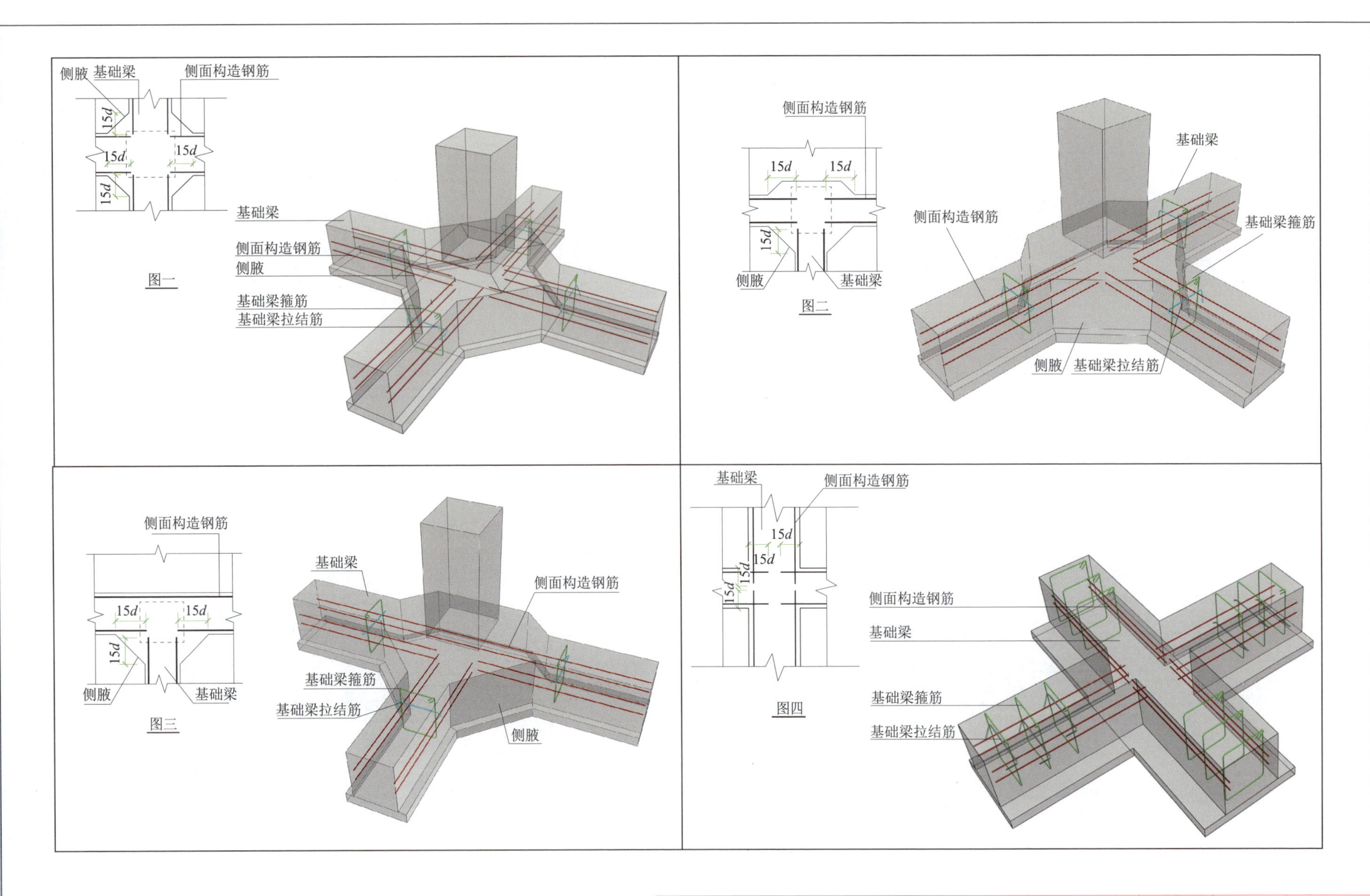

基础梁侧面构造纵向钢筋和拉结筋（一）						图集号	22G101—3—82
审核	郭仁俊	校对	廖宜香	设计	傅华夏		

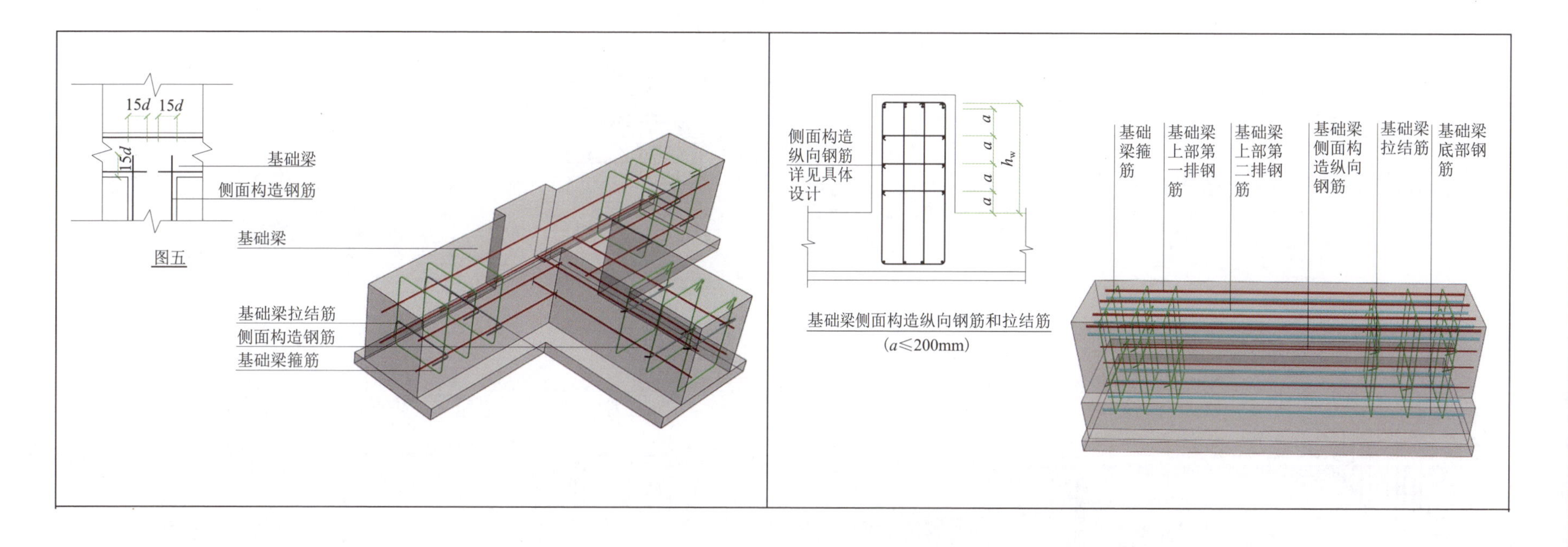

注：1. 基础梁侧面构造纵向钢筋搭接长度为 15*d*。十字相交的基础梁，当相交位置有柱时，侧面构造钢筋锚入梁包柱侧腋内 15*d*(见图一)；当无柱时，侧面构造钢筋锚入交叉梁内 15*d*(见图四)；丁字相交的基础梁，当相交位置无柱时，横梁外侧的构造钢筋应贯通，横梁内侧的构造钢筋锚入交叉梁内 15*d*(见图五)。

2. 梁侧面构造钢筋的拉结筋直径除注明者均为 8mm，间距为箍筋间距的 2 倍。当设有多排拉结筋时，上下两排拉结筋竖向错开设置。

3. 基础梁侧面受扭纵向钢筋的搭接长度为 l_l，锚固长度为 l_a，锚固方式同梁上部纵向钢筋。

4. 本页构造同时适用于梁板式筏形基础。

基础梁侧面构造纵向钢筋和拉结筋（二）						图集号	22G101—3—82
审核	郭仁俊	校对	廖宜香	设计	傅华夏		

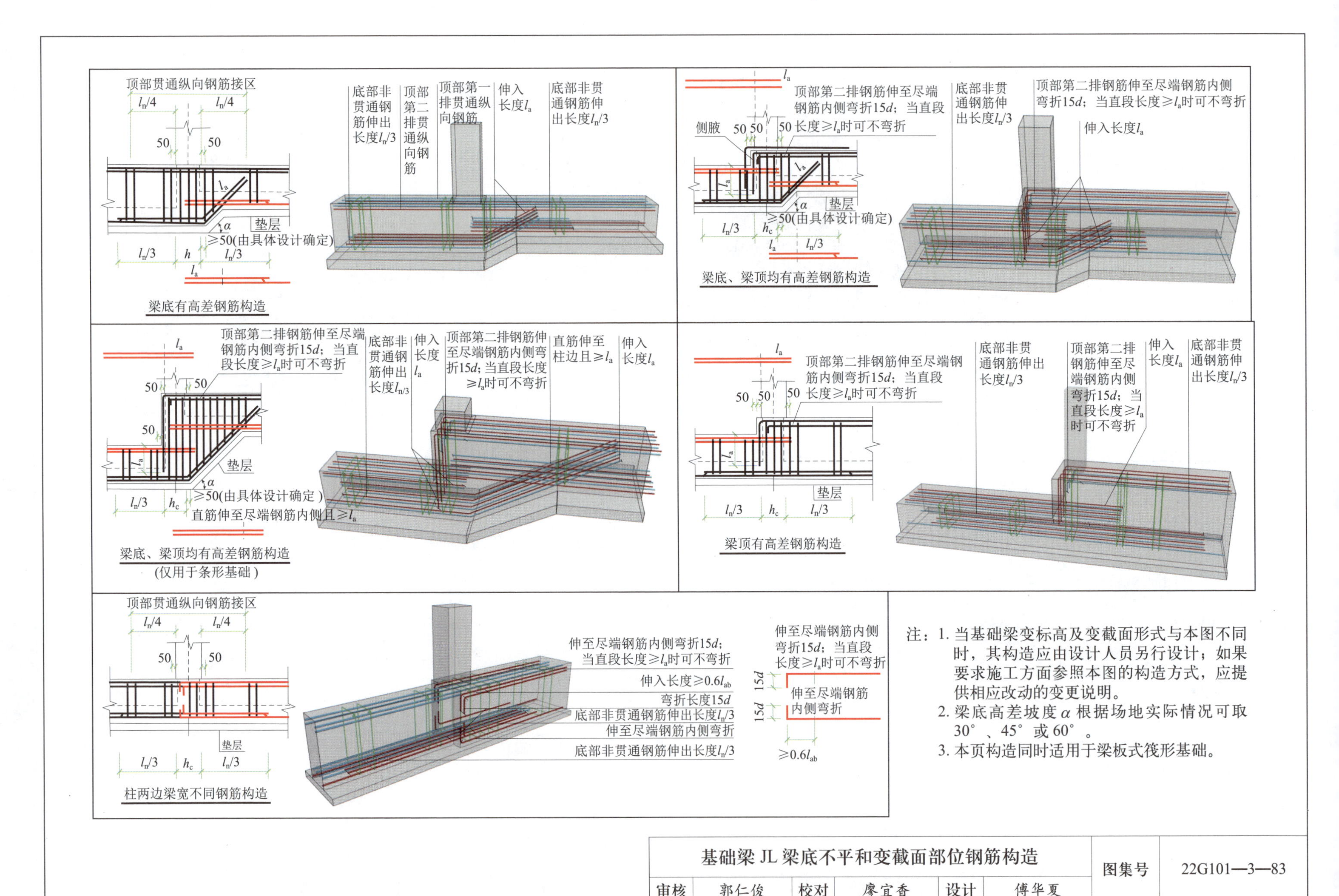

注：1. 当基础梁变标高及变截面形式与本图不同时，其构造应由设计人员另行设计；如果要求施工方面参照本图的构造方式，应提供相应改动的变更说明。
2. 梁底高差坡度α根据场地实际情况可取30°、45°或60°。
3. 本页构造同时适用于梁板式筏形基础。

基础梁 JL 梁底不平和变截面部位钢筋构造						图集号	22G101—3—83
审核	郭仁俊	校对	廖宜香	设计	傅华夏		

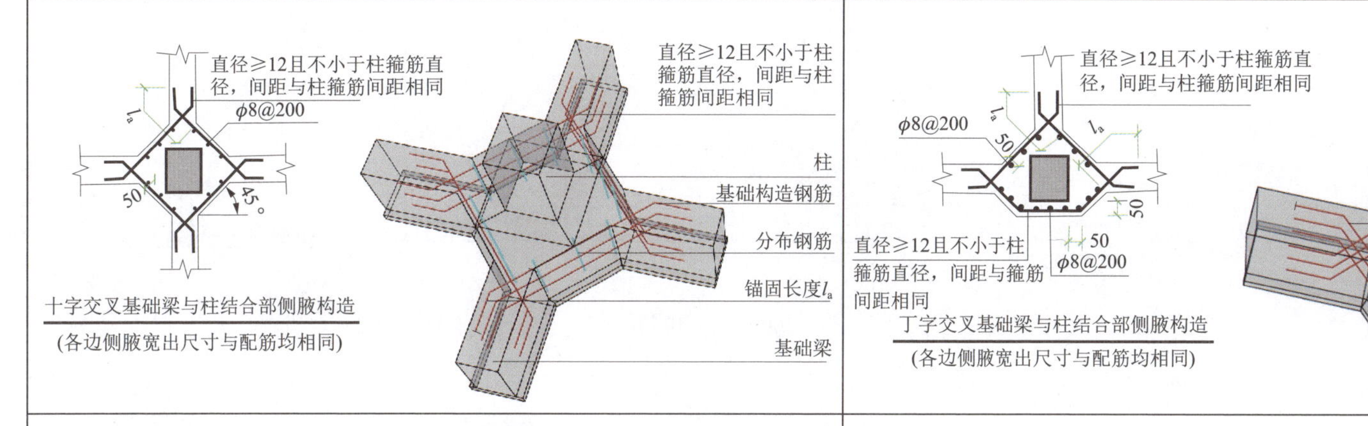

十字交叉基础梁与柱结合部侧腋构造

(各边侧腋宽出尺寸与配筋均相同)

丁字交叉基础梁与柱结合部侧腋构造

(各边侧腋宽出尺寸与配筋均相同)

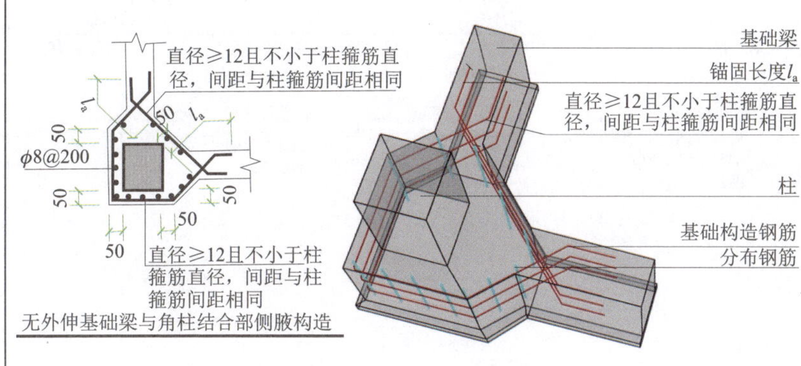

无外伸基础梁与角柱结合部侧腋构造

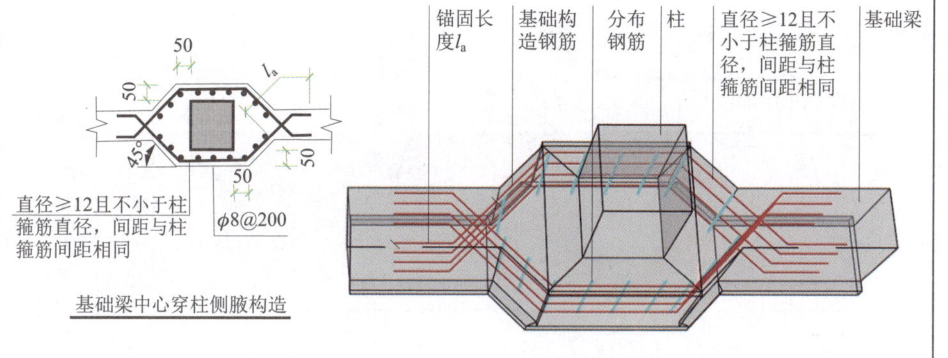

基础梁中心穿柱侧腋构造

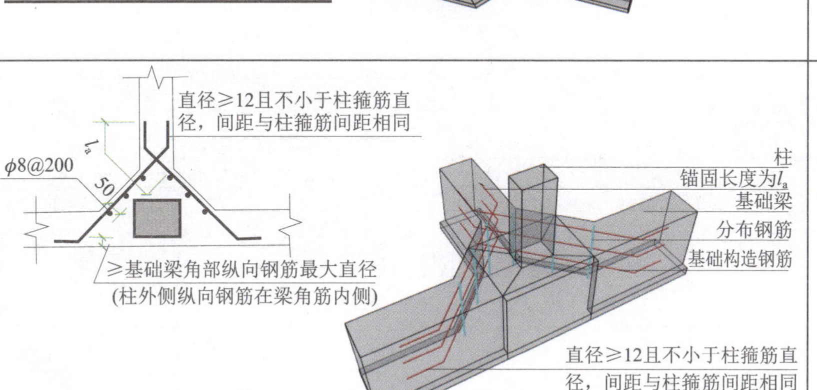

基础梁偏心穿柱与柱结合部侧腋构造

注：1. 除基础梁比柱宽且完全形成梁包柱的情况，所有基础梁与柱结合部位均按本图加侧腋。

2. 当基础梁与柱等宽，或柱与梁的某一侧面相平时，存在因梁纵向钢筋与柱纵向钢筋同在一个平面内导致直通交叉遇阻情况，此时应适当调整基础梁宽度使柱纵向钢筋直通锚固。

3. 当柱与基础梁结合部位的梁顶面高度不同时，梁包柱侧腋顶面应与较高基础梁的梁顶面一平，侧腋顶面至较低梁顶面高差内的侧腋，可参照角柱或丁字交叉基础梁包柱侧腋构造进行施工。

4. 当侧腋水平钢筋作为柱纵向钢筋锚固区横向钢筋时，应满足直径≥ $d/4$(d 为纵向钢筋最大直径)，间距≤ $5d$(d 为纵向钢筋最小值) 且≤ 100m 的要求。

5. 本页构造同时适用于梁板式筏形基础。

基础梁 JL 与柱结合部侧腋构造						图集号	22G101—3—84
审核	郭仁俊	校对	廖宜香	设计	傅华夏		

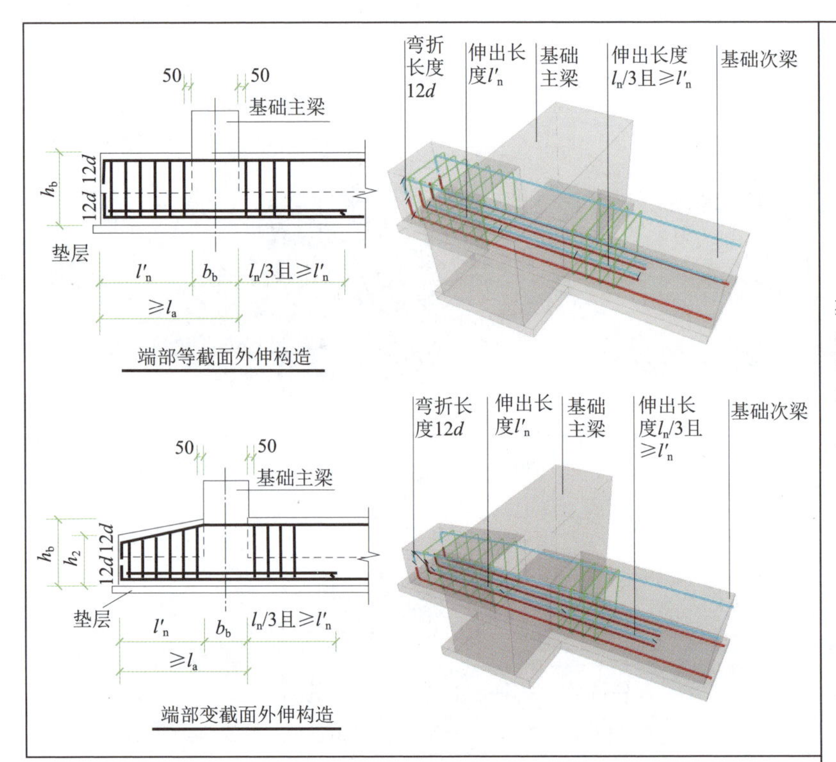

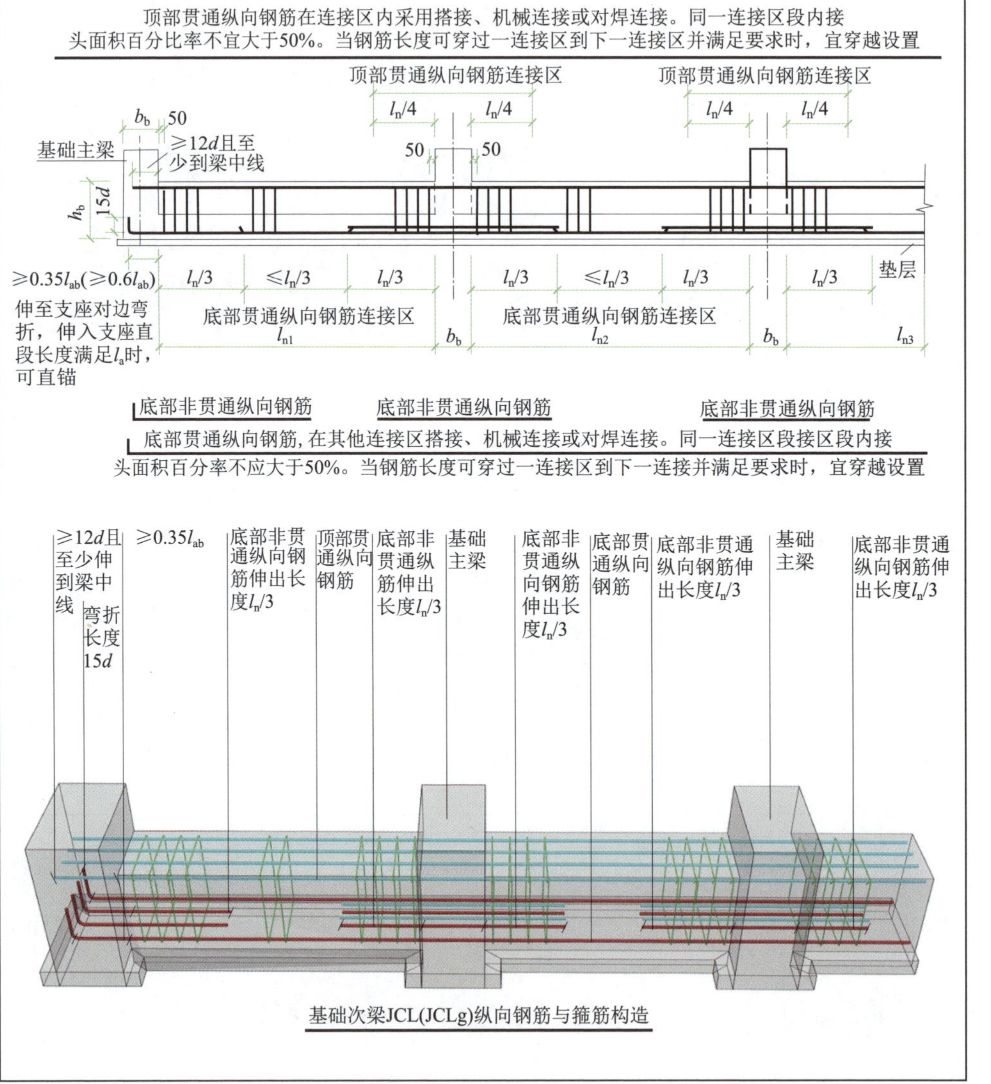

基础次梁JCL(JCLg)纵向钢筋与箍筋构造

注：1. 跨度值 l_n 为左跨 l_{ni} 和右跨 l_{ni+1} 之较大值，其中 i=1，2，3……
2. 同跨箍筋有两种时，各自设置范围按具体设计注写值。
3. 节点区内箍筋按梁端箍筋设置。梁相互交叉宽度内的箍筋按截面高度较大的基础梁设置。
4. 当底部纵向钢筋多于两排时，从第三排起非贯通纵向钢筋向跨内的伸出长度值应由设计人员注明。
5. 当具体设计未注明时，基础梁外伸部位按梁端第一种箍筋设置。
6. 端部等（变）截面外伸构造中，当从基础主梁内边算起的外伸长度不满足直锚要求时，基础次梁下部钢筋应伸至端部后弯折 15d，且从梁内边算起水平段长度应≥ $0.6l_{ab}$。
7. 基础次梁侧面构造纵向钢筋和拉结筋要求见 22G101—3 图集第 82 页。
8. 图中括号内数值用于代号为 JCLg 的基础次梁。

基础次梁 JCL 纵向钢筋与箍筋构造 基础次梁 JCL 端部外伸部位钢筋构造						图集号	22G101—3—85
审核	郭仁俊	校对	廖宜香	设计	傅华夏		

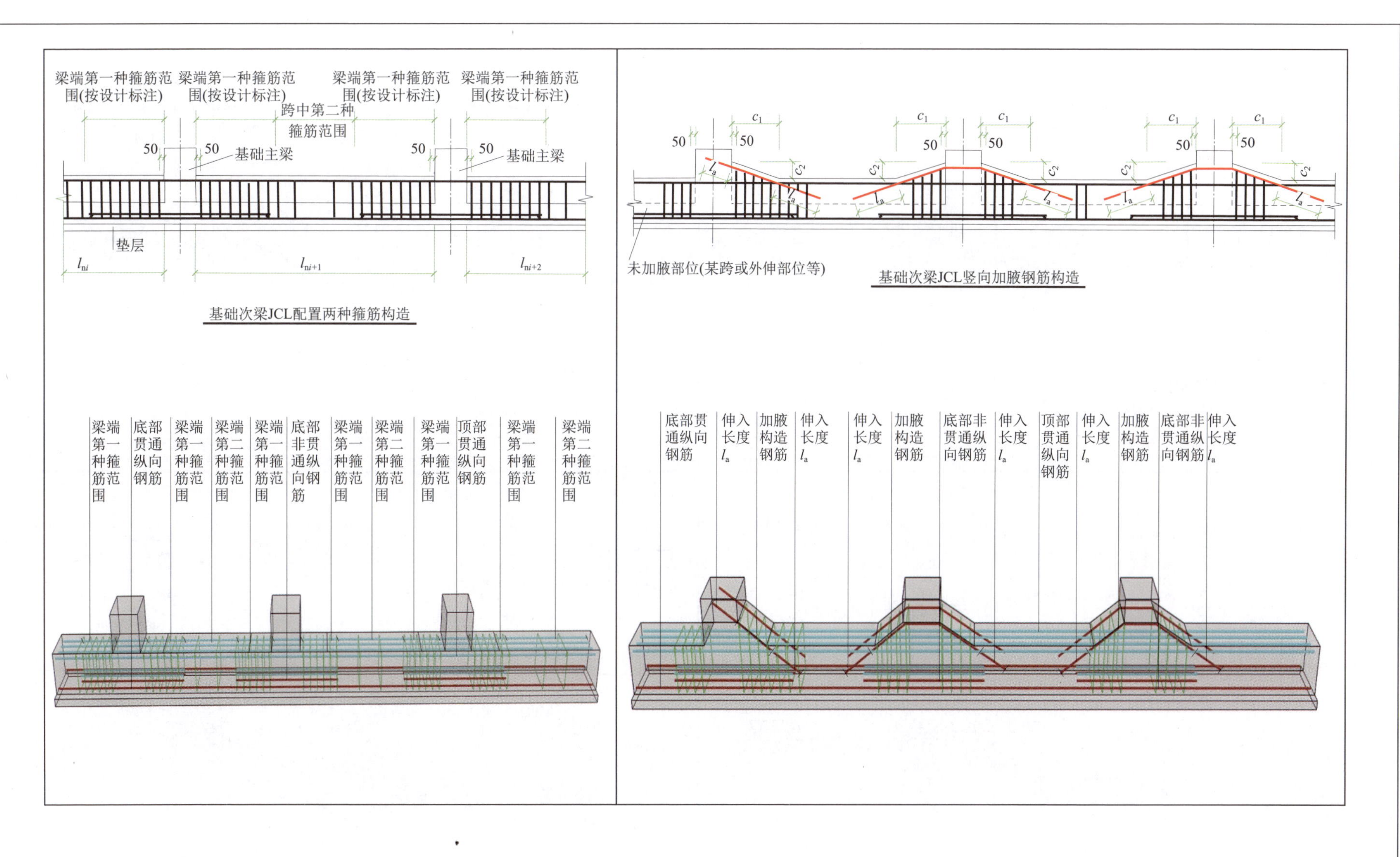

注：1. l_{ni} 为基础次梁的本跨净跨值。
2. 当具体设计未注明时，基础次梁的外伸部位，按第一种箍筋设置。
3. 基础次梁竖向加腋部位的钢筋见设计标注。加腋范围的箍筋与基础次梁的箍筋配置相同，仅箍筋高度为变值。

基础次梁 JCL 竖向加腋钢筋构造 基础次梁 JCL 配置两种箍筋构造						图集号	22G101—3—86
审核	郭仁俊	校对	廖宜香	设计	傅华夏		

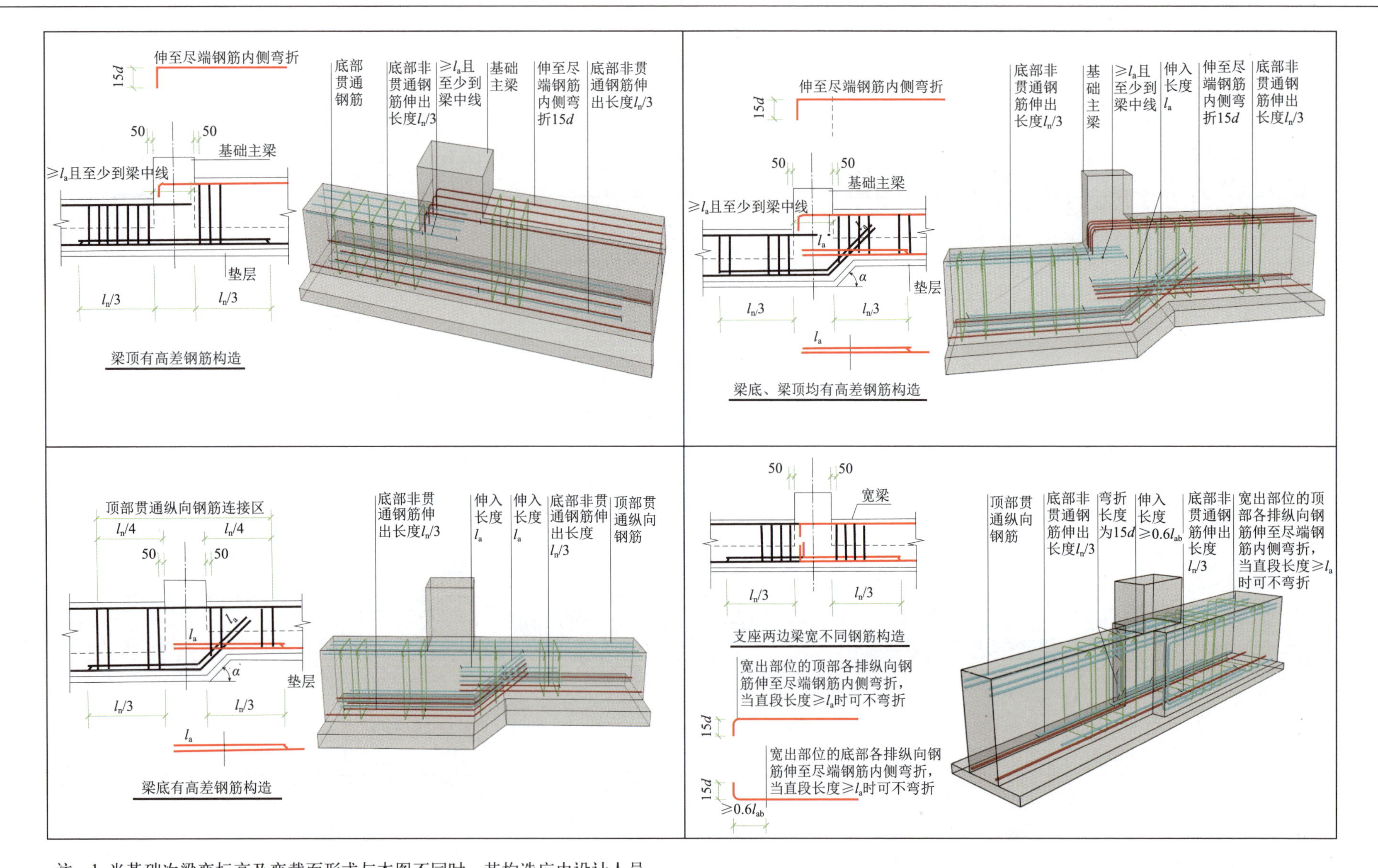

注：1. 当基础次梁变标高及变截面形式与本图不同时，其构造应由设计人员另行设计；当要求施工方参照本图构造方式时，应提供相应改动的变更说明。
2. 基础次梁底高差坡度 α 可取 45° 或 60° 。

基础次梁 JCL 梁底不平和变截面部位钢筋构造						图集号	22G101—3—87
审核	郭仁俊	校对	廖宜香	设计	傅华夏		

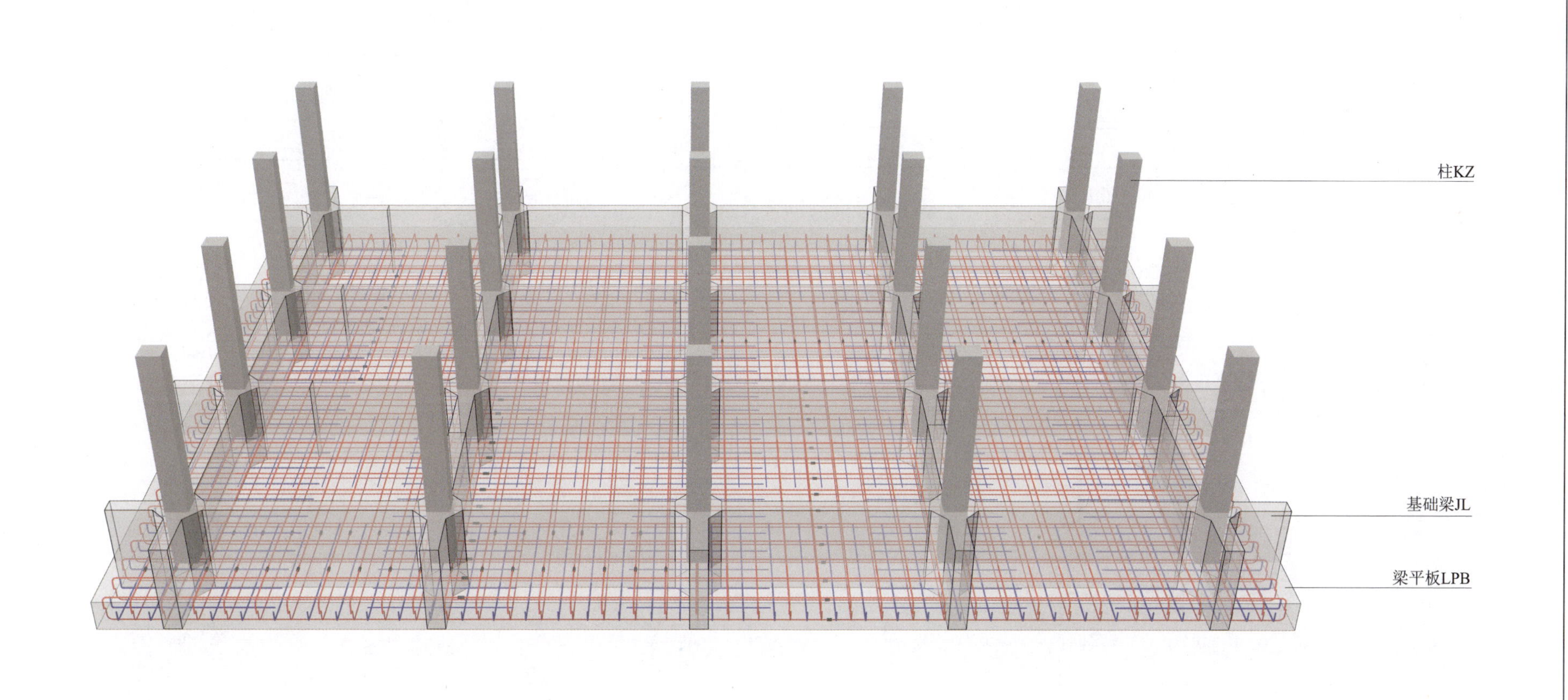

梁板式筏形基础平板 LPB 配筋三维示意总图						图集号	22G101—3—88
审核	郭仁俊	校对	廖宜香	设计	傅华夏		

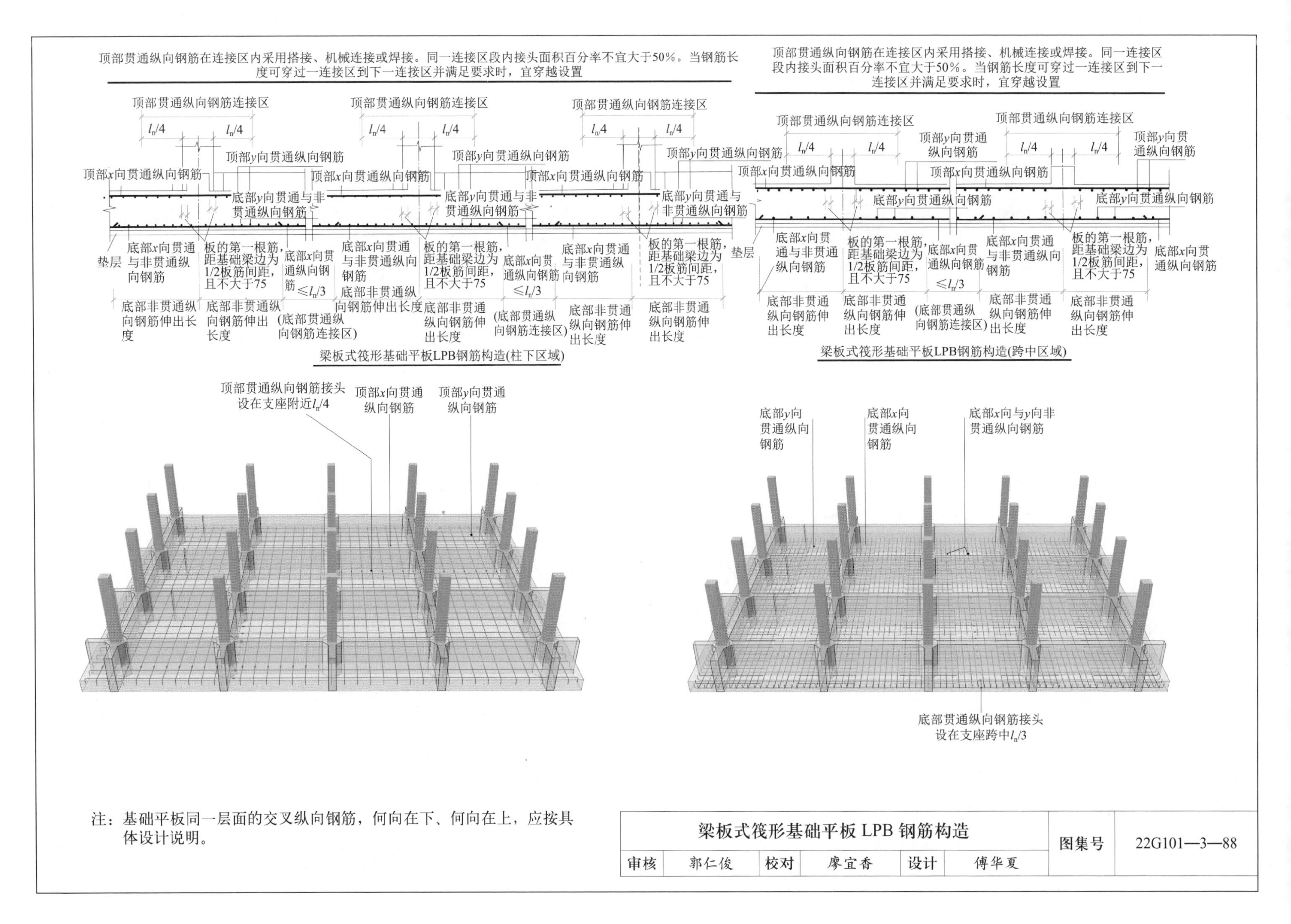

注：基础平板同一层面的交叉纵向钢筋，何向在下、何向在上，应按具体设计说明。

梁板式筏形基础平板 LPB 钢筋构造						图集号	22G101—3—88
审核	郭仁俊	校对	廖宜香	设计	傅华夏		

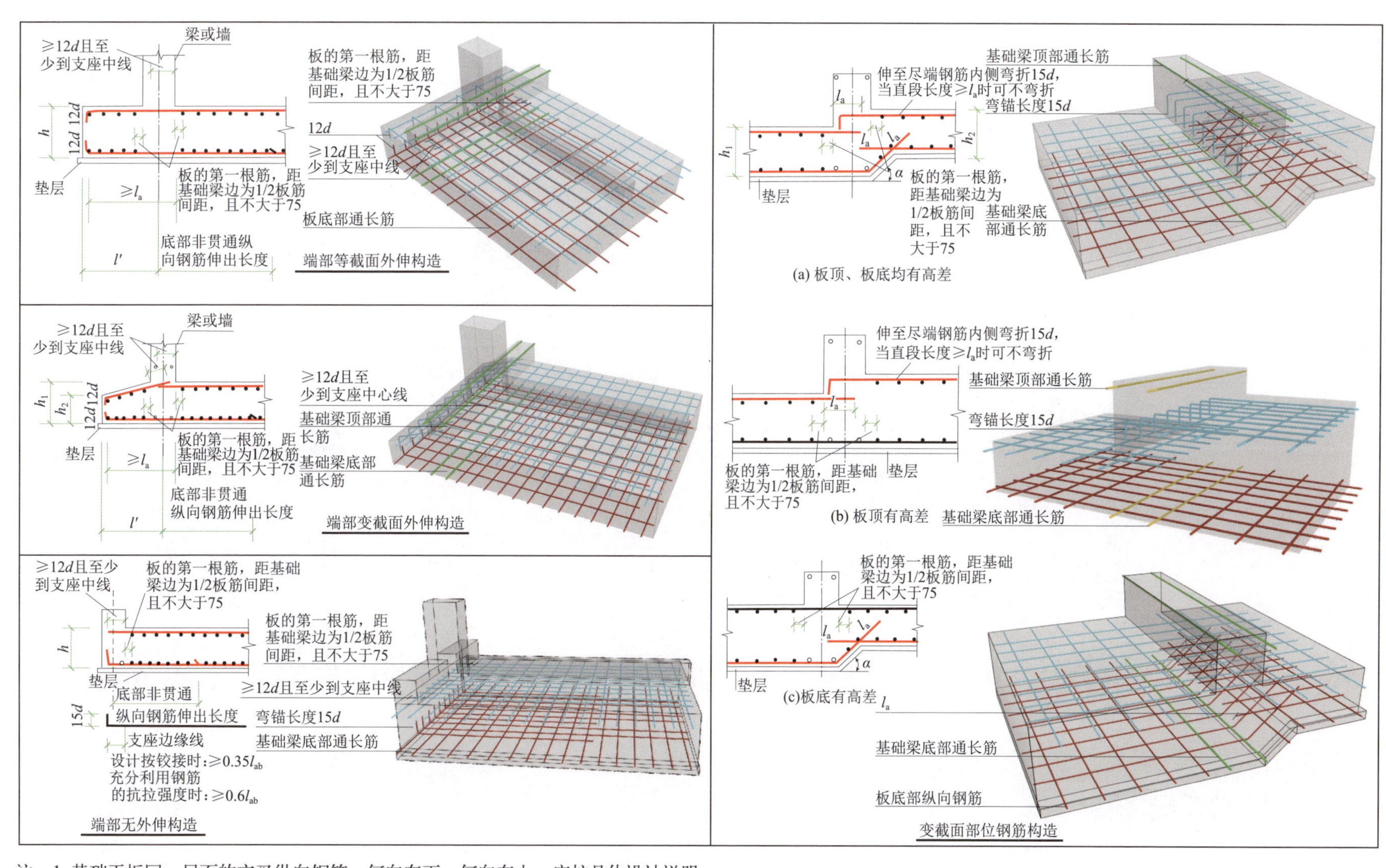

注：1. 基础平板同一层面的交叉纵向钢筋，何向在下、何向在上，应按具体设计说明。
2. 当梁板式筏形基础平板的变截面形式与本图不同时，其构造应由设计人员设计；当要求施工方参照本图构造方式时，应提供相应改动的变更说明。
3. 端部等（变）截面外伸构造中，当从基础主梁（墙）内边算起的外伸长度不满足直锚要求时，基础平板下部钢筋应伸至端部后弯折 15d，从梁（墙）内边算起水平段长度应≥ $0.6l_{ab}$。
4. 板外边缘封边构造见 22G101—3 图集第 93 页。
5. 板底高差坡度 α 可为 45° 或 60° 。

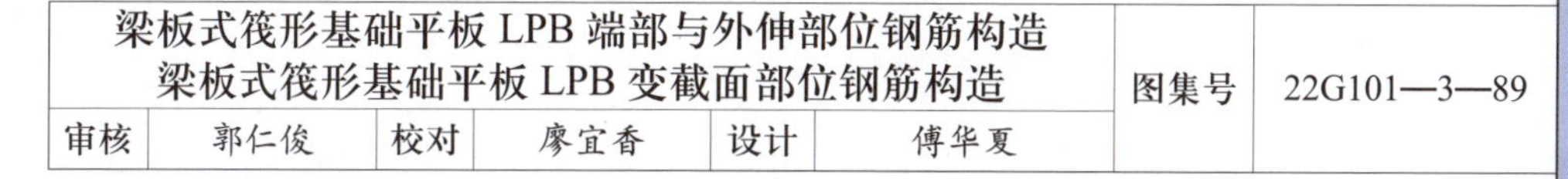

梁板式筏形基础平板 LPB 端部与外伸部位钢筋构造 梁板式筏形基础平板 LPB 变截面部位钢筋构造						图集号	22G101—3—89
审核	郭仁俊	校对	廖宜香	设计	傅华夏		

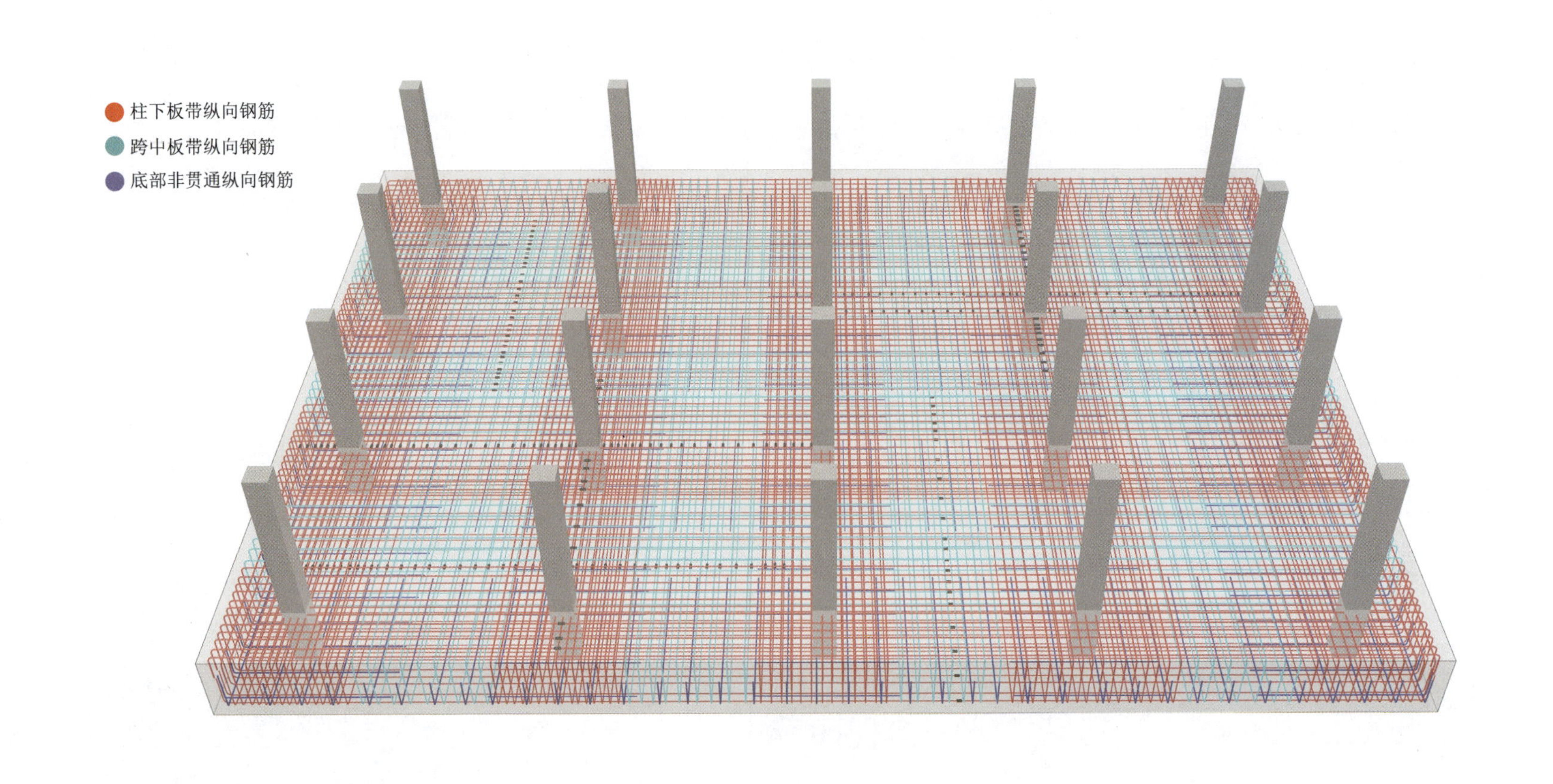

平板式筏形基础柱下板带 ZXB 与跨中板带 KZB 三维示意总图						图集号	22G101—3—90
审核	郭仁俊	校对	廖宜香	设计	傅华夏		

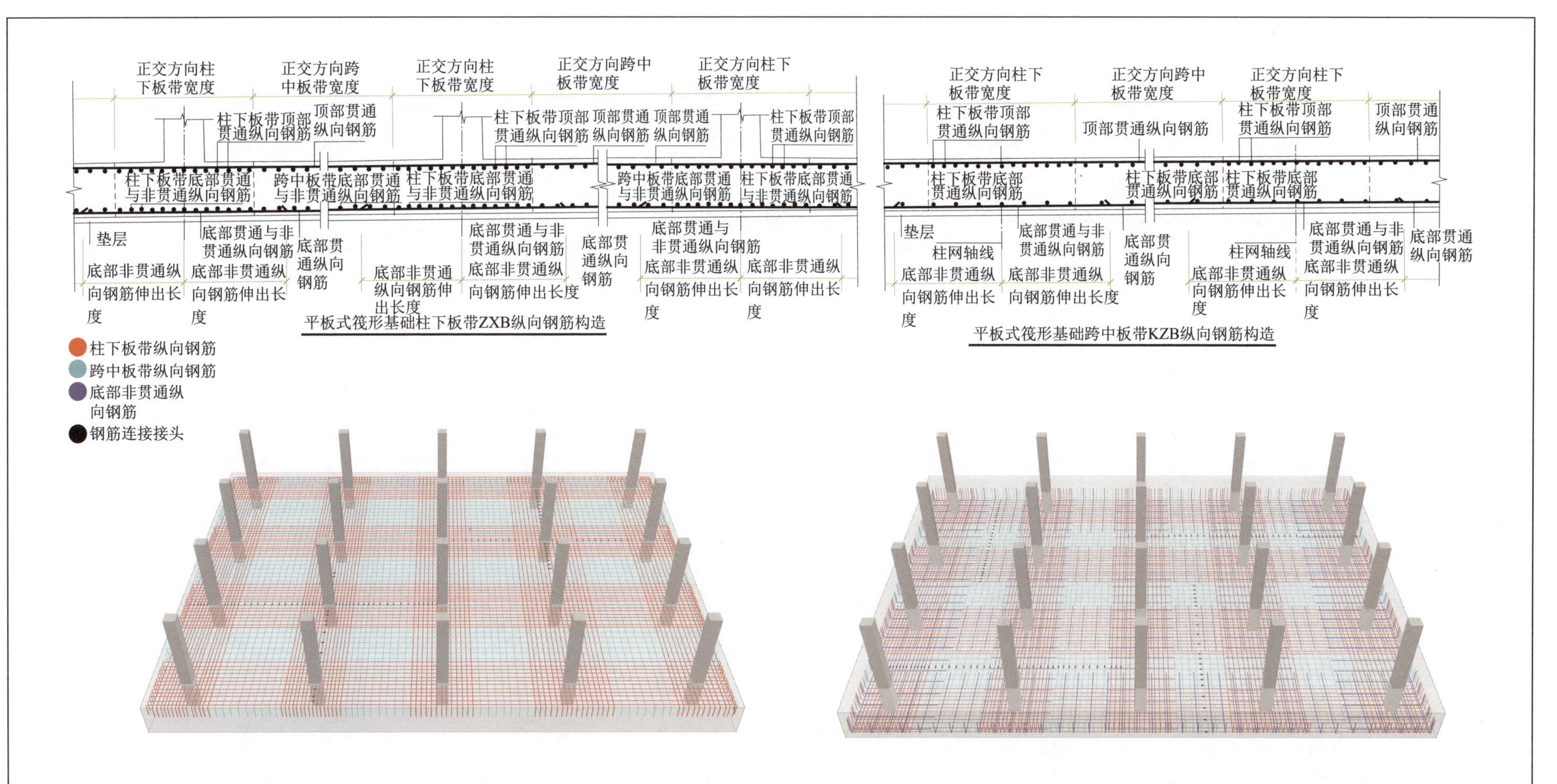

注：1. 不同配置的底部贯通纵向钢筋，应在两毗邻跨中配置较小一跨的跨中连接区域连接（即配置较大一跨的底部贯通纵向钢筋需越过其标注的跨数终点或起点，伸至毗邻跨的跨中连接区域）。
2. 底部与顶部贯通纵向钢筋在本图所示连接区内的连接方式，详见纵向钢筋连接通用构造。
3. 柱下板带与跨中板带的底部贯通纵向钢筋，可在跨中 1/3 净跨长度范围内搭接连接、机械连接或焊接；柱下板带及跨中板带的顶部贯通纵向钢筋，可在柱网轴线附近 1/4 净跨长度范围内采用搭接连接、机械连接或焊接。
4. 基础平板同一层面的交叉纵向钢筋，何向在下、何向在上，应按具体设计说明。
5. 柱下板带、跨中板带中同一层面的交叉纵向钢筋，何向在下、何向在上，应按具体设计说明。
6. 柱下板带 ZXB 及跨中板带 KZB 的定位及宽度详见具体工程设计。

平板式筏形基础柱下板带 ZXB 与跨中板带 KZB 纵向钢筋构造						图集号	22G101—3—90
审核	郭仁俊	校对	廖宜香	设计	傅华夏		

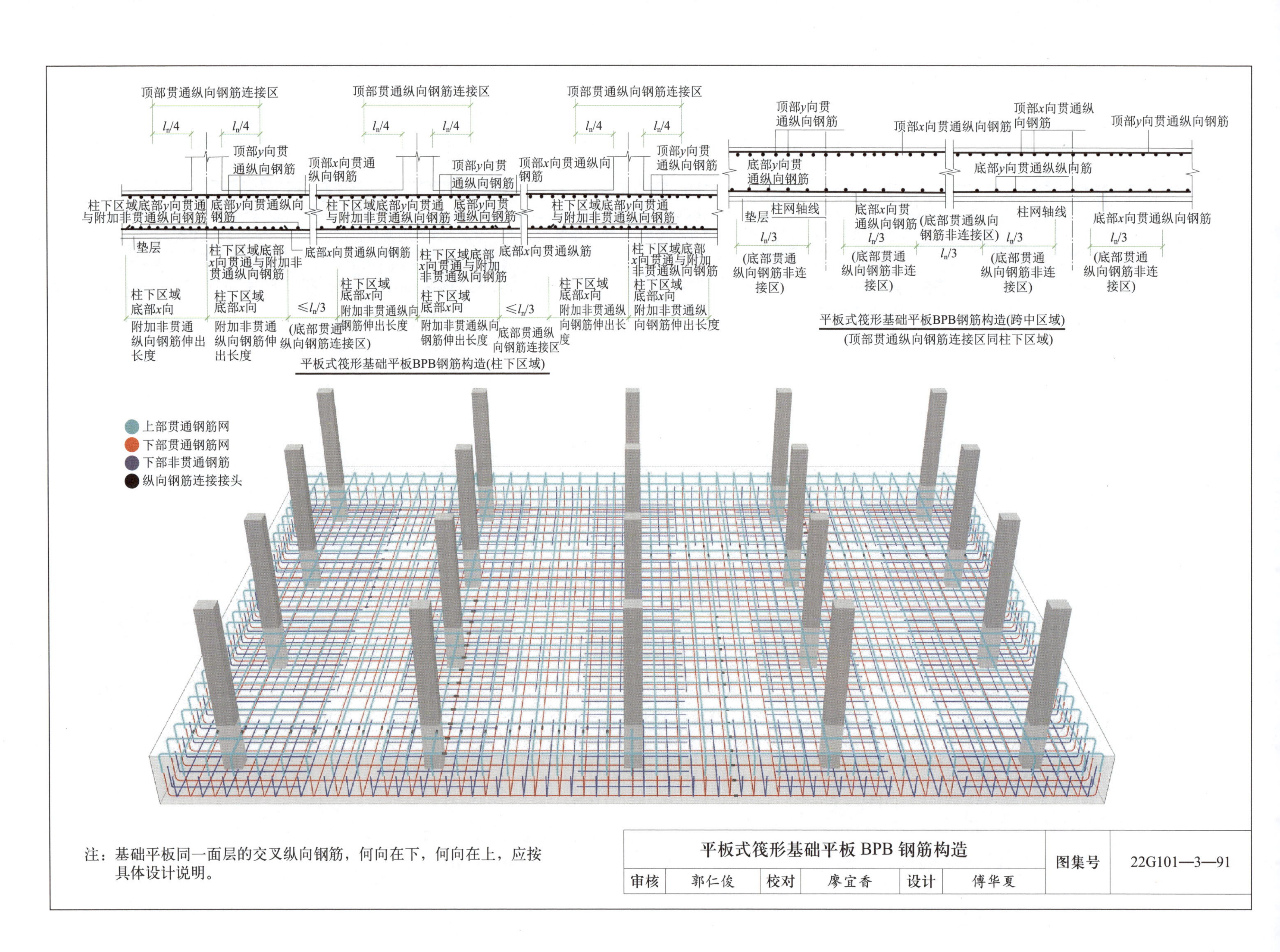

注：基础平板同一面层的交叉纵向钢筋，何向在下，何向在上，应按具体设计说明。

平板式筏形基础平板 BPB 钢筋构造						图集号	22G101—3—91
审核	郭仁俊	校对	廖宜香	设计	傅华夏		

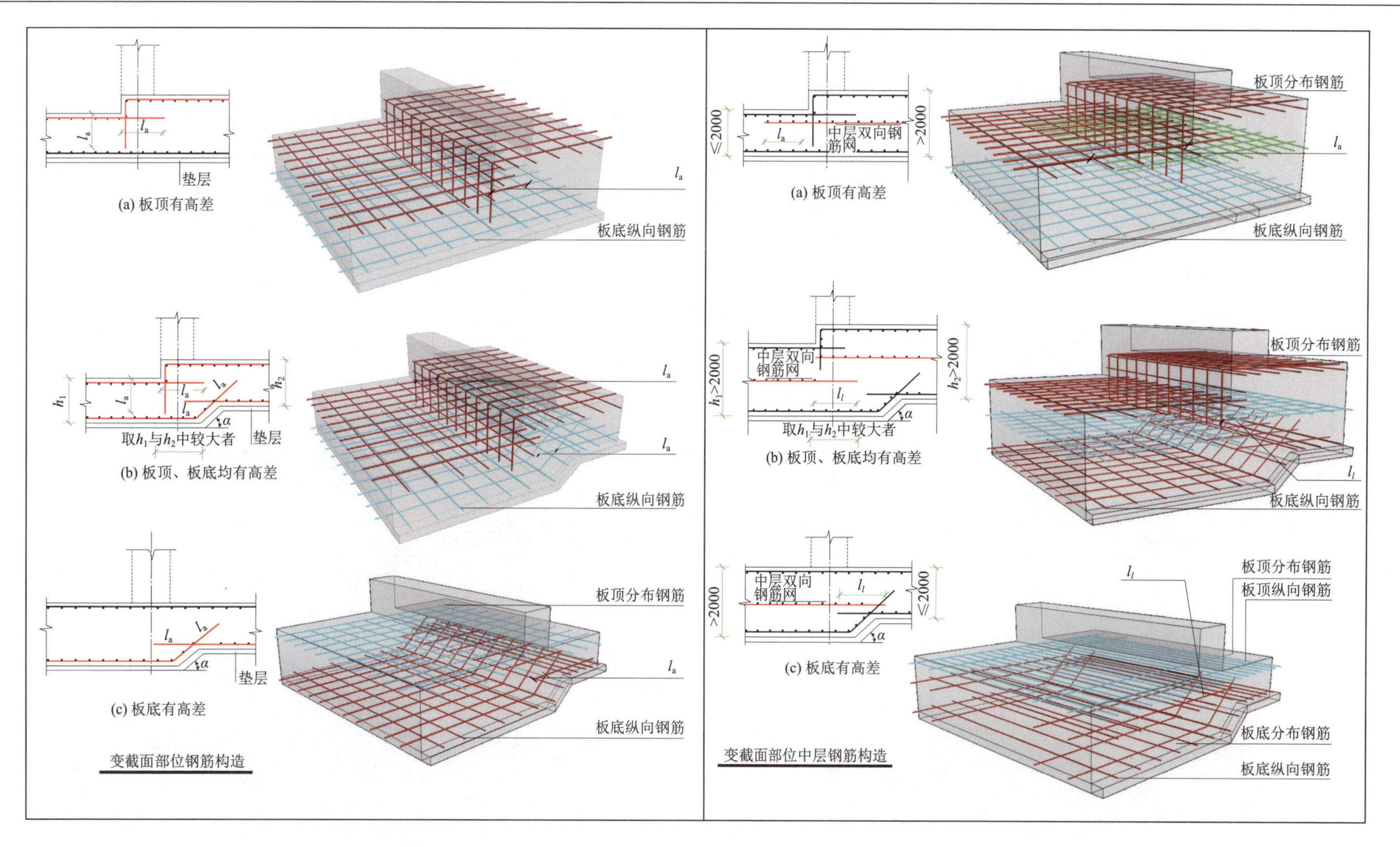

注：1. 本图构造规定适用于设置或未设置柱下板带和跨中板带的板式筏形基础的变截面部位的钢筋构造。

2. 当板式筏形基础平板的变截面形式与本图不同时，其构造应由设计人员设计；当要求施工方参照本图构造方式时，应提供相应改动的变更说明。

3. 板底高差坡度 α 可为 45° 或 60° 。

4. 中层双向钢筋网直径不宜小于 12mm，间距不宜大于 300mm。

平板式筏形基础平板（ZXB、KZB、BPB）变截面部位钢筋构造						图集号	22G101—3—92
审核	郭仁俊	校对	廖宜香	设计	傅华夏		

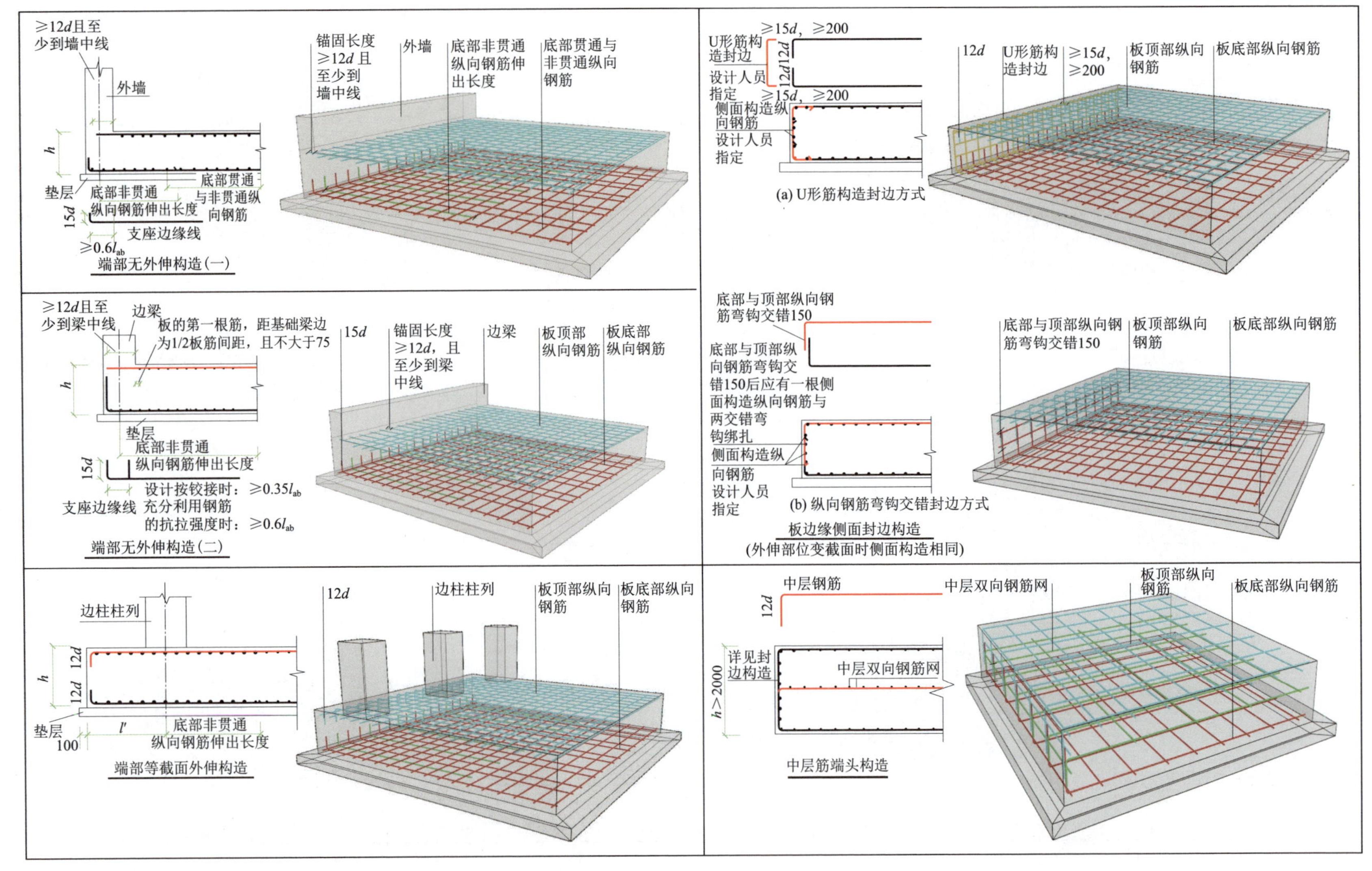

注：1. 端部无外伸构造（一）中，当设计人员指定采用墙外侧纵向钢筋与底板纵向钢筋搭接的做法时，基础底板下部钢筋弯折段应伸至基础顶面标高处（见 22G101—3 图集第 64 页）。

2. 板边缘侧面封边构造同样用于梁板式筏形基础部位，采用何种做法由设计人员指定；当设计人员未指定时，施工单位可根据实际情况自选一种做法。

3. 筏板底部非贯通纵向钢筋伸出长度 l' 应由具体工程设计确定。

4. 筏板中层钢筋的连接要求与受力钢筋相同。

平板式筏形基础平板（ZXB、KZB、BPB）端部与外伸部位钢筋构造						图集号	22G101—3—93
审核	郭仁俊	校对	廖宜香	设计	傅华夏		

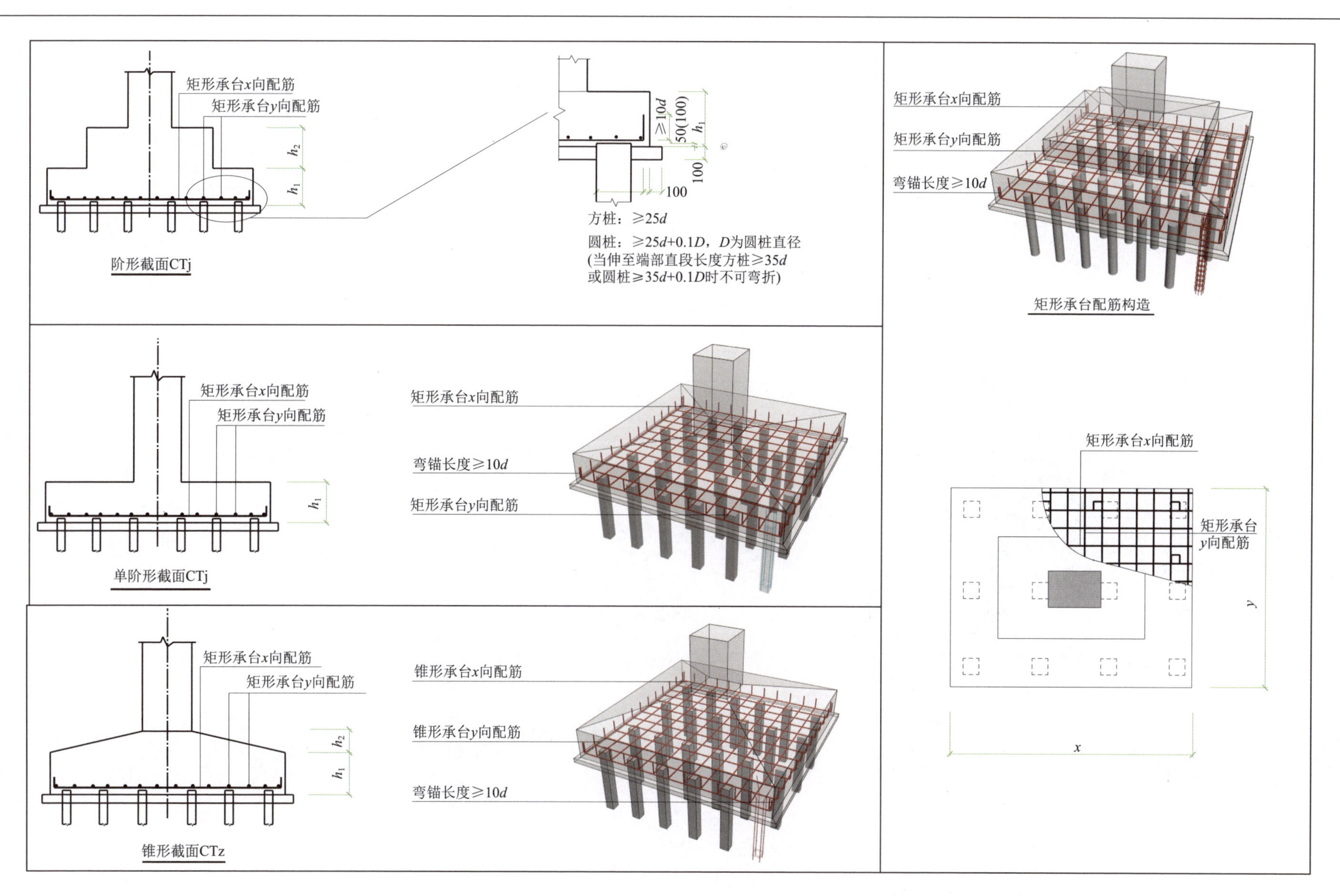

注：当桩径或桩截面边长 <800mm 时，桩顶嵌入承台 50mm；当桩径或桩截面边长≥ 800mm 时，桩顶嵌入承台 100mm。

矩形承台 CTj 和 GTz 配筋构造						图集号	22G101—3—94
审核	郭仁俊	校对	廖宜香	设计	傅华夏		

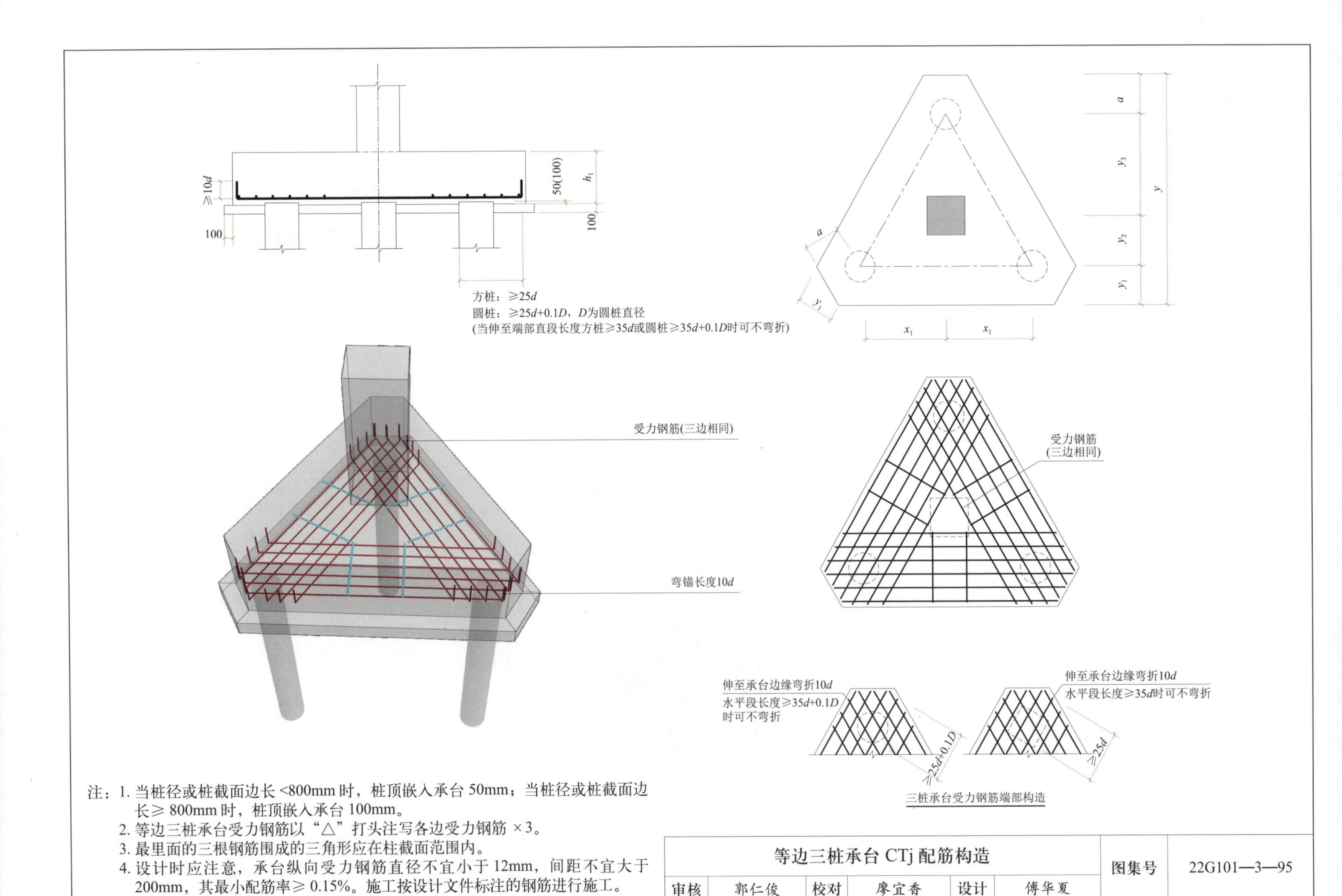

注：1. 当桩径或桩截面边长 <800mm 时，桩顶嵌入承台 50mm；当桩径或桩截面边长≥ 800mm 时，桩顶嵌入承台 100mm。
2. 等边三桩承台受力钢筋以“△”打头注写各边受力钢筋 ×3。
3. 最里面的三根钢筋围成的三角形应在柱截面范围内。
4. 设计时应注意，承台纵向受力钢筋直径不宜小于 12mm，间距不宜大于 200mm，其最小配筋率≥ 0.15%。施工按设计文件标注的钢筋进行施工。

等边三桩承台 CTj 配筋构造						图集号	22G101—3—95
审核	郭仁俊	校对	廖宜香	设计	傅华夏		

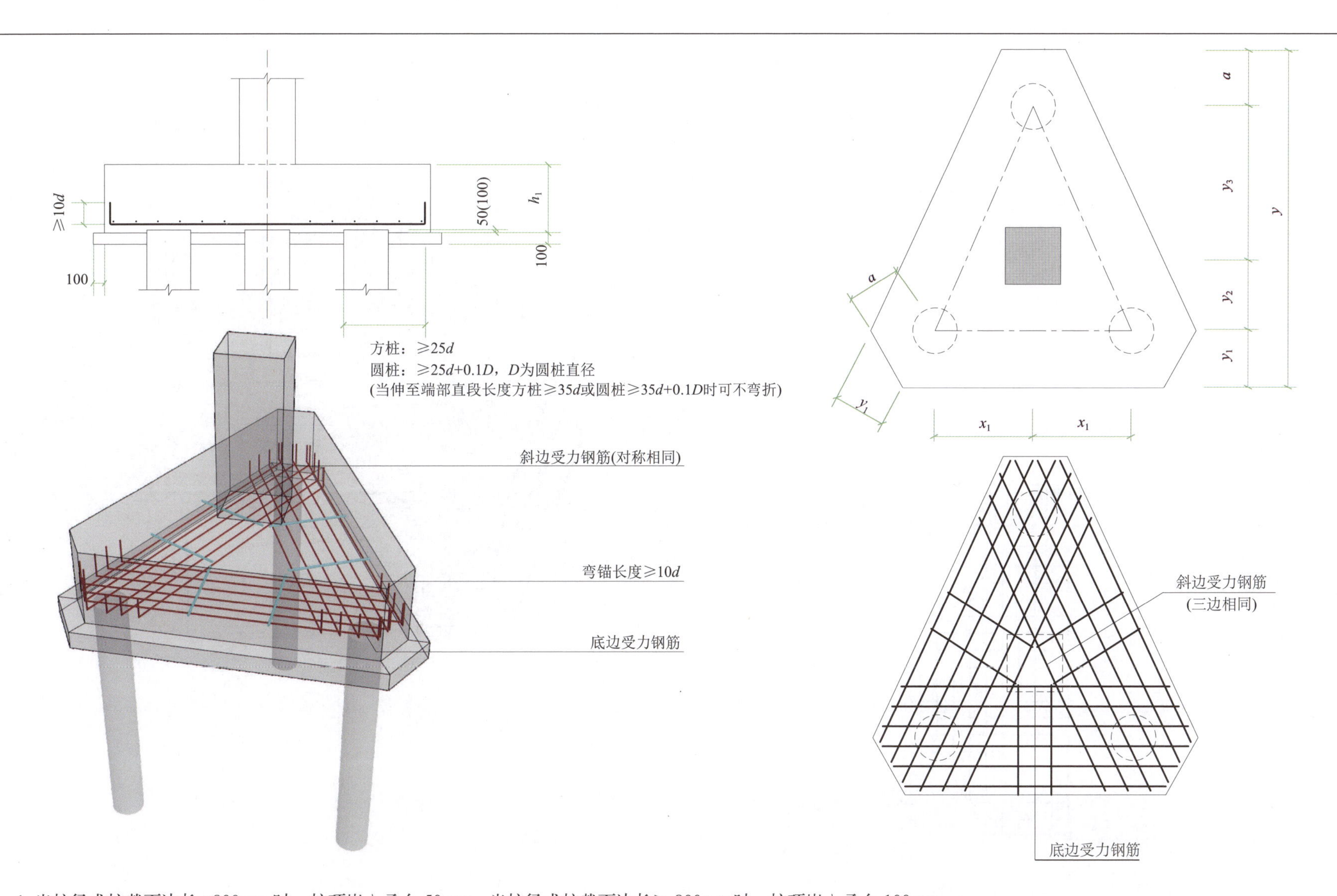

注：1. 当桩径或桩截面边长 <800mm 时，桩顶嵌入承台 50mm；当桩径或桩截面边长≥ 800mm 时，桩顶嵌入承台 100mm。
2. 等腰三桩承台受力钢筋以“△”打头注写底边受力钢筋 + 对称等腰斜边受力钢筋并 × 2。
3. 最里面的三根钢筋围成的三角形应在柱截面范围内。
4. 设计时应注意，承台纵向受力钢筋直径不宜小于 12mm，间距不宜大于 200mm，其最小配筋率≥ 0.15%。施工时按设计文件标注的钢筋进行施工。
5. 三桩承台受力钢筋端部构造详见 22G101—3 图集第 95 页。

等腰三桩承台 CTj 配筋构造						图集号	22G101—3—96
审核	郭仁俊	校对	廖宜香	设计	傅华夏		

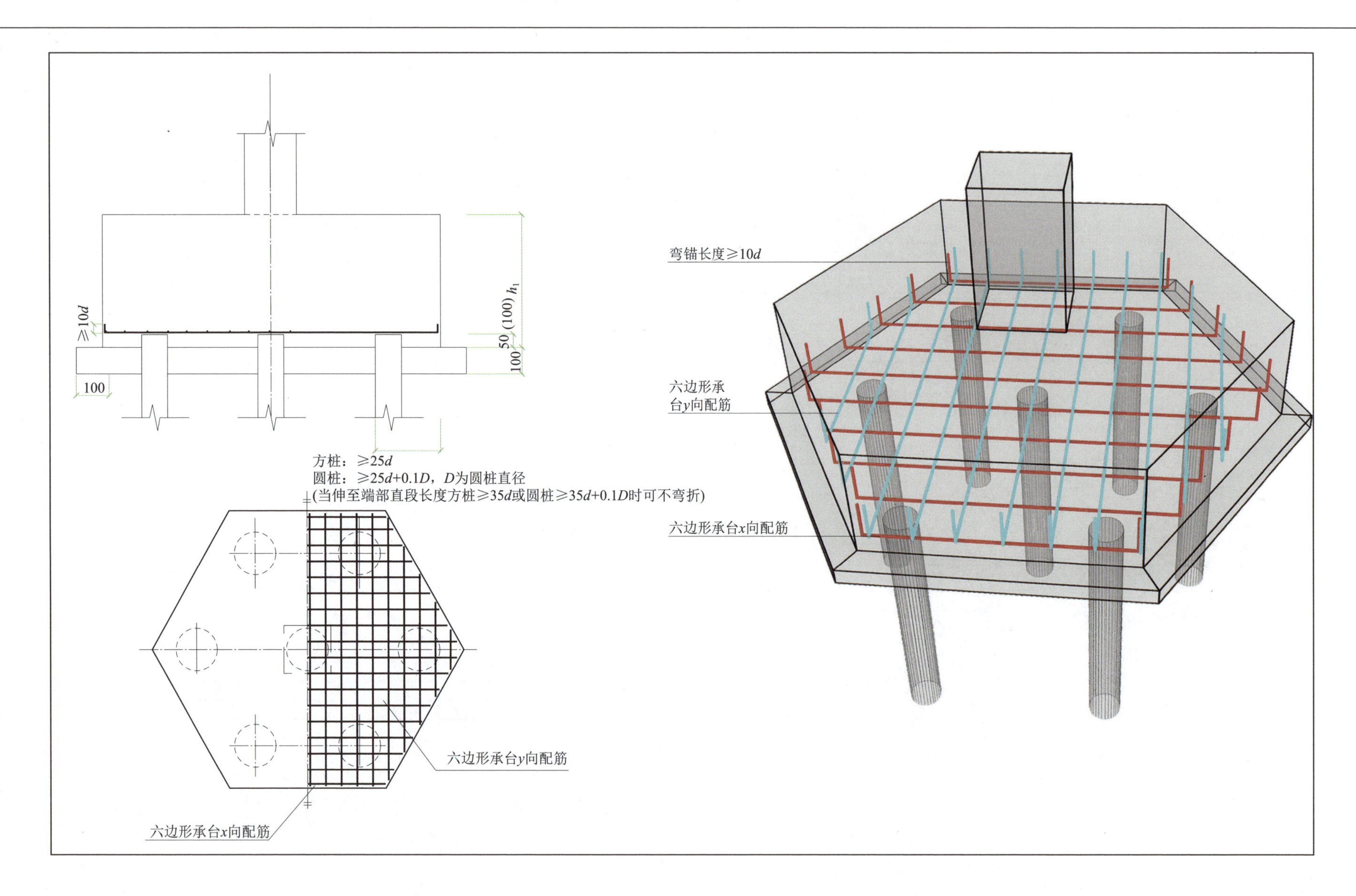

注：当桩径或桩截面边长 <800mm 时，桩顶嵌入承台 50mm；当桩径或桩截面边长≥ 800mm 时，桩顶嵌入承台 100mm。

六边形承台 CTj 配筋构造（一）						图集号	22G101—3—97
审核	郭仁俊	校对	廖宜香	设计	傅华夏		

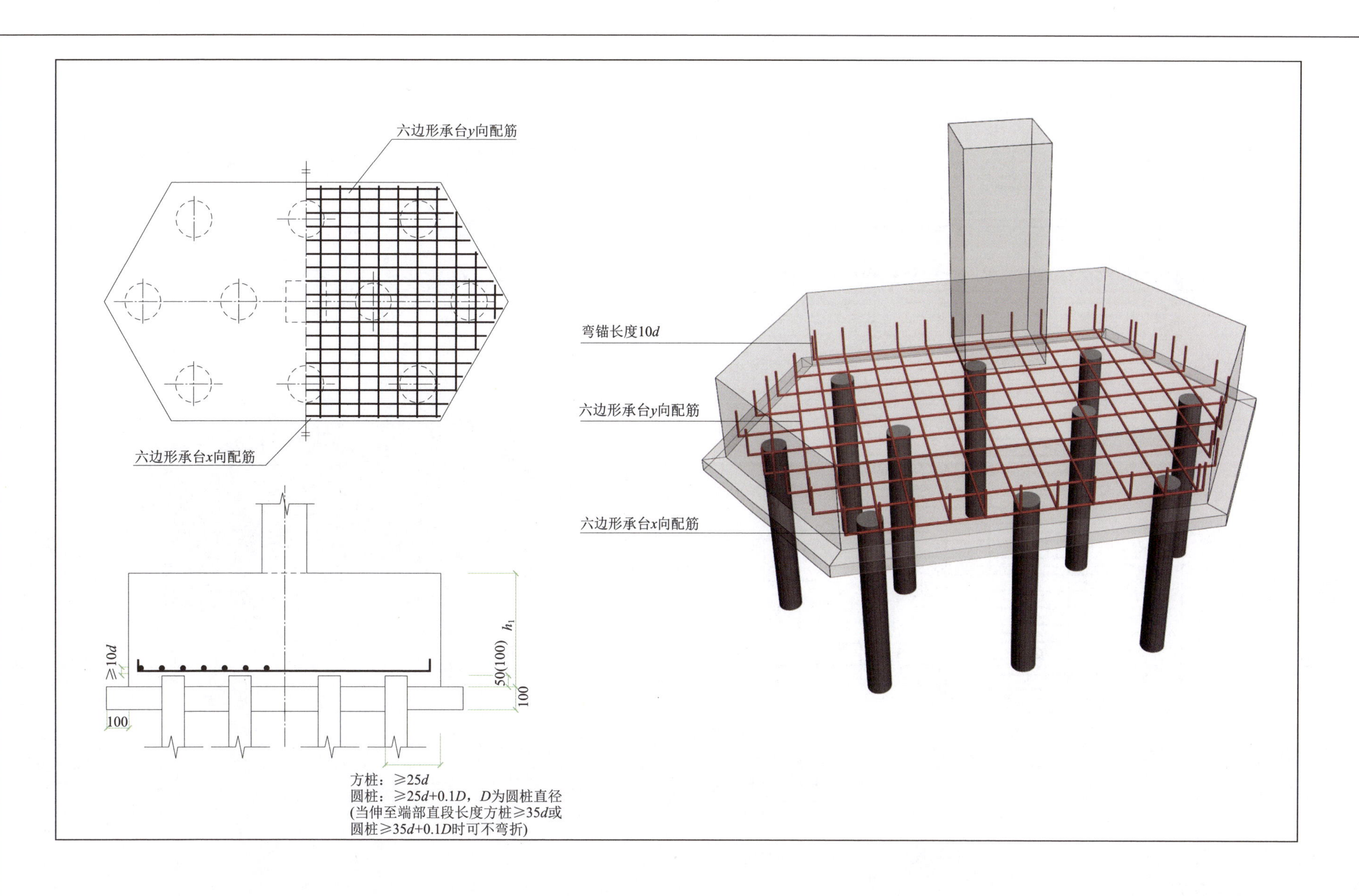

注：当桩径或桩截面边长 <800mm 时，桩顶嵌入承台 50mm；当桩径或桩截面边长≥ 800mm 时，桩顶嵌入承台 100mm。

六边形承台 CTj 配筋构造（二）						图集号	22G101—3—98
审核	郭仁俊	校对	廖宜香	设计	傅华夏		

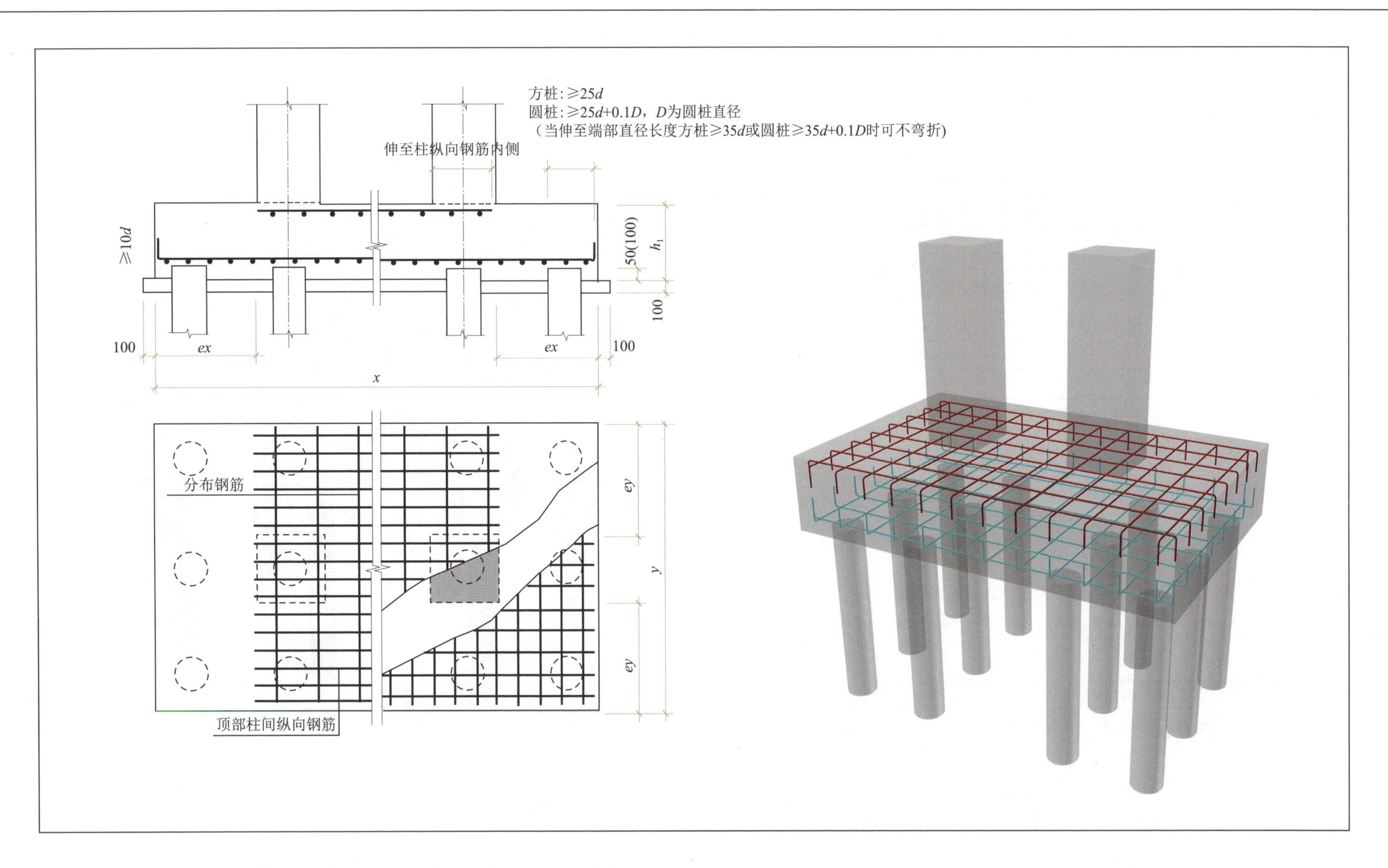

注：1. 当桩径或桩截面边长 <800mm 时，桩顶嵌入承台 50mm；当桩径或桩截面边长≥ 800mm 时，桩顶嵌入承台 100mm。
2. 需设置上层钢筋网时，由设计人员指定。

双柱联合承台底部与顶部配筋构造						图集号	22G101—3—99
审核	郭仁俊	校对	廖宜香	设计	傅华夏		

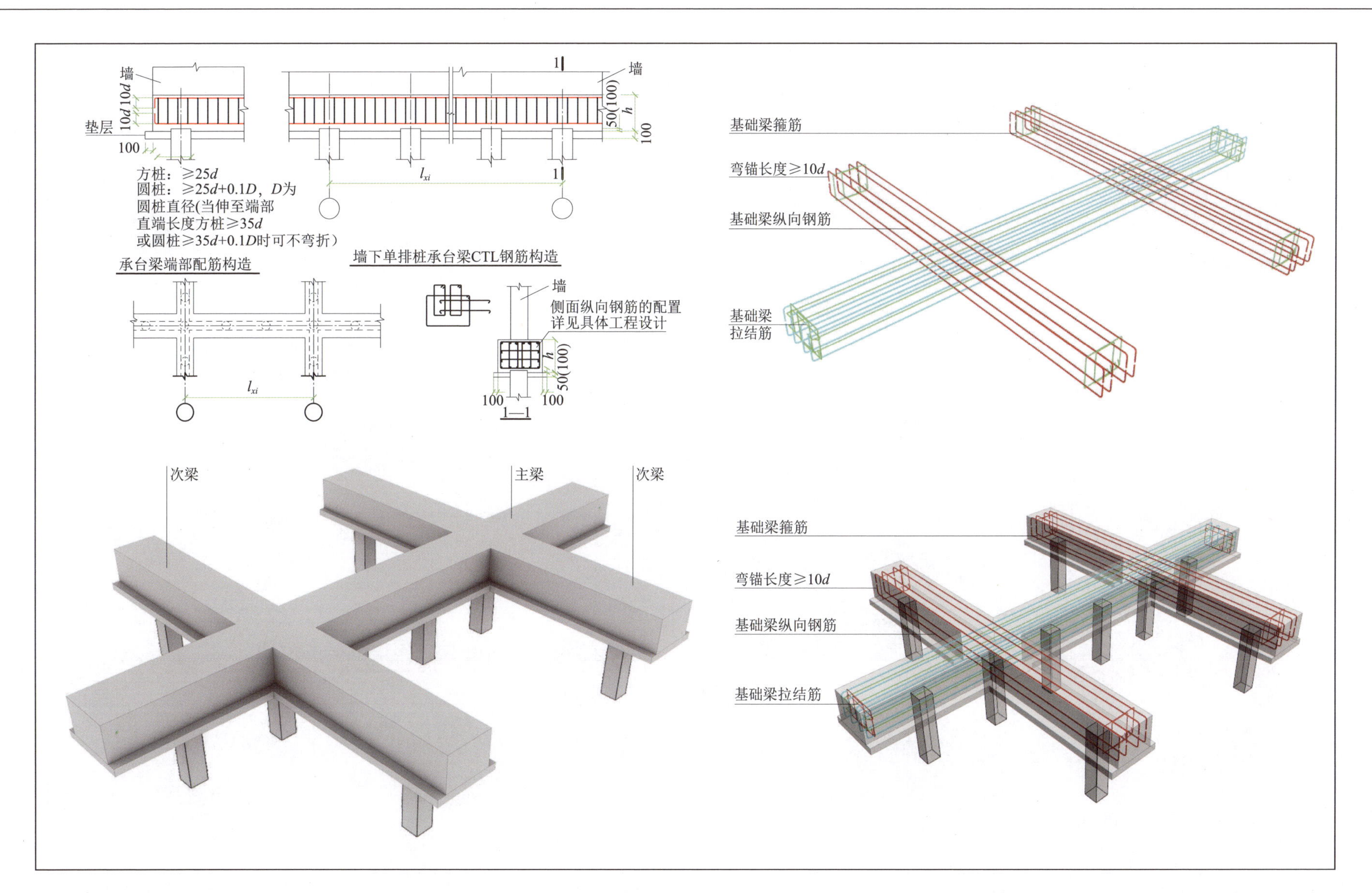

注：1. 当桩径或桩截面边长 <800mm 时，桩顶嵌入承台 50mm；当桩径或桩截面边长≥ 800mm 时，桩顶嵌入承台 100mm。
2. 拉结筋直径为 8mm，间距为箍筋的 2 倍。当设有多排拉结筋时，上下两排拉结筋竖向错开设置。

墙下单排桩承台梁 CTL 配筋构造						图集号	22G101—3—100
审核	郭仁俊	校对	廖宜香	设计	傅华夏		

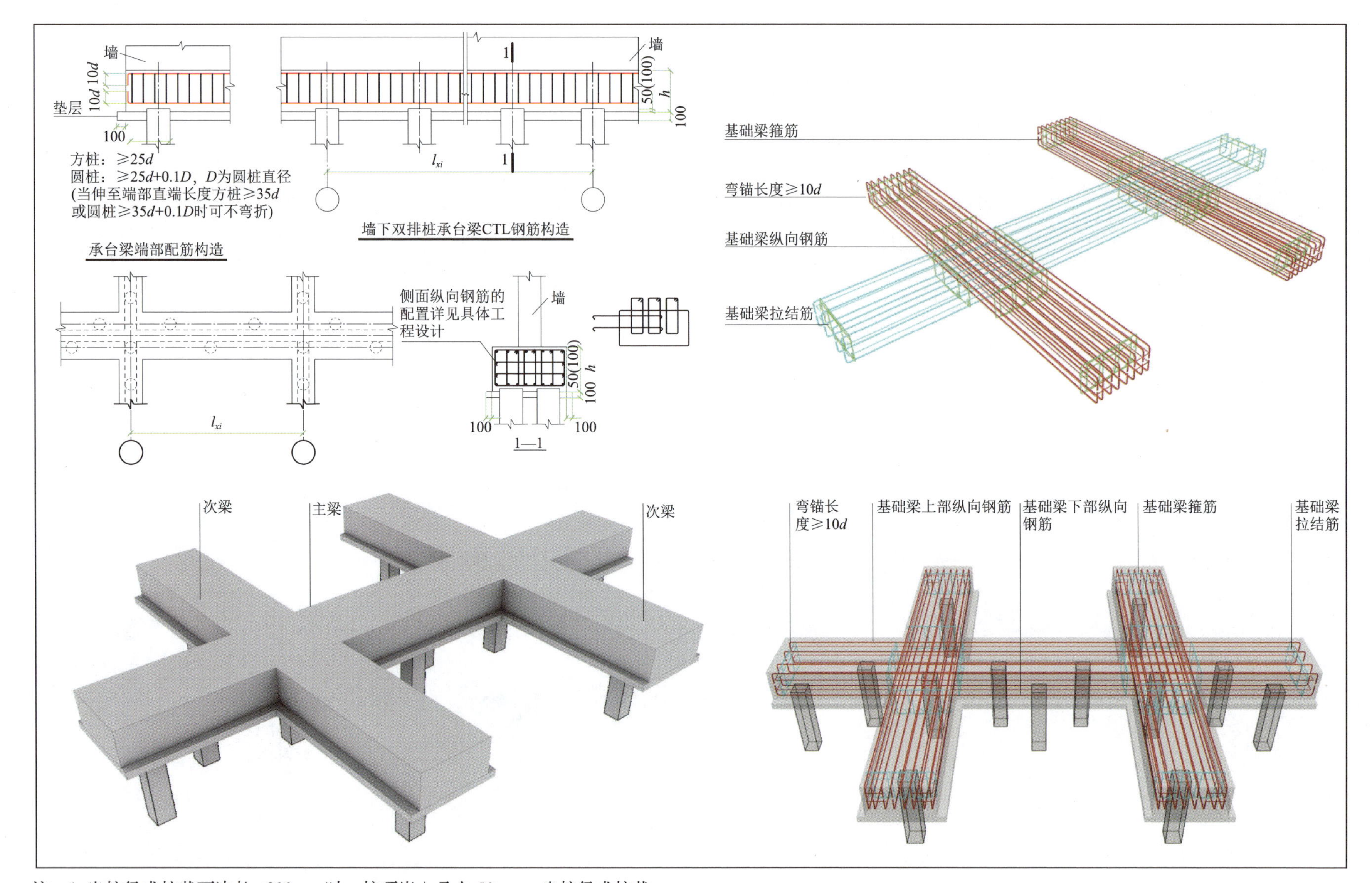

注：1. 当桩径或桩截面边长 <800mm 时，桩顶嵌入承台 50mm；当桩径或桩截面边长≥ 800mm 时，桩顶嵌入承台 100mm。
2. 拉结筋直径为 8mm，间距为箍筋的 2 倍。当设有多排拉结筋时，上下两排拉结筋竖向错开设置。

墙下双排桩承台梁 CTL 配筋构造						图集号	22G101—3—101
审核	郭仁俊	校对	廖宜香	设计	傅华夏		

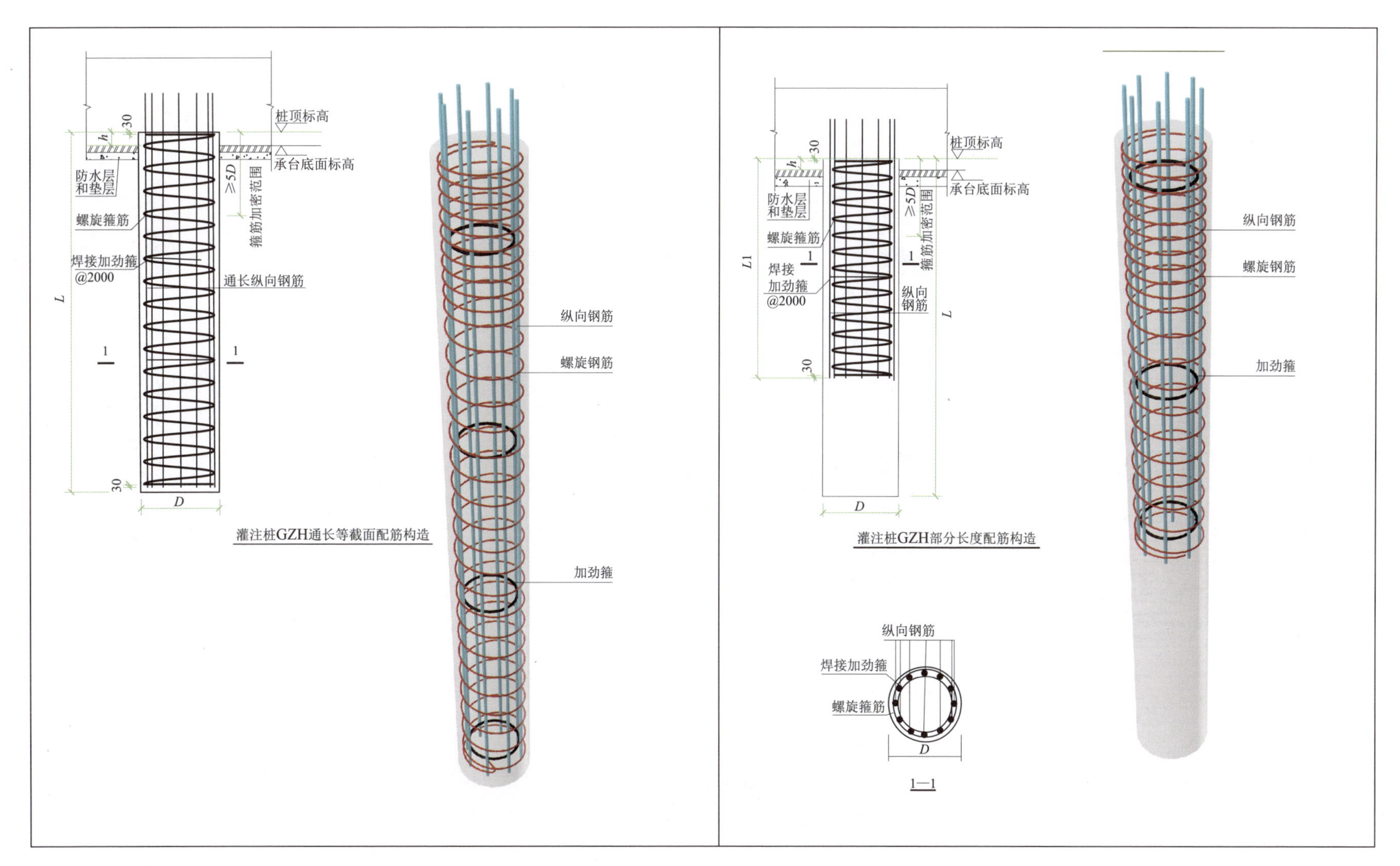

注：1. 纵向钢筋锚入承台做法见 22G101—3 图集第 104 页。
2. h 为桩顶进入承台高度，桩径 <800mm 时取 50mm，桩径≥800mm 时取 100mm。
3. 焊接加劲箍见设计标注，当设计未注明时，加劲箍直径为 12mm，强度等级不低于 HRB400。
4. 桩头防水构造做法详见施工图。

灌注桩 GZH 通长等截面配筋构造 灌注桩 GZH 部分长度配筋构造						图集号	22G101—3—102
审核	郭仁俊	校对	廖宜香	设计	傅华夏		

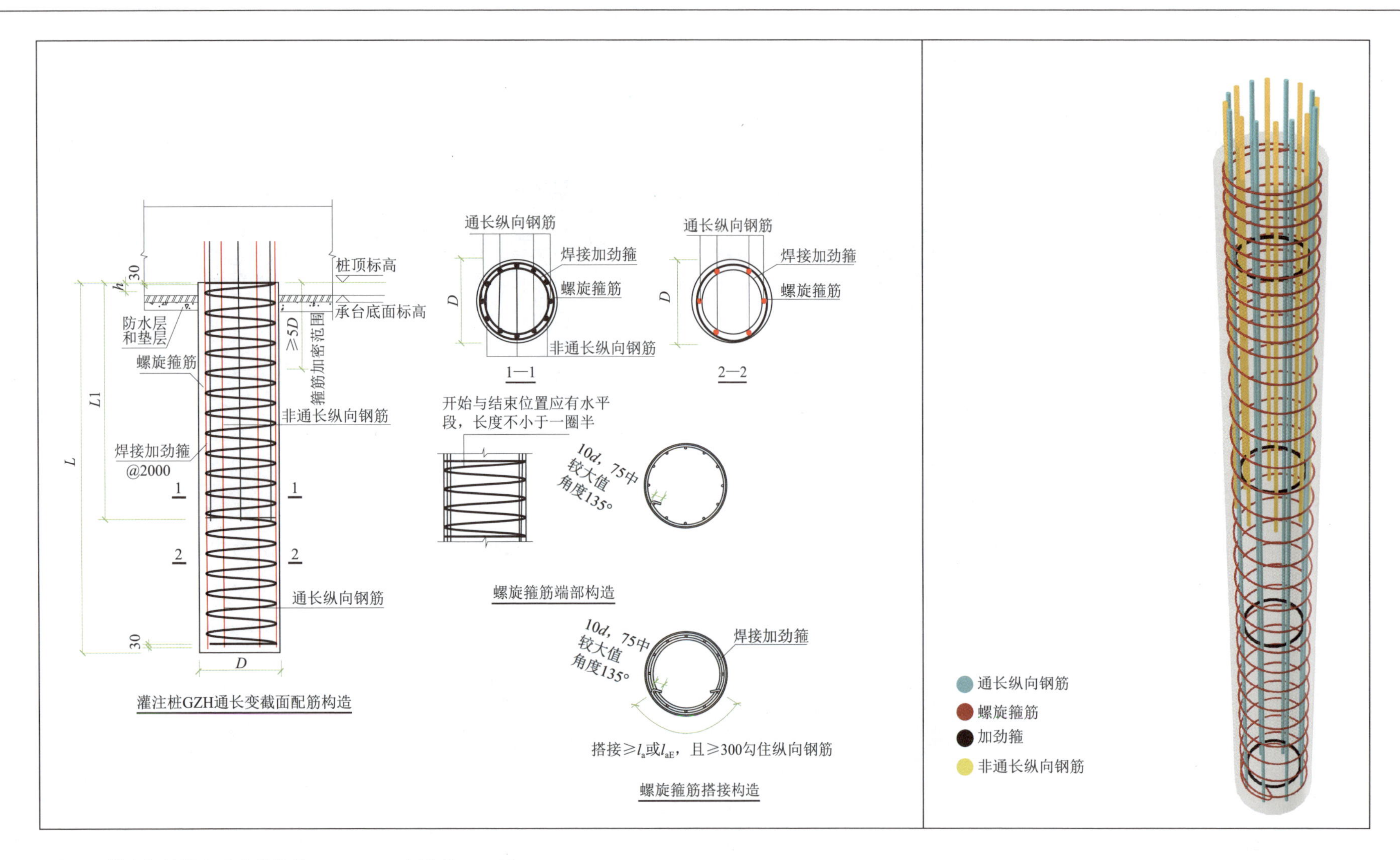

注：1. 纵向钢筋锚入承台做法见 22G101—3 图集第 104 页。
2. h 为桩顶进入承台高度，桩径 <800mm 时取 50mm，桩径 ≥ 800mm 时取 100mm。
3. 焊接加劲箍见设计标注。当设计未标注时，加劲箍直径为 12mm，强度等级不低于 HRB400。
4. 桩头防水构造做法详见施工图。

灌注桩 GZH 通长变截面配筋构造　螺旋箍筋构造						图集号	22G101—3—103
审核	郭仁俊	校对	廖宜香	设计	傅华夏		

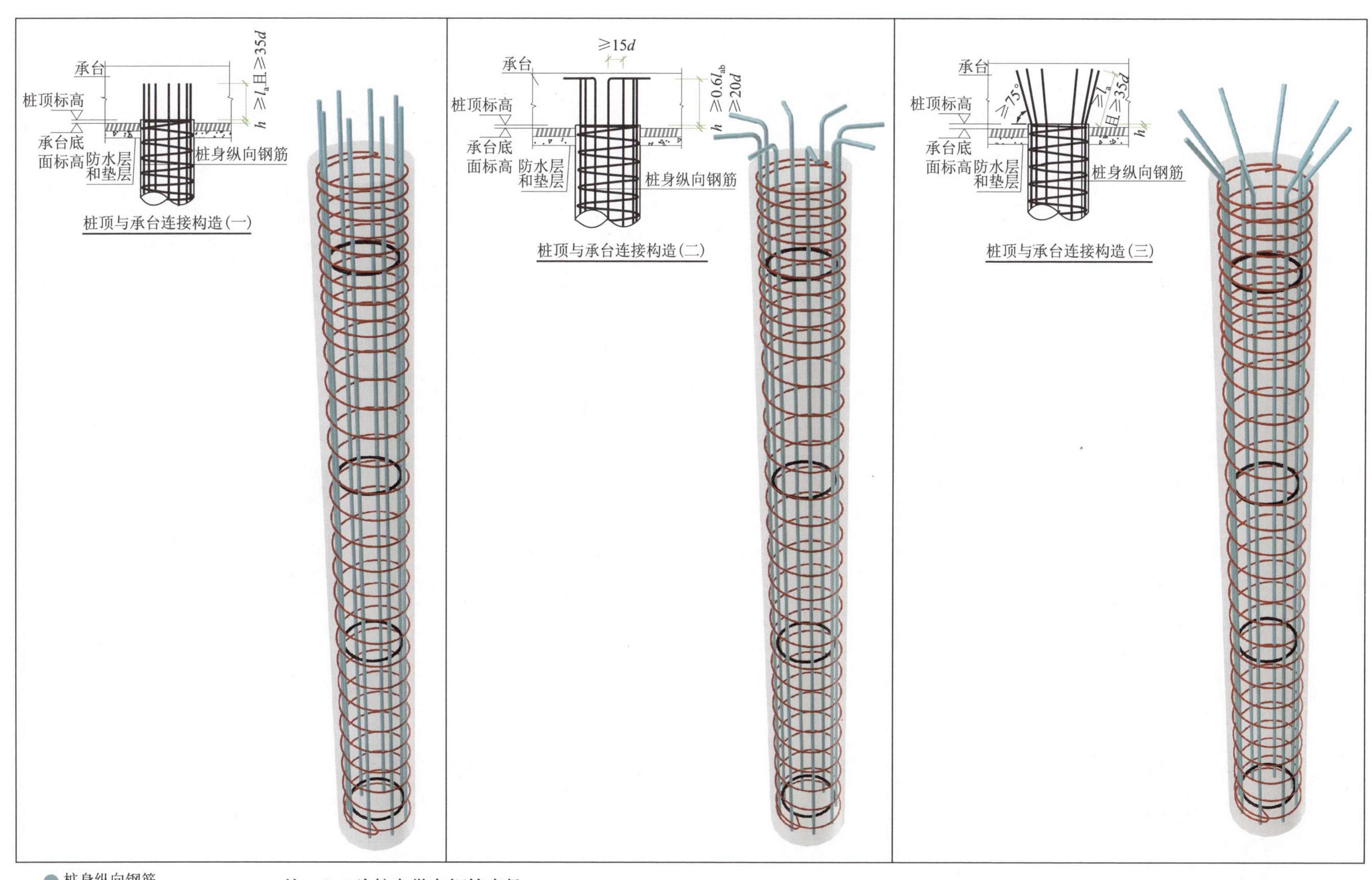

注：1. d 为桩身纵向钢筋直径。
2. h 为桩顶进入承台高度，桩径 <800mm 时取 50mm，桩径≥ 800mm 时取 100mm。
3. 桩头防水构造做法详见施工图。

钢筋混凝土灌注桩桩顶与承台连接构造						图集号	22G101—3—104
审核	郭仁俊	校对	廖宜香	设计	傅华夏		

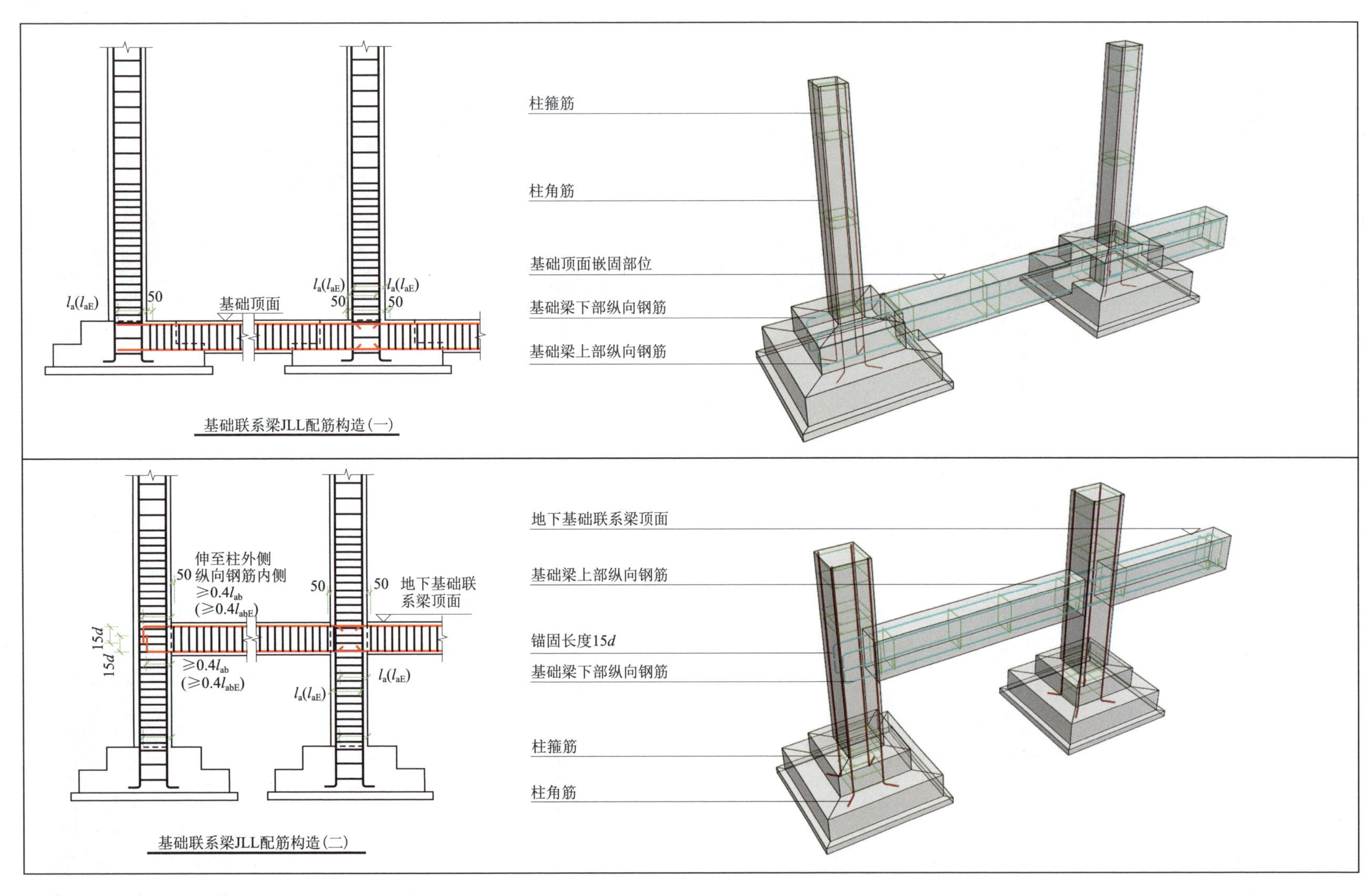

注：1. 基础联系梁的第一道箍筋距柱边缘 50mm 开始设置。

2. 基础联系梁配筋构造（二）中，基础联系梁上、下部纵向钢筋采用直锚形式时，锚固长度不应小于 $l_a(l_{aE})$，且伸过柱中心线长度不应小于 $5d$（d 为梁纵向钢筋直径）。

3. 锚固区横向钢筋应满足直径≥ $d/4$（d 为插筋最大直径），间距≤ $5d$（d 为插筋最小直径）且≤100mm 的要求。

4. 基础联系梁用于独立基础、条形基础及桩基础。

5. 图中括号内数据用于抗震设计。

基础联系梁 JLL 配筋构造						图集号	22G101—3—105
审核	郭仁俊	校对	廖宜香	设计	傅华夏		

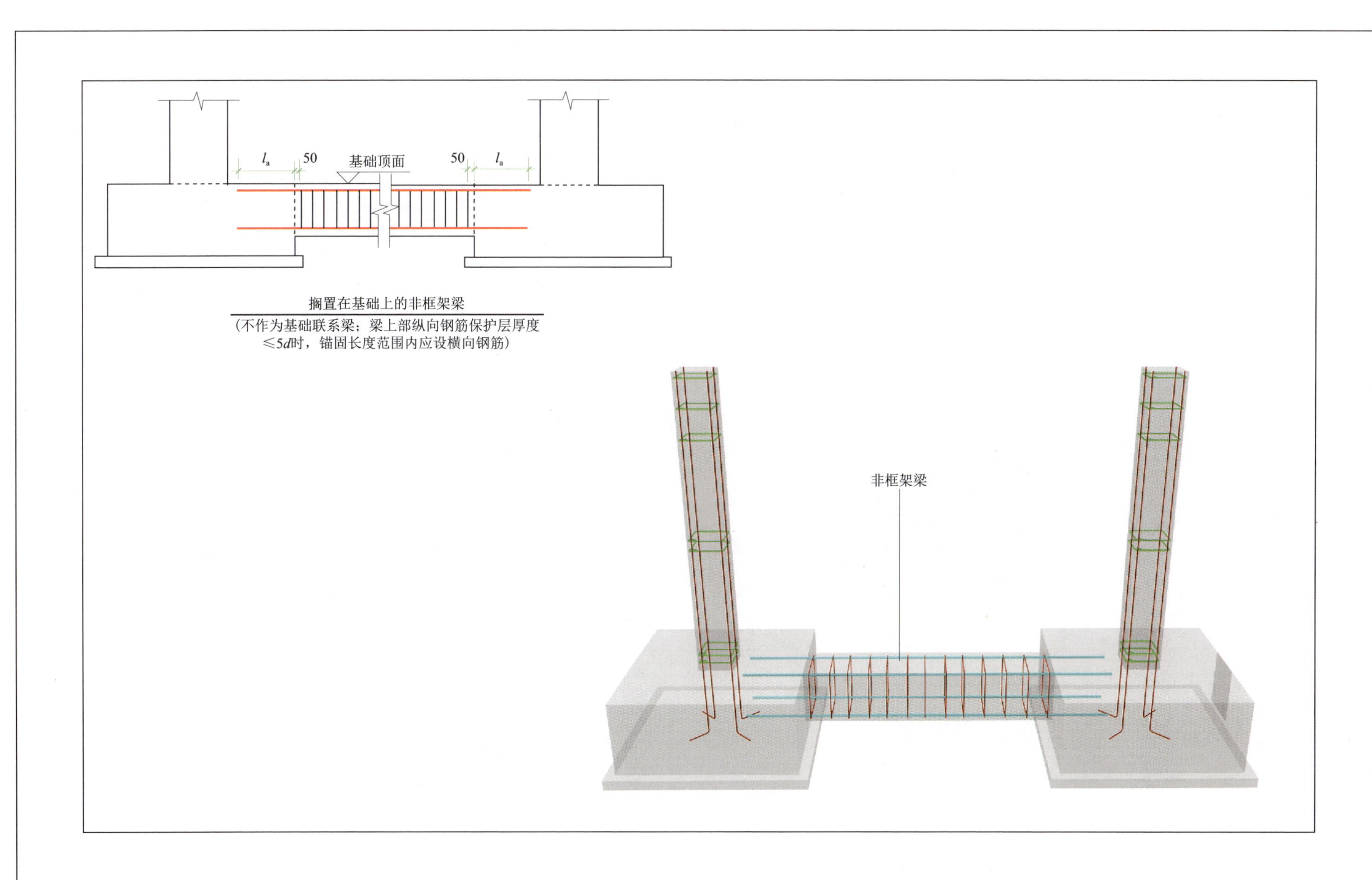

搁置在基础上的非框架梁

（不作为基础联系梁；梁上部纵向钢筋保护层厚度≤5d时，锚固长度范围内应设横向钢筋）

搁置在基础上的非框架梁						图集号	22G101—3—105
审核	郭仁俊	校对	廖宜香	设计	傅华夏		

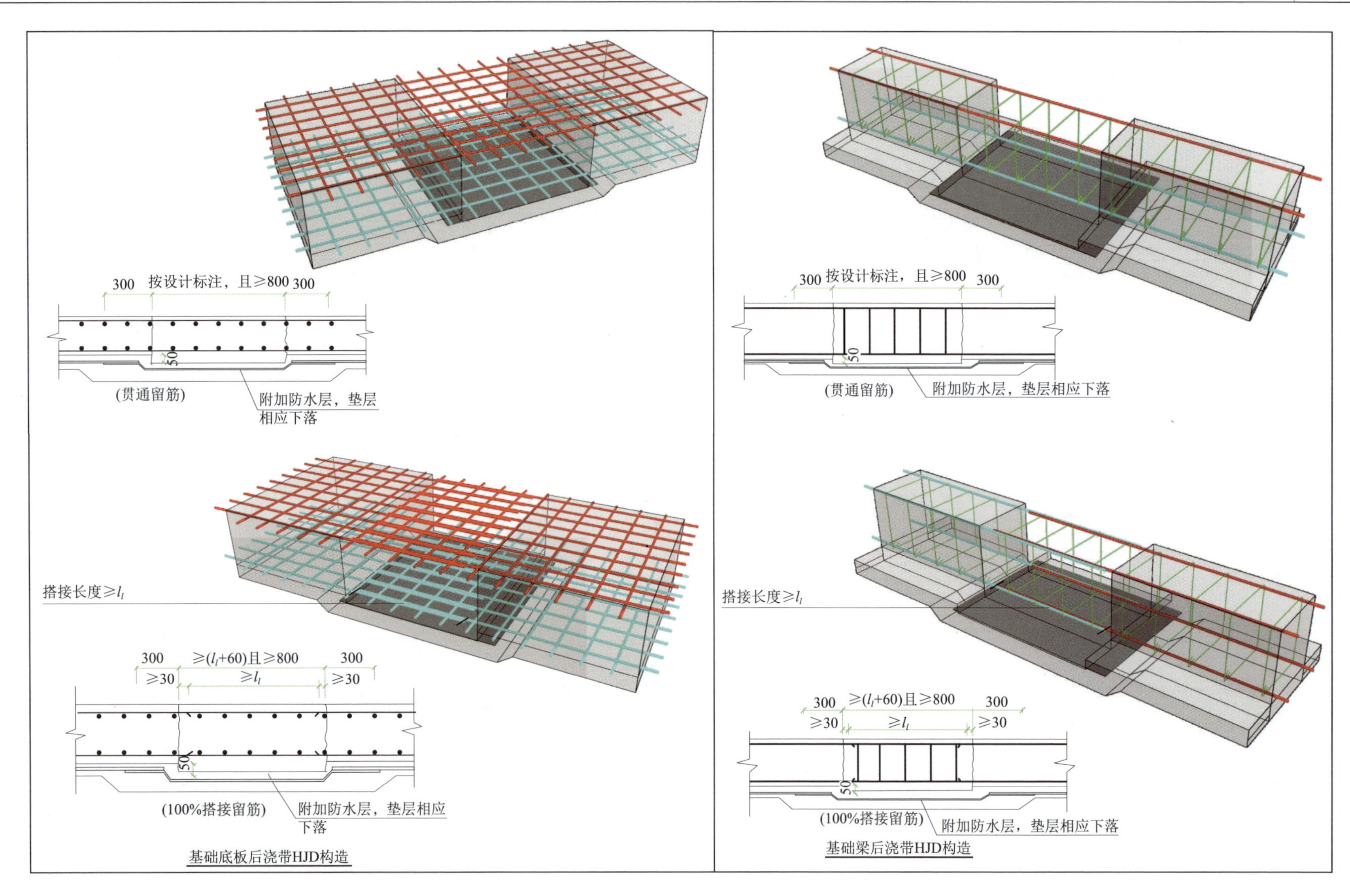

基础底板后浇带HJD构造

基础梁后浇带HJD构造

注：1. 后浇带混凝土的浇筑时间及其他要求按具体工程的设计要求。
2. 后浇带两侧可采用钢筋支架单层钢丝网或单层钢板网隔断。当后浇混凝土时，应将其表面浮浆剔除。
3. 后浇带下设抗水压垫层构造、后浇带超前止水构造见22G101—3图集第107页。

基础底板后浇带 HJD 构造　基础梁后浇带 HJD 构造						图集号	22G101—3—106
审核	郭仁俊	校对	廖宜香	设计	傅华夏		

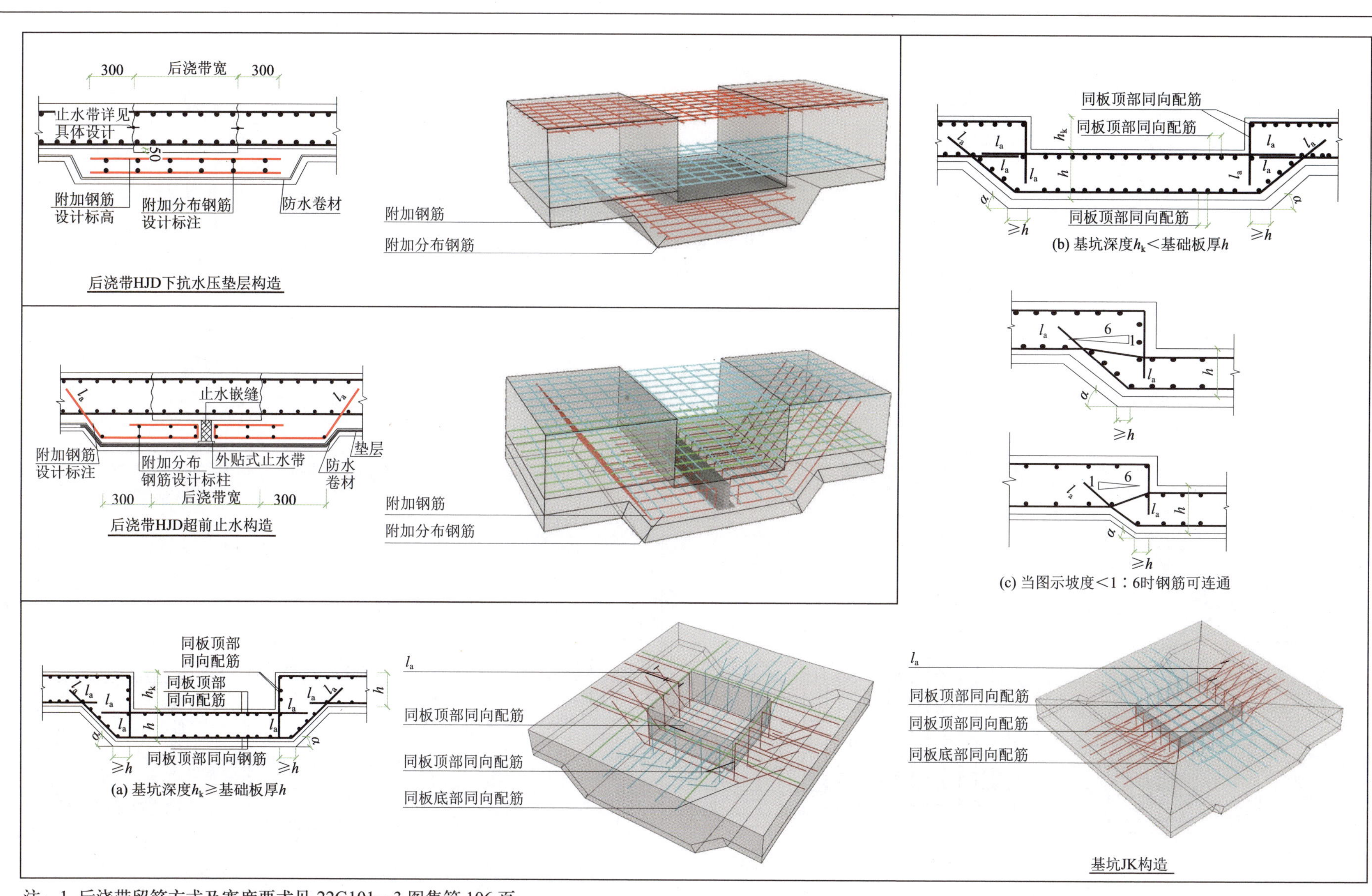

注：1. 后浇带留筋方式及宽度要求见 22G101—3 图集第 106 页。

2. 基坑同一层面两向正交钢筋的上下位置与基础底板对应相同。基础底板同一层面的交叉纵向钢筋何向在下、何向在上，应按具体设计说明。

3. 根据施工是否方便，基坑侧壁的水平钢筋可位于内侧，也可位于外侧。

4. 基坑中当钢筋直锚至对边 $<l_a$ 时，可以伸至对边钢筋内侧顺势弯折，总锚固长度应 $\geq l_a$。

<table>
<tr><td colspan="6">后浇带 HJD 下抗水压垫层构造
后浇带 HJD 超前止水构造　基坑 JK 构造</td><td rowspan="2">图集号</td><td rowspan="2">22G101—3—107</td></tr>
<tr><td>审核</td><td>郭仁俊</td><td>校对</td><td>廖宜香</td><td>设计</td><td>傅华夏</td></tr>
</table>

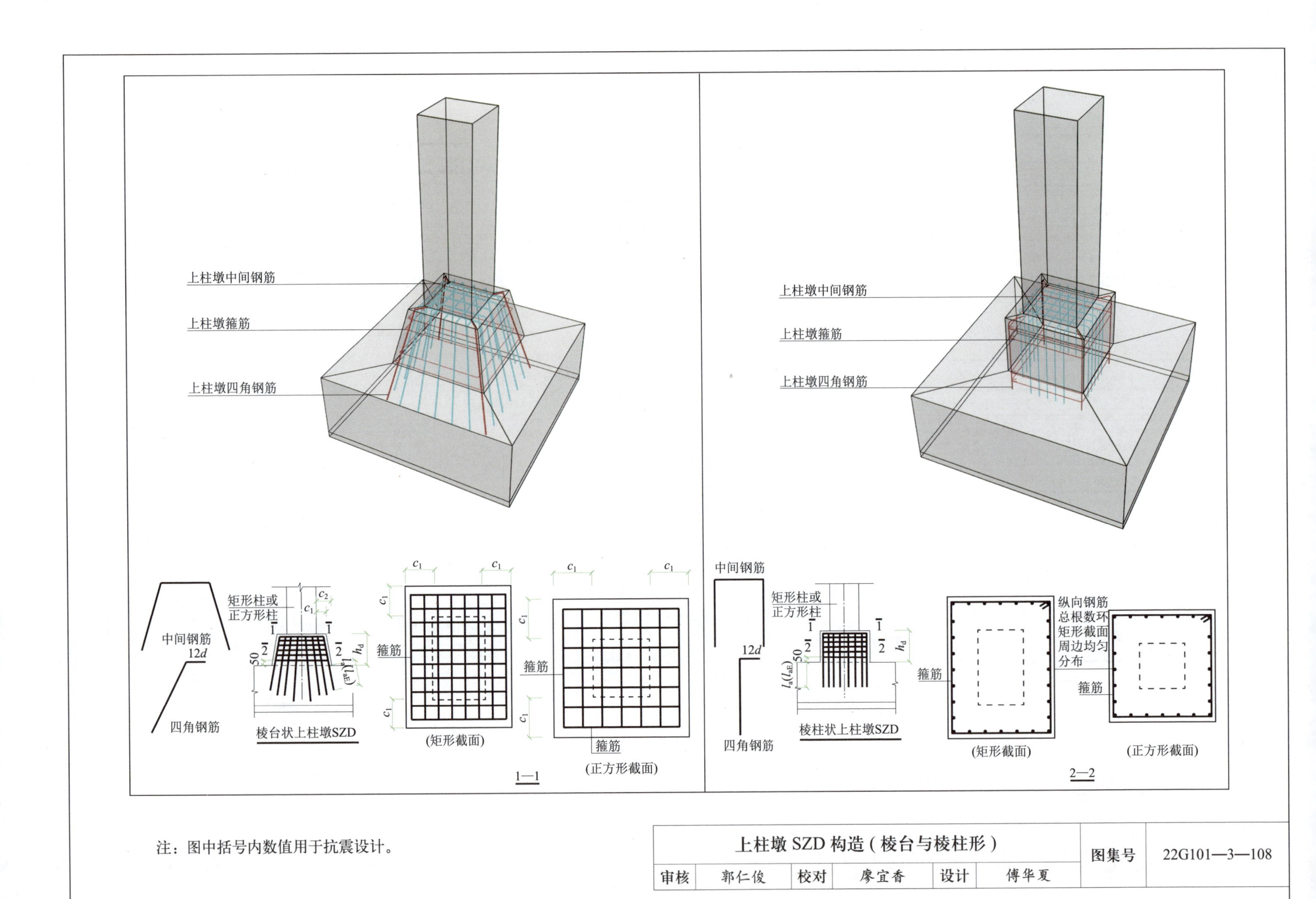

注：图中括号内数值用于抗震设计。

上柱墩 SZD 构造（棱台与棱柱形）						图集号	22G101—3—108
审核	郭仁俊	校对	廖宜香	设计	傅华夏		

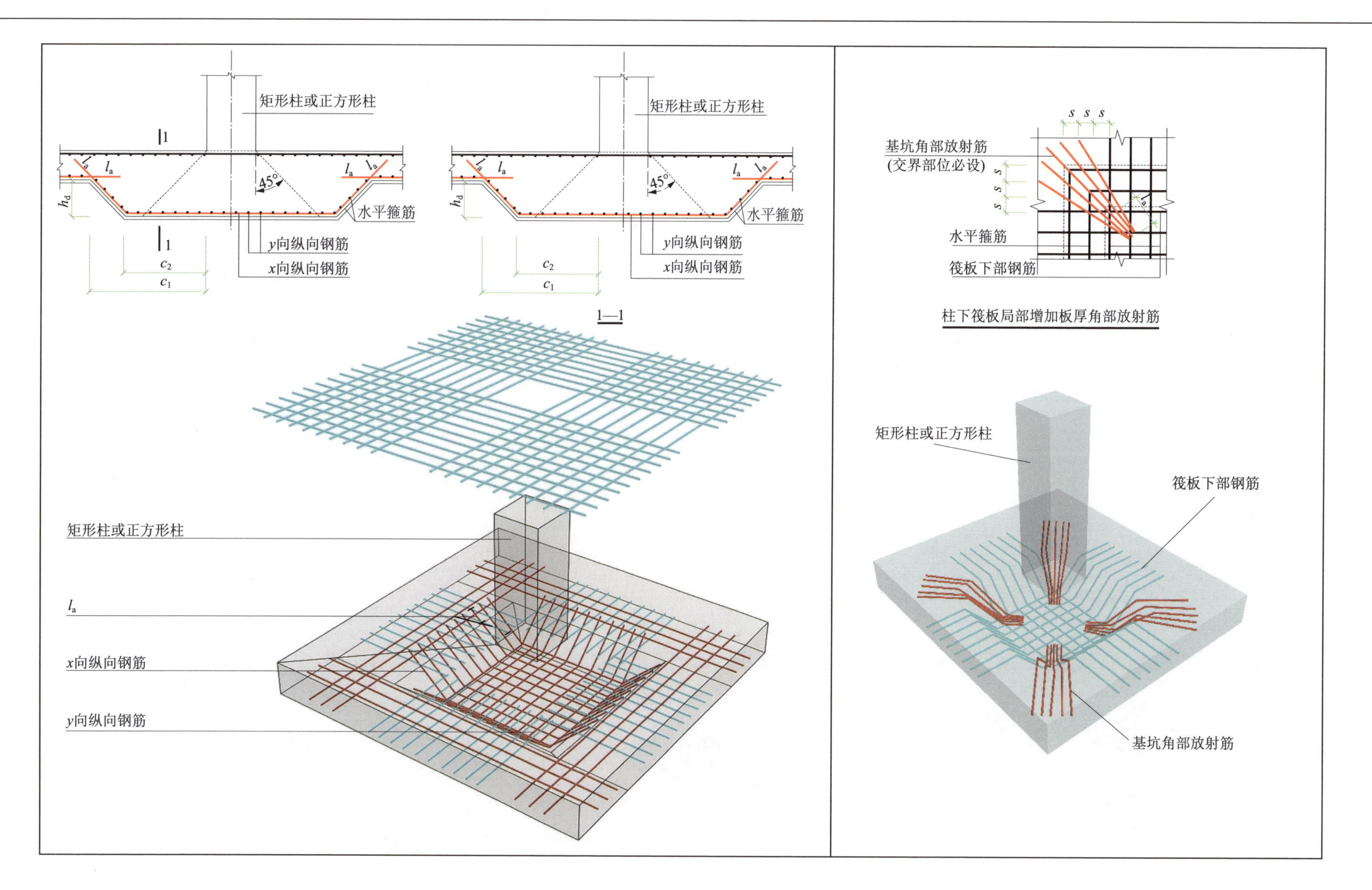

注：1. 当柱荷载较大时，可在筏板下局部增加厚度，满足柱下筏板冲切承载力的要求。
2. 角部放射筋直径取 x 向纵向钢筋直径与 y 向纵向钢筋直径的较大值，间距同筏板下部钢筋。

柱下筏板局部增加板厚 JBH 构造（一）						图集号	22G101—3—109
审核	郭仁俊	校对	廖宜香	设计	傅华夏		

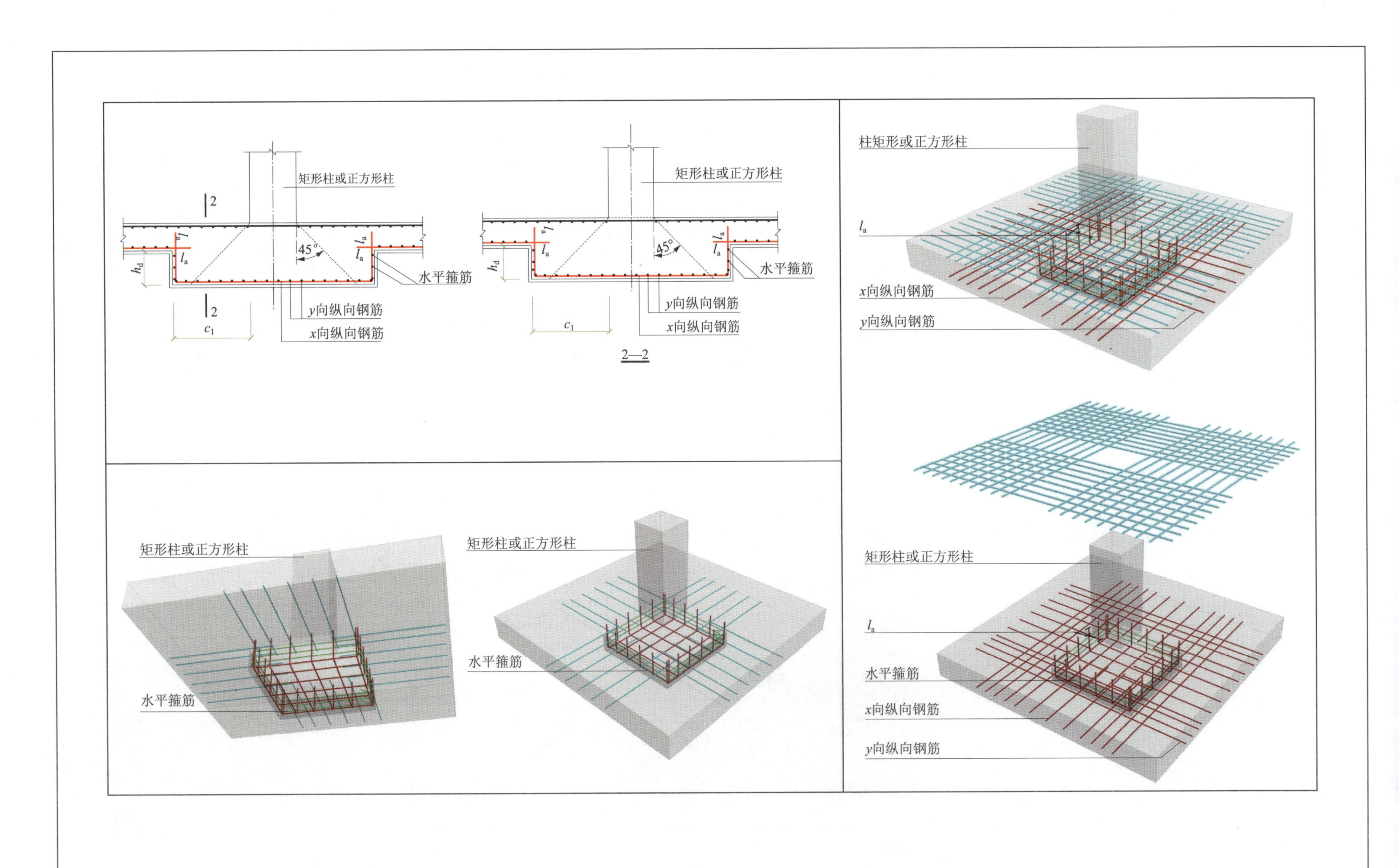

柱下筏板局部增加板厚 JBH 构造（二）						图集号	22G101—3—109
审核	郭仁俊	校对	廖宜香	设计	傅华夏		

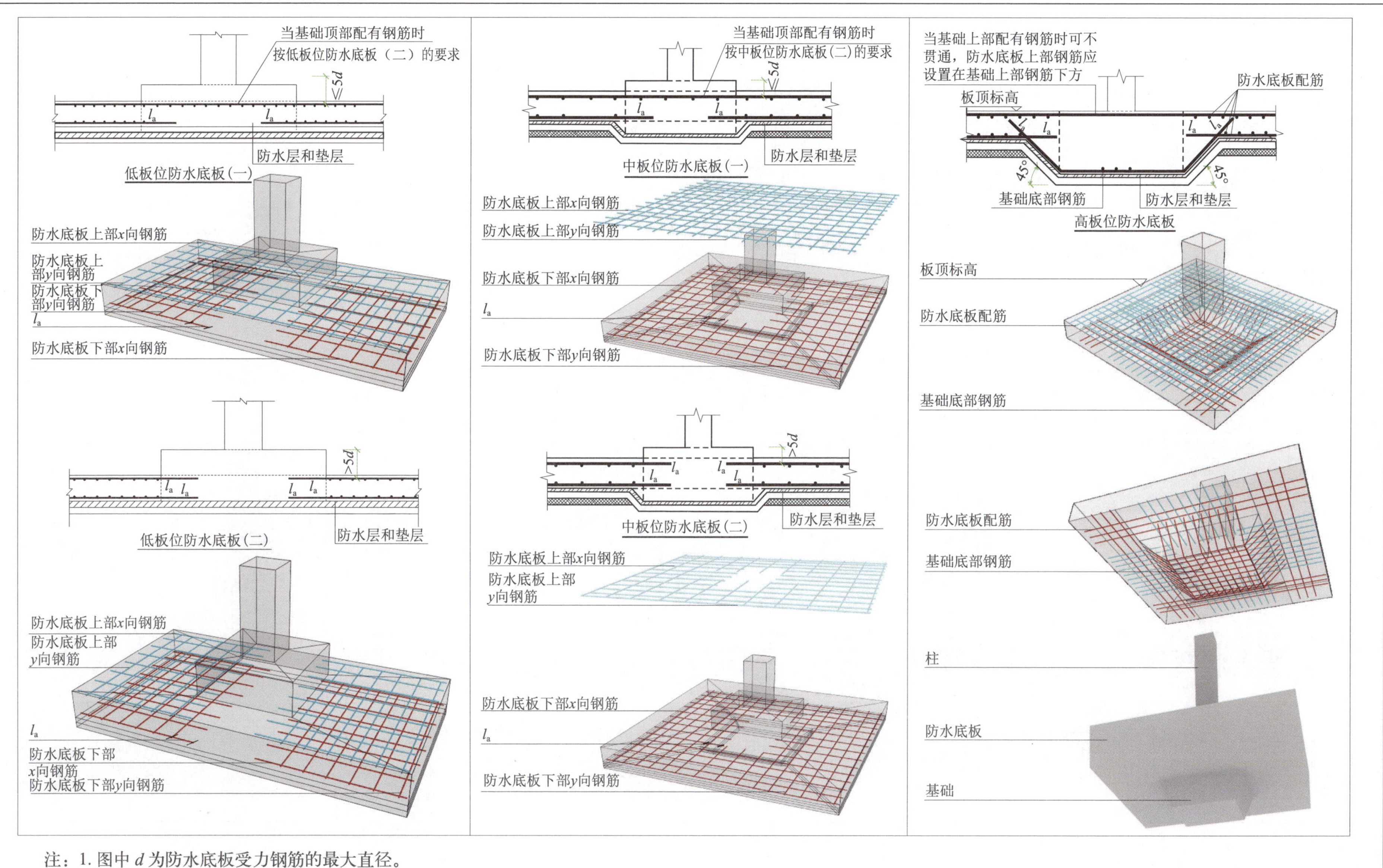

注：1. 图中 d 为防水底板受力钢筋的最大直径。
2. 本图所示意的基础，包括独立基础、条形基础、桩基承台、桩基承台梁以及基础联系梁等。
3. 当基础梁、承台梁、基础联系梁或其他类型的基础宽度≥ l_a 时，可将受力钢筋贯穿基础后在其连接区域连接。
4. 防水底板以下的填充材料（如苯板）应按具体工程的设计要求进行设置。

防水底板 FSB 与各类基础的连接构造						图集号	22G101—3—110
审核	郭仁俊	校对	廖宜香	设计	傅华夏		

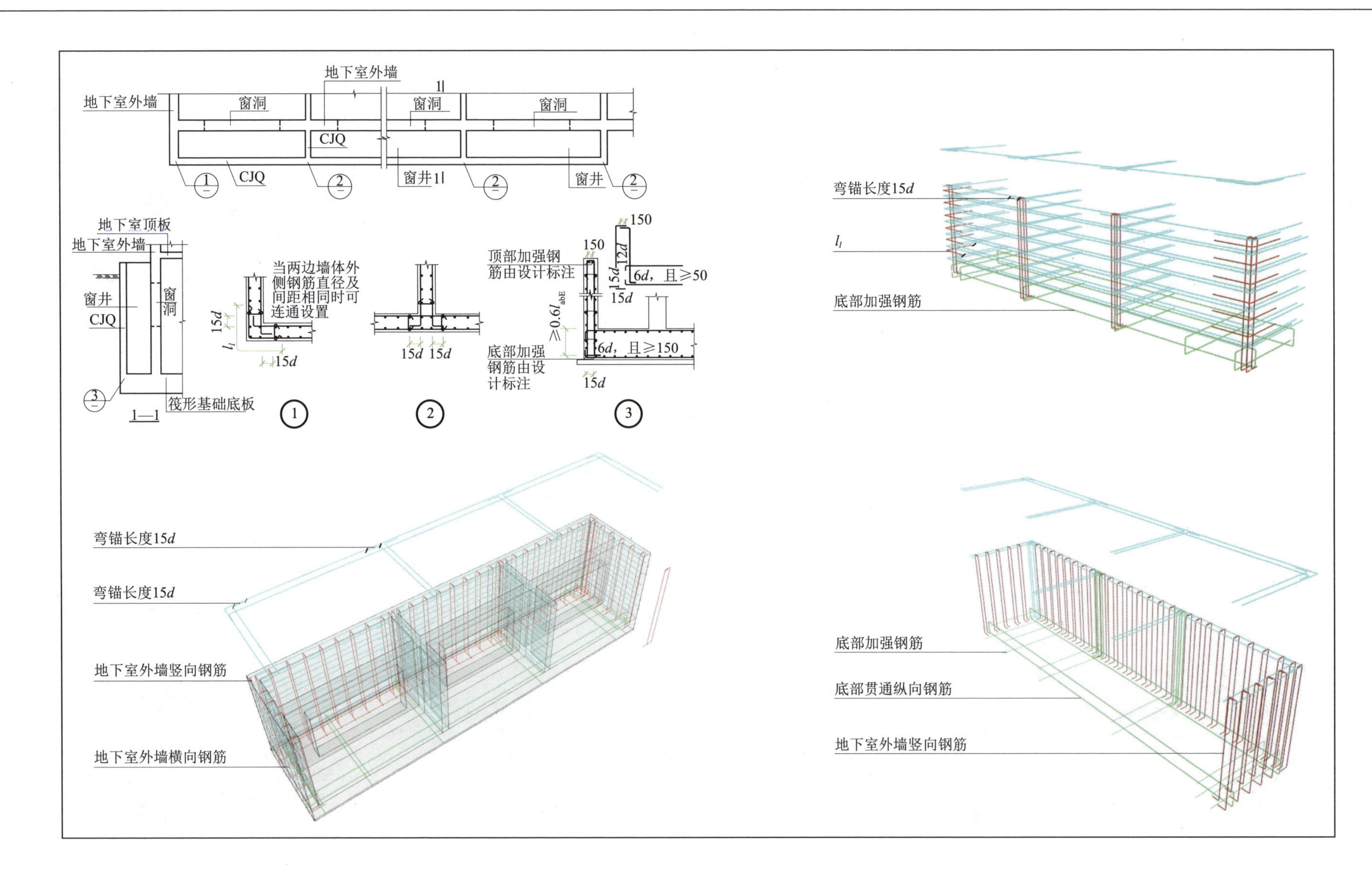

注：1. 窗井墙 CJQ 配筋见设计标注。
2. 当窗井墙体需按深梁设计时，由设计人员另行处理。

窗井墙 CJQ 配筋构造						图集号	22G101—3—111
审核	郭仁俊	校对	廖宜香	设计	傅华夏		